LS 8

LAMBACHER SCHWEIZER

Mathematisches Unterrichtswerk
für das Gymnasium
Ausgabe Baden-Württemberg

Herausgegeben von
August Schmid

erarbeitet von
Michael Bürker
Hans Freudigmann
Cornelia Niederdrenk-Felgner
August Schmid
Maximilian Selinka
Jörg Stark

Ernst Klett Verlag
Stuttgart Düsseldorf Leipzig

Bildquellenverzeichnis:

Angermayer, Holzkirchen: S. 71 (Schmidt), S. 158 links (Ziesler); Mitte (Reinhard – Archiv für Kunst und Geschichte, Berlin: S. 37 – Bongarts-Sportfoto, Hamburg: S. 137, 145 oben – Breithaupt &Sohn GmbH & Co. KG., Kassel: S. 63 – Das Fotoarchiv: S. 13 unten (Mayer); S. 95 (Horwath); S. 144 (Henning); S. 174 (Babovic) – Deutsche Bahn AG, Frankfurt: S. 133 – Deutsche Luftbild, Hamburg: S. 150 – Deutsches Museum, München: S. 91, 100, 110, 143 – foto-present, Essen: S. 61 (Einzmann), S. 84 (Otto) – Graepel GmbH, Löningen: S. 90 – IFA-Bilderteam, München: S. 112 Selma, S. 165 rechts (Carson) – Interfoto, München: S. 46 (Karger-Decker) – Lade, Frankfurt: S. 25 (Bramaz), S. 152 (Mathis), S. 153 oben (Ernst), S. 165 links (BAV) – Landesbildstelle Württemberg, Stuttgart: S. 176 – Mauritius, Stuttgart: S. 7 (Fischer), S. 134 (Pigneter), S. 156 (Ligges), S. 157 (fm); (Phototheque SD), S. 166 rechts (Poehlmann), S. 178 links (Reinhard); rechts (Pigneter) – Nufringer Gesangverein 1861 e. V.: S. 146 – Presse-Foto-Baumann, Ludwigsburg: S. 145 unten – Schacht, Düsseldorf: S. 13 oben, 19, 20, 21, 41, 65, 70, 139, 147, 153 unten, 155, 165 Mitte – Simon, Essen: S. 6 – STELLA Musical Management GmbH, Hamburg: S. 28 – Superbild, München: S. 81 (Schmidbauer), S. 115 (Graefenhain) – Tierfoto Reinhard, Eiterbach: S. 158 rechts – Verkehrsverein Neckarbrücke, Tübingen: S. 166 links

9 783127 314700

2. Auflage €A 2 14 13 12 11 10 | 2008 2007 2006 2005 2004

Alle Drucke dieser Auflage können im Unterricht nebeneinander benutzt werden; sie sind im Wesentlichen untereinander unverändert. Die letzte Zahl bezeichnet das Jahr dieses Druckes. Ab dem Druck 2000 ist diese Auflage auf die Währung EURO umgestellt. Zum überwiegenden Teil sind in den Aufgaben keine zahlenmäßigen Veränderungen erfolgt. Die wenigen notwendigen Änderungen sind mit € gekennzeichnet. Lösungen und Hinweise zu diesen Aufgaben sind im Internet unter http://www.klett-verlag.de verfügbar.

Internetadresse: http://www.klett-verlag.de

Zeichnungen: U. Bartl, Weil der Stadt; R. Hungreder, Leinfelden;
Bertron & Schwarz, W. Müller, Schwäbisch Gmünd.
Umschlaggestaltung: Alfred Marzell, Schwäbisch Gmünd.
DTP-Satz: topset Computersatz, Nürtingen.
Druck: SCHNITZER DRUCK GmbH, 71404 Korb. Printed in Germany.

ISBN 3-12-731470-1

Inhaltsverzeichnis

Die Lehrplaneinheit **informationstechnische Grundkenntnise** wird in einem Zusatzheft (Klett-Nr.: 731381) behandelt.

Zum Aufbau des Buches

Jedes Kapitel umfasst

- mehrere Lerneinheiten,
- vermischte Aufgaben,
- mathematische Exkursionen,
- Kapitelrückblick.

- Zu Beginn jeder Lerneinheit stehen **hinführende Aufgaben**. Sie bereiten den Gedankengang des Paragrafen vor. Sie sollen die Schülerinnen und Schüler zum Nachdenken aktivieren. Da sie als Angebot gedacht sind, nehmen sie keine Information zum jeweiligen Lerninhalt vorweg und bieten somit dem Lehrer die methodische Freiheit.

  Der anschließende **Lehrtext** stellt die Verbindung zwischen Einführungsteil und Ergebnis her. Vielfach werden hier auch zusätzliche Informationen gegeben.

Im Kasten wird das wesentliche **Ergebnis** in einprägsamer Form zusammengefasst.

Beispiele sind vollständig bearbeitet. Sie bieten darüber hinaus wichtige Schreib- und Gestaltungshilfen.

Der **Aufgabenteil** bietet ein reichhaltiges Auswahlangebot. Die Aufgaben reichen von Routineaufgaben zum Einüben von Fertigkeiten und Darstellungsweisen über zahlreiche Aufgaben im mittleren Schwierigkeitsbereich bis zu schwierigen Aufgaben, die besondere Leistungen verlangen.
Zahlreiche Aufgaben zu Sachsituationen helfen, Beziehungen zwischen der Mathematik und ihren Anwendungen aufzuzeigen.

Wo es aufgrund der besseren Übersicht oder im Sinne eines schnelleren Zugriffs sinnvoll erscheint, werden die Aufgaben durch Zwischenüberschriften gegliedert.

- In den **vermischten Aufgaben** werden zusätzliche Übungsaufgaben angeboten. Ferner finden sich dort Aufgaben, welche die Zusammenhänge zwischen den einzelnen Paragrafen eines Kapitels herstellen und deshalb für das mathematische Gesamtverständnis von großer Bedeutung sind.

- In den **mathematischen Exkursionen** werden Themengebiete angesprochen, die mit dem jeweiligen Kapitel in Verbindung stehen.
  Sie sind als Anregung für Schülerinnen und Schüler gedacht, sich mit mathematischen Fragen, interessanten Themen oder Themen aus dem Alltag auseinander zu setzen. Durch die kleinschrittige Vorgehensweise und die illustrative Aufbereitung wird das selbstständige Durcharbeiten leicht gemacht. Die mathematischen Exkursionen können auch im Unterricht zur Sprache kommen.

- Den Abschluss eines jeden Kapitels bildet die **Rückblickseite**. Hier sind die wichtigsten Lerninhalte in prägnanter Form zusammengefasst.

I Lineare Funktionen

1 Schaubilder von Zuordnungen

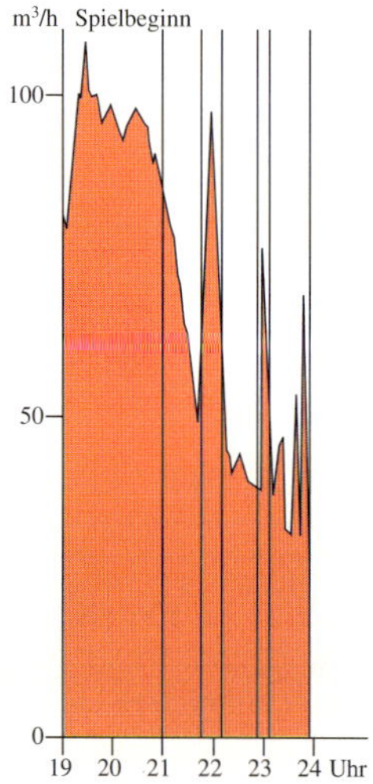

1 Am 8. Juli 1982 spielten Frankreich und Deutschland bei der Fußballweltmeisterschaft. Das Spiel begann um 21 Uhr. Nach Verlängerung und Elfmeterschießen gewann schließlich die deutsche Mannschaft. Während der Fernsehübertragung des Spiels wurde in einem Wohngebiet vom zuständigen Wasserwerk der Wasserverbrauch gemessen. Einige Tage danach erschien in einem Verbrauchermagazin dieses Bild.
a) Woher rühren die starken Schwankungen des Wasserverbrauchs?
b) Warum wählte man für die Veröffentlichung in dem Magazin eine bildliche Darstellung?

Bei Jugendlichen ändert sich mit dem Alter auch die Körpergröße; im Freibad ändern sich mit der Zahl der Badegäste auch die Tageseinnahmen, bei einer Wetterstation ändert sich mit der Tageszeit auch die Außentemperatur usw.
In solchen Fällen ändert sich mit der einen Größe (z. B. dem Alter) zugleich eine andere, ihr zugeordnete Größe (die Körpergröße).

Zuordnungen werden oft durch **Schaubilder** (man sagt auch Diagramme) veranschaulicht.
In einem Schaubild kann man zu jedem Wert x der ersten Größe den ihm zugeordneten Wert der zweiten Größe ablesen.

fungi *(lat.): verrichten, vollziehen*

Ist z. B. dem Wert 3 der ersten Größe der Wert 5 der zweiten Größe zugeordnet, dann nennt man 5 den **Funktionswert von 3**.
Um auszudrücken, dass 5 der Funktionswert von 3 ist, schreibt man kurz
f(3) = 5 (lies: Funktionswert von 3 gleich 5).

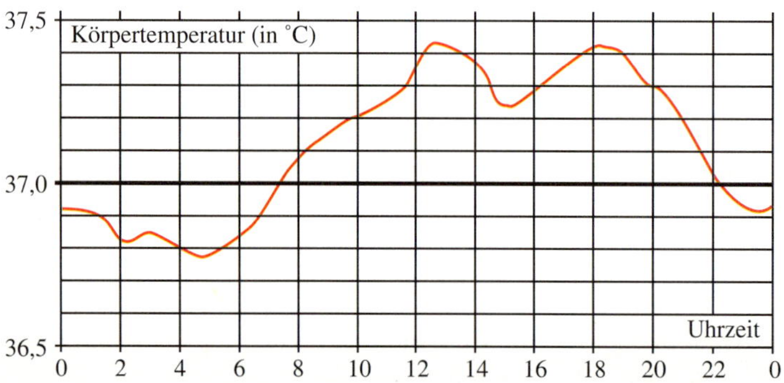

Beispiel 1: („Biologische Uhr“)
Das Schaubild zeigt, wie sich die Körpertemperatur eines gesunden Menschen im Laufe eines Tages verändert. Jeder Uhrzeit ist die dann vorhandene Körpertemperatur zugeordnet. Man sieht, dass unsere Körpertemperatur um die Mittagszeit und am frühen Abend am höchsten, vor Tagesanbruch am niedrigsten ist. Um 19 Uhr beträgt sie 37,4°, also ist 37,4 der Funktionswert von 19; wir schreiben dafür kurz f(19) = 37,4.

Beispiel 2: (Lesen eines Schaubildes)
Ein Wald muss im Laufe seines „Lebens“ dreimal durchforstet werden, damit die Bäume sich nicht gegenseitig im Wachstum behindern. Das Schaubild zeigt den Holzbestand (gemessen in Festmeter, fm) in einem 1 ha großen Fichtenwald.
Nach 20 Jahren beträgt der Holzbestand etwa 175 fm. Nach 25 Jahren, 50 Jahren und 75 Jahren wird jeweils Holz geschlagen, einmal 150 fm und zweimal 125 fm. Nach ungefähr 80 Jahren wächst der Wald langsamer, nach 100 Jahren ist er praktisch ausgewachsen.

2 Beantworte mit Hilfe des Schaubildes in Beispiel 1:
a) Wie hoch ist die Körpertemperatur um 21 Uhr (23 Uhr; 3 Uhr; 22 Uhr; 11 Uhr)?
b) In welchem Zeitraum beträgt die Körpertemperatur weniger als 37,0°?
c) Um wie viel Grad schwankt die Körpertemperatur im Laufe eines Tages?
d) Wie groß ist f(17); (f(7); f(9); f(20); f(0))?

3 Fig. 1 zeigt für zwei Pkw A und B, wie sich der Kraftstoffverbrauch pro 100 km mit zunehmender Geschwindigkeit ändert.
a) Lies für den Pkw A (für den Pkw B) ab: f(40); f(60); f(90); f(120).
b) Bei welcher Geschwindigkeit verbrauchen beide Pkw gleichviel Kraftstoff? Welcher Pkw eignet sich eher für Stadtfahrten, welcher eher für Überlandfahrten?
c) Um wie viel nimmt der Verbrauch von A zu, wenn man bei 60 km/h die Geschwindigkeit um 20 km/h erhöht? Vergleiche mit der Zunahme des Verbrauchs, wenn man bei 100 km/h die Geschwindigkeit um 20 km/h erhöht.

Wassertemperatur

4 Wenn man Wasser erwärmt, dann ändert sich sein Rauminhalt. Fig. 2 zeigt, wie 1 Liter Wasser der Temperatur 0 °C bei Erwärmung seinen Rauminhalt ändert.
a) Wie ändert sich der Rauminhalt, wenn das Wasser von 0 °C allmählich auf 14 °C erwärmt wird? Bei welcher Temperatur ist der Rauminhalt am kleinsten? Wie groß ist er dann?
b) Um wie viel cm^3 nimmt der Rauminhalt von 1 m^3 Wasser zu, wenn dieses von 6 °C auf 14 °C erwärmt wird?

Warum nicht?

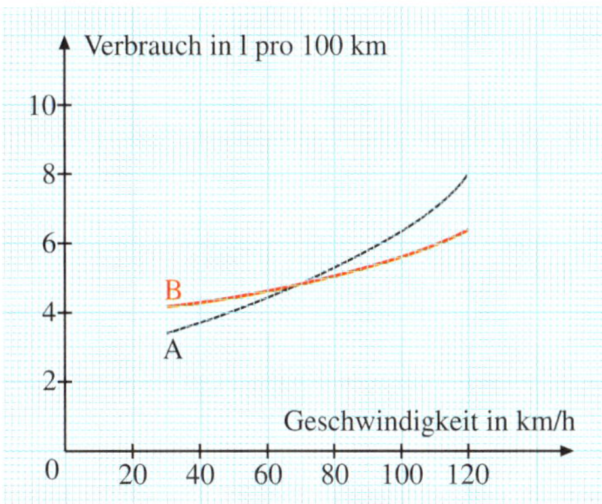

Fig. 1

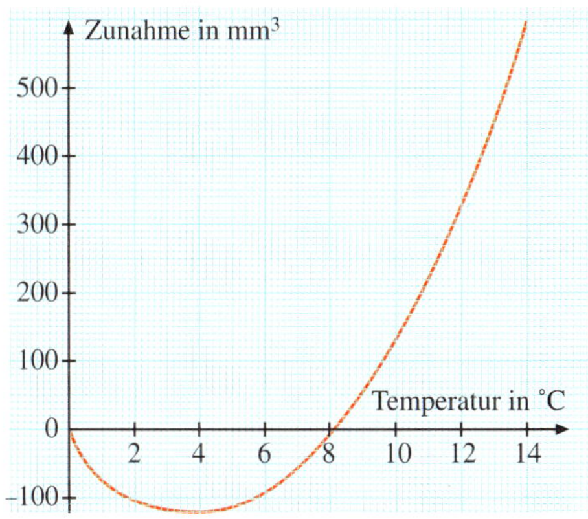

Fig. 2

2 Schaubilder im Koordinatensystem

1 In Wetterstationen notiert ein Temperaturschreiber den täglichen Verlauf der Außentemperatur.
a) Welche Temperatur herrschte um 9.00 Uhr? Wann war sie am niedrigsten?
b) Trage in eine Tabelle zu jeder vollen Stunde die Temperatur ein. Welche Vorteile bietet die Temperaturkurve gegenüber einer solchen Tabelle?

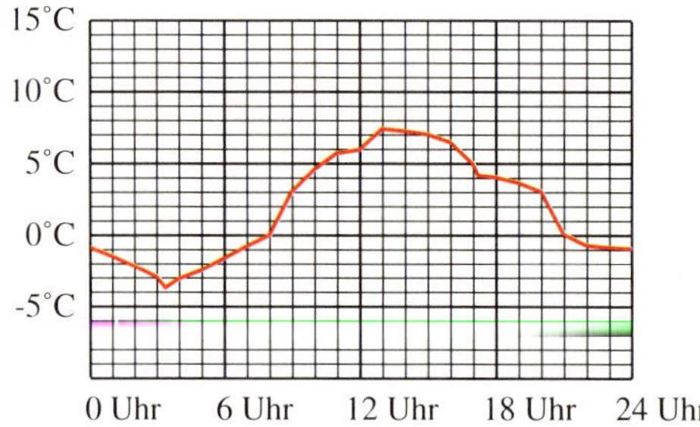

Die folgende Tabelle zeigt, wie eine Fichte im Laufe der Jahre wächst. In der oberen Zeile steht das Alter der Fichte. In der unteren Zeile ist zu jedem Alter die Höhe der Fichte angegeben.

Alter (in Jahren)	10	20	30	40	50	60	70	80	90
Höhe (in m)	4	10	19	29	35	39	42	44	45

Koordinatensysteme wie in Fig. 1 nennt man nach René Descartes (1596 – 1650) auch kartesische Koordinatensysteme

***coordinare** (lat.): zuordnen*

Um die Zuordnung zu veranschaulichen, zeichnen wir zunächst ein **Koordinatensystem** (Achsenkreuz; Fig. 1). Dann bestimmen wir zu jedem Wertepaar der Tabelle einen Punkt im Koordinatensystem; da z. B. der Zahl 30 die Zahl 19 zugeordnet ist, zeichnen wir im Koordinatensystem den Punkt P(30 | 19) ein. Schließlich verbinden wir die eingezeichneten Punkte durch eine ihnen angepasste Linie, damit wir auch Zwischenwerte ablesen können.

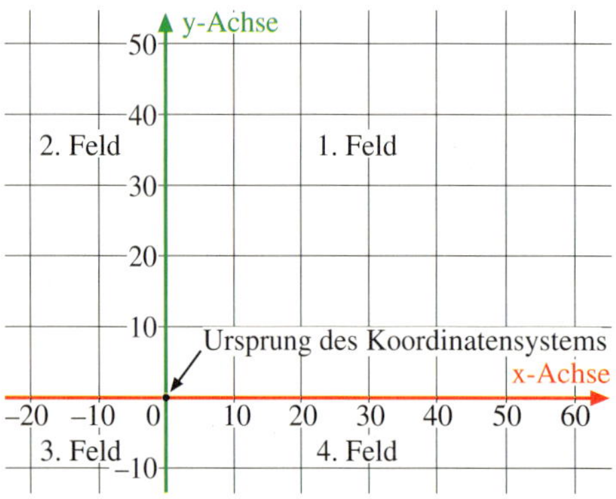

Fig. 1

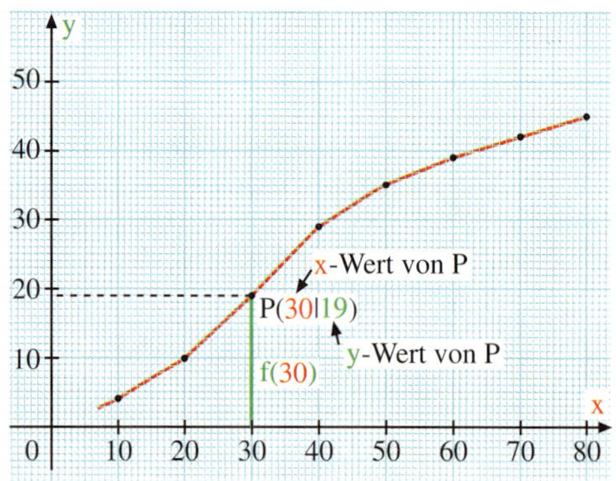

Fig. 2

Koordinaten von P

x-Wert | y-Wert

P(30 | 19)

P(x | f(x))

Funktionswert von x

> Für jedes **Zahlenpaar** einer Tabelle erhalten wir im Koordinatensystem einen **Punkt.**
> Der y-Wert des Punktes (Fig. 2) ist der seinem x-Wert zugeordnete Funktionswert.

Beispiel 1:
a) Da eine 50-jährige Fichte 35 m hoch ist, hat 50 den Funktionswert 35. Ist P der zugehörige Punkt im Koordinatensystem, so gilt P(50 | 35) (lies: 50 Strich 35).
b) Der Punkt A(15 | 7) liegt (im Rahmen der Zeichengenauigkeit) auf dem Schaubild. Also ist 7 Funktionswert von 15; d. h., eine 15-jährige Fichte ist etwa 7 m hoch.

So viele Menschen lebten früher auf der Erde

	Jahr	*Mio*
v. Chr.	*10000*	*5*
	7000	*10*
	4500	*20*
	2500	*40*
	1000	*80*
n. Chr.	*1*	*160*
	900	*320*

Beispiel 2:

Entwicklung der Erdbevölkerung seit 1650 (in Mio)

Jahr	1650	1750	1850	1900	1950	1970	1980	1990
Anzahl	470	694	1091	1571	2513	3678	4478	5321

Um die Angaben der Tabelle zu verdeutlichen, markieren wir an der x-Achse die Jahreszahlen; da der betrachtete Zeitraum rund 400 Jahre umfasst, wählen wir dabei 1 cm für 50 Jahre und beginnen nicht bei 0, sondern bei 1600. An der y-Achse notieren wir die Bevölkerungszahlen; da sie zwischen 0 und 5500 Millionen liegen, wählen wir 1 cm für 1000 Millionen.

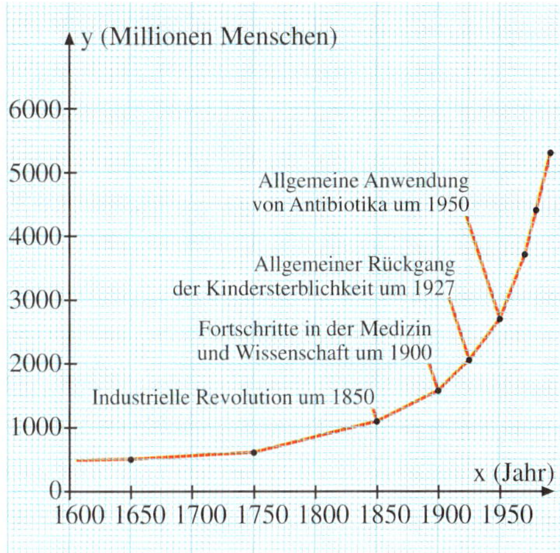

2 In Cuxhaven wird stündlich der Wasserstand gemessen. Ab 6.00 Uhr wurden folgende Wasserstände (in m) notiert: 0,1; 0,15; 0,9; 2,0; 2,5; 3,1; 3,1; 2,9; 2,3; 1,6; 1,1; 0,5; 0,1; 0,0; 0,9; 1,8; 2,7; 3,0; 3,2; 3,0; 2,5; 1,8; 1,2; 0,2.
a) Zeichne ein Schaubild; (x-Achse: 0,5 cm für 1 h, y-Achse: 2 cm für 1 m).
b) Um 9.00 Uhr betrug der Wasserstand 2,0 m; wir schreiben dafür $f(9) = 2{,}0$.
Lies aus dem gezeichneten Schaubild ab: $f(16)$, $f(14{,}5)$, $f(16{,}5)$, $f(19{,}5)$.
Wann betrug der Wasserstand 1,0 m?
c) Wie viel Wasserhöchststände fielen in den Zeitraum der Messung? Dauerten Ebbe (Abnahme) und Flut (Zunahme) gleich lang?

3 Bei Tieren ändert sich (wie beim Menschen) die Körpertemperatur (in °C) im Laufe von 24 Stunden. Messungen bei einer Drossel und bei einer Eule ergaben:

Uhrzeit	0	3	6	9	12	15	18	21
Körpertemperatur der Drossel	38,5	39,0	41,9	42,1	42,8	41,8	41,6	39,7
Körpertemperatur der Eule	40,8	41,1	40,6	40,2	39,9	40,1	40,2	40,5

Zeichne in dasselbe Koordinatensystem sowohl ein Schaubild für die Drossel als auch für die Eule (x-Achse: 1 cm für 2 h; y-Achse: 1 cm für 0,5°). Woran zeigt sich, dass die Drossel ein Tagtier, die Eule dagegen ein Nachttier ist?

4 Um die schädlichen Auswirkungen des Rauchens zu erforschen, wurde $2\frac{1}{2}$ Stunden lang alle 10 Minuten die Hauttemperatur einer Person gemessen, die 60 Minuten nach Beginn der Untersuchung eine Zigarette rauchte. Man fand nacheinander die folgenden Messwerte (in °C): 35,6; 35,4; 35,8; 34,8; 35,6; 35,5; 34,4; 30,0; 27,2; 28,2; 33,4; 35,5; 35,8; 35,5; 35,6.
a) Wähle auf der x-Achse 1 cm für 10 min, auf der y-Achse (bei 27,0° beginnend) 1 cm für 1°. Zeichne ein Schaubild.
Wie zeigt sich die Auswirkung des Rauchens im Schaubild?
b) Wähle in einem neuen Koordinatensystem auf der x-Achse 1 cm für 20 min, auf der y-Achse (bei 0° beginnend) 1 cm für 20°. Zeichne wieder ein Schaubild. Vergleiche die beiden Schaubilder in a) und b).
Welches Schaubild bringt die Auswirkung des Rauchens auf die Hauttemperatur deutlicher zum Ausdruck? Woher rührt der Unterschied?

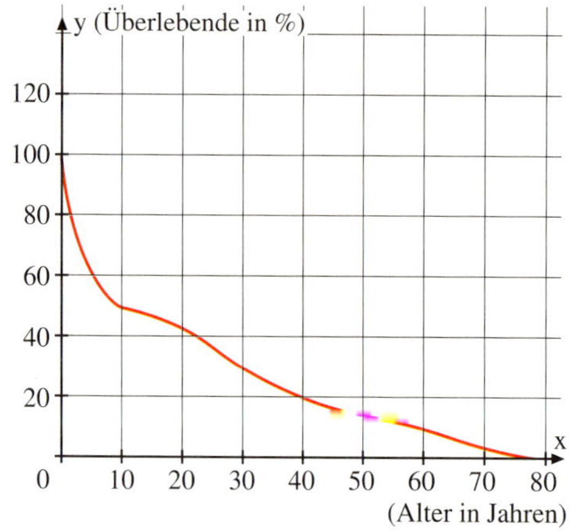

Fig. 1

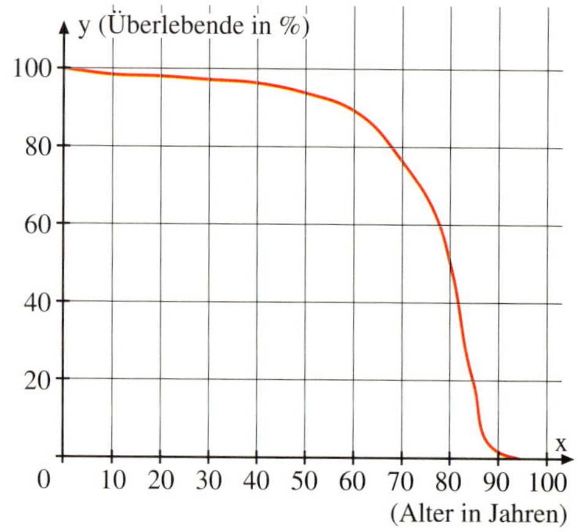

Fig. 2

5 a) Vor 15 000 Jahren waren die Menschen noch Jäger und Sammler. Fig. 1 zeigt, wie viel Prozent einer solchen Bevölkerung ein bestimmtes Alter erreichten. Lies zum Alter 10 (20; . . . ; 70) Jahre jeweils den Funktionswert ab. Gib die zugehörigen Punkte im Schaubild mit ihren Koordinaten an (Beispiel: $P_4(40|20)$).
b) Fig. 2 zeigt ein entsprechendes Schaubild für eine moderne Industriegesellschaft. Wie viel Prozent erreichen hier ein Alter von 10 (20; . . . ; 90) Jahren?
c) Zeichne ein Koordinatensystem (x-Achse: 1 cm für 10 Jahre; y-Achse: 1 cm für 20 %). Übertrage beide Schaubilder in dieses Koordinatensystem.

6 In einer Klinik spricht ein Patient vor, der an einer Blasenentzündung leidet.
a) Der Arzt nimmt ein Diagramm auf um zu sehen, wie sich die volle Blase entleert (Fig. 3). Welche Auskunft erhält der Arzt durch das Diagramm?
b) Nach einer Behandlung mit Medikamenten zeigt ein neues Diagramm einen etwas anderen Verlauf. War die Behandlung erfolgreich?

Zu Aufgabe 7: Untersuchungen haben ergeben, dass die Krähen erstaunlicherweise meist diejenige Abwurfhöhe wählen, bei der die Gesamtsteighöhe am kleinsten ist.

7 An der Westküste Kanadas gibt es Krähen, die sich u. a. von Wellhornschnecken ernähren. Um sie zu öffnen, lassen sie diese wiederholt aus einer gewissen Höhe auf die Steine fallen. Das Schaubild zeigt, wie viele Abwürfe dazu im Durchschnitt notwendig sind.
Berechne für die Abwurfhöhen 3 m, 5 m, 7 m, 10 m jeweils, wie viel m eine Krähe insgesamt aufsteigen muss, um eine Schnecke zu öffnen. Zeichne ein Schaubild.

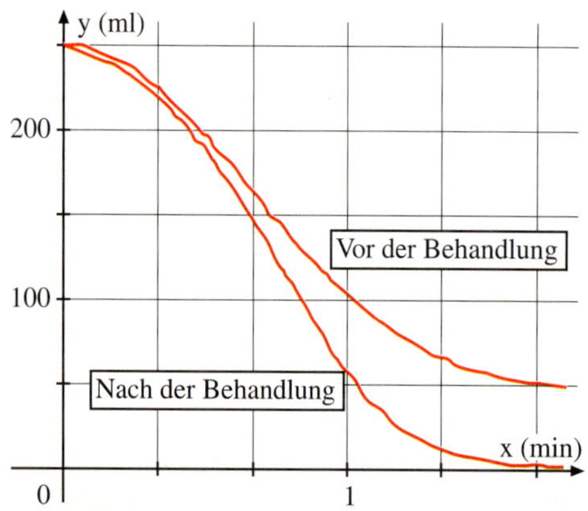

Fig. 3

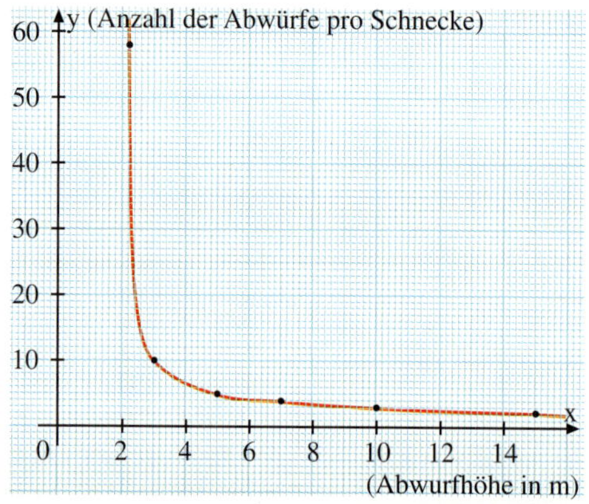

Fig. 4

3 Proportionalitäten

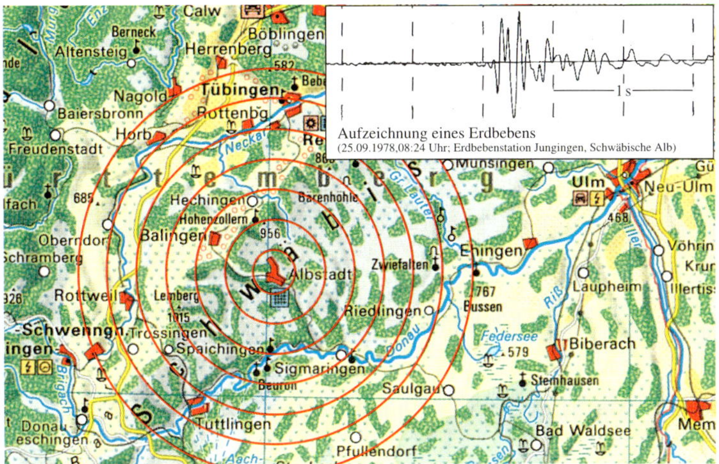

Aufzeichnung eines Erdbebens
(25.09.1978, 08:24 Uhr; Erdbebenstation Jungingen, Schwäbische Alb)

1 Auf der Landkarte ist zu sehen, wie sich die Erschütterungen eines Erdbebens mit dem Herd in Albstadt ausbreiten. Die Ausbreitung von einem Kreis zum nächsten (5 km) dauert 1 Sekunde.
a) Wie viel Sekunden nach Beginn des Bebens spürt man die Erschütterung in Hechingen (Tuttlingen)?
b) Pforzheim ist 80 km (Luftlinie) von Albstadt entfernt. Wie lange braucht das Beben, um den „Weg“ von Albstadt nach Pforzheim zurückzulegen?
c) Zeichne ein Schaubild, aus dem man zu jeder Zeitdauer (in s) den „Weg“ des Erdbebens (in km) ablesen kann.

In Lebensmittelgeschäften ist bei Fleisch, Fisch, Käse usw. oft nur der kg-Preis angegeben. Dies genügt, denn wir wissen: 2 kg der Ware kosten doppelt so viel, $\frac{1}{2}$ kg kostet nur halb so viel usw. Man drückt dies auch so aus: Der Preis nimmt „im gleichen Verhältnis“ zu wie das Gewicht, oder: „Der Preis ist proportional (verhältnisgleich) zum Gewicht“.

portio *(lat.):*
Anteil, Verhältnis

Wenn bei einer Zuordnung dem 2-, 3-, . . . , k-fachen von x jeweils das
2-, 3-, . . . , k-fache von f(x) entspricht,
dann nennt man sie eine **Proportionalität**.

Beispiel 1:
a) (Berechnen von Funktionswerten)
Bei einer Proportionalität sei f(8) = 52.
Wir berechnen f(14).
f(1) = 52 : 8 = 6,5
f(14) = 6,5 · 14 = 91
b) (Gegenbeispiel) Das Körpergewicht eines Menschen ist nicht proportional zu seinem Alter, denn ein 14-jähriger mit 50 kg wird als 70-jähriger nicht 250 kg wiegen.

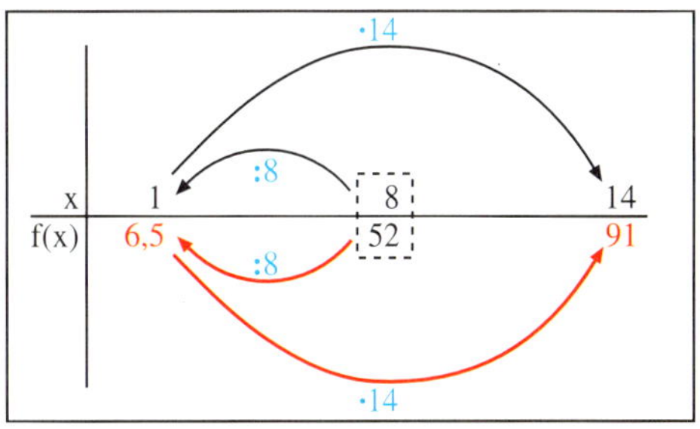

Rechnungen wie in Beispiel 1a) haben wir schon bei **Dreisatzrechnungen** kennengelernt. Sie sind nur erlaubt, wenn die betrachtete Zuordnung eine Proportionalität ist. Beim Geldumtausch € gegen Schweizer Franken ist das der Fall. Daher können wir von f(100) = 160 auf f(1) und von hier auf f(38) schließen.

Beim Geldumtausch € gegen Schweizer Franken (sfrs) erhält man für 100 € den Gegenwert 160 sfrs.
Wie viel sfrs erhält man für 38 €?

	€		sfrs	
:100	*100*	⟼	*160,00*	:100
	1	⟼	*1,60*	
·38	*38*	⟼	*60,80*	·38

Ergebnis: Für 38 € erhält man 60,80 sfrs.

€		sfrs
100	$\mapsto$	160
1	$\mapsto$	1,60
x	$\mapsto$	$1{,}60 \cdot x$

Die letzte Zeile des Dreisatzschemas zeigt, wie man für jeden €-Betrag x den entsprechenden Franken-Betrag unmittelbar berechnen kann: Für x € erhält man $1{,}60 \cdot x$ Franken; es ist also

$$f(x) = 1{,}60 \cdot x.$$

Als Schaubild der Proportionalität ergibt sich eine Gerade durch den Ursprung des Koordinatensystems und den Punkt P(100 | 160).

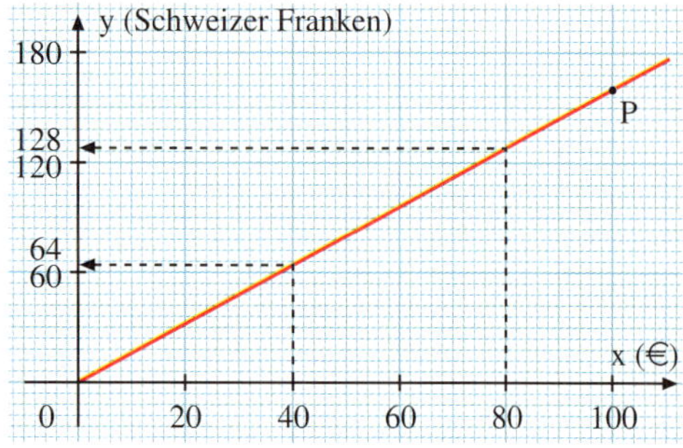

Jede Proportionalität hat eine **Zuordnungsvorschrift** der Form

$$\mathbf{f(x) = m \cdot x}$$

mit einer festen Zahl m. Die Zahl m heißt **Proportionalitätsfaktor**.
Das Schaubild einer Proportionalität ist eine Gerade durch den Ursprung.

Beispiel 2:
a) (Ermitteln der Zuordnungsvorschrift)
In Beispiel 1a) war $f(8) = 52$.
Wegen $f(x) = m \cdot x$ ist also $52 = m \cdot 8$ und daher $m = 52 : 8 = 6{,}5$. Die Zuordnungsvorschrift lautet also $f(x) = 6{,}5 \cdot x$.
b) (Ermitteln des Schaubildes)
Für $f(x) = m \cdot x$ ist $f(1) = m$. Also liegt der Punkt A(1 | m) auf dem Schaubild. Um für $f(x) = \frac{3}{2}x$ das Schaubild zu finden, markieren wir den Punkt $A(1 \mid \frac{3}{2})$; dann zeichnen wir durch den Ursprung und A eine Gerade.

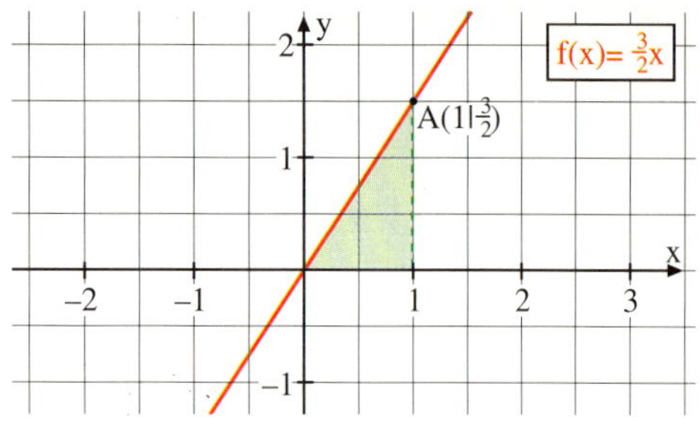

Bemerkung: Weil m die Richtung des Schaubildes bestimmt, nennt man m auch die „Steigung(szahl)“ der Geraden.

2 Gib die Zuordnungsvorschrift einer Proportionalität an, für die gilt:
a) $f(1) = 4$ b) $f(1) = \frac{3}{4}$ c) $f(1) = -3$ d) $f(2) = 6$ e) $f(\frac{2}{5}) = 2\frac{1}{2}$
f) $f(1\frac{1}{2}) = 2\frac{1}{2}$ g) $f(4) = -8$ h) $f(-3) = 15$ i) $f(-4) = -3$ j) $f(0{,}2) = -\frac{1}{2}$.

3 a) Für eine Proportionalität gilt $f(7) = 17{,}5$. Gib die Zuordnungsvorschrift an. Berechne $f(8)$, $f(13{,}5)$, $f(\frac{4}{5})$ und $f(-1\frac{1}{3})$.
b) Für eine Proportionalität gilt $f(3\frac{1}{5}) = 4{,}8$. Berechne $f(5)$, $f(8{,}5)$, $f(32)$ und $f(-3)$.

„Da es kein Huhn mit nur einem Bein gibt, gilt: 0 Hühner haben 1 Bein. Dann haben 2 · 0 Hühner 2 · 1 Beine. Also haben 0 Hühner 2 Beine; d.h.: Es gibt kein Huhn mit 2 Beinen!“

4 Das Schaubild einer Proportionalität geht durch P(1 | 4) (durch A(2 | 10); B(5 | 4); C(3 | −2); $D(4{,}5 \mid 1\frac{4}{5})$). Gib die Zuordnungsvorschrift an.

5 Zeichne das Schaubild. a) $f(x) = 2x$ b) $f(x) = 2{,}5x$ c) $f(x) = \frac{5}{4}x$
d) $f(x) = 1\frac{1}{5}x$ e) $f(x) = \frac{3}{4}x$ f) $f(x) = 0{,}5x$ g) $f(x) = \frac{1}{3}x$ h) $f(x) = x$

6 Zeichne das Schaubild. a) $f(x) = -2x$ b) $f(x) = -1{,}5x$ c) $f(x) = -\frac{1}{2}x$
d) $f(x) = -1{,}8x$ e) $f(x) = -\frac{3}{4}x$ f) $f(x) = -1\frac{1}{2}x$ g) $f(x) = -\frac{1}{3}x$ h) $f(x) = -x$

7 Gib die Zuordnungsvorschriften der eingezeichneten Schaubilder an.

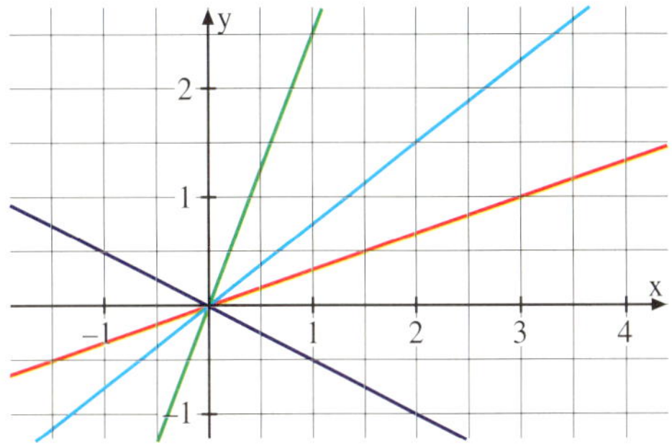

8 a) Prüfe (ohne zu zeichnen), ob der Punkt $P(2{,}5\,|\,\frac{1}{2})$ auf dem Schaubild von $f(x) = \frac{1}{5}x$ liegt. Verfahre ebenso für die Punkte $Q(\frac{3}{2}\,|\,0{,}4)$ und $R(-0{,}3\,|\,-0{,}06)$.
b) Bestimme die Zahl y so, dass der Punkt $P(1{,}5\,|\,y)$ auf dem Schaubild von $f(x) = 3{,}6\,x$ liegt.

Isa: „Eine 2-EURO-Münze ist etwa 2,5-mal so groß wie eine 1-Cent-Münze." Kai: „Nein, sie ist nicht einmal doppelt so groß." Wer hat Recht?

9 Bei verschiedenen kreisrunden Gegenständen wurde der Durchmesser und – mit Hilfe einer Schnur – der Umfang gemessen.
a) Prüfe, ob (im Rahmen der Messgenauigkeit) der Umfang zum Durchmesser proportional ist. (Anleitung: Berechne den Quotienten Umfang : Durchmesser.)
b) Wie lautet die Zuordnungsvorschrift, die jedem Durchmesser den entsprechenden Umfang zuordnet?

Gegenstand	Durchmesser (in cm)	Umfang (in cm)
Kochtopf	18,0	56,5
Teller	24,0	75,4
Tasse	8,4	26,4
Dose	7,4	23,3
Blumentopf	14,0	44,0
Münze	2,8	8,8

10 Nina wiegt von Zeit zu Zeit ihren jungen Goldhamster. Als er drei Wochen alt war, wog er nur 42 g. Zwei Wochen später wog er schon 65 g. Nach weiteren drei Wochen betrug sein Gewicht 93 g. Heute ist er 24 Wochen alt und wiegt 140 g. Ist das Gewicht des Goldhamsters proportional zu seinem Alter? Zeichne ein Schaubild.

Rechnung

Wartungsdienst (3 h)	*255,00 €*
Bremsen reparieren (2 h)	*170,00 €*
Zündleitung erneuern (0,5 h)	*42,50 €*
Ölwechsel (0,25 h)	*21,25 €*
Zusammen	***488,75 €***

11 a) Zeige, dass die auf der Rechnung angegebenen Kosten zur Arbeitszeit proportional sind.
b) Wie lautet die Zuordnungsvorschrift, die jeder Arbeitszeit die entsprechenden Kosten zuordnet? Welche Bedeutung hat der Proportionalitätsfaktor?

12 Am Ufer schiffbarer Flüsse sind in gewissen Abständen sog. Stromkilometer angegeben. Die Anzeige „Stromkilometer 520" bedeutet: Die Flusslänge vom Ursprung bis hierher beträgt 520 km.
Ein Lastkahn befindet sich um 8.15 Uhr bei Stromkilometer 563, um 9.30 Uhr bei 556, um 10.45 Uhr bei 549, um 14.00 Uhr bei 531 und um 17.30 Uhr bei 512.
a) Zeige, dass die Fahrstrecke (in km) zur Fahrzeit (in h) proportional ist.
b) Mit welcher Geschwindigkeit muss der Kahn von 8.15 Uhr an fahren, wenn er spätestens um 18.00 Uhr bei Stromkilometer 500 sein will?

4 Geradlinige Schaubilder

1 Tanja, Lisa und Ute erwärmen jeweils 2 Liter Wasser mit einem Tauchsieder. Jede liest alle 30 Sekunden auf einem Thermometer die Wassertemperatur ab.
a) Welche Temperaturen zeigen die Thermometer nach 3 Minuten an? Wie lange dauert es, bis das Thermometer von Tanja (Lisa; Ute) 60 °C anzeigt?
b) Verwenden die Mädchen drei gleiche Tauchsieder? Warum erhalten Tanja und Ute (Tanja und Lisa) verschiedene Schaubilder?

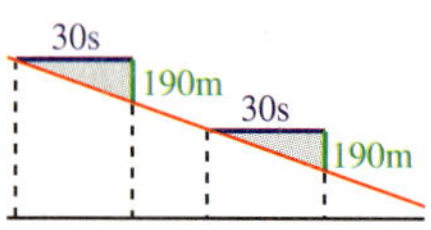

Das Schaubild beschreibt einen Sprung mit dem Fallschirm aus 2000 m Höhe. Es gibt an, in welcher Höhe sich der Springer jeweils befindet.
Ein Teil des Schaubildes ist geradlinig. Daran erkennen wir, dass sich der Fallschirm geöffnet hat. Der Springer sinkt nun mit gleich bleibender Geschwindigkeit, er verliert in jeder Sekunde gleichviel an Höhe. Man sagt auch: Nach Öffnung des Fallschirms nimmt die Höhe des Springers gleichmäßig ab.

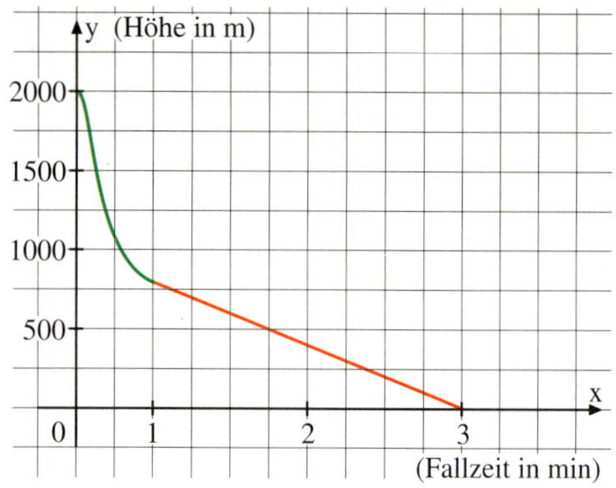

An der **Geradlinigkeit** eines Schaubildes erkennen wir, dass sich die zugeordnete Größe **gleichmäßig** ändert.

Beispiel:
In dem Schaubild beschreibt die rote Linie den Verlauf eines Fluges von Köln nach München (530 km). Die Linie ist nicht gerade, weil das Flugzeug nicht gleichmäßig vorankam; z. B. hat es zwischen 14.30 Uhr und 15.00 Uhr 300 km, zwischen 15.00 Uhr und 15.30 Uhr dagegen nur 100 km zurückgelegt. Wäre das Flugzeug bei derselben Gesamtflugzeit immer gleich schnell geflogen, dann hätte sich die grüne Linie ergeben; die Maschine hätte dann in jeder Stunde 300 km zurückgelegt. (Man nennt diese Geschwindigkeit auch die Durchschnittsgeschwindigkeit des beschriebenen Fluges.)

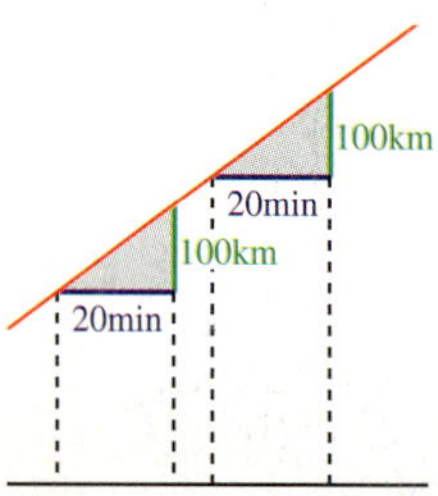

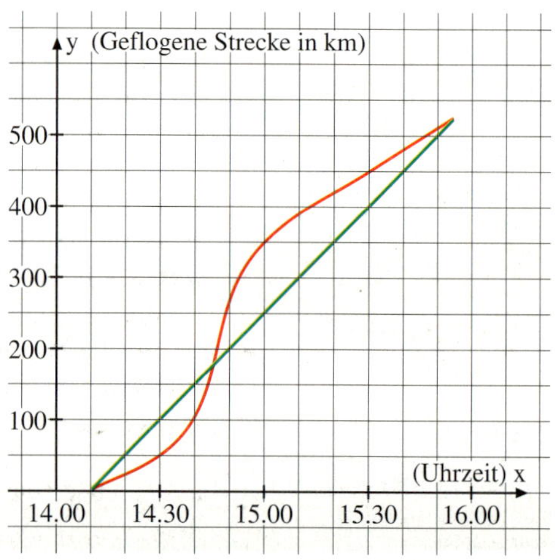

2 Wie viel Liter „Malerweiß"-Farbe braucht man, um eine 18 m² große Wand zu streichen? Zeichne ein Schaubild, aus dem man für jede Wandgröße ablesen kann, wie viel Liter „Malerweiß"-Farbe man braucht.

3 Familie Kern will im Garten eine Terrasse anlegen und braucht dazu Sand. Auf Anfrage erfährt sie, dass die Beifuhr 90 € und jeder m³ Sand 65 € kostet.
Zeichne ein Schaubild für die Abhängigkeit des Rechnungsbetrages von der Menge des gelieferten Sandes.

4 Eine Wassertonne wird gefüllt, bis sie überläuft. Das Schaubild zeigt, wie sich die Höhe des Wasserspiegels in der Tonne ändert.
a) Woran erkennt man, dass während des Füllens am Wasserhahn nicht gedreht wird? Um wie viel cm steigt der Wasserspiegel in jeder Minute?
b) War die Tonne zu Beginn leer? Wie lange dauert es, bis sie voll ist?
c) Zeichne ein Schaubild, wenn die Tonne anfangs leer ist. Wie lange dauert es jetzt, bis sie voll ist?

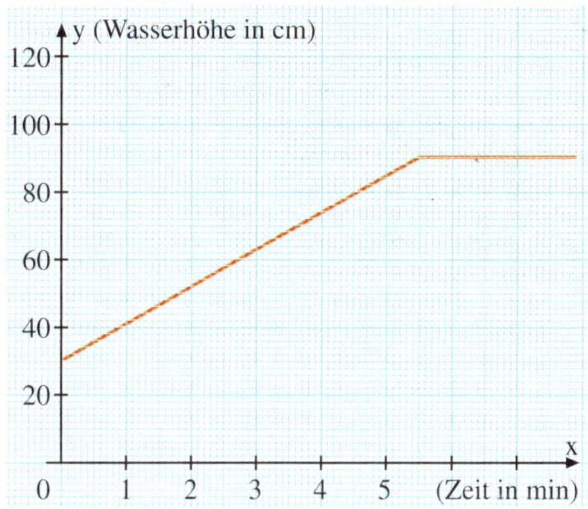

5 Bei einem Pkw kann man mit einer Tankfüllung von 50 Liter Benzin erfahrungsgemäß mindestens 580 km und höchstens 650 km weit fahren.
a) Zeichne im gleichen Koordinatensystem für die Reichweiten 580 km und 650 km je ein Schaubild für die Abhängigkeit des Tankinhaltes von der gefahrenen Strecke.
b) Wie viel Benzin ist nach 280 km Fahrt mindestens (höchstens) noch im Tank?

6 Der ICE-Zug „Kurpfalz" verlässt Stuttgart fahrplanmäßig um 14.12 Uhr und ist um 15.06 Uhr in Ulm (Entfernung Stuttgart – Ulm 94 km). Der ICE-Gegenzug verlässt Ulm um 13.53 Uhr und ist um 14.49 Uhr in Stuttgart.
a) Veranschauliche die Fahrten der beiden Züge im gleichen Koordinatensystem.
b) Wann und wo begegnen sich die beiden Züge? Mit welchen durchschnittlichen Geschwindigkeiten fahren sie?

Ernährungsexperten schlagen Alarm
Jeder Dritte ist zu dick
Trotz Diäten und Fastenkuren - Die Zahl der übergewichtigen Deutschen steigt weiter: Mittlerweile ist bereits jeder dritte Bundesbürger zu dick. Und nicht nur die Erwachsenen haben zu viele Pfunde auf den Rippen. Bereits jedes sechste deutsche Kind ist übergewichtig. Darauf haben Experten der Deutschen Gesellschaft...

Idealgewicht: Durchschnittliches Körpergewicht, bei dem man die meisten Chancen hat, lange zu leben.

7 In dem Koordinatensystem kann man für verschiedene Körpergrößen jeweils das ungefähre ideale Körpergewicht eines Mannes bzw. einer Frau ablesen.
a) Welches Idealgewicht entspricht bei Männern (bei Frauen) einer Körpergröße von 170 cm?
b) Herr Braun ist gleich groß wie seine Frau und 10 cm größer als sein Bruder. Um wie viel unterscheiden sich die Idealgewichte von Herrn Braun und seinem Bruder?
Wie groß ist der Unterschied der Idealgewichte von Herrn Braun und seiner Frau?

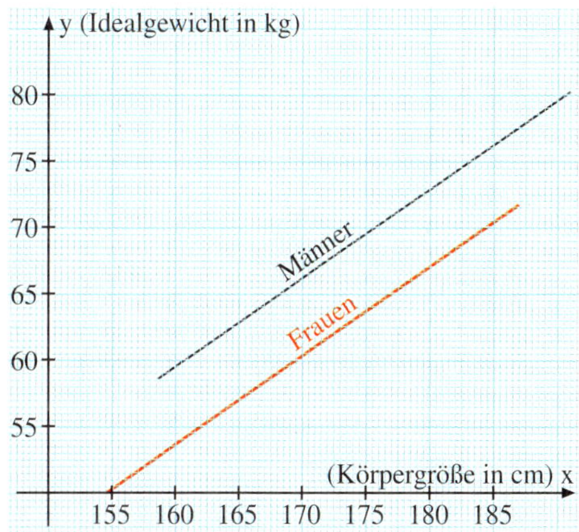

5 Lineare Funktionen

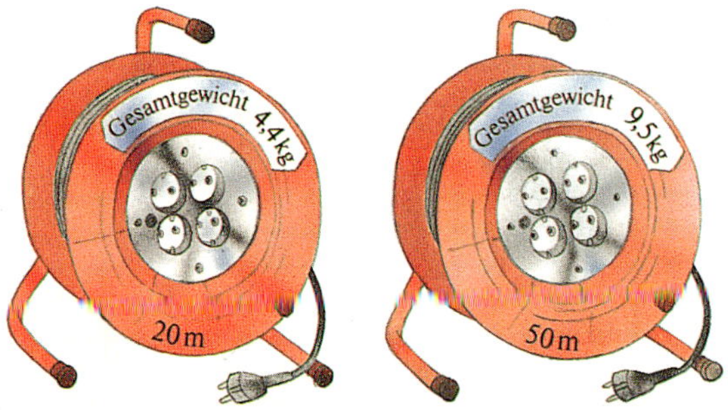

1 Im Fachgeschäft gibt es (z. B. für Rasenmäher) Elektrokabel zu 20 m und zu 50 m. Weil sie so lang sind, werden sie mit einer Trommel verkauft.
a) Vergleiche die Kabellängen und ebenso die Gesamtgewichte. Ist das Gesamtgewicht zur Kabellänge proportional?
b) Wie viel wiegt 1 m Kabel und wie viel wiegt die leere Trommel? Wie viel wiegt eine Trommel mit 40 m Kabel?

Die monatliche Wasserrechnung setzt sich zusammen aus den Kosten für das verbrauchte Wasser (z. B. 4 €/m³) und einer festen Grundgebühr (z. B. 40 €). Wurden x m³ Wasser verbraucht, so ergibt sich ein Rechnungsbetrag von $(4 \cdot x + 40)$ €.
10 m³ Wasser kosten also 80 €. Bei doppelt so hohem Verbrauch sind jedoch nicht 160 €, sondern „nur“ 120 € zu bezahlen. Es ist also zu beachten: Wegen der hinzukommenden Grundgebühr ist der Rechnungsbetrag nicht proportional zum Verbrauch.

linea recta *(lat.):* *gerade Linie*

> Zuordnungen, deren Zuordnungsvorschrift man in der Form
> $$\mathbf{f(x) = m \cdot x + c}$$
> angeben kann, heißen **lineare Funktionen**.

Jeder Funktionswert
$$f(x) = m \cdot x + c$$
ist um c größer als $m \cdot x$. Da im Koordinatensystem alle Punkte $P(x \mid m \cdot x)$ auf einer Geraden g liegen, müssen also auch alle Punkte
$$P(x \mid m \cdot x + c)$$
auf einer Geraden liegen. Sie verläuft parallel zur Geraden g.
Wegen $f(0) = m \cdot 0 + c = c$ schneidet sie die y-Achse im Punkt $A(0 \mid c)$.

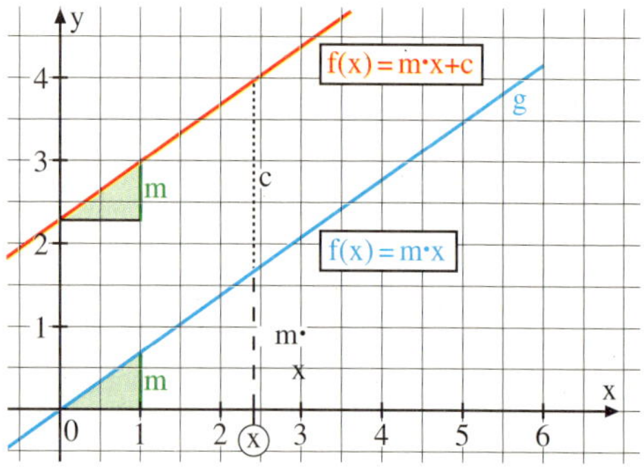

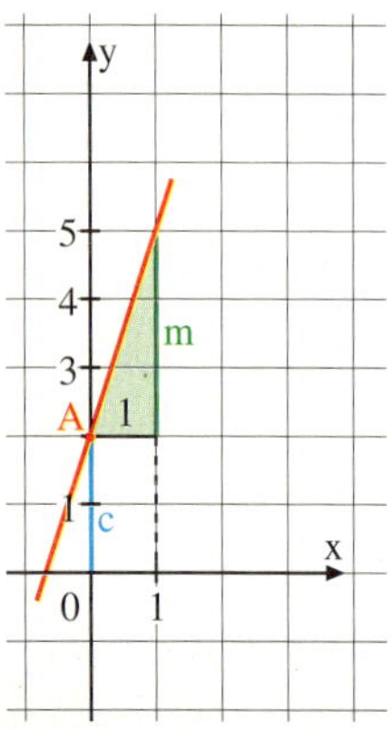

> Das Schaubild einer linearen Funktion mit $f(x) = mx + c$ ist eine **Gerade**.
> Die Zahl m heißt **Steigung**, die Zahl c heißt **y-Achsenabschnitt** der Geraden.

Beispiel 1: (Steigung, y-Achsenabschnitt)
a) Für $f(x) = 3x + 5$ ist $m = 3$ und $c = 5$.
Für $f(x) = 4{,}5 - 2x$ ist $f(x) = -2x + 4{,}5$, also $m = -2$ und $c = 4{,}5$.
b) Ist eine lineare Funktion z. B. durch $f(x) = 2(1 - 1{,}5x)$ gegeben, so müssen wir erst auf die Form $f(x) = mx + c$ bringen. Es ist $f(x) = 2 - 3x$, also $m = -3$ und $c = 2$.

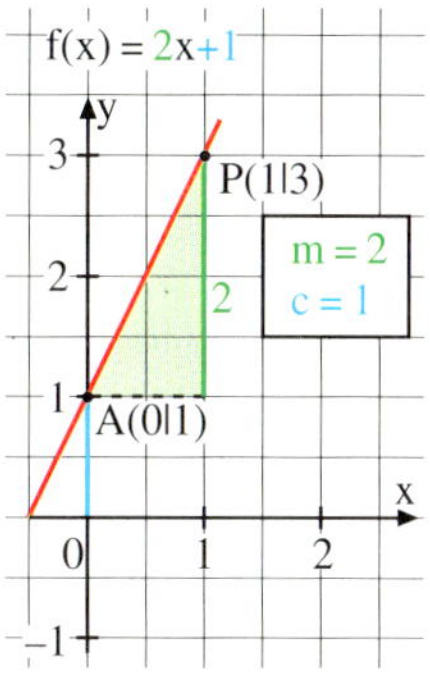

Fig. 1

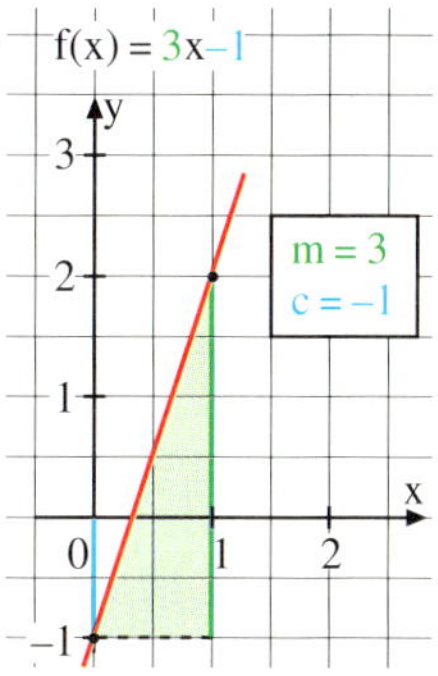

Fig. 2

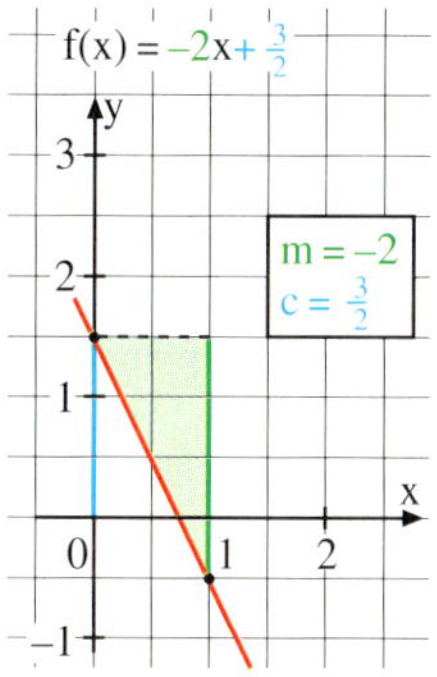

Fig. 3

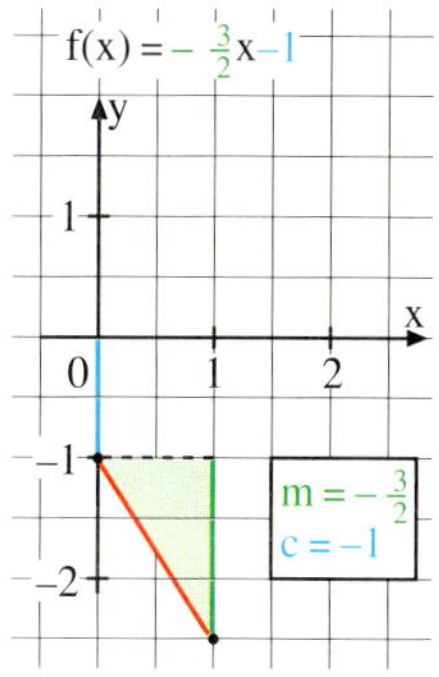

Fig. 4

Beispiel 2: (Zeichnen des Schaubildes)
Fig. 1 bis 4 zeigen, wie man das Schaubild einer linearen Funktion findet. Erst markieren wir den Punkt $A(0|c)$ auf der y-Achse. Dann gehen wir von A aus um 1 nach rechts und um m nach oben (falls $m > 0$) bzw. um $|m|$ nach unten (falls $m < 0$) zum Punkt P. Die Gerade durch A und P ist das gesuchte Schaubild.

Was bedeutet dieses Verkehrszeichen?

2 Berechne für $f(x) = \frac{3}{5}x - \frac{1}{2}$ den Funktionswert für $x = 2$ (-4; $\frac{2}{3}$; $-4{,}8$; $-2\frac{1}{4}$; $6{,}2$; $-12{,}5$; 250; -10). (Beispiel: $f(-1) = \frac{3}{5} \cdot (-1) - \frac{1}{2} = -\frac{11}{10}$)

3 Berechne für $f(x) = -0{,}4x + 1{,}2$ die Funktionswerte $f(1)$; $f(\frac{5}{2})$; $f(-4{,}8)$; $f(0)$; $f(1\frac{1}{2})$; $f(-3\frac{1}{4})$; $f(-10{,}2)$; $f(0{,}05)$. Lege eine Tabelle an.

4 Gib m und c an.

a) $f(x) = 0{,}5x + 3$ b) $f(x) = 2x - 1$ c) $f(x) = x$
d) $f(x) = 1$ e) $f(x) = 2 - 4x$ f) $f(x) = -1{,}5 - 0{,}7x$
g) $f(x) = 2x - 1 + x$ h) $f(x) = 4x + 2(1 - 2x)$ i) $f(x) = 1 - \frac{1}{2}(2 - 2x)$

Gibt es eine lineare Funktion, welche die x-Achse (die y-Achse) als Schaubild hat?

5 Zeichne ein Schaubild. (Verwende jeweils ein neues Koordinatensystem.)

a) $f(x) = 1{,}5x + 0{,}5$ b) $f(x) = \frac{3}{4}x - 2$ c) $f(x) = -\frac{1}{2}x + 3$
d) $f(x) = -1{,}5x + 4$ e) $f(x) = x + 3$ f) $f(x) = -x + 2$
g) $f(x) = -1{,}8x$ h) $f(x) = 3$ i) $f(x) = 1 + 2x$
j) $f(x) = 5 - 3x$ k) $f(x) = 2 - x$ l) $f(x) = -3x + 1$

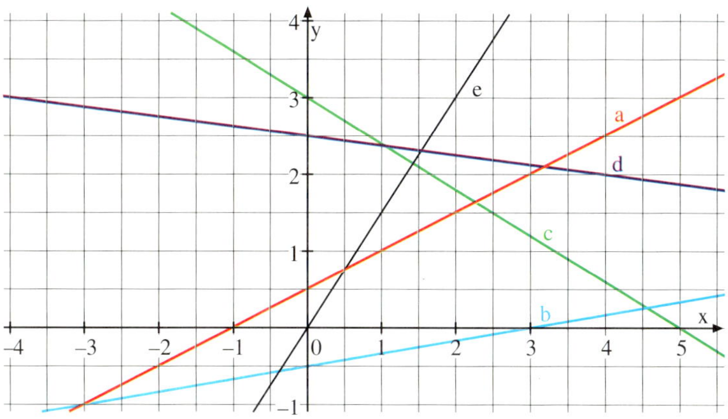

6 Um z. B. für
$f(x) = 0{,}1x + 2$
ein Schaubild zu zeichnen, verwendet man statt $P(1|2{,}1)$ besser einen anderen Punkt, der weiter von $A(0|2)$ entfernt ist, z. B. $P_1(5|2{,}5)$ oder $P_2(10|3)$.
Zeichne ein Schaubild für:
a) $f(x) = \frac{2}{7}x - 2$
b) $f(x) = 2{,}5 - \frac{4}{3}x$.

7 Gib für jede der eingezeichneten Geraden m, c und f(x) an.

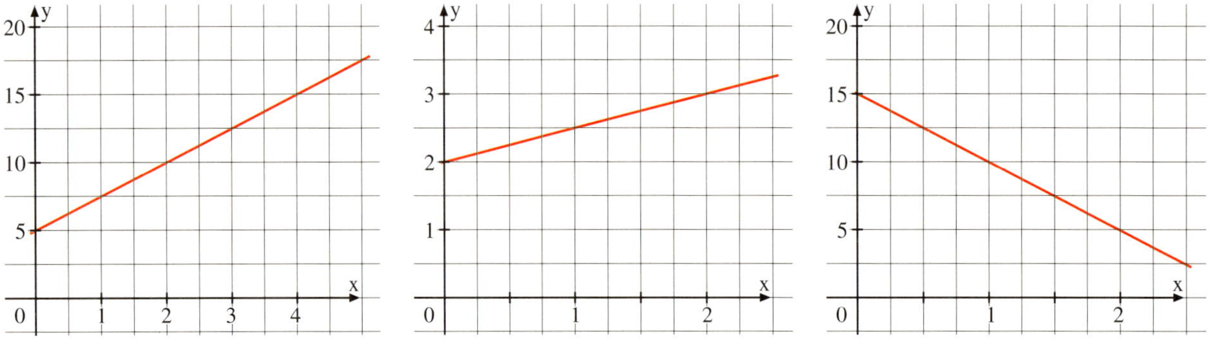

8 Bei den obigen Koordinatensystemen wurde auf der x-Achse eine andere Längeneinheit verwendet als auf der y-Achse. Gib jeweils die Zuordnungsvorschrift der linearen Funktion an, deren Schaubild eingezeichnet ist. Berechne f(4); überprüfe das Ergebnis am Schaubild.

9 Im Mitteilungsblatt eines Dorfes ist zu lesen:

Unser Dorf ist gewachsen

Jahr	1985	1988	1990	1993	1994	1995
Einwohner (am 31.12.)	1650	1815	1928	2097	2153	2208

Warum kostet ein Telegramm mit 10 Worten nicht doppelt so viel wie eines mit 5 Worten?

a) Zeichne ein Schaubild, aus dem man zu jeder Jahreszahl zwischen 1985 und 1995 die ungefähre Einwohnerzahl ablesen kann. In welchem Jahr hatte das Dorf erstmals mehr als 2000 Einwohner? Kann man sagen, dass die Einwohnerzahl zwischen 1985 und 1995 gleichmäßig zugenommen hat? Hat sie im gleichen Verhältnis zugenommen wie die Jahreszahl?
b) Lege eine neue Tabelle an, in der zu jeder Anzahl von Jahren seit 1985 angegeben ist, um wie viel die Einwohnerzahl in diesen Jahren zugenommen hat. Handelt es sich hierbei um eine Proportionalität?

10 Neulich fuhr Frau Kranz mit dem Taxi vom Bahnhof zum 5 km entfernten Theater; die Fahrt kostete 12,40 €. Als sie heute mit dem Taxi zu einem Krankenbesuch in die 10 km entfernte Klinik fuhr, rechnete sie mit einem Preis von 24,80 €. Der Taxifahrer verlangte jedoch nur 18,40 €.
Warum war die Fahrt heute billiger als erwartet? Versuche, die beiden Taxirechnungen „aufzuschlüsseln".

11€ Ein Elektrizitätswerk bietet für den monatlichen Stromverbrauch zwei Tarife an, zwischen denen die Verbraucher wählen können. Bei Tarif I wird eine Grundgebühr von 7 € erhoben, jede Kilowattstunde (kWh) kostet 10 ct. Bei Tarif II wird keine Grundgebühr erhoben, aber jede kWh kostet hier 23 ct.
a) Wie viel € sind bei Tarif I am Monatsende zu bezahlen, wenn x kWh verbraucht wurden? Wie viel sind es bei Tarif II?
b) Veranschauliche die Abhängigkeit des Rechnungsbetrags vom Verbrauch bei Tarif I in einem Koordinatensystem. Zeichne in dasselbe Koordinatensystem auch das entsprechende Schaubild für den Tarif II ein.
c) Familie Ott verbraucht im Monat durchschnittlich etwa 200 kWh. Welcher Tarif ist für sie günstiger? Bis zu welchem monatlichen Verbrauch ist Tarif II günstiger?

6 Bestimmung linearer Funktionen

1 a) Eine Gerade geht durch A(0 | 3) und P(1 | 5). Welche Steigung hat sie?
b) Eine Gerade geht durch A(0 | 3) und Q(2 | 4). Welche Steigung hat sie? Zeichne.

Im Folgenden wird gezeigt, wie man bei einer gesuchten linearen Funktion mit der Zuordnungsvorschrift $f(x) = mx + c$ die Zahlen m und c findet.

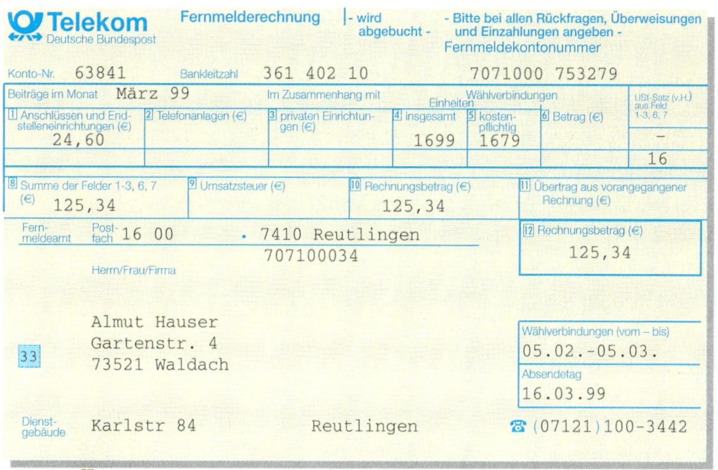
Telekom Deutsche Bundespost
Fernmelderechnung |- wird abgebucht -
- Bitte bei allen Rückfragen, Überweisungen und Einzahlungen angeben - Fernmeldekontonummer
Konto-Nr. 63841 Bankleitzahl 361 402 10 7071000 753279
Beiträge im Monat März 99 Im Zusammenhang mit Wählverbindungen
1 Anschlüssen und Endstelleneinrichtungen (€) 24,60
2 Telefonanlagen (€)
3 privaten Einrichtungen (€)
Einheiten 4 insgesamt 1699
5 kostenpflichtig 1679
6 Betrag (€)
USt-Satz (v.H.) aus Feld 1-3, 6, 7 – 16
8 Summe der Felder 1-3, 6, 7 (€) 125,34
9 Umsatzsteuer (€)
10 Rechnungsbetrag (€) 125,34
11 Übertrag aus vorangegangener Rechnung (€)
Fernmeldeamt Postfach 16 00 · 7410 Reutlingen 707100034
12 Rechnungsbetrag (€) 125,34
Herrn/Frau/Firma
Almut Hauser
Gartenstr. 4
73521 Waldach
33
Wählverbindungen (vom – bis) 05.02.-05.03.
Absendetag 16.03.99
Dienstgebäude Karlstr 84 Reutlingen ☎ (07121)100-3442

Auf der Telefonrechnung setzt sich der Rechnungsbetrag 125,34 € zusammen aus der Grundgebühr von 24,60 € und den Kosten für 1679 kostenpflichtige Gesprächseinheiten. Wie hoch ist der Rechnungsbetrag f(x) bei x kostenpflichtigen Gesprächseinheiten?

1679 Einheiten kosten (125,34 – 24,60) €.

1 Einheit kostet $\frac{125{,}34 - 24{,}60}{1679}$ €.

x Einheiten kosten $\frac{125{,}34 - 24{,}60}{1679} \cdot x$ €.

Mit der Grundgebühr ergibt dies (in €)

$$f(x) = \frac{125{,}34 - 24{,}60}{1679} \cdot x + 24{,}60$$
$$= 0{,}06 \cdot x + 24{,}60.$$

Bei dieser linearen Funktion entspricht die Grundgebühr 24,60 € dem Funktionswert f(0), der Rechnungsbetrag 125,34 € dem Funktionswert f(1679).
Die durchgeführte Rechnung zeigt:

Sind bei einer linearen Funktion der Funktionswert f(0) und ein weiterer Funktionswert f(a) bekannt, dann lautet die Zuordnungsvorschrift
$$f(x) = \frac{f(a) - f(0)}{a} \cdot x + f(0).$$

Beispiel: (Benzinverbrauch bei einem Auto)
Frau Berger ist mit dem Auto unterwegs. Plötzlich leuchtet auf der Benzinanzeige das Reservelämpchen auf; das bedeutet, dass nur noch 5 Liter im Tank sind. Frau Berger weiß, dass der Tank 50 Liter fasst; vor einer Woche hatte sie voll getankt. Der km-Zähler zeigt an, dass sie inzwischen 625 km gefahren ist. Reichen die noch vorhandenen 5 *l* für weitere 50 km bis ans Ziel der Reise? Bei normaler Fahrweise lässt sich der Zusammenhang zwischen Fahrstrecke (in km) und Tankinhalt (in *l*) durch eine lineare Funktion beschreiben. Für sie gilt:

$$f(0) = 50$$
$$f(625) = 5,$$

also $f(x) = \frac{5 - 50}{625} \cdot x + 50$ oder $f(x) = -0{,}072 \cdot x + 50$.

Nach weiteren 50 km ist Frau Berger insgesamt 675 km gefahren; es ist
$$f(675) = -0{,}072 \cdot 675 + 50 = 1{,}4.$$
Das Benzin reicht bis ans Ziel; es sind dann noch etwa 1,4 *l* im Tank.

2 Zeichne das Schaubild der linearen Funktion, für die gilt:

a) $f(0) = -0{,}5;\ f(3) = 2$ b) $f(0) = 2{,}5;\ f(4) = -1$
c) $f(0) = 3{,}2;\ f(5{,}4) = 0$ d) $f(0) = 0;\ f(-3{,}5) = -2.$

3 Ermittle die Zuordnungsvorschrift der linearen Funktion, für die gilt:

a) $f(0) = 3;\ f(4) = 5$ b) $f(0) = 1{,}8;\ f(2{,}4) = 6$ c) $f(0) = -2;\ f(7) = 0$
d) $f(0) = -1\frac{1}{2};\ f(-3) = 2$ e) $f(0) = 0;\ f(-\frac{3}{2}) = -1$ f) $f(0) = -6;\ f(1{,}8) = -10.$

4 Auf welche lineare Funktion trifft die folgende Angabe zu?

a) $f(3) = 5;\ f(0) = 1$ b) $f(-\frac{4}{5}) = 2;\ f(0) = -1$ c) $f(0) = -2;\ f(3{,}8) = 1{,}8$
d) $f(-4) = 3;\ f(0) = -1$ e) $f(3) = 7;\ f(0) = 0$ f) $f(0) = 3;\ f(6{,}2) = 3$
g) $f(-1{,}5) = 3;\ f(0) = -1$ h) $f(20) = 7310;\ f(0) = 15$ i) $f(\frac{3}{2}) = \frac{4}{5};\ f(0) = -\frac{2}{3}$

5 Welche lineare Funktion hat

a) für $x_1 = 0$ den Funktionswert $\frac{1}{5}$ und für $x_2 = 2\frac{1}{4}$ den Funktionswert $-0{,}3$
b) für $x_1 = 4{,}6$ den Funktionswert $-11{,}16$ und für $x_2 = 0$ den Funktionswert $-3{,}8$?

6 Ulis Uhr geht täglich 2 Minuten vor. Deshalb stellt er seine Uhr um 12.00 Uhr auf 11.55 Uhr.
Wie viel Minuten geht die Uhr jetzt nach x Tagen vor?

7€ In der Schweiz wird der Preis einer Ware in Schweizer Franken (sfrs) angegeben. In der Nähe der deutschen Grenze findet man oft Preisschilder der abgebildeten Art.
Welche Zuordnungsvorschrift liefert zu jeder Preisangabe in sfrs den entsprechenden Preis in €? Wie viel € kostet eine 138 sfrs teure Schweizeruhr?

8 Das linke der drei abgebildeten Thermometer wurde früher vor allem in Frankreich verwendet. °R bedeutet „Grad Réaumur" (lies: Reomür).
Das mittlere Thermometer trägt die bei uns übliche Celsius-Skala. Das rechte Thermometer wird z. B. in den USA verwendet. °F bedeutet „Grad Fahrenheit".
a) Wie viel °R entsprechen 40 °C? Wie viel °R entsprechen x °C?
b) Wie viel °F entsprechen der Körpertemperatur 37 °C eines gesunden Menschen? Wie viel °F entsprechen x °C?
c) In den USA wird eine Temperatur mit 122 °F angegeben. Wie viel °C sind das? Gib (in Worten) eine Regel an, wie man °F in °C umrechnen kann.

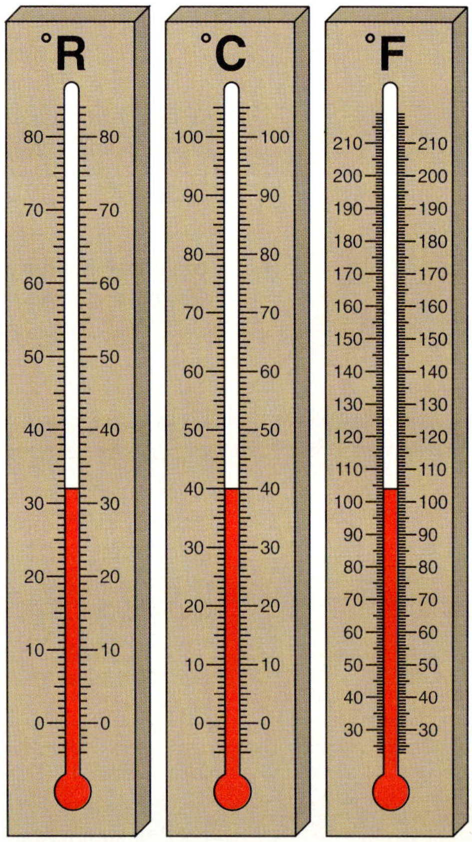

Die höchste in diesem Jahrhundert in Deutschland gemessene Außentemperatur betrug 40 °C (im Schatten). Sie wurde 1983 in der Oberpfalz gemessen.

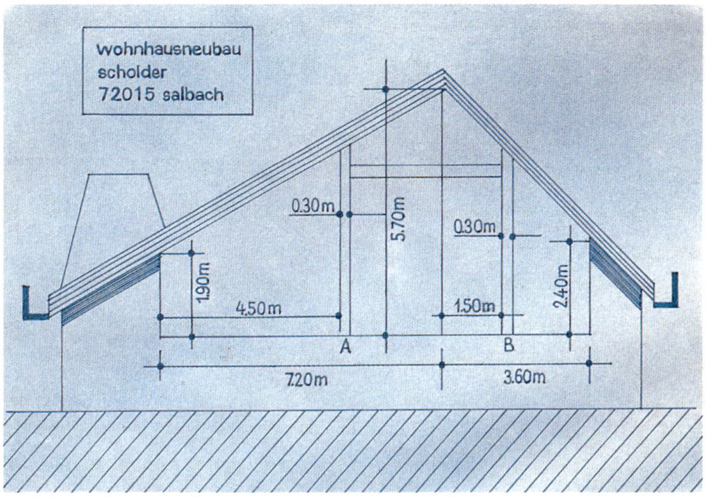

9€ Bei einem städtischen Verkehrsbetrieb kostet der Einzelfahrschein 1,40 €, eine Zehnerkarte 10,50 €. Bei wie viel Fahrten lohnt sich eine Zehnerkarte? (Rechnerische und zeichnerische Lösung)

10 Nebenan siehst du eine Bauzeichnung für ein Hausdach. An den Stellen A und B ist jeweils ein Stützbalken vorgesehen. Wie lang wird der Stützbalken in A (in B) an seiner kürzesten und wie lang an seiner längsten Seite?
(Anleitung: Wähle die linke untere Ecke des Dachraumes bzw. den Fußpunkt des Lotes vom Dachfirst auf dem Dachboden als Ursprung eines Koordinatensystems.)

11 In einer Klinik wird ein Patient um 9.10 Uhr an den „Tropf" gelegt, d.h., ihm wird aus einer Infusionsflasche (Inhalt 0,5 Liter) Kochsalzlösung sehr langsam und gleichmäßig in die Blutbahn eingeträufelt. Um 9.25 Uhr stellt die Krankenschwester fest, dass noch 0,35 Liter in der Flasche sind.
Wie lange dauert es, bis die Flasche leer ist?

12 Bei Autoreifen nimmt die Profiltiefe im Laufe der Zeit gleichmäßig ab. Deshalb überprüft sie Herr Beck von Zeit zu Zeit. Nach 20 000 km betrug sie noch 4 mm; nach 32 000 km waren es nur noch 3 mm.
a) Wie viel km kann Herr Beck mit diesen Reifen noch fahren, wenn mindestens 1 mm Profiltiefe vorgeschrieben ist?
b) Um wie viel mm nimmt die Profiltiefe alle 10 000 km ab?
c) Welche Profiltiefe hatten die Reifen, als Herr Beck sie kaufte?

Glykol:
Giftige Flüssigkeit, die in Kühlmitteln verwendet wird. Die Siedetemperatur von Glykol beträgt 197 °C.

13 Das Schaubild zeigt für drei verschiedene Flüssigkeiten, wie rasch sich ihre Temperatur bei Erwärmung ändert.
a) Warum steigt die Temperatur bei Spiritus und Wasser nach einer gewissen Zeit nicht weiter an?
Ist das bei Glykol wohl auch so?
b) Entnimm den Schaubildern möglichst genau die Zuordnungsvorschrift, solange die Temperatur linear zunimmt. Füge jeweils hinzu, für welchen Zeitraum diese Vorschrift gilt.

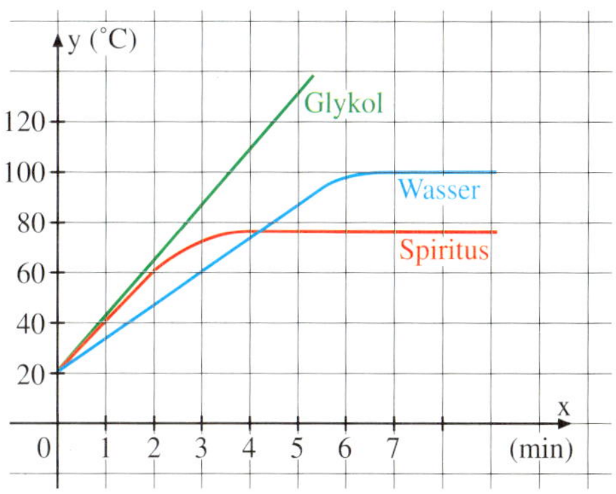

14 Ulrike vermutet, dass ihre Personenwaage nicht richtig anzeigt. Zum Vergleich wiegt sie sich in der Apotheke auf einer sehr genauen Waage. Diese zeigt 43 kg, zu Hause waren es 44,5 kg. Bei Ulrikes Mutter zeigt die Waage 63 kg an, zu Hause waren es 64,5 kg. Was stimmt an der Waage zu Hause nicht? Wie kann Ulrike sie ganz leicht „reparieren"? Auf der Waage zu Hause wog Ulrike 20 kg weniger als ihre Mutter; wie groß ist der Unterschied in Wirklichkeit?

7 Vermischte Aufgaben

Lesen von Schaubildern

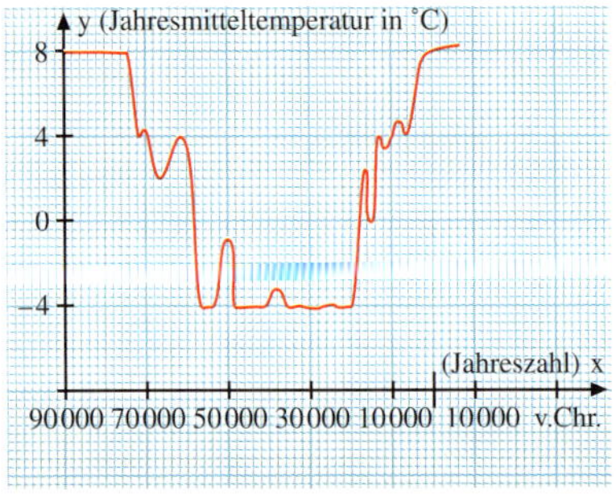

Fig. 1

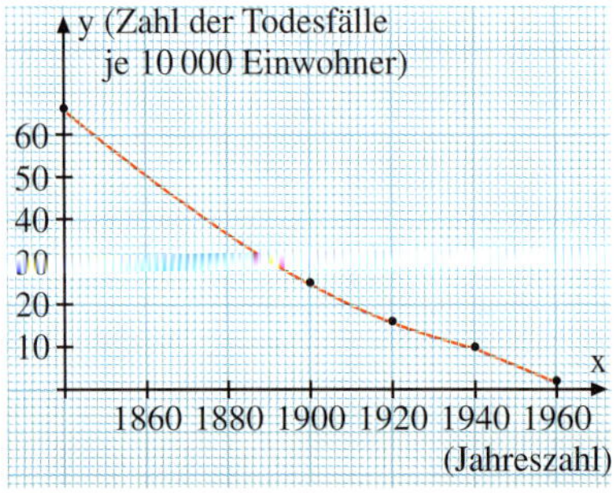

Fig. 2

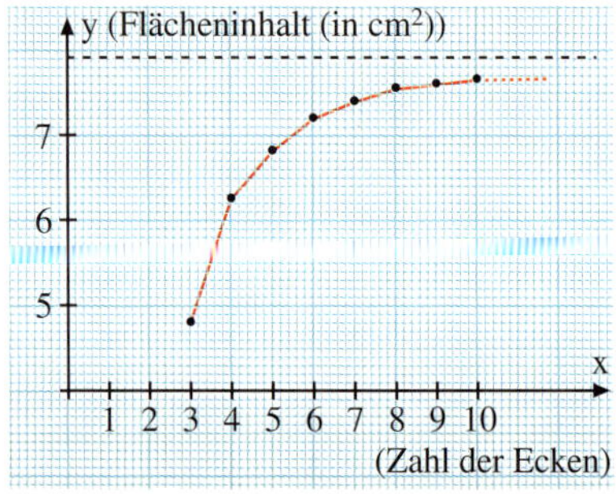

Fig. 3

1 Aus Fig. 1 kannst du die Jahresmitteltemperaturen vom Beginn der Würmeiszeit bis heute ablesen. Lies die Temperatur in 10 000er-Schritten ab; stelle eine Tabelle auf. Welche Vorteile hat die gezeichnete Kurve gegenüber einer solchen Tabelle?

2 Fig. 2 kann man entnehmen, wie sich die Zahl der Sterbefälle durch Tuberkulose (Tbc) in Deutschland seit 1840 geändert hat.
a) Die rot eingezeichnete Linie nähert sich mit zunehmender Jahreszahl immer mehr der x-Achse. Was bedeutet dies für die Krankheit? Wie lässt sich dies erklären, obwohl sich die Methoden zur Bekämpfung der Krankheit bis zur Mitte unseres Jahrhunderts kaum geändert haben?
b) Nach dem zweiten Weltkrieg wurden bei der Tbc-Behandlung erstmals Antibiotika verwendet. Wie zeigt sich dies am Schaubild?

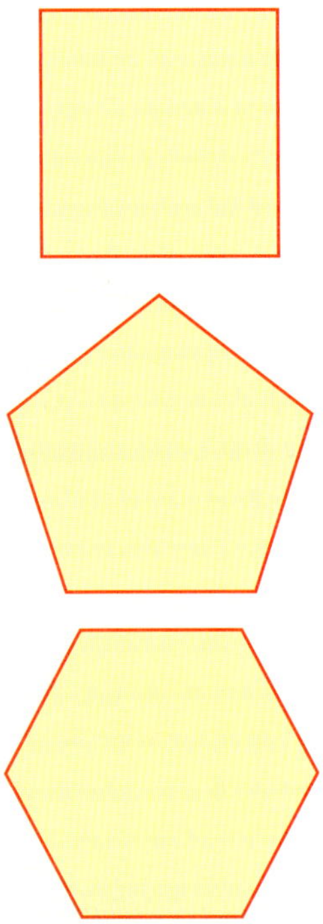

3 Ein regelmäßiges (also gleichseitiges) Dreieck mit dem Umfang 10 cm hat den Flächeninhalt 4,81 cm²; ein regelmäßiges Viereck (Quadrat) mit dem Umfang 10 cm hat den Flächeninhalt 6,25 cm². Ebenso hat das regelmäßige Fünfeck (Sechseck; ...) mit dem Umfang 10 cm einen bestimmten Flächeninhalt. In Fig. 3 kann man zu jeder Eckenzahl den dazugehörenden Flächeninhalt ablesen.
a) Welchen Flächeninhalt hat ein regelmäßiges Fünfeck (Sechseck; Zehneck) mit dem Umfang 10 cm? Gibt es ein regelmäßiges Vieleck mit dem Umfang 10 cm und dem Flächeninhalt 7,00 cm²?
b) Die in Fig. 3 eingezeichnete rote Linie entfernt sich mit zunehmender Eckenzahl immer mehr von der x-Achse. Was bedeutet dies für die Vielecke?
c) Für hinreichend große Eckenzahlen kommt die rote Linie der eingezeichneten (gestrichelten) Parallelen zur x-Achse schließlich beliebig nahe, schneidet sie aber nicht. Was bedeutet dies für die betrachteten Vielecke?

Herstellen von Schaubildern

4 a) Welche der linearen Funktionen mit $f(x) = \frac{3}{4}x - 1$; $f(x) = \frac{5}{3}x - 1$; $f(x) = 4 + 0{,}75\,x$ haben parallele Schaubilder? Welche Schaubilder gehen durch denselben Punkt der y-Achse?
b) Zeichne für $f(x) = -\frac{3}{4}x + 1\frac{1}{2}$ und $f(x) = \frac{1}{2}(3 - 1{,}5\,x)$ ein Schaubild. Vergleiche.

5 Wegen einer Reparatur muss ein Öltank leergepumpt werden. Nach 3 Minuten befinden sich noch 3 000 Liter, nach weiteren 2 Minuten noch 2 000 Liter Öl im Tank.
Fertige ein Schaubild (Zeitangaben auf der x-Achse) an. Lies ab:
a) Wie viel Liter Öl befanden sich vor dem Abpumpen im Tank?
b) Wie lange dauert es, bis der Tank leer gepumpt (halb leer gepumpt) ist?

6 Anne erwärmt einen Topf mit Wasser auf dem Elektroherd. In den ersten 10 min steigt die Wassertemperatur von anfangs 15 °C gleichmäßig bis auf 60 °C. Nun schaltet Anne auf die niedrigste Heizstufe, so dass das Wasser seine Temperatur behält. Nach 5 min schaltet sie auf die höchste Heizstufe, dadurch kommt das Wasser nach weiteren 5 min zum Sieden (100 °C). Sobald der Siedepunkt erreicht ist, schaltet Anne den Herd aus.
Skizziere ein Schaubild, das zeigt, wie sich die Wassertemperatur im Laufe der ersten Stunde verändert.

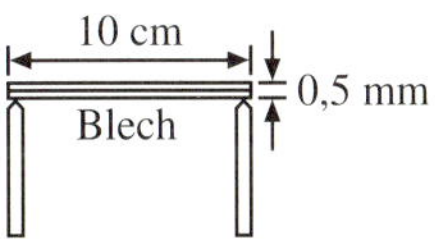

Bei dieser Anordnung biegt sich das Blech nicht durch. Macht man den Abstand der Stützen 1000-mal so groß und dafür das Blech auch 1000-mal so dick, dann biegt es sich gewaltig durch. Woher kommt das?

7€ Eine Heizölfirma berechnet für die ersten 500 *l* Öl einen Preis von 35 ct/*l*, bei einer Abnahme von weniger als 2 000 *l* für jeden weiteren Liter 30 ct; ab 2 000 *l* wird bis zu einer Gesamtmenge von 5 000 *l* für jeden weiteren Liter nur noch 25 ct berechnet.
a) Warum staffelt die Firma den Ölpreis in der angegebenen Weise?
Wie viel kosten 3 400 *l* Öl?
b) Zeichne ein Schaubild der Zuordnung, die jedem getankten Liter Öl seinen Preis zuordnet.
c) Zeichne (in einem neuen Koordinatensystem) ein Schaubild der Zuordnung, die jeder Ölmenge unter 5 000 *l* den zu bezahlenden Geldbetrag zuordnet.
d) Welcher mittlere Ölpreis je Liter ergibt sich aus der angegebenen Preisgestaltung? Wie lässt sich dieser mittlere Ölpreis im Schaubild von b) (im Schaubild von c)) anschaulich deuten?

8 Die Schiffahrtslinie ATC unterhält einen Pendelverkehr zwischen London und New York. Täglich um die Mittagszeit verlässt ein ATC-Dampfer London in Richtung New York; gleichzeitig sticht in New York ein anderer ATC-Dampfer in See, um nach London zu fahren. Jede Überfahrt dauert genau sieben Tage.
Wie viel ATC-Schiffen begegnet ein Dampfer, der heute mittag London verlässt, auf seiner Fahrt nach New York? (Anleitung: Verwende eine geeignete zeichnerische Darstellung.)

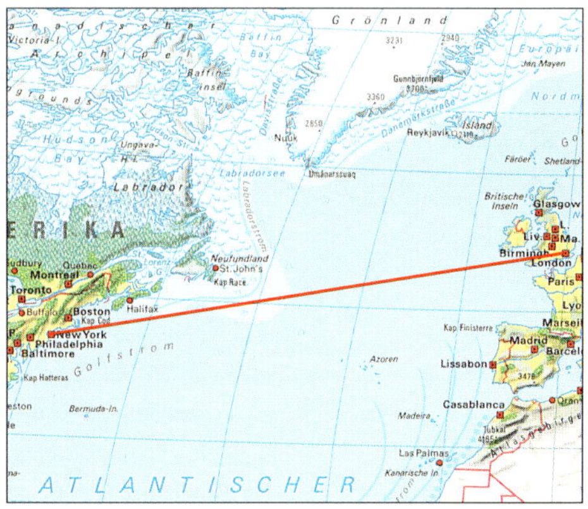

Aufstellen der Zuordnungsvorschrift

9 In rechtwinkligen Dreiecken mit $\gamma = 90°$ gehört zu jedem Winkel α ein bestimmter Winkel β. Gib die Zuordnungsvorschrift an, die jedem Winkel α den entsprechenden Winkel β zuordnet. Berechne $f(30°)$, $f(62°)$ und $f(51°13')$.

10 Das Schaubild einer linearen Funktion geht durch die Punkte $A(0|1)$ und $P(1|-1)$. Prüfe durch Rechnung, welche der folgenden Punkte auf dem Schaubild liegen.
$Q(5|-9)$ $\quad$ $R(-3|6)$ $\quad$ $S(\frac{3}{4}|-\frac{1}{2})$ $\quad$ $T(2,5|-3,5)$

11 Bei Rechtecken mit dem gleichen Umfang 1 m gehört zu jeder Länge a eine bestimmte Breite b.
a) Wie breit ist ein Rechteck mit dem Umfang 1 m, das 0,4 m lang ist? Welche Breite hat ein solches Rechteck, wenn es x m lang ist? Gib die lineare Funktion an, die jeder Länge (in m) die dazugehörende Breite (in m) zuordnet. Wie breit ist ein solches Rechteck, wenn es 0,2 m lang ist? Berechne f(0,15) und f(0,25).
b) Wie ändert sich die Zuordnungsvorschrift aus a), wenn Umfang, Länge und Breite in cm gemessen werden?

12€ Wenn Familie Haller für die Heizung den Kundendienst ruft, dann werden für die Fahrkosten 15 € und für jede Arbeitsstunde 32 € berechnet.
a) Welche Kosten entstehen, wenn ein Monteur $3\frac{1}{2}$ Stunden arbeitet? Gib die lineare Funktion an, die jeder Arbeitszeit die entstehenden Kosten zuordnet.
b) Die in a) berechneten Kosten sind noch nicht der endgültige Rechnungsbetrag. Zu diesen Kosten kommen nämlich noch 16 % Mehrwertsteuer hinzu. Welche lineare Funktion ordnet jeder Arbeitszeit den endgültigen Rechnungsbetrag zu? Wie hoch ist der Rechnungsbetrag, wenn ein Monteur $3\frac{1}{2}$ Stunden arbeitet?

13€ Für 60 € erhält man bei einer Schweizer Bank 100 Schweizer Franken (sfrs); unabhängig vom Tauschbetrag wird eine Umtauschgebühr von 3 sfrs einbehalten. Welche lineare Funktion liefert zu einem €-Betrag den ausbezahlten sfrs-Betrag?

14€ Ein Fotohändler bietet an: Entwicklungsgebühr für einen Color-Kleinbildfilm 3 €, jeder Farbabzug 30 ct. Ein Großlabor lockt mit der abgebildeten Werbung.
a) Du hast 36 Aufnahmen gemacht. Wo lässt du die Fotoarbeiten erledigen, beim Händler oder im Labor? Zeichne.
b) Bei welcher Bilderzahl sind beide Angebote gleich günstig?

15 Die Tabelle stammt aus dem Handbuch eines Technikers.
a) Zeichne ein Schaubild für die Abhängigkeit der Belastbarkeit vom Seildurchmesser. Ist die Zuordnung linear?
b) Um die Belastbarkeit eines Seiles mit 25 mm Durchmesser (die in der Tabelle fehlt) zu bekommen, denken wir uns im Schaubild das Kurvenstück zwischen A(20 | 2000) und B(28 | 8000) durch eine gerade Linie ersetzt. Welche Belastbarkeit ergibt die Rechnung danach für die Seildicke 25 mm? (Man sagt bei diesem Vorgehen auch: Zwischen den Stellen 20 und 28 wurde „linear interpoliert".)

interpolare *(lat.): zwischenschalten*

Ein Schaubild erzählt

Noch vor 100 Jahren waren Unfälle, die durch technische Mängel ausgelöst wurden, wesentlich häufiger als heute; Eisenbahnen entgleisten öfters, Brücken stürzten öfters ein usw. Heute gibt es so genannte Materialprüfungsanstalten, welche die verschiedenen Werkstoffe vor ihrer Verwendung sorgfältig auf ihre Eigenschaften untersuchen.

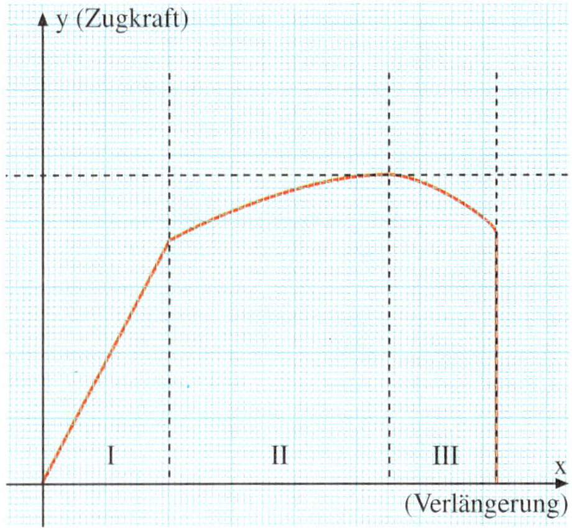

Das obige Schaubild wurde bei der Überprüfung einer bestimmten Stahlsorte auf Zugfestigkeit von einem automatischen Schreiber aufgezeichnet. Ein aus dem Stahl gefertigter Probestab wird zwischen zwei Backen eingespannt, dann werden die Backen gleichmäßig langsam auseinander gezogen.

Im Bereich I spricht man von einer „elastischen" Verformung des Stabes; der Stab springt bei Wegnehmen der Zugkraft auf seine ursprüngliche Länge zurück.

In den Bereichen II und III handelt es sich um eine „plastische" Verformung.

1 Warum geht das Schaubild durch den Ursprung? Wie lässt sich der Zusammenhang zwischen der Verlängerung des Stabes und der dazu benötigten Kraft im Bereich I mathematisch beschreiben (hookesches Gesetz)? Welche Eigenschaft des Stahls kommt in der Steigung des Geradenstücks zum Ausdruck? Wie könnte man sie nennen?

2 Im Bereich II verläuft das Schaubild flacher, in der Nähe der rechten Bereichsgrenze sogar fast parallel zur x-Achse. Was bedeutet dies für den Stahl? Inwiefern stellt dieser Bereich bei der Verwendung des Stahls (z.B. als Zugseil an Brücken) eine Gefahrenzone dar?

3 Wie reagiert der Stahlstab, wenn er auf eine Länge aus dem Bereich III gedehnt wird? Am Ende dieses Bereichs geht die aufzuwendende Kraft ganz plötzlich auf null zurück; wie ist das zu verstehen?

4 Beim obigen Schaubild wurde die Verlängerung des Stabes auf der x-Achse und die aufgewendete Kraft auf der y-Achse notiert. Wie würde das Schaubild aussehen, wenn man die Achsen vertauscht (Skizze)? Welche Vorteile hat demgegenüber die oben gewählte Darstellung?

Grafischer Fahrplan

Die Bundesbahn benutzte früher neben Kursbüchern auch grafische Fahrpläne. Sie geben zwar Abfahrts- und Ankunftszeit eines Zuges nicht so genau an wie das Kursbuch, lassen aber unmittelbar erkennen, welche Züge auf einer bestimmten Strecke verkehren. Die Abbildung zeigt einen Ausschnitt für die Strecke Bietigheim – Stuttgart und die Zeit zwischen 16 und 18 Uhr. Die dick eingetragenen Linien gelten für Fernzüge, die dünnen für Vorortzüge.

1 a) Wie viele Fernzüge fahren zwischen 16 Uhr und 18 Uhr durch Zuffenhausen? Welche von ihnen fahren in Richtung Stuttgart, welche in Richtung Bietigheim?

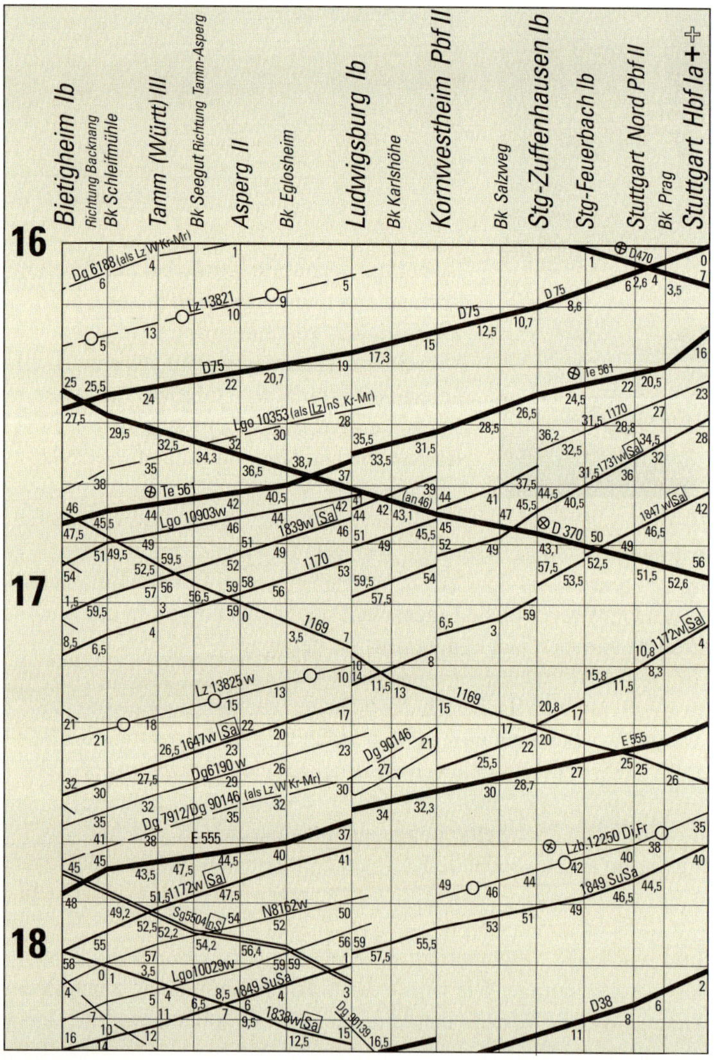

b) Ein aus München kommender Reisender kommt kurz vor 16 Uhr in Stuttgart an und möchte nach Ludwigsburg weiterreisen. Kann er den D75 benutzen oder sollte er auf den Te561 warten?

c) Auf seiner Fahrt von Stuttgart nach Bietigheim kommt dem Te561 ein anderer Fernzug entgegen. Um welchen Fernzug handelt es sich? Bei welchem Ort und um welche Zeit etwa begegnen sich die Züge?

d) Woran kann man erkennen, dass es auf der Strecke Stuttgart – Bietigheim nicht nur ein einziges Ferngleis gibt?

e) Fernzüge haben Vorfahrt. Deshalb müssen Vorortzüge manchmal auf einem Bahnhof warten, um einen Fernzug vorbeizulassen. Kommt dies auch auf der Strecke Stuttgart – Bietigheim vor?

f) Wie zeigt sich auf einem grafischen Fahrplan, dass ein Zug einen andern überholt?

g) Die Zeichen w Sa hinter einer Zugnummer bedeuten, dass der Zug nur werktags außer samstags verkehrt, die Zeichen SuSa, dass er nur sonntags und samstags verkehrt. Warum fahren die Woche über zwischen 16 Uhr und 17 Uhr mehr Vorortzüge von Stuttgart in Richtung Ludwigsburg als umgekehrt?
Trifft dies auch für andere Tageszeiten zu? Wie viele Vorortzüge fahren samstags zwischen 16 Uhr und 17 Uhr (zwischen 17 Uhr und 18 Uhr) in diese Richtung?

2 a) Die auf dem grafischen Fahrplan für den Te561 eingezeichnete Linie hat bei Bk Prag einen Knick. Was bedeutet dies für den Zug? Auf welcher der Teilstrecken Stuttgart – Prag und Prag – Zuffenhausen fährt der Zug schneller?

b) Wie erkennt man am grafischen Fahrplan, dass zwei Züge gleich schnell fahren?

c) Auf welcher Teilstrecke fährt der E555 bei der Fahrt nach Bietigheim am schnellsten?
Fährt er auf dieser Teilstrecke schneller als der Te561?

Koordinatensystem

Ein Achsenkreuz nennt man auch ein Koordinatensystem. Der Schnittpunkt beider Achsen heißt Ursprung des Koordinatensystems.
Jeder Punkt hat zwei Koordinaten, einen x-Wert und einen y-Wert.

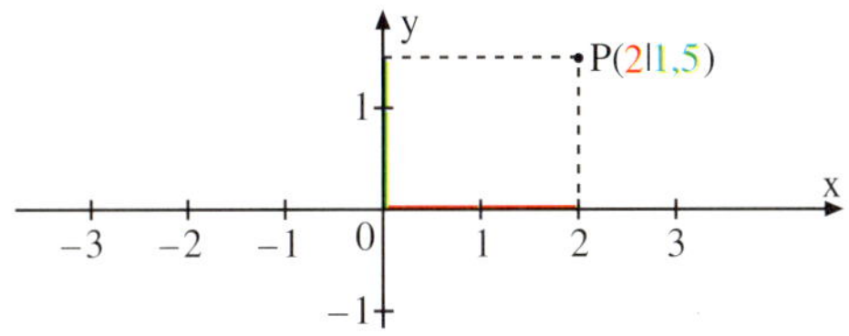

Schaubild einer Zuordnung

Ist der Zahl a die Zahl b zugeordnet, so trägt man zur Veranschaulichung im Koordinatensystem den Punkt $P(a\,|\,b)$ ein. Die Menge der Punkte, die man so erhält, ist das Schaubild der Zuordnung.

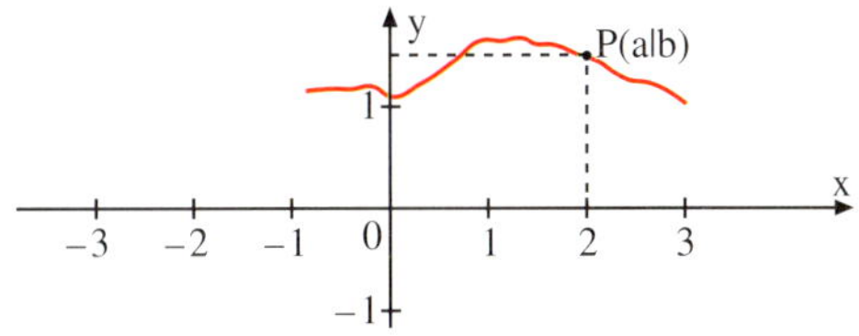

Lineare Funktionen

Lineare Funktionen sind besondere Zuordnungen; ihre Zuordnungsvorschrift hat die Form
$f(x) = m \cdot x + c$.
Sonderfall: Für $c = 0$ lautet die Zuordnungsvorschrift
$f(x) = m \cdot x$ (Proportionalität).

$f(x) = 2x + 1$ Lineare Funktion

$f(x) = 2x$ Proportionalität

Funktionswert

Ist der Zahl a die Zahl b zugeordnet, dann nennt man b den Funktionswert von a.
Schreibweise: $f(a) = b$.

$f(x) = 3x - 1$; $f(2) = 5$
$f(-4) = -13$

Schaubild einer linearen Funktion

Das Schaubild einer linearen Funktion ist eine Gerade; sie hat die Steigung m und den y-Achsenabschnitt c.
Um das Schaubild zu finden, markieren wir die Punkte $A(0\,|\,c)$ und $P(1\,|\,c+m)$ und zeichnen danach die Gerade durch A und P.

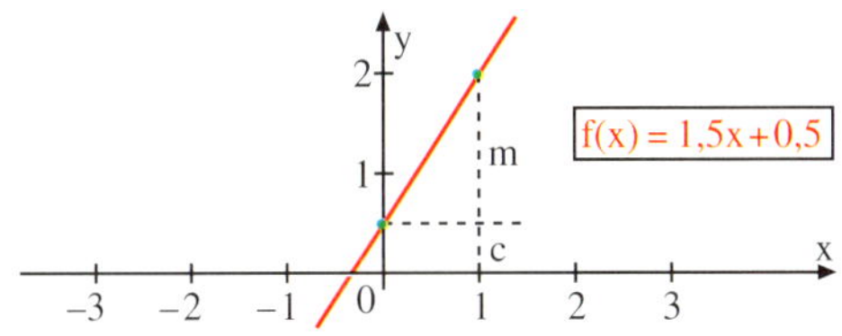

Eigenschaften linearer Funktionen

Bei einer linearen Funktion ändern sich die Funktionswerte gleichmäßig, d. h.:
Gleicher Zuwachs bei x-Werten bewirkt
gleichen Zuwachs bei den Funktionswerten.

x		$3x - 1$	
1		2	
	+2		+6
3		8	
	+2		+6
5		14	
…		…	

Bestimmung linearer Funktionen

Nimmt eine lineare Funktion mit $f(x) = mx + c$ für $x = 0$ den gegebenen Funktionswert $f(0)$ an und für $x = a$ (mit $a \neq 0$) den gegebenen Funktionswert $f(a)$, dann lautet ihre Zuordnungsvorschrift

$$f(x) = \frac{f(a) - f(0)}{a} \cdot x + f(0).$$

Ist $f(0) = -4$ und $f(3) = 5$, dann lautet die Zuordnungsvorschrift

$$f(x) = \frac{5 - (-4)}{3} \cdot x + (-4)$$

$$f(x) = 3x - 4$$

1 Lineare Gleichungen

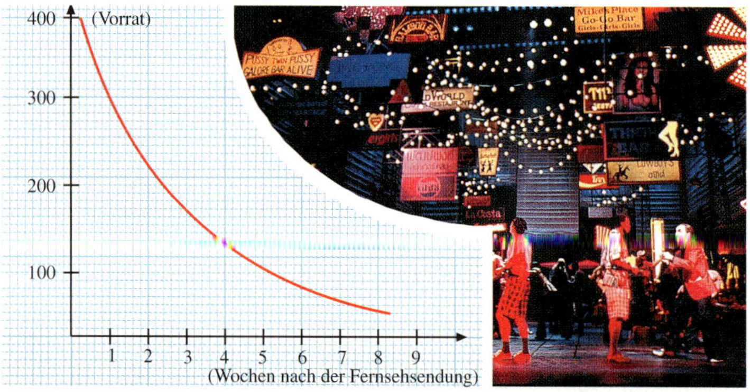

1 a) Ein Musikgeschäft verkauft von einer Musical-CD pro Woche durchschnittlich 30 Stück. Wie viel CDs einer Lieferung von 400 Stück sind nach 3 Wochen, wie viel nach 5 Wochen noch vorrätig? Nach wie viel Wochen muss nachbestellt werden, wenn der Bestand nicht unter 70 Stück sinken soll?
b) Nachdem das Musical im Fernsehen kam, erhöht sich die Nachfrage nach den CDs. Das abgebildete Achsenkreuz zeigt, wie nun der Vorrat abnimmt. Nach wie viel Wochen muss nachbestellt werden?

Bei normalen Straßenverhältnissen kann man den Anhalteweg eines Autos (in m), das mit der Geschwindigkeit x (in km je h) fährt, näherungsweise berechnen nach der Vorschrift

$$\left(\frac{x}{10}\right) \cdot 3 + \left(\frac{x}{10}\right)^2. \qquad (*)$$

Wollen wir umgekehrt wissen, bei welcher Geschwindigkeit der Anhalteweg z. B. 40 m beträgt, so schreiben wir $40 = \left(\frac{x}{10}\right) \cdot 3 + \left(\frac{x}{10}\right)^2. \qquad (**)$

Man nennt (∗∗) eine **Gleichung**. Die Gleichung besagt: Es soll der x-Wert bestimmt werden, für den der Term (∗) den Wert 40 hat. Setzen wir für x die Zahl 60 ein, ergibt sich die falsche Aussage $40 = 54$; setzen wir für x die Zahl 50 ein, so erhalten wir die wahre Aussage $40 = 40$. Wir sagen: 50 ist eine **Lösung** der Gleichung, oder: 50 **erfüllt** die Gleichung.

Eine Zahl a heißt **Lösung** (oder **Lösungszahl**) der Gleichung, wenn beim Einsetzen von a für x eine wahre Aussage entsteht. Die Menge aller Lösungen einer Gleichung nennt man ihre **Lösungsmenge** L.

Wenn wir in der Gleichung (**) für x die Zahl –80 einsetzen, so ergibt sich ebenfalls eine wahre Aussage. Da x jedoch eine Geschwindigkeit bedeutet, dürfen wir für x keine negativen Zahlen einsetzen. Dies zeigt: Bei einer Gleichung muss man beachten, welche Zahlen man für x einsetzen darf. Die Menge dieser zugelassenen Zahlen nennt man die **Grundmenge** der Gleichung. Wenn im Weiteren bei einer Gleichung die Grundmenge nicht extra angegeben ist, dann soll die Menge $\mathbb{Q}$ der rationalen Zahlen ihre Grundmenge sein.

Beispiel:
Der Term $5x - 3$ liefert für Einsetzungen aus $\mathbb{N}$ die folgende Wertetabelle.

x	1	2	3	4	5	6	7	8	9	10	11	12 ...
5x – 3	2	7	12	17	22	27	32	37	42	47	52	57 ...

Aus der Wertetabelle lesen wir ab: Die Gleichung $5x - 3 = 32$ mit der Grundmenge $\mathbb{N}$ hat die Zahl 7 als einzige Lösung; es ist $L = \{7\}$.
Die Gleichung $5x - 3 = 20$ mit der Grundmenge $\mathbb{N}$ hat keine Lösung; es ist $L = \{\,\}$.

Wenn wir bei der **linearen** Funktion mit der Zuordnungsvorschrift $f(x) = 3x - 2$ fragen, für welchen x-Wert der Funktionswert 5 ist, dann erhalten wir die **lineare Gleichung**

$$5 = 3x - 2.$$

Fragen wir, für welchen x-Wert die beiden Zuordnungsvorschriften $f(x) = 3x - 2$ und $f(x) = 4 - x$ zum gleichen Funktionswert führen, dann erhalten wir die lineare Gleichung

$$3x - 2 = 4 - x.$$

Wir verfolgen nun den Zusammenhang anhand eines Koordinatensystems.

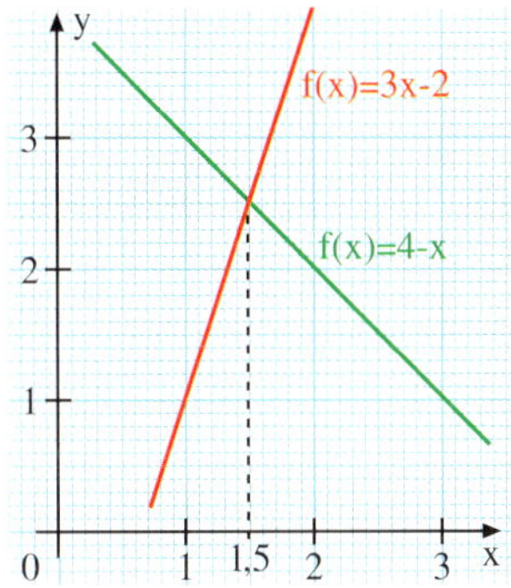

Fig. 1

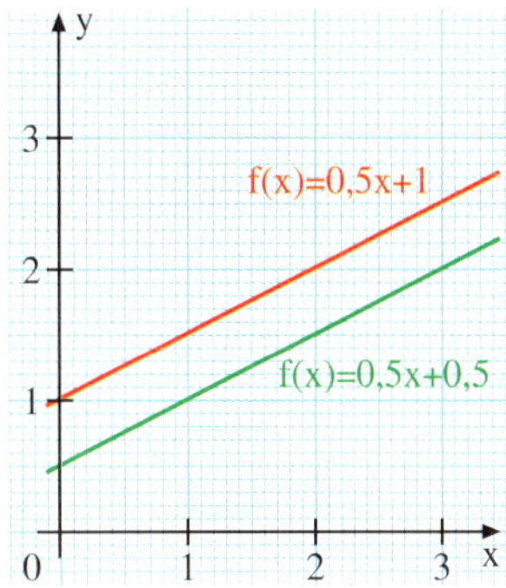

Fig. 2

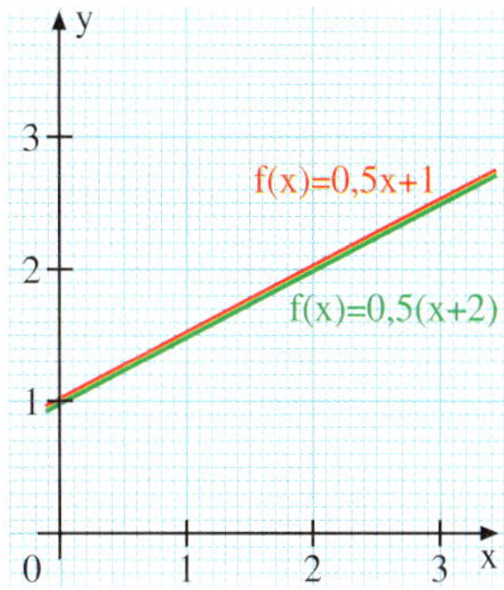

Fig. 3

a) Fig. 1 zeigt, dass die Zuordnungsvorschriften $f(x) = 3x - 2$ und $f(x) = 4 - x$ für $x = 1,5$ zum gleichen Funktionswert führen. Die Gleichung $3x - 2 = 4 - x$ hat also die Lösung 1,5; es ist $L = \{1,5\}$.
b) Die beiden Schaubilder in Fig. 2 sind parallel, sie haben keinen Schnittpunkt. Also hat die Gleichung $0,5x + 1 = 0,5x + 0,5$ keine Lösung; für sie gilt $L = \{\ \}$.
c) In Fig. 3 führen $f(x) = 0,5x + 1$ und $f(x) = 0,5(x + 2)$ zum gleichen Schaubild; d. h., die Gleichung $0,5x + 1 = 0,5(x + 2)$ ist für jedes $x \in \mathbb{Q}$ erfüllt, sie hat die Lösungsmenge $L = \mathbb{Q}$.

Eine **lineare** Gleichung hat entweder
genau eine Lösung oder **keine Lösung** oder **jede Zahl der Grundmenge** als Lösung.
Man sagt: Eine lineare Gleichung ist entweder **eindeutig lösbar** oder **unlösbar** oder **allgemein gültig**.

$x + 1 = 3$
$L = \{2\}$

2 Berechne die Lösung der Gleichung im Kopf.

a) $x + 4 = 10$ b) $7 + x = 20$ c) $12 = 5 + x$ d) $100 = x - 10$
e) $50 - x = 41$ f) $17 = 15 - x$ g) $x + 15 = 0$ h) $5 = x + 7$

3 Bestimme die Lösung der Gleichung.

a) $12x = 84$ b) $50x = 250$ c) $-3x = 12$ d) $17x = -136$
e) $5x = 12$ f) $100x = -45$ g) $-7x = -14$ h) $-26x = -39$

$x + 1 = x + 1$
$L = \mathbb{Q}$

4 Prüfe durch Einsetzen, ob eine der Zahlen -1; 0; 2; $\frac{1}{2}$ Lösung der Gleichung ist.

a) $9x = -1$ b) $-9x = 9$ c) $0x = 9$ d) $-9x = 0$ e) $9x = 9$
f) $2x = 2$ g) $-2x = -1$ h) $\frac{1}{2}x = 1$ i) $-\frac{1}{2}x = \frac{1}{2}$ j) $0x = 0$

$x + 1 = x - 1$
$L = \{\}$

5 Prüfe durch Einsetzen, ob eine der Zahlen 1, 2, 3, 4 oder 5 Lösung der Gleichung ist.

a) $15x - 25 = 50$ b) $-7x + 25 = 4$ c) $80 - 12x = 68$ d) $17x - 47 = -13$
e) $-x + 2 = 0$ f) $-3x + 20 = 5$ g) $100 = 60 + 4x$ h) $3x + 1 = 0$

$2 x 3 = \frac{23}{10}$

Welches Zeichen muss man für x setzen, damit eine wahre Aussage entsteht?

6 Prüfe durch Einsetzen: Welche der Zahlen 1; 0; $\frac{1}{5}$; −1; 2,5; 3 ist Lösung der Gleichung, wenn $\mathbb{Q}$ ($\mathbb{Z}$; $\mathbb{N}$) die Grundmenge der Gleichung ist?

a) $4x + 1 = \frac{1}{2}(2 - 2x)$ b) $\frac{1}{4}x + 2 = (3x + 8)\frac{1}{4} - \frac{1}{2}x$ c) $2(x - 1{,}2) - (2{,}5 - x) = 2{,}6$

7 In der Abbildung ist gezeigt, wie die Lösung der linearen Gleichung $\frac{1}{2}x - 1 = 1$ mit Hilfe des Schaubildes der linearen Funktion mit $f(x) = \frac{1}{2}x - 1$ ermittelt werden kann. Bestimme auf diese Weise die Lösung der Gleichung zeichnerisch.

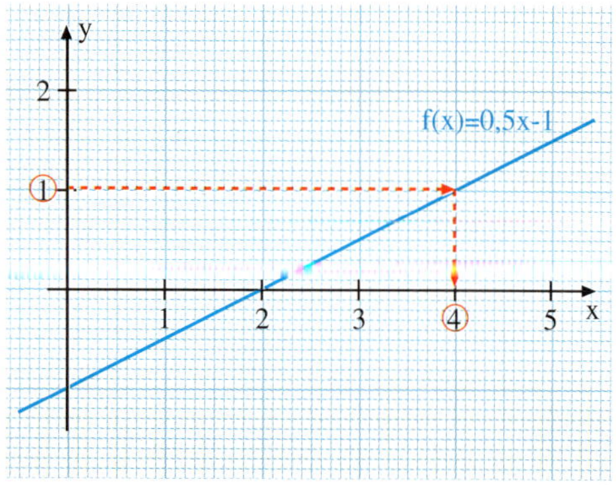

a) $\frac{1}{2}x + 1 = 3$ b) $x - 3 = -2$

c) $2x + 3 = 7$ d) $-\frac{1}{3}x + 3 = 5$

e) $-1{,}4x + 6 = 2{,}5$ f) $7 - x = 11$

g) $-1{,}5x - 2 = 1$ h) $\frac{1}{4}x - 1 = \frac{1}{4}$

8 a) Für welchen x-Wert nimmt die lineare Funktion mit $f(x) = 3x - 2$ den Wert 7 an?
b) Für welchen x-Wert nimmt die lineare Funktion mit $f(x) = 2x - 4$ den gleichen Funktionswert an wie die lineare Funktion mit $f(x) = 2 - x$?

9 Bestimme zeichnerisch, für welchen x-Wert die beiden Zuordnungsvorschriften zum gleichen Funktionswert führen.

a) $f(x) = x + 2$
$f(x) = 2x - 1$

b) $f(x) = -x$
$f(x) = 3x - 2$

c) $f(x) = -\frac{1}{2}x + 3$
$f(x) = 2x + 3$

10 Für welche x-Werte nehmen die beiden linearen Funktionen denselben Wert an? Stelle die entsprechende Gleichung auf und bestimme zeichnerisch die Lösungsmenge.

a) $f(x) = 2x - 1$
$f(x) = 3 - \frac{1}{2}x$

b) $f(x) = \frac{4}{5} - \frac{1}{2}x$
$f(x) = \frac{2}{3}x - 2$

c) $f(x) = 0{,}2x - 2$
$f(x) = \frac{1}{5}x + 1$

d) $f(x) = 2 - 0{,}4x$
$f(x) = 2(1 - 0{,}2x)$

11 a) Eine lineare Gleichung hat sowohl die Zahl −1 als auch die Zahl 3 als Lösung. Was lässt sich über die Lösungsmenge der Gleichung sagen?
b) Eine lineare Gleichung mit der Grundmenge $\mathbb{Q}$ hat die Zahl 7 als Lösung; die Zahl $-\frac{1}{2}$ ist keine Lösung. Was folgt daraus für die Lösungsmenge?

12 Prüfe, ob die Gleichung eine ganze Zahl als Lösung besitzt; gib sie an.

a) $23x - 12 = 57$ b) $-4x + 67 = 72$ c) $\frac{1}{3}x - 19 = -1$ d) $6x + 1{,}7 = 41$

13 Notiere zuerst eine Gleichung.
a) Addiert man zum 5fachen einer Zahl 3, so erhält man 18. Wie heißt die Zahl?
b) Das 7fache einer Zahl ist um 2 kleiner als 51. Welche Zahl ist's?
c) Addiert man zum 10fachen einer Zahl 1, so erhält man 101. Welche Zahl ist es?
d) Subtrahiert man das 50fache einer Zahl von 100, so bleibt nichts übrig. Welche ist's?

2 Lösen durch Äquivalenzumformungen

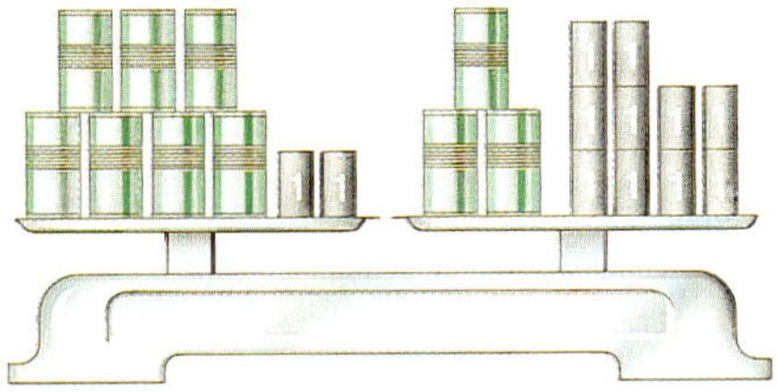

1 Auf der abgebildeten Tafelwaage sind Gewichtsstücke von jeweils 1 kg und zehn gleich schwere Dosen verteilt. Die Waage ist im Gleichgewicht.
Wie kann man durch geeignetes „Abräumen" der Waage herausfinden, wie viel eine Dose wiegt?

Bei so einfachen Gleichungen wie $x = 5$ erkennen wir die Lösung unmittelbar; die Lösungszahl ist 5. Kompliziertere Gleichungen wie $4(x + 2) - 5 = 11$ versuchen wir schrittweise zu vereinfachen, bis wir zu einer Gleichung der obigen Form gelangen. Dies muss jedoch so geschehen, dass sich dabei die Lösungsmenge nicht ändert. Eine Gleichungsumformung mit dieser Eigenschaft nennt man eine **Äquivalenzumformung** der Gleichung.

aequus *(lat.): gleich, eben, waagerecht*
valens *(lat.): wertig*

Zunächst können wir die linke Seite der Gleichung $4(x + 2) - 5 = 11$ durch eine Termumformung vereinfachen:

$$4x + 8 - 5 = 11$$
$$4x + 3 = 11.$$

Um weiter zu vereinfachen, subtrahieren wir 3 auf beiden Seiten:

$$4x + 3 - 3 = 11 - 3$$
$$4x = 8$$

Dies ist erlaubt, weil eine Lösung von $4x + 3 = 11$ auch eine Lösung von $4x = 8$ ist und umgekehrt.
Dasselbe gilt, wenn wir nun beide Seiten durch 4 dividieren; wir erhalten dadurch die Gleichung $(4x) : 4 = 8 : 4$

$$x = 2$$

mit der Lösungszahl 2.

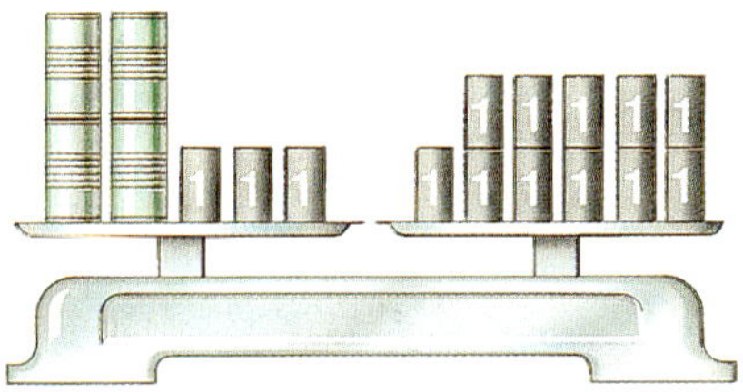

Auf jeder Seite nimmt man 3 Gewichtsstücke weg.

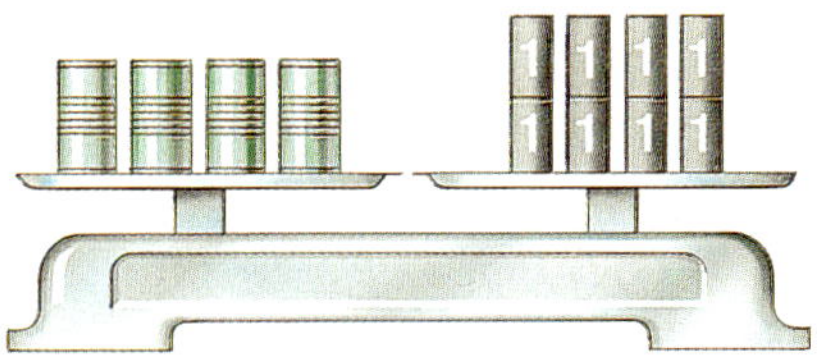

Auf jeder Seite nimmt man den vierten Teil.

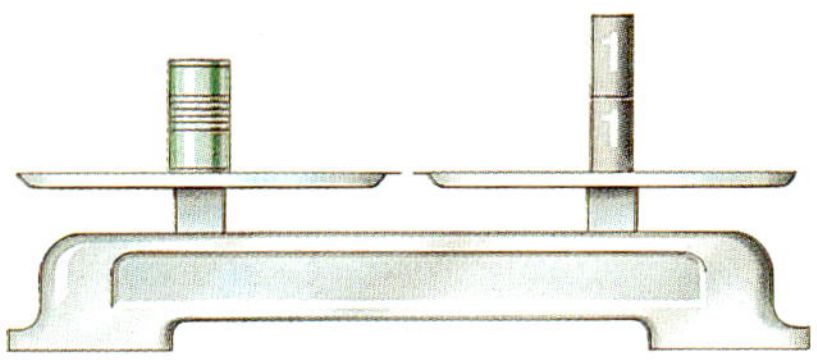

Da alle Gleichungsumformungen Äquivalenzumformungen waren, muss also auch die Ausgangsgleichung $4(x + 2) - 5 = 11$ die Lösung 2 haben.

Die Lösungsmenge einer Gleichung ändert sich nicht, wenn man
a) eine **Termumformung** vornimmt
b) auf **beiden Seiten** dieselbe Zahl addiert oder subtrahiert
c) **beide Seiten** mit derselben (von null verschiedenen) Zahl multipliziert oder dividiert.

Bemerkung: Das Multiplizieren beider Seiten einer Gleichung mit 0 ist i. Allg. keine Äquivalenzumformung, also nicht erlaubt.

Mit Hilfe der genannten Äquivalenzumformungen können wir jede lineare Gleichung lösen.

linke Seite = *rechte Seite*

*Wie du **mir**, so auch ihr!*

> Beim Lösen von linearen Gleichungen gehen wir folgendermaßen vor:
> **1. Schritt:** Die Terme auf beiden Seiten werden je für sich so weit wie möglich vereinfacht.
> **2. Schritt:** Durch beidseitiges Addieren oder Subtrahieren derselben Zahl oder desselben Terms wird so umgeformt, dass auf einer Seite nur noch ein Vielfaches von x, auf der anderen nur noch eine reine Zahl steht.
> **3. Schritt:** Durch beidseitiges Multiplizieren oder Dividieren mit einer Zahl (ungleich null) wird so umgeformt, dass eine Gleichung der Form $x = c$ entsteht.

Beispiel 1:
Wir lösen die Gleichung $2(4x - 6) + 3x = 87$ durch Äquivalenzumformungen. Bei jedem Schritt geben wir die jeweilige Umformung in Kurzform an, und zwar rechts neben der Gleichung hinter einem „|“.

1. Schritt: Vereinfachen der linken Seite:
$$\begin{aligned} 2(4x - 6) + 3x &= 87 && \mid \text{Klammer auflösen} \\ 8x - 12 + 3x &= 87 && \mid \text{Zusammenfassen} \\ 11x - 12 &= 87 \end{aligned}$$

2. Schritt: Damit links 11 x alleine steht, wird beidseitig 12 addiert.
$$\begin{aligned} 11x - 12 + 12 &= 87 + 12 && \mid +12 \\ 11x &= 99 && \mid :11 \end{aligned}$$

3. Schritt: Damit die Form $x = c$ entsteht, wird beidseitig durch 11 dividiert.
$$x = 9$$
Lösungszahl: 9.

Merke:
Alle „x“ auf eine Seite, Zahlen auf die andere!

Beispiel 2: (Die Variable x tritt auf beiden Seiten auf.)
$3(2x + 7) = 4(x - 3)$

$$\begin{aligned} &\text{1. Schritt:} & 3(2x + 7) &= 4(x - 3) && \mid \text{Klammern auflösen} \\ && 6x + 21 &= 4x - 12 && \mid -21 \\ &\text{2. Schritt:} & 6x + 21 - 21 &= 4x - 12 - 21 \\ && 6x &= 4x - 33 && \mid -4x \\ && 6x - 4x &= 4x - 33 - 4x \\ && 2x &= -33 && \mid :2 \\ &\text{3. Schritt:} & x &= -16{,}5;\quad L = \{-16{,}5\} \end{aligned}$$

Achte darauf, dass Gleichheitszeichen unter Gleichheitszeichen steht

Beispiel 3: (Gleichung unlösbar)
$4x - 2(3 + x) = 2x - 1$

$$\begin{aligned} &\text{1. Schritt:} & 4x - 2(3 + x) &= 2x - 1 && \mid \text{Klammern auflösen} \\ && 4x - 6 - 2x &= 2x - 1 && \mid \text{Zusammenfassen} \\ && 2x - 6 &= 2x - 1 && \mid +6 \\ &\text{2. Schritt:} & 2x &= 2x + 5 && \mid -2x \\ && 0 \cdot x &= 5 \end{aligned}$$

Die Gleichung $0 \cdot x = 5$ ist für keine Zahl erfüllt, also ist die Ausgangsgleichung unlösbar. Ihre Lösungsmenge ist $L = \{\ \}$.

Beispiel 4: (Gleichung allgemein gültig)
$2 - 6(x - 3) = 2(10 - 3x)$

$$\begin{aligned} &\text{1. Schritt:} & 2 - 6(x - 3) &= 2(10 - 3x) && \mid \text{Klammern auflösen} \\ && 2 - 6x + 18 &= 20 - 6x && \mid \text{Zusammenfassen} \\ && -6x + 20 &= 20 - 6x && \mid -20 \\ &\text{2. Schritt:} & -6x &= -6x && \mid +6x \\ && 0 \cdot x &= 0 \cdot x \end{aligned}$$

Die Gleichung $0 \cdot x = 0 \cdot x$ ist für jede rationale Zahl erfüllt. Also ist die Ausgangsgleichung allgemein gültig; ihre Lösungsmenge ist $L = \mathbb{Q}$.

2 Löse mit Hilfe einer einzigen Äquivalenzumformung.

a) $x + 7 = 9$ b) $15 + x = 2$ c) $23 = 30 + x$ d) $0{,}4 = \frac{1}{2} + x$
e) $0{,}5 + x = -3$ f) $x - 0{,}2 = -2{,}5$ g) $-2 = -\frac{3}{4} + x$ h) $3{,}4 = -\frac{1}{2} + x$

3 a) $3x = -12$ b) $-4x = 12$ c) $-\frac{2}{3}x = -2$ d) $-0{,}4x = \frac{1}{2}$
e) $-\frac{3}{4} = 0{,}4x$ f) $1\frac{1}{2} = -3x$ g) $\frac{1}{3}x = 0$ h) $0x = -\frac{1}{5}$

Die Variable muss nicht immer x heißen!

4 Löse die Gleichung mit Hilfe von Äquivalenzumformungen. Mache die Probe.

a) $3x - 11 = 4$ b) $7x + 5 = 54$ c) $12 + 4x = 36$ d) $10x - 9 = 1$
e) $1 + 8y = 17$ f) $7 = 2z - 15$ g) $4v - 5 = 9$ h) $6y + 12 = 12$
i) $3 - 2x = 9$ j) $-x + 5 = 4$ k) $-5z - 11 = 4$ l) $28 = -14w - 14$

5 a) $2x + 1{,}8 = 3{,}4$ b) $5x + 1{,}7 = 8{,}7$ c) $0{,}2x + 1{,}3 = 4{,}7$
d) $1{,}4 + 3x = 2{,}6$ e) $1{,}7 + 0{,}5x = 3{,}9$ f) $20 + 5{,}5x = 85$
g) $0{,}1x + 3{,}7 = 12{,}4$ h) $1{,}4 + 0{,}3x = 3{,}8$ i) $30x + 28{,}4 = 31{,}4$

6 a) $\frac{2}{3}x + 1 = 5$ b) $6x + \frac{1}{3} = \frac{2}{3}$ c) $\frac{3}{4}x - 1 = 1$ d) $\frac{5}{8}x + \frac{3}{4} = \frac{7}{8}$
e) $\frac{1}{2} + \frac{2}{3}x = \frac{5}{6}$ f) $\frac{5}{8} + \frac{3}{4}x = \frac{2}{3}$ g) $\frac{2}{25}x - \frac{3}{5} = \frac{7}{5}$ h) $3 + \frac{4}{3}x = 27$
i) $-\frac{3}{4} + 4x = \frac{13}{12}$ j) $\frac{2}{3}x + \frac{1}{6} = \frac{2}{9}$ k) $-\frac{3}{5} + \frac{3}{4}x = \frac{13}{10}$ l) $-\frac{1}{2}x - \frac{2}{5} = \frac{1}{4}$

7 a) $\frac{1}{2} - 3x = 2$ b) $\frac{2}{3}x - 2 = -3{,}5$ c) $-\frac{1}{2}u + 1 = -\frac{4}{5}$ d) $4{,}5 - \frac{2}{3}z = \frac{3}{2}$
e) $\frac{x}{3} + 1 = -1$ f) $5 - \frac{x}{2} = \frac{1}{4}$ g) $-2 = \frac{1}{2} - \frac{x}{3}$ h) $0{,}1 = -0{,}9y + 1$

8 Fasse zunächst zusammen.

a) $4x + 5 + 7x = -17$ b) $-17x + 7 + 4x = 59$ c) $4 - 6x + 23x - 2 = -49$
d) $x - 17 - 14x + 5 = -77$ e) $-6y - 9 + 13y - 1 = -59$ f) $27x + 12 - 9x + 3 = 87$
g) $23z - 5 - 14z + 5 = 81$ h) $5 - 4x - 13 - 17x = 76$ i) $17x - 9 - 20x - 21 = -141$
j) $5 + 19v - 7 - 26v = -205$ k) $1 + 7x + 6 - 3x = 19$ l) $9x - 7 - 6x - 5 = 0$

9 Löse zunächst die Klammern auf.

a) $3(x + 2) = 6$ b) $5(r - 2) = 50$ c) $8(z + 1) = 64$
d) $(y + 1) \cdot 5 = 20$ e) $(a - 1) \cdot 3 = 60$ f) $(z + 2) \cdot 7 = 42$
g) $2(t - 5) = \frac{3}{4}$ h) $\frac{4}{5}(x + 3) = 20$ i) $\frac{1}{5}(w - 7) = 1$

10 a) $5(x + 1) + 3x = 10$ b) $2(y - 2) + 5 = 17$ c) $3(a + 3) - 9 = 15$
d) $6(x - 1) + 4x - 5 = 9$ e) $4(r + 1) - r + 2 = 6$ f) $5(2 - x) + 7x + 5 = 10$
g) $4(x + 1) - 2(x - 1) = 4$ h) $2(y - 3) + 4(3 - y) = 12$ i) $(-3) \cdot (z + 2) - (7 - 2z) = 5$

Vorher

Nachher

Was ist hier passiert?

Gleichungen, bei denen die Variable auf beiden Seiten vorkommt

Streichholzrätsel mit römischen Zahlen

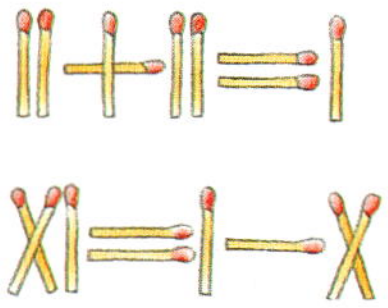

Lege ein Streichholz so um, dass die Gleichung stimmt!

11 a) $2x - 4 = x$ b) $3 - x = 4x$ c) $10x - 9 = x$ d) $5x + 18 = 2x$
e) $\frac{2}{3}z + \frac{1}{2} = \frac{1}{2}z$ f) $0{,}4x + 2 = -1{,}2x$ g) $\frac{1}{3} - \frac{1}{5}y = \frac{3}{10}y$ h) $4{,}3 - 1{,}2x = 7{,}4x$

12 a) $19x = 104 + 6x$ b) $-17x = 91 - 4x$ c) $-27x + 84 = -13x$ d) $-85 - 21x = -4x$
e) $-19u = -26u + 91$ f) $221 - 15x = -28x$ g) $25y = 34y - 252$ h) $272 - 37x = -45x$
i) $5a - 12 = 4a$ j) $-4x = 111 - 7x$ k) $-174 - 7z = -13z$ l) $6b = 13b - 221$

13 a) $4x - 5 = 3x + 17$ b) $7x + 40 = 100 - 3x$ c) $17 - 5x = 28 - 6x$
d) $5x - 3 = 7 + 4x$ e) $2x + 7 = 12 - 4x$ f) $13 + 9x = 4x + 23$
g) $43 + 2a = 7 + 11a$ h) $18 + 7z = 11z + 8$ i) $16x - 2 = 14x + 3$
j) $29 + 7v = v + 29$ k) $13z - 54 = 6 - 17z$ l) $20 - 5x = 17 - 2x$

14 a) $0{,}4x - 2 = -1{,}2x + 4$ b) $0{,}5x - 1 = 2 + \frac{1}{2}x$ c) $0{,}3x + 0{,}5 = \frac{1}{2} + \frac{3}{10}x$
d) $\frac{x}{2} - 1 = x + 2$ e) $1 - \frac{x}{3} = \frac{x}{2} - 1$ f) $-\frac{4}{5} - x = \frac{x}{2}$
g) $\frac{1}{2}x + 2 = 1 - \frac{3}{4}x$ h) $3 - 1{,}5x = 2x + 5$ i) $\frac{7}{3}x - 1{,}5 = 3 + \frac{1}{6}x$

15 a) $4x + 7x + 2 = 79$ b) $100 - 3x + 20 = 3x$ c) $9x - 13 + 7x = 2x + 1$
d) $8z + 27 - 10z = z - 3$ e) $5x - 12x = 4x - 13x$ f) $-y - 8y + 11 = y + 101$

16 a) $11 - (x + 3) = 3x$ b) $15 + (5x - 8) = 19 + 3x$ c) $10x - (3 - 5x) = 3x + 9$
d) $7(v - 3) = 5v + 17$ e) $8x - 2(x - 1) = 8 + 3x$ f) $4(2{,}5 - 2z) = (4z - 5) \cdot (-2)$

17 a) $9(3 + 2x) = -1$ b) $-12 + 2(x + 3) = 24$ c) $3(x + 4) = 16$
d) $5(x + 2) = 3x + 14$ e) $(x + 5) \cdot 4 = 9x + 5$ f) $4(3x + 1) = 5x + 18$
g) $8(5 + 7a) = 7(10 + 5a)$ h) $19(2 - x) = 5x + 2(x + 7)$ i) $6(z - 3) = 5(3 - z)$

18 a) $\frac{1}{2}(4 - x) = 8 - 2{,}5x$ b) $4 - \left(-\frac{2}{3}x\right) = 3\left(1 - \frac{1}{2}x\right)$ c) $\left(\frac{1}{2} - 2x\right) \cdot 4 = 3\left(x - \frac{1}{2}\right)$
d) $1 - \frac{1}{2}x = 2(x - 1)$ e) $\frac{1}{2}(1 - 2x) = 3 - 0{,}6x$ f) $\frac{1}{2} + (2 - x) = 1 - (1 + x)$
g) $2\left(1 - \frac{1}{2}x\right) - 3\left(x - \frac{1}{3}\right) = 0$ h) $-0{,}28 = (-0{,}1x + 3{,}2)$ i) $\frac{3}{5} - 3\left(\frac{1}{2} - 0{,}5x\right) - x = -\frac{1}{4}$

19 a) $0{,}6(4 + 3x) = 5(0{,}7 + 0{,}2x) + 2{,}5$ b) $0{,}3x - (3{,}5 - 0{,}02x) = x - 2{,}3$
c) $0{,}2(8 - 9y) - 3{,}2y = 2{,}4 + 0{,}7(4 - 5y)$ d) $(2{,}6x - 1) \cdot 2{,}5 + 2{,}1 = (0{,}6 + 1{,}6x) \cdot 4$
e) $(1{,}8x - 0{,}8) \cdot 3 - 1{,}3x = (1{,}6x + 0{,}2) \cdot 2{,}5$ f) $14z - (25z + 19) = 34z - (15z - 29) + 18$

Gleichungen im Quadrat

2	·	♥	−	12	=	8
·		·		·		·
♦	·	5	−	♠	=	15
−		−		−		−
2	·	♣	−	30	=	*
=		=		=		=
10	·	25	−	✻	=	100

♥	·	11	−	♦	=	77
·		·		·		·
2	·	♠	−	28	=	16
−		−		−		−
2	·	♣	−	154	=	*
=		=		=		=
26	·	121	−	✻	=	1144

20 Gib jeweils die Lösungsmenge der Gleichung an.
a) $4(3x - 4) = -2(10 - 6x)$
b) $4(3x - 5) = -2(10 - 6x)$
c) $4(2x - 5) = -2(10 - 6x)$
d) $4(2x - 4) = -2(10 - 6x)$
e) $5(3 - 2x) + 5x = 20 - 10x$
f) $5(3 - 3x) + 5x = 20 - 10x$
g) $5(4 - 3x) + 5x = 20 - 10x$
h) $5(4 - 3x) + 6x = 20 - 10x$
i) $-5(4 + 3x) + 6x = 20 - 10x$
j) $-5(4 + 3x) - 6x = 20 + 10x$

21 Multipliziere zunächst beide Seiten mit dem Hauptnenner der Brüche, kürze danach alle Brüche.

a) $\frac{16}{3}x - \frac{2}{7} + \frac{17}{3}x = -\frac{30}{7} + \frac{16}{3}x + \frac{7}{3}x$
b) $-\frac{15}{4} - \frac{3}{8}x + \frac{15}{8}x - \frac{3}{4} = \frac{5}{4} - \frac{5}{8}x - \frac{7}{8}x$
c) $-\frac{26}{3}x + \frac{5}{9} + \frac{12}{5}x = -\frac{19}{3}x + \frac{14}{9} - \frac{7}{3}x$
d) $-\frac{38}{5} + \frac{9}{7}x - \frac{5}{7}x - \frac{26}{15} = \frac{5}{14}x - \frac{6}{5} - \frac{3}{7}x$
e) $-1\frac{3}{4} - 2\frac{3}{8}x + \frac{5}{4}x - 3\frac{4}{8} = 1\frac{1}{4} + 4\frac{5}{8}x$
f) $3\frac{1}{3}x - 3\frac{2}{5} - 5\frac{1}{6}x = -5\frac{2}{5} - \frac{1}{3}x + 1\frac{2}{3}x$

22 a) $\frac{3}{7}(2x - 1) = \frac{5}{9} - \frac{10}{21}x$
b) $\frac{6}{11}(x - 3) + \frac{1}{3} = \frac{5}{6} - \frac{1}{22}(5x + 3)$
c) $\frac{8}{25}(3x - 1) - \frac{7}{15}(x - 2) = \frac{3}{5}$
d) $\frac{11}{12}(5 - x) - \frac{7}{8}(2 + 3x) = \frac{3}{4}(x - 9) - \frac{1}{6}(9 + 2x)$
e) $\frac{3}{5}(4 - x) - \frac{7}{10}(3 + x) = \frac{9}{20}(2x - 7) - \frac{3}{4}(3x - 5) - \frac{1}{20}(6 - x)$

Gleichungen mit Parametern

$5\,x + 6 = 0$
$-2\,x + 4 = 0$
$9\,x - 1 = 0$
$-1\,x - 3 = 0$

parámeter (griech.): *so gut wie ein fester Wert*

Die nebenstehenden Gleichungen haben alle dieselbe Form: $ax + b = 0$. In der ersten Gleichung ist $a = 5$ und $b = 6$, in der dritten $a = 9$, $b = -1$ usw. In der Gleichung $ax + b = 0$ nennt man a und b **Parameter** (oder Formvariable) und x im Unterschied dazu **Lösungsvariable**. Statt die vier angegebenen Gleichungen nacheinander zu lösen, ist es einfacher, $ax + b = 0$ nach x aufzulösen und im Ergebnis die jeweiligen Werte für a und b einzusetzen. Man braucht dann die Äquivalenzumformungen nur einmal vorzunehmen.

23 Löse nach x auf.

a) $x + a = 1$
b) $x + 1 = a$
c) $2x + 3a = 0$
d) $0{,}75a - 0{,}5x = 1$
e) $2c + x = c + 2$
f) $x + \frac{1}{2}b = \frac{1}{4}b$
g) $\frac{2}{5}x + \frac{1}{2}t = 0{,}4t$
h) $3k - \frac{1}{2} = k - x$

24 a) $3x + 4a = 5x + 8a$
b) $7x + 8a = 5x - 8a$
c) $4x + 16a = 8 - 3x - 5a + 6$
d) $1 - (x - a) = 2(a - 3x)$
e) $2(t - x) = 5(2x - t)$
f) $6(4x + a) = 8(3x + a)$

25 Es gelte $a \neq 0$; $b \neq 0$; $c \neq 0$; $d \neq 0$. Löse nach x auf.

a) $ax = 1$
b) $ax = 0$
c) $ax = a$
d) $3ax = a$
e) $bx = b + 1$
f) $cx + 2 = 2c$
g) $4b = bx$
h) $4d = dx + 1$

26 Es gelte $a \neq 0$; $b \neq 0$; $c \neq 0$; $d \neq 0$. Wähle nacheinander a, b, c und d als Lösungsvariable und löse die Gleichung auf.

a) $a + b = c + d$
b) $a - b = c - d$
c) $ab = c + d$
d) $ab = cd$
e) $ab + cd = 1$
f) $ac + b = d$
g) $a + b + c + d = 0$

Gleichungstennis

Spielt euch die Lösungen zu! Die Lösungen der einen Seite werden in die Gleichungen auf der anderen Seite eingesetzt. Die ersten Buchstaben der Lösungszahlen auf jeder Seite ergeben jeweils ein Lösungswort.

$5\ast - 100 = 2(\ast + 100)$ → $\frac{1}{10}(\ast - 10\spadesuit) = 10(\spadesuit + 1)$

$4\blacklozenge + 7\spadesuit = \blacklozenge(4 + 10\spadesuit)$ → $(3\blacklozenge - 7\heartsuit) = -\frac{1}{2}\blacklozenge\heartsuit$

$30 + \heartsuit - 6\clubsuit = \clubsuit - 4$ → $\clubsuit\text{✻} + 8 - \clubsuit = 5(\text{✻} + 2) - 1$

$7\text{✻} + 3\text{✌} = 2(\text{✻} + \text{✌} + 23)$ → $\frac{1}{10}(9\text{✌} + 1) = 10\lozenge$

3 Lineare Ungleichungen

1 Auf der abgebildeten Tafelwaage stehen neben Gewichtsstücken von je 1 kg drei gleich schwere Gartenzwerge.
a) Was lässt sich über das Gewicht eines Gartenzwerges sagen?
b) Ändert sich die Stellung der Waage, wenn man links ein Gewichtsstück und rechts einen Gartenzwerg hinzufügt?

Bei einfachen **Ungleichungen** wie $x < 5$ erkennen wir die Lösungsmenge unmittelbar; sie besteht aus allen Zahlen, die kleiner sind als 5. Kompliziertere Gleichungen wie $5 - 9x < 2(4 - 3x)$ vereinfachen wir schrittweise durch Äquivalenzumformungen. Wie bei Gleichungen ändert sich die Lösungsmenge einer Ungleichung nicht, wenn man eine Termumformung vornimmt, auf beiden Seiten dieselbe Zahl addiert oder subtrahiert oder beide Seiten mit derselben **positiven** Zahl multipliziert oder dividiert.

$-x < 1$
$x < -1$
falsch!

$-x < 1$
$x > -1$
richtig!

Dagegen ist Multiplizieren oder Dividieren mit einer **negativen** Zahl nicht in gleicher Weise erlaubt. Dies führt nur dann zu einer Äquivalenzumformung, wenn man gleichzeitig < durch > (bzw. > durch <) ersetzt.

Es ist $4 < 5$, aber $4 \cdot (-2) > 5 \cdot (-2)$
$-4 < 5$, aber $-4 \cdot (-2) > 5 \cdot (-2)$
$4 > -5$, aber $4 \cdot (-2) < -5 \cdot (-2)$
$-4 > -5$, aber $-4 \cdot (-2) < -5 \cdot (-2)$

> Bei Ungleichungen ist das Multiplizieren oder Dividieren beider Seiten mit einer **negativen** Zahl nur dann eine Äquivalenzumformung, wenn gleichzeitig < durch > (bzw. > durch <) ersetzt wird.

Beispiel 1:
$5x - 7 > 3x + 11 - x$

1. Schritt:	$5x - 7 > 3x + 11 - x$	Zusammenfassen
	$5x - 7 > 2x + 11$	$+ 7$
2. Schritt:	$5x > 2x + 18$	$- 2x$
	$3x > 18$	$: 3$
3. Schritt:	$x > 6$	

Die Lösungsmenge enthält alle Zahlen, die größer sind als 6. Wir schreiben $L = \{x \mid x > 6\}$ (lies: Menge aller x mit der Eigenschaft x größer als 6).

Beispiel 2:
$3 - x < 2(3 + x)$

1. Schritt:	$3 - x < 2(3 + x)$	Klammern auflösen
	$3 - x < 6 + 2x$	$- 3$
2. Schritt:	$-x < 3 + 2x$	$- 2x$
	$-3x < 3$	$: (-3)$
3. Schritt:	$x > -1$; $\quad L = \{x \mid x > -1\}$	

Das Schaubild zeigt die linearen Funktionen mit $f(x) = 3 - x$ und $f(x) = 2(3 + x)$. Man sieht, dass der Term $3 - x$ für $x > -1$ kleinere Werte annimmt als der Term $2(3 + x)$.

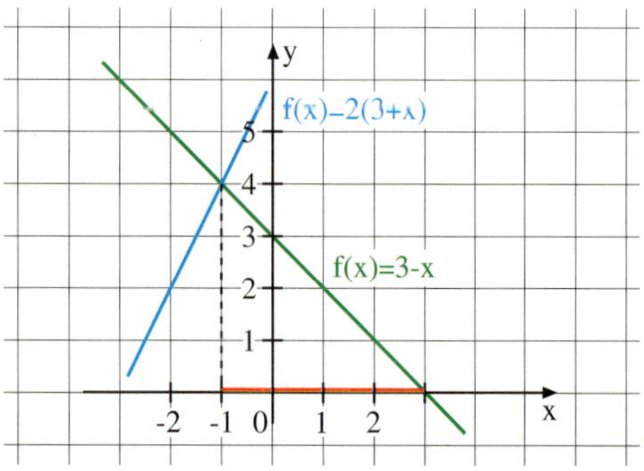

Gibt es lineare Ungleichungen, die unlösbar oder allgemein gültig sind?

2 Bestimme durch Äquivalenzumformungen die Lösungsmenge L.
a) $x - 4 < 7$ b) $7x + 3 < 10$ c) $10 < 5x + 2$ d) $9x < -3$
e) $-4x < 2$ f) $-3a > 5$ g) $9z < 0$ h) $-7 < -2y$

„$x \leqq 2$“ bedeutet „$x = 2$ oder $x < 2$“

3 a) $4x - 3 < 5$ b) $2x - 2 > -3$ c) $7x < -1$ d) $-8y < 24$
e) $-4t < -12$ f) $-2x > 0$ g) $-3z > -15$ h) $-x > 0$
i) $3x + 8 \leqq 5x$ j) $3x - 12 > -6x$ k) $4x - 2 < 0$ l) $0 \leqq 20 - 8x$

4 a) $2x - 5 < 6 + 3x$ b) $10 - 4x < 2x + 4$ c) $5x - 9 > x + 2$
d) $6 + 7z < 9z - 4$ e) $1 - 7x \geqq 7 - x$ f) $2y + 2 < -2 - y$
g) $\frac{1}{2}x - 1 < \frac{2}{3} + x$ h) $\frac{1}{2} - x > 1 - \frac{1}{2}x$ i) $0{,}4 - 1{,}5x \leqq 2{,}4x - 0{,}9$
j) $-3 - \frac{3}{4}x \leqq \frac{1}{4}x$ k) $-\frac{2}{3}x < \frac{1}{3}x$ l) $0{,}6 + 0{,}8y > -0{,}5 + y$

5 Vereinfache zunächst beide Seiten der Ungleichung so weit wie möglich.
a) $22x - 21 - 20x < -15 + 20 - 5x$ b) $2 - 7x + 5 + 5x > 4 - 8x + 3$
c) $23y - 45 + 5 - 25y \geqq 0$ d) $-3 - 6t \leqq 12t - 24t - 23 - 32$
e) $-4x - 2x + 1 \leqq 5 - 12x - 15$ f) $5x + 29 - 17x - 28 + 43 \leqq 0$

6 a) $3(1 - 2x) < 4(3 - x)$ b) $-2(x - 4) < (3 - 2x) \cdot 5$
c) $-3(2 - x) < 3x - 5$ d) $-5(1 - 4x) > 20x$
e) $-3\left(\frac{1}{3}y - 2\right) > -6\left(\frac{1}{2} - y\right)$ f) $-\frac{1}{2}(4 + 6y) < \frac{2}{3}(y - 1)$
g) $2 - (6 + x) < 3(4 - x)$ h) $8 + (2x - 1) > 7 - 2(1 - 3x)$
i) $3(1 - 2y) - \frac{1}{2}(4 - 6y) > 0$ j) $-\frac{1}{2}(2 + 3x) - 2\left(\frac{1}{2} - x\right) < 3$

7 Multipliziere die Ungleichung zunächst mit einer geeigneten Zahl.
a) $\frac{x-1}{2} > 0$ b) $\frac{3-2x}{4} < 0$ c) $\frac{1-5y}{2} < 1$ d) $\frac{2-3x}{3} > -2$
e) $\frac{x+1}{2} > \frac{1-x}{3}$ f) $\frac{2x-1}{3} < \frac{3-2x}{2}$ g) $2\,\frac{1-x}{3} > 3\,\frac{1-x}{-2}$

Für die Menge $\{4, 5, 6, 7, \ldots\}$ schreiben wir auch $\{x \in \mathbb{N} \mid x \geqq 4\}$.

8 Welche natürlichen Zahlen erfüllen die folgende Ungleichung?
a) $3x - 4 < 10$ b) $6y - 9 < 14$ c) $-4z < -10$
d) $3 - \frac{1}{2}(1 - x) < 9$ e) $3 - 5x + 3(1 - x) > 0$ f) $0 > -2(x + 3) - 4x$

9 Welche der folgenden Ungleichungen sind allgemein gültig, welche eindeutig lösbar, welche unlösbar? Gib die Lösungsmenge an.
a) $3x - 6 < 3x - 5$ b) $3x - 6 \geqq 3x - 5$
c) $x + 1 < x - 1$ d) $15x > 12x$
e) $-6x \leqq -8x$ f) $2x + 9 \geqq 7 + 2x$
g) $-5a + 4 \leqq -7a + 5$ h) $-8t - 2 < -8t$

10 Ein Kompaktbrief darf höchstens 50 g wiegen. Ein Blatt Schreibmaschinenpapier wiegt 5 g, der Umschlag wiegt 22 g. Wie viel Blatt Papier darf man höchstens in den Umschlag stecken?

11€ Ein Reisebüro macht für Berlinfahrten zwei Angebote. Ab wie vielen Tagen lohnt sich der Flug?

4 Problemlösen mit Gleichungen und Ungleichungen

Energiegehalt einiger Beilagen (pro 1 g essbarer Anteil)

Reis	*14 kJ*
Kartoffel	*3 kJ*
Nudeln	*15 kJ*

Diät-Knüller

für Eilige und Kochmuffel
gesund, ausgewogen und beliebig kombinierbar
Mit diesen Rezepten nehmen Sie jeden Tag nur 6000 kJ zu sich!

1 Herr Behr macht eine Diät. Als Beilagen für das Mittagessen hat er Kartoffeln und Reis vorgesehen. Diese Beilagen sollen insgesamt einen Energiegehalt von 1 150 kJ haben und zusammen 200 g wiegen.
Wie viel Gramm Kartoffeln und wie viel Gramm Reis muss er nehmen, damit diese beiden Bedingungen erfüllt sind?

Viele Probleme der Mathematik und des Alltags lassen sich mit Hilfe von Gleichungen lösen. Dazu muss die jeweilige Situation zunächst in die „Sprache" der Mathematik übersetzt werden.

Beispiel 1: (Zahlenrätsel)
Zu welcher Zahl muss man die Zahl 7 addieren, um das Doppelte ihres Nachfolgers zu erhalten?

Was ist gesucht?

Welche Größen sollen übereinstimmen?

Wie kann man diese mit x ausdrücken?

1. Schritt: Variable einführen — Es sei x die gesuchte Zahl.

2. Schritt: Terme aufstellen — Wenn man 7 zu x addiert, erhält man $x + 7$.
Der Nachfolger von x ist $x + 1$; das Doppelte des Nachfolgers ist $2(x + 1)$.

3. Schritt: Gleichung aufstellen — Nach der Aufgabenstellung soll gelten: $x + 7 = 2(x + 1)$.

4. Schritt: Gleichung lösen

$$
\begin{aligned}
x + 7 &= 2(x + 1) && |\ \text{Klammer auflösen}\\
x + 7 &= 2x + 2 && |\ -x\\
7 &= x + 2 && |\ -2\\
5 &= x
\end{aligned}
$$

5. Schritt: Ergebnis angeben — Die gesuchte Zahl ist 5.

Probe: Wenn man 7 zu 5 addiert, erhält man das Doppelte von 6.

> Beim Lösen von Anwendungsaufgaben mit Hilfe von Gleichungen gehen wir folgendermaßen vor:
>
> 1. Schritt: Einführen einer Variablen x für eine noch unbekannte Größe.
> 2. Schritt: Mittels x Aufstellen von Termen für Größen, die übereinstimmen sollen.
> 3. Schritt: Aufstellen einer Gleichung.
> 4. Schritt: Lösen der Gleichung.
> 5. Schritt: Formulieren des Ergebnisses.

Beispiel 2:
Beate bastelt ihrer Freundin einen Adventskalender aus 24 kleinen Päckchen. Darin möchte sie insgesamt 30€ in 1-€- und 2-€-Stücken einpacken. Wie viele 1-€- und wie viele 2-€-Stücke braucht sie?

1. Schritt: Variable einführen	Es sei x die Anzahl der 1-€-Stücke.
2. Schritt: Terme aufstellen	Da die Anzahl der Münzen insgesamt 24 beträgt, ist $24 - x$ die Anzahl der 2-€-Stücke. Mit x 1-€-Stücken und $(24 - x)$ 2-€-Stücken ergibt sich ein Betrag von $[1 \cdot x + 2(24 - x)]$ €.
3. Schritt: Gleichung aufstellen	Der Geldbetrag soll insgesamt 30€ ergeben, also lautet die Gleichung $1 \cdot x + 2(24 - x) = 30$.
4. Schritt: Gleichung lösen	$x + 2(24 - x) = 30 \quad \vert$ Klammer auflösen $-x + 48 = 30 \quad \vert -48$ $-x = -18 \quad \vert :(-1)$ $x = 18$
5. Schritt: Ergebnis angeben	Ergebnis: Beate braucht 18 1-€-Stücke und 6 2-€-Stücke.

Vorsicht!

Anke Birte

Ist A doppelt so groß wie B, dann gilt nicht 2A = B, sondern A = 2B.

Beispiel 3: (Verschiedene Wahl der Variablen)
Falko hat ausgerechnet, dass seine Tante heute dreimal so alt ist wie er. In 15 Jahren ist sie nur noch doppelt so alt wie er. Wie alt ist Falko, wie alt ist seine Tante?

Erste Möglichkeit:
Es sei x das Alter der Tante heute.
Das Alter von Falko ist dann $\frac{x}{3}$.
In 15 Jahren ist die Tante $x + 15$, Falko $\frac{x}{3} + 15$ Jahre alt.
In 15 Jahren ist die Tante doppelt so alt wie Falko, also:

$$\begin{aligned} x + 15 &= 2(\tfrac{x}{3} + 15) && \vert \text{ Klammer auflösen} \\ x + 15 &= \tfrac{2}{3}x + 30 && \vert -\tfrac{2}{3}x \\ \tfrac{1}{3}x + 15 &= 30 && \vert -15 \\ \tfrac{1}{3}x &= 15 && \vert \cdot 3 \\ x &= 45 \end{aligned}$$

Ergebnis: Falkos Tante ist heute 45 Jahre alt; Falko ist 15 Jahre alt.

Zweite Möglichkeit:
Es sei x das Alter von Falko heute.
Das Alter der Tante ist dann 3x.
In 15 Jahren ist Falko $x + 15$, die Tante $3x + 15$ Jahre alt.
In 15 Jahren ist die Tante doppelt so alt wie Falko, also:

$$\begin{aligned} 3x + 15 &= 2(x + 15) && \vert \text{ Klammer auflösen} \\ 3x + 15 &= 2x + 30 && \vert -2x \\ x + 15 &= 30 && \vert -15 \\ x &= 15 \end{aligned}$$

Ergebnis: Falko ist heute 15 Jahre alt; seine Tante ist 45 Jahre alt.

Beachte: Durch geschickte Wahl der Variablen lässt sich die Rechnung manchmal vereinfachen. Z. B. können so eventuell Terme mit Brüchen vermieden werden.

2 Bestimme die gesuchte Zahl mit Hilfe einer Gleichung.
a) Addiert man zu einer Zahl 48, so erhält man das 5fache der Zahl.
b) Multipliziert man eine Zahl mit 6 und subtrahiert 8, so erhält man 100.
c) Addiert man zu einer Zahl 15 und verdoppelt die Summe, so ergibt sich 44.
d) Addiert man zu einer Zahl ihre Hälfte und ihr Doppeltes, so ergibt sich 63.

3 Um welche Zahl handelt es sich?

a) Addiert man $\frac{1}{3}$ der Zahl zu 10, so erhält man die ursprüngliche Zahl.

b) Subtrahiert man vom 5fachen der Zahl 7, so erhält man die Summe aus dem 3fachen der Zahl und 5.

c) Addiert man zu einer Zahl 1 und verdreifacht anschließend die Summe, so erhält man 1 weniger als das 4fache der Zahl.

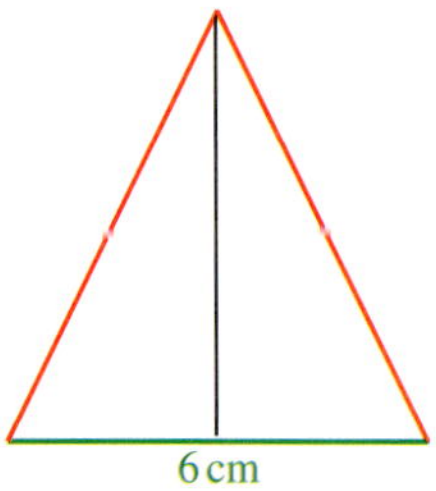

4 Gibt es eine natürliche (ganze) Zahl, die folgende Bedingung erfüllt?

a) Subtrahiert man 8 vom Doppelten der Zahl, so ist das Ergebnis kleiner als 10.

b) Addiert man 4 zum Doppelten der Zahl, so ist das Ergebnis größer als 1.

c) Verdoppelt man den Nachfolger der Zahl und subtrahiert davon 1, so ist das Ergebnis kleiner oder gleich der Ausgangszahl.

d) Subtrahiert man das Dreifache der Zahl von 7, so ist das Ergebnis kleiner als das Vierfache der Zahl.

e) Halbiert man die Zahl und subtrahiert 3, so ist das Ergebnis größer, als wenn man zu der Zahl 5 addiert.

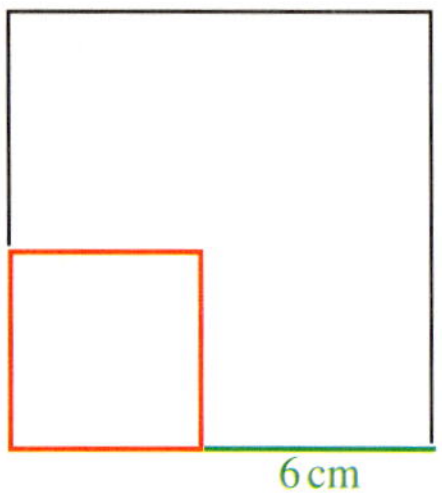

5 Aus einem 15 cm langen Draht soll ein gleichschenkliges Dreieck gebogen werden, dessen Basis 6 cm lang ist. Wie lang sind die Schenkel?

6 Verlängert man die Seite eines Quadrats um 6 cm, so verdreifacht sich der Umfang des Quadrats. Wie lang ist die Seite des Quadrats?

7 Die Großmutter sagt zu ihrem Enkel: „Wäre ich $1\frac{1}{2}$-mal so alt wie ich jetzt bin, so wäre ich so viele Jahre über 100, wie ich jetzt unter 100 bin." Wie alt ist die Großmutter?

Aufgaben mit mehreren Möglichkeiten, die Variable einzuführen

8 Die Summe zweier Zahlen beträgt 46, ihre Differenz 20. Wie heißen die Zahlen?

9 Zwei Zahlen haben die Summe 90, eine ist um 52 größer als die andere. Wie heißen die Zahlen?

10 Bei einem Rechteck mit dem Umfang 48 cm ist die eine Seite um 3 cm länger als die andere. Wie lang sind die Seiten des Rechtecks?

11 Bei einem gleichschenkligen Dreieck mit dem Umfang 30 cm ist die Grundseite um 4 cm kürzer als jeder Schenkel. Wie lang sind die Seiten?

12 Eine zweistellige Zahl hat die Quersumme 9. Verdoppelt man die Einerziffer, so hat die neue Zahl die Quersumme 12. Wie heißt die ursprüngliche Zahl?

13 a) Eine zweistellige Zahl hat die Quersumme 11. Vertauscht man ihre Ziffern, so entsteht eine um 27 größere Zahl.

b) Eine zweistellige Zahl hat die Quersumme 13. Vertauscht man ihre Ziffern, so entsteht eine um 27 kleinere Zahl.

14 Ein Kugelschreiber mit Etui kostet 32 €. Der Kugelschreiber allein ist um 30 € teurer als das Etui.
Wie viel kostet der Kugelschreiber, wie viel kostet das Etui?

15 a) Die 24 Kinder in Renates Klasse wollen sich für ein Klassenfoto in drei Reihen aufstellen.
In jeder Reihe steht ein Kind mehr als in der vorigen.
Wie viel müssen sich in der ersten Reihe aufstellen?
b) Die Lehrerin soll mit aufs Bild.
Jetzt stellen sie sich auf den fünf Stufen der Schultreppe auf, wieder in jeder Reihe ein Kind mehr.
Klappt die Aufstellung?

16€ Thomas soll für eine Party Zwiebelkuchen und Pizzataschen bestellen. Insgesamt werden 100 Stück benötigt, und es stehen 140 € zur Verfügung. Ein Stück Zwiebelkuchen kostet 1,25 €, eine Pizzatasche kostet 1,50 €. Wie viele Pizzataschen darf Thomas höchstens bestellen, damit das Geld reicht?

17 Ein Orchester gibt ein Konzert für einen wohltätigen Zweck. Der Konzertsaal hat 400 Plätze, und es sollen Karten zu 18 € und zu 30 € verkauft werden. Wie viele teure Plätze muss es mindestens geben, damit der Erlös bei ausverkauftem Saal mindestens 10 000 € beträgt?

18 Friederike und ihre Mutter sind zusammen 53 Jahre alt. In 17 Jahren wird die Mutter genau doppelt so alt sein wie Friederike. Wie alt sind die beiden?

19 Der Altersunterschied zwischen zwei Brüdern beträgt 4 Jahre. Vor 10 Jahren waren sie zusammen 10 Jahre alt. Wie alt sind beide heute?

Was wird gleich gesetzt? — Das ist hier die Frage!

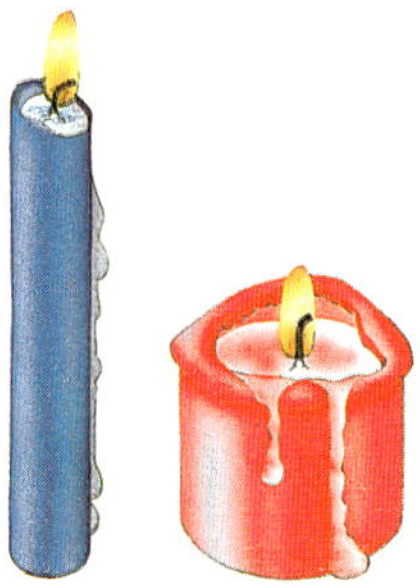

20 Peter arbeitet in den Ferien bei seiner Tante im Geschäft und räumt das Lager auf. Normalerweise braucht er 5 Tage mit jeweils 6 Stunden für diese Arbeit. Wie viele „Überstunden" pro Tag muss er machen, wenn er zwischendurch einen Tag frei haben will?

21 Eine dünne, 24 cm lange Kerze wird bei 1 Stunde Brenndauer 1 cm kürzer. Eine dicke, 15 cm lange Kerze nimmt bei 1 Stunde Brenndauer 0,4 cm ab. Beide Kerzen werden gleichzeitig angezündet. Wie viel Stunden dauert es, bis sie beide gleich lang sind?

22 Peter hat den Wandertag verschlafen! Die Klasse ist bereits um 8 Uhr losgegangen und legt 4 km in der Stunde zurück. Peter bricht um 8.20 Uhr auf und schafft 6 km pro Stunde. Wann holt er die andern ein? Wie weit ist er bis dahin gelaufen?

23 Jörg und Frank wohnen 26 km voneinander entfernt. Sie wollen sich mit den Fahrrädern treffen und fahren beide um 14 Uhr von zu Hause los. Jörg fährt mit einer Geschwindigkeit von 19 km pro h, Frank mit 20 km pro h. Wann treffen sie sich?

5 Vermischte Aufgaben

1 Löse die Gleichung.

a) $1 - \frac{7}{8}x = 0$ b) $x - 0{,}7 = 0$ c) $0{,}2 + 0{,}001\,x = 0$ d) $-\frac{1}{3}x + 0{,}3 = 0$

e) $2{,}5\,x - \frac{3}{4} = 0$ f) $\frac{2}{5} + \frac{3}{10}y = 0$ g) $-\frac{3}{4} - \frac{1}{2}x = 0$ h) $0 = \frac{5}{8}x + \frac{1}{4}$

i) $36 - 4\frac{1}{2}x = 0$ j) $3764\,x + 5646 = 0$ k) $-97{,}3\,x - 243{,}25 = 0$

1.

2.

3.

2 a) $6x + 15 = 8x - 3$ b) $20 - 5x = 5x - 20$ c) $3x - 13 = 35 - x$

d) $\frac{2}{3} - \frac{1}{4}z = \frac{1}{2}z + \frac{1}{3}$ e) $\frac{1}{2}x - 36 = \frac{2}{5}x - 34$ f) $\frac{5}{12}r + \frac{2}{3} = -1 - \frac{5}{6}r$

g) $8x - 15x = 31{,}5$ h) $19{,}5\,x + 3x = -45$ i) $1{,}8\,x = 25{,}2 + 8{,}8\,x$

j) $6{,}7\,z = 23{,}4 - 6{,}3\,z$ k) $4{,}8\,x = 29{,}6 + 3{,}2\,x$ l) $29{,}4 - 3{,}9\,v = 3{,}1\,v$

3 Bestimme die Lösungsmenge.

a) $6x + 9 < 0$ b) $-3k - 1 > 0$ c) $5r - 2 > 0$ d) $0 < 6b - 3$

e) $2 < -x + 4$ f) $-4y < 5 - y$ g) $3z - 8 < -2$ h) $x - 2 > 1 - x$

4 a) $-\frac{1}{2}x < \frac{3}{4}$ b) $-\frac{1}{3}x < -\frac{1}{6}$ c) $-0{,}6\,x > -1{,}8$ d) $-0{,}8x > \frac{1}{5}$

e) $\frac{-x}{2} \geqq -1$ f) $\frac{x}{-2} + \frac{3}{4} \leqq 0$ g) $\frac{x}{-3} + \frac{4}{-9} \leqq 0$ h) $\frac{x}{-3} + \frac{-5}{6} \geqq 0$

5 a) $6(2 - 4x) - 5(4 - 3x) = 1 - (8 + x)$ b) $(2 - 3y)5 + (8 - y)\cdot(-4) = 0$

c) $23z - 7(15 - z) = 25 - (18 + 2z)$ d) $5(1 - 3x)\cdot(-2) = 5 - 2(4 - x)$

e) $8(x + 3) + 14 = -2x + 6(x + 1)$ f) $8x - 4(x + 0{,}5) = 2(x + 9)$

1.

2.

3.

4.

6 a) $\frac{1}{4}x - \frac{1}{2}\left(1 + \frac{1}{29}x\right) = 1 - \frac{1}{2}\left(x - \frac{1}{2}\right)$ b) $\frac{2}{3}\left(x - \frac{1}{2}\right) = 1 - \frac{1}{2}\left(1 - \frac{1}{3}x\right)$

c) $4\left(\frac{1}{2}x - 2\right) - \left(\frac{1}{4} - x\right) = \frac{1}{5}x$ d) $\frac{3}{4}\left(\frac{1}{2} - \frac{1}{3}x\right)\cdot 8 - \frac{1}{3}\left(-\frac{2}{5} - \frac{1}{4}x\right) = 0$

e) $\frac{1}{4}(8x - 22) - 20 = \frac{5}{2}(x - 7) - 8$ f) $\frac{2}{5}(x + 24) - 5 = \frac{3}{4}(x + 15)$

7 a) $\frac{1}{3}x - 0{,}5\left(2 - \frac{1}{2}x\right)\cdot\frac{1}{2} = -\frac{1}{4}\left(2 + \frac{1}{2}x\right)$ b) $\frac{1}{3}\left(0{,}5 - \frac{1}{2}x\right) - \left(2{,}5 - \frac{1}{3}x\right) = -2$

c) $\left(\frac{1}{2} - t\right)(-0{,}4) - \frac{3}{4}(1 - 0{,}6\,t) = -0{,}1$ d) $-0{,}8\left(-\frac{2}{5} - 8x\right) - \left(1{,}5 - \frac{3}{4}x\right) = \frac{1}{4}$

e) $1 + \frac{7}{6}(4x - 15) = \frac{3}{2}(2x + 15) - \frac{8}{3}x$ f) $\frac{1}{2}\left(x + \frac{1}{2}\right) - \frac{1}{4} = \frac{1}{4}(1 + 2x) + \frac{1}{5}\left(x - \frac{3}{4}\right)$

8 a) $1 - 3x - \left(5 + \frac{1}{2}x\right)\cdot 3 < 13$ b) $2(x - 3) - 4x < \frac{3}{4}(1 - x)$

c) $\frac{2}{3}x - 2(x + 1)(x - 1) < 1 - 2x^2$ d) $k - (1 + 2k - k^2) \geqq (3 - k)^2$

9 Bei den folgenden Gleichungen ist x die Lösungsvariable. Löse die Gleichungen nach x auf.

a) $4x - 5a = 7$ b) $x + b = -1$ c) $7a - 3x = 22a$

d) $3x - 5v = 2x$ e) $x - 5 = 5 - y$ f) $z + x + 1 = 1 - x - z$

10 a) $(2 - a)x = 1 \;\; (a \neq 2)$ b) $(2n + 1)x = 3 \;\; \left(n \neq -\frac{1}{2}\right)$ c) $(3d - 1)x = d \;\; \left(d \neq \frac{1}{3}\right)$

d) $2x - tx = 0 \;\; (t \neq 2)$ e) $x - ax = 1 \;\; (a \neq 1)$ f) $5x - 3ux = 0 \;\; \left(u \neq \frac{5}{3}\right)$

g) $\frac{1}{2}bx - 3 = 4x \;\; (b \neq 8)$ h) $2kx - 3 = 4x + 1 \;\; (k \neq 0)$ i) $ax + 5 = bx \;\; (a \neq b)$

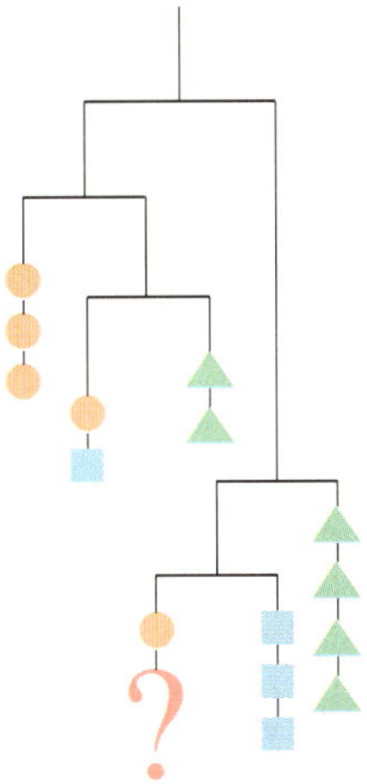

Durch welche Figur musst du das Fragezeichen ersetzen, damit das Mobile im Gleichgewicht ist?

Rätselhaftes

11 a) Wenn man zum 5fachen der Zahl 13 addiert, so erhält man 48.
b) Wenn man von 100 das 3fache der Zahl subtrahiert, so erhält man 46.
c) Vom 9fachen der Zahl fehlen noch 2 bis zur Zahl 200.
d) Addiert man zum dritten Teil der Zahl 100, so erhält man 117.
e) Subtrahiert man vom 7fachen der Zahl 11, so erhält man 122.

12 Formuliere zu den Gleichungen Zahlenrätsel wie in Aufgabe 11.
a) $5x - 12 = 23$ b) $10 - 3x = 43$ c) $12 + 8x = 184$
d) $3x - 2 = x + 6$ e) $30 - 4x = x - 5$ f) $6x + 23 = 11 + 3x$

13 a) Eine Zahl, ihr Nachfolger und der Nachfolger ihres Nachfolgers ergeben zusammen 126. Wie heißt die Zahl?
b) Zu welcher Zahl muss man 72 addieren, um ihr 5faches zu erhalten?
c) Bei welcher Zahl unterscheiden sich das 12fache und das 5fache um 2331?
d) Dividiert man die Summe einer Zahl und ihres Vorgängers durch 3, so erhält man 13. Welche Zahl ist's?

14 a) Für welche Zahlen erhält man, wenn man zu ihrem 5fachen 100 addiert, weniger als 1 000?
b) Gibt es Zahlen mit folgender Eigenschaft: Wenn man ihr 6faches um 30 vermehrt, so erhält man weniger, als wenn man ihr 4faches um 50 vermehrt?
c) Das Doppelte des Nachfolgers einer Zahl soll kleiner sein als das 5fache des Vorgängers vermindert um das 3fache der Zahl. Gibt's das?
d) Vergrößert man eine Zahl um 8 und multipliziert das Ergebnis mit 5 und zieht davon 16 ab, so soll das Ergebnis größer sein als die Summe aus dem 4fachen des Nachfolgers der Zahl vermindert um die Zahl. Welche Zahlen erfüllen diese Bedingung?

Rätsel des Tages

Mary ist 24 Jahre alt. Sie ist doppelt so alt wie Anne war, als Mary so alt war, wie Anne jetzt ist. Wie alt ist Anne?

15 Tobias macht Ferien auf dem Bauernhof. Die anderen Kinder dort stellen ihm folgendes Rätsel: Auf dem Hof leben viermal so viel Hühner wie Kühe, aber nur halb so viel Schweine wie Kühe. Insgesamt sind es 66 Tiere. Wie kann Tobias die Anzahl der Kühe, Schweine und Hühner berechnen?

16 Die nebenstehende Aufgabe wurde vor Jahren auf der Rätselseite einer New Yorker Zeitung gestellt. Wochenlang war sie Gesprächsthema in der Stadt.

Aus der Geometrie

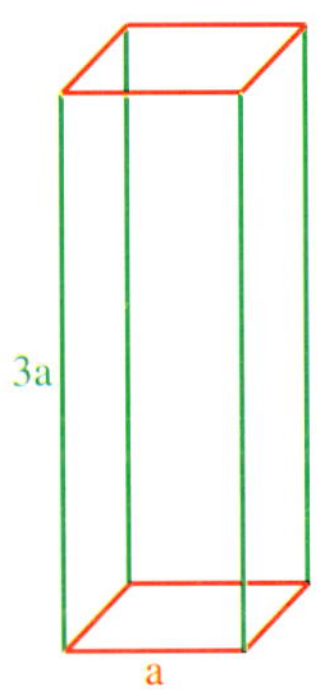

17 a) Barbara hat einen Winkel gezeichnet, der um 14° größer ist als sein Nebenwinkel. Welchen Winkel hat sie gezeichnet?
b) Gibt es Winkel, die kleiner sind als das $1\frac{1}{2}$fache ihres Nebenwinkels?

18 Verkürzt man die eine Seite eines Quadrats um 6 cm und verlängert man die andere Seite um 3 cm, so ist der Umfang des entstandenen Rechtecks fünf Sechstel des Umfangs des Quadrats. Welche Seitenlänge hatte das Quadrat?

19 Aus 5 m Draht soll das Kantenmodell eines Quaders mit quadratischer Grundfläche gebastelt werden. Die Höhe des Quaders soll dreimal so groß sein wie die Grundkante. Wie lang sind die einzelnen Drahtstücke?

20 Kann man einen Drachen bauen, bei dem die rot eingezeichneten Winkel gleich groß sind und der Winkel am „Schwanz“ halb so groß ist wie der Winkel am „Kopf“ des Drachen?

Mischen und Teilen

21 Frau Hof vererbt ein Drittel ihres Vermögens an ihre Enkel, die Hälfte an ihre Kinder und den Rest von 35 000 € an eine wohltätige Organisation. Wie hoch war ihr Vermögen?

22€ In einem Haus wohnen die Familien Roth, Bach und Kern zur Miete. Ihre Wohnungen haben 160 m², 140 m² und 90 m² Wohnfläche. Es wird vereinbart, dass sie sich die Heizölrechnung über 1 462,50 € den Wohnflächen entsprechend aufteilen. Wie viel muss jede Familie bezahlen?

23 Konrad, Stefan und Regina haben sich zu einer Wettgemeinschaft bei einer Lotterie zusammengeschlossen. Konrad hat zum Einsatz $3\frac{1}{2}$-mal so viel beigesteuert wie Stefan, und Stefan hat nur die Hälfte von dem bezahlt, was Regina bezahlt hat. Ihr Los gewinnt 39 000 €. Wie müssen sie den Gewinn aufteilen?

24 Herr Maurer verwendet zur Entkalkung der Fliesen im Badezimmer verdünnte Essigsäure. In der Drogerie kauft er 100 ml 50 %ige Essigsäure. Wie viel Wasser muss er hinzufügen, um die Säure auf höchstens 5 % zu verdünnen?

25 Annette ist Apothekerin. Sie soll 60 cm³ 15 %ige Kochsalzlösung zu „physiologischer Kochsalzlösung“ mit einem Salzgehalt von 0,9 % verdünnen. Wie viel cm³ destilliertes Wasser muss sie dazugeben?

Begegnen und Überholen

26 Zwei Autos fahren um 10 Uhr aus zwei 150 km entfernten Orten los. Das eine Auto fährt mit einer Durchschnittsgeschwindigkeit von 80 km pro Stunde, das andere fährt ihm mit 100 km pro Stunde entgegen. Wann begegnen sie sich?

27 Die Bahnstrecke von Stuttgart bis Heidelberg beträgt 100 km. Um 11.07 fährt der IC aus Heidelberg Richtung Stuttgart weg; um 11.11 Uhr startet der Gegenzug aus Stuttgart. Beide Züge fahren mit einer Durchschnittsgeschwindigkeit von 90 km pro h. Wann treffen sich die beiden Züge?

28 Eine Uhr zeigt genau 15 Uhr. Um wie viel Uhr überholt der Minutenzeiger zum ersten Mal den Stundenzeiger?

29 Aus einem alten Rechenbuch:
Ein Hund läuft einem Hasen nach. Der Hase hat 150 Fuß Vorsprung. Der Hase macht 7 Fuß weite Sprünge, der Hund kann dagegen 9 Fuß weit springen. Nach wie viel Sprüngen holt der Hund den Hasen ein?

Mathematische Exkursionen

Als die Gleichungen noch in den Kinderschuhen steckten

Aufgaben, die wir heute mit Hilfe von Gleichungen lösen, sind uns schon aus der antiken Mathematik überliefert.
Einen wesentlichen Beitrag zur Lösung solcher Probleme hat der griechische Mathematiker **Diophantos** von Alexandria (um 250 n. Chr.) geleistet.
Über ihn ist das nebenstehende Gedicht überliefert, aus dem wir sein Lebensalter berechnen können.

Um 800 n.Chr. schrieb der arabische Mathematiker **Al-Hwarizmi** sein Lehrbuch

> *Al-kitab al-muhtasar fi hisab*
> *al-gabr wa`l-muqabala.*

Übersetzt heißt das ungefähr:

> *Ein kurzgefasstes Buch über die Rechen-*
> *verfahren durch Ergänzen und Ausgleichen.*

Es behandelt eine Fülle von Aufgaben aus der damaligen Zeit und bildet mit seinen Lösungsregeln die Grundlage für das, was wir heute Algebra nennen.

Woher kommt das Wort Algebra?

Das Wort *al-gabr* hatte im Arabischen ursprünglich die medizinische Bedeutung „Knochenbrüche heilen". Es wurde von Al-Hwarizmi in die Mathematik eingeführt, um damit die Methode zu bezeichnen, aus „gebrochenen" Teilen (Bruchteilen) das gesuchte Ganze zusammenzusetzen. Aus dem Wort *al-gabr* entstand unser heutiges Wort Algebra.
In der heutigen Algebra beschränkt man sich nicht auf das Lösen von Gleichungen; man untersucht vor allem, welche Rechengesetze in den verschiedenen Zahlbereichen ($\mathbb{N}$, $\mathbb{Z}$, $\mathbb{Q}$, ...) gelten.

Der Kaufmann und Mathematiker **Leonardo von Pisa** (um 1200) lebte am Hofe des Staufenkaisers Friedrich II.
Auf seinen Reisen ins Morgenland lernte er die arabische Mathematik kennen und übersetzte wichtige Teile ins Lateinische. Er trug wesentlich dazu bei, dass sich das Rechnen mit den indischen Ziffern auch im Abendland durchsetzte.
(Aufg. 3 stammt von Leonardo von Pisa.)

Unter dem Grabhügel ruht Diophantos.
Tatsächlich ein Wunder:
Rechnerisch sagt uns der Stein,
geistreich, das Alter des Manns.
Über ein Sechstel des Lebens vergönnte
der Gott ihm die Jugend,
schenkte den flaumigen Bart
über ein Zwölftel ihm dann,
steckte nach fernerem Siebtel
in Brand ihm die Fackel der Hochzeit,
sagte fünf Jahre danach,
gnädig den Sprössling ihm zu.
Elend der stattliche Junge:
Nur halb so alt wie sein Vater
ward er, vom Froste entrafft,
hoch auf dem Holzstoß verbrannt!
Durch arithmetische Forschungen
suchte der Vater vier Jahre
lang noch zu bannen den Schmerz,
ehe er selber verstarb.

1 Wie alt wurde Diophantos?

2 Diese Aufgabe stammt aus einer indischen Sammlung aus dem 12. Jh.
„Von einem Schwarm Bienen lässt $\frac{1}{5}$ sich auf einer Kadambablüte nieder und $\frac{1}{3}$ auf einer Silindhablume. Der dreifache Unterschied der beiden Zahlen flog nach den Blüten der Kutuja. Eine Biene blieb übrig und schwebte in der Luft hin und her, gleichzeitig angezogen durch den lieblichen Duft der Jasmine und eines Pandamus. Sage mir die Anzahl der Bienen."

3 „Jemand ging in einen Obstgarten, in dem 7 Tore waren. Er bekam dort eine bestimmte Anzahl Äpfel. Als er hinausgehen wollte, musste er dem ersten Wächter die Hälfte aller Äpfel geben und einen mehr, dem zweiten die Hälfte der restlichen Äpfel und einen mehr. Als er so auch den anderen Wächtern gegeben hatte, hatte er nur noch einen Apfel." Wie viel hatte er anfangs?

Adam Risen. 71

Vihekauff.

Item/einer hat 100. fl. dafür wil er 100. haupt Vihes kauffen / nemlich / Ochsen/ Schwein/Kälber/ vnd Geissen/ kost ein Ochs 4 fl. ein Schwein anderthalben fl. ein Kalb einen halben fl. vnd ein Geiß ein ort von einem fl. wie viel sol er jeglicher haben für die 100. fl? Machs nach den vorigen/mach eines jeglichen kosten zu örtern/deßgleichen die 100. fl. vnd setz als dann also:

	16	15	
	6	5	
100			400
	2	1	
	1		

Multi.

Rechenbüchlin

Multiplicir 1. mit 100. kommen 100. die nim von 400. bleiben 300. darauß mach drey theil/daß jeglicher gleich mit seinem theiler mag auffgehaben werden/ als 180. 100. vnnd 20. theil/ jegliche zahl in seinen theiler/kommen 12. Ochsen/20. Schwein/vnd 20. Kälber. Summir zusamen Ochsen/ Schwein/ vnd Kälber/ werden 52. die nimb von 100. bleibt 48. so viel seind der Ziegen gewesen. Wiltu nun probiren/ ob du es recht gemacht hast/ so rechne wie viel jeglichs Vihe in sonderheit kost/ vnd summire zusamen/ so kommen gerad 100. fl. vnd also mach dergleichen. Nach dieser Regel folgen andere Exempel.

Item/ einer gibt fürzusetzen zahln/ die nach einander folgen/wie hie/daß vberall 15. werden.

1 2 3 Wiltu solchs vnd dergleichen wis-
4 5 6 sen/so sprich allmal/ 15. gibt 5. in
7 8 9 die mitte/was gibt dann so viel du

vberall haben wilt/als hierinn 15. kommen 5. die setz mitten/vnd darnach fort/also:

6 7 8 Vnd darnach ver- 6 7 2
1 5 9 wechsel mit den 8. 1 5 9
2 3 4 vnd 2. also/so hastu 8 3 4
allenthalben 15.

Item/du solt mir setzen zahlen/die nach einander folgen/ daß vberall 24. kommen/ auch in drey

Die Rechenmeister **Michael Stifel** (geb. 1487 in Esslingen, gest. 1567 in Jena) und **Adam Ries** (geb. 1492 in Staffelstein, gest. 1559 in Annaberg) setzten die Tradition der Rechenbücher im deutschen Raum fort.
Die Rechnungen wurden in diesen Büchern jedoch nicht in unserer heutigen kurzen Form aufgeschrieben, sondern in Worten umschrieben. Das Gleichheitszeichen war noch nicht eingeführt. Es wurde erst 1557 von dem Engländer **Robert Records** „erfunden". Er begründete die Wahl zweier paralleler Striche damit, dass „nichts gleicher sei, als zwei parallele Linien". Die „Unbekannte" wurde oft mit dem Wort „Ding" oder „Sache" bezeichnet.

Titel des Buchs von J.C. Schäfer:

Die Wunder der Rechenkunst Eine Zusammenstellung der räthselhaftesten, unglaublichsten und belustigendsten arithmetischen Kunstaufgaben.

Johann Christoph Schäfer (1802 – 1854) lebte als Bauer in Thüringen. Er interessierte sich für „geistesbeschäftigende und gesellige Unterhaltung" und stellte eine Sammlung mit vielen Aufgaben in einem Buch zusammen. Einige dieser Aufgaben waren in Gedichtform gestellt.
Damit beschließen wir unsere kleine Reise durch die Aufgabenstellungen im Verlauf der Jahrhunderte.
Die beiden folgenden Aufgaben stammen aus einem Rechenbuch von Adam Ries. Versuche zunächst, sie ohne Gleichung, nur „mit Worten" zu lösen.

4 Einer spricht: „Gott grüß euch Gesellen alle 30." Da antwortet einer: „Wenn unser noch mal so viele wären als wir sind, und noch halb so viel, dann wären wir erst 30." Ist die Frage, wie viele ihrer gewesen sind.

5 Einer verkauft 20 Pfund Safran und Ingwer um 45 Gulden. Hat für das Pfund Safran gegeben um 3 Gulden und 2 Pfund Ingwer um 1 Gulden. Wie viel ist des Safrans, des gleichen Ingwers, gewesen?

6 Diese Aufgabe stammt von Johann Christoph Schäfer:

63. Ein eigner Fall.

Jemand hatte in einem Stall
Ein Heerdchen Schafe, ein eigner Fall
Fand, wie Du sehen wirst, Statt dabei. -
Nahm er davon die Hälft' und drei
Und wenn er den Rest sich 8fach dachte
Oder zu ihnen noch 7 brachte,
So bekommt er stets dieselbe Zahl.
Wieviel Schafe hat er wohl im Stall?

Grundmenge. Lösung. Lösungsmenge
Grundmenge: Menge G aller Zahlen, die man für die Variable der Gleichung (Ungleichung) einsetzen darf.
Lösung: Zahl aus G, für die sich beim Einsetzen eine wahre Aussage ergibt.
Lösungsmenge: Menge aller Lösungen

Die Gleichung $x + 3 = 4$ hat 1 als einzige Lösungszahl: $L = \{1\}$

Die Ungleichung $x + 3 < 4$ hat als Lösungsmenge alle Zahlen, die kleiner als 1 sind: $L = \{x \mid x < 1\}$

Lösungsmengen linearer Gleichungen
Eine lineare Gleichung hat entweder
genau eine Lösung oder
keine Lösung oder
jede Zahl aus G als Lösung.
Entsprechend nennt man sie eindeutig lösbar bzw. unlösbar bzw. allgemein gültig.

Die Gleichung $x + 3 = 4$ ist eindeutig lösbar; $L = \{1\}$.
Die Gleichung $2(x + 3) = 2x + 6$ gilt für alle Zahlen aus $\mathbb{Q}$; sie ist allgemein gültig; $L = \mathbb{Q}$.
Die Gleichung $x + 3 = x + 4$ ist unlösbar; $L = \{\}$.

Äquivalenzumformungen einer Gleichung (Ungleichung)
Umformung, welche die Lösungsmenge nicht ändert.

$$\begin{aligned} 3 - 5x &= 2x + 1 \quad | +5x \\ 3 &= 7x + 1 \end{aligned}$$

Lösen linearer Gleichungen mit Hilfe von Äquivalenzumformungen
1. Vereinfachen beider Seiten durch Termumformung.
2. Beidseitiges Addieren oder Subtrahieren derselben Zahl oder desselben Terms so, dass auf einer Seite nur noch Variablenglieder, auf der anderen nur noch Zahlen stehen.
3. Beidseitiges Multiplizieren oder Dividieren mit einer Zahl ($\neq 0$) so, dass eine Gleichung der Form $x = c$ entsteht.

$$\begin{aligned} 7(2x - 5) &= 3x - 2 \quad | \text{ Klammer auflösen} \\ 14x - 35 &= 3x - 2 \quad | -3x \\ 11x - 35 &= -2 \quad | +35 \\ 11x &= 33 \quad | :11 \\ x &= 3 \end{aligned}$$

Lösungszahl: 3

Lösungen von Ungleichungen mit Hilfe von Äquivalenzumformungen
Man verfährt ebenso wie bei Gleichungen, mit einer Ausnahme: Wird die Ungleichung beidseitig mit einer *negativen* Zahl multipliziert oder dividiert, so muss man gleichzeitig das *Kleiner-* oder *Größerzeichen* umkehren.

$$\begin{aligned} 2(5 - 3x) + 2x &< 8 \quad | \text{ Klammer auflösen} \\ 10 - 6x + 2x &< 8 \quad | \text{ zusammenfassen} \\ 10 - 4x &< 8 \quad | -10 \\ -4x &< -2 \quad | :(-4) \\ x &> \tfrac{1}{2} \end{aligned}$$

Lösungsmenge: $L = \{x \mid x > \frac{1}{2}\}$

Problemlösen mit Gleichungen oder Ungleichungen
1. Einführen der Variablen
2. Aufstellen von Termen für weitere in der Aufgabe genannte Größen
3. Aufstellen einer Gleichung
4. Lösen der Gleichung
5. Formulieren des Ergebnisses.

Welche drei aufeinander folgenden natürlichen Zahlen ergeben die Summe 150?
Die kleinste der drei Zahlen sei x.
Dann ist die nächstfolgende Zahl x + 1 und die darauf folgende x + 2.

$$\begin{aligned} x + (x + 1) + (x + 2) &= 150 \\ 3x + 3 &= 150 \\ 3x &= 147 \\ x &= 49; \; L = \{49\} \end{aligned}$$

49, 50, 51 sind die gesuchten Zahlen.

III Kongruenz

1 Kongruenzabbildungen

1 Ein alter Bauernschrank soll an die Wand eines Zimmers bewegt werden. Er ist aber so schwer, dass man ihn höchstens um einen seiner Füße drehen kann. Wie würdest du den Schrank bewegen? Probiere es mit einem Rechteck aus Pappe aus.

2 Zeichne das Rechteck ABCD mit A(1 | 1), B(4 | 1), C(4 | 2,5), D(1 | 2,5). Verschiebe zunächst das Rechteck ABCD so, dass B′(8 | 3) das Bild von B ist. Drehe danach das Bildrechteck um B′ mit 45°. Kennzeichne einander entsprechende Seiten und Winkel mit der gleichen Farbe.

Bisher haben wir Figuren mit Hilfe einer Geradenspiegelung, Verschiebung, Punktspiegelung oder Drehung abgebildet. Bei diesen Abbildungen sind Figur und Bildfigur deckungsgleich (kongruent). Nun kann man aber auch eine Figur zunächst an einer Geraden spiegeln und die Bildfigur dann um einen Punkt drehen. Solches hintereinander Ausführen von Abbildungen heißt Verketten. In Fig. 1 wurde der Vogel zunächst verschoben, dann an der Geraden g gespiegelt und zuletzt um P gedreht. Das Viereck ABCD in Fig. 2 wurde zunächst um R gedreht, dann an Q gespiegelt.

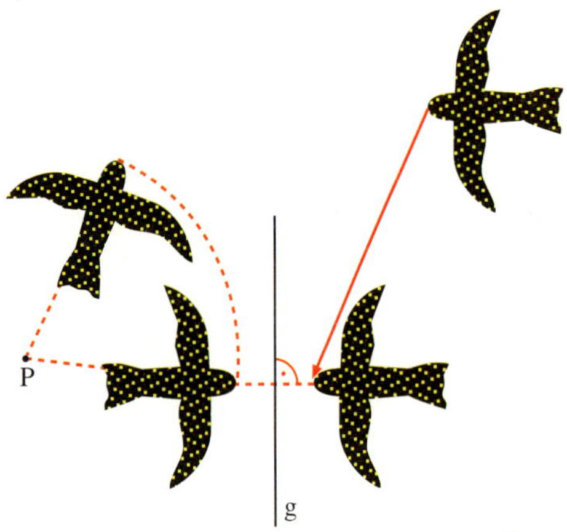

Fig. 1

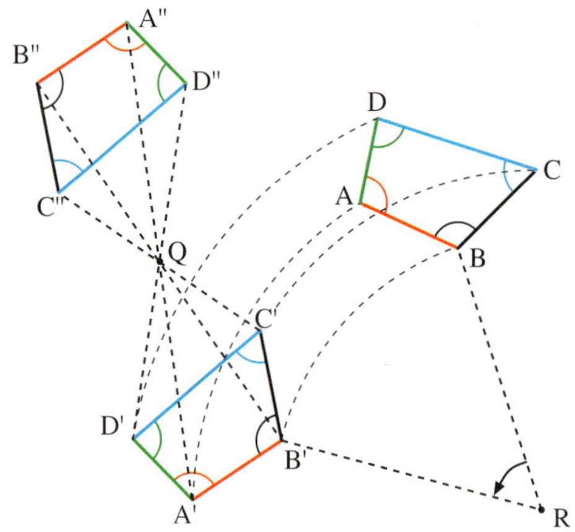

Fig. 2

Geradenspiegelungen, Verschiebungen, Punktspiegelungen und Drehungen sowie Verkettungen derartiger Abbildungen nennt man **Kongruenzabbildungen**. In Fig. 2 sind einander entsprechende Seiten und Winkel mit der gleichen Farbe gekennzeichnet.

Satz: Bei einer Kongruenzabbildung ändern sich Streckenlängen und Winkelweiten nicht.

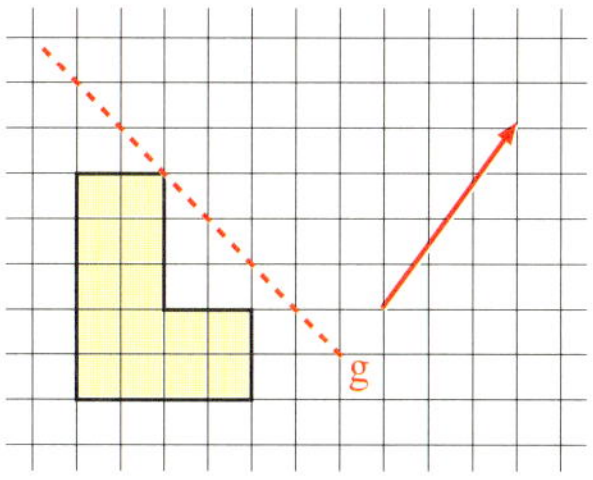

Fig. 1

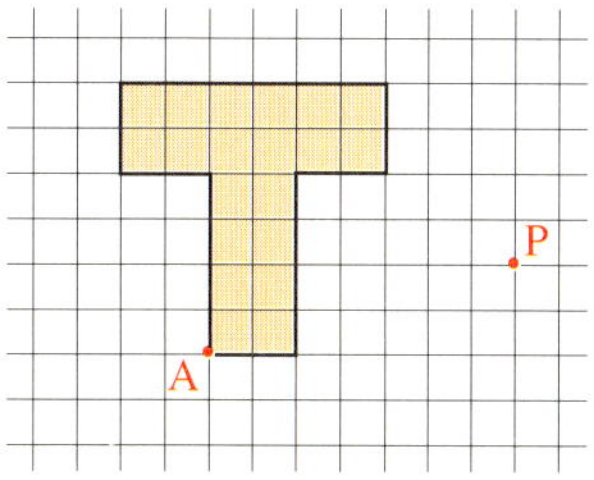

Fig. 2

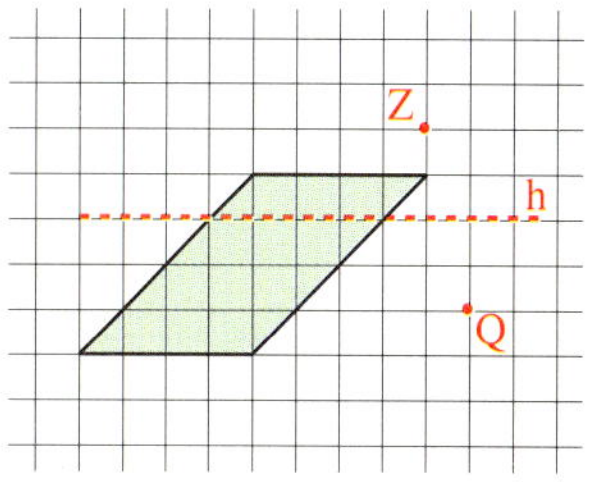

Fig. 3

3 a) Übertrage Fig. 1 in dein Heft. Spiegele die Figur an der Geraden g; verschiebe die Bildfigur so, wie es der Verschiebungspfeil angibt.
b) Übertrage Fig. 2 in dein Heft. Zeichne die Bildfigur bei der Punktspiegelung an P; dabei geht A in den Bildpunkt A′ über. Drehe die Bildfigur um A′ mit dem Drehmaß 90°.
c) Übertrage Fig. 3 in dein Heft. Bilde die Figur hintereinander durch folgende Abbildungen ab: Punktspiegelung am Punkt Q, Achsenspiegelung der Bildfigur an der Geraden h, Drehung der neuen Bildfigur um den Punkt Z mit dem Drehmaß 135°.

4 Zeichne das Viereck ABCD mit A(1 | 1), B(4 | 2), C(5 | 3,5), D(1,5 | 4,5). Spiegele das Viereck an der Geraden durch die Punkte C und E(1 | 7,5); drehe das Bildviereck A′B′C′D′ um A′ mit dem Drehmaß 90°. Färbe entsprechende Seiten und Winkel des Vierecks und des Bildvierecks bei der Verkettung mit gleichen Farben.

5 a) Zeichne das Dreieck ABC mit A(3 | 1), B(7 | 2), C(4 | 4). Konstruiere das Bild des Dreiecks bei der Verkettung der Verschiebung, die den Punkt A in den Punkt C überführt, und der Drehung um C mit dem Drehmaß γ.
b) Zeichne das Viereck ABCD mit A(0 | 0), B(7 | 0), C(3 | 4), D(1 | 3). Konstruiere das Bild des Vierecks bei der Verkettung der Verschiebung, die den Punkt A in den Punkt C überführt, mit der Spiegelung an der Geraden durch die Punkte A und C.

Das Verkehrsschild wird erst um a, dann um b gewendet.
Zeichne das Schild in der neuen Lage.

6 Zeichne ein beliebiges Quadrat ABCD in dein Heft.
a) Spiegele das Quadrat an der Geraden a, das Bildquadrat an der Geraden b, das sich ergebende Quadrat an c und schließlich das neue Bildquadrat an d.
b) Bleibt der Umlaufsinn der Figur nach der Verkettung erhalten oder nicht? Begründe deine Antwort.

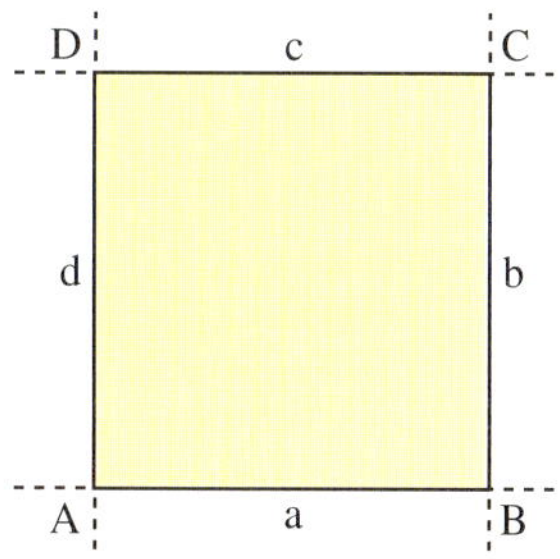

7 Bei einem automatischen Transport von Werkstücken werden diese vom Punkt A(10 | 2) parallel zur x-Achse um 4 Einheiten in Richtung Nullpunkt verschoben, dann um den Punkt B(4 | 0,5) um 90° gedreht, schließlich parallel zur y-Achse um 5 Einheiten weg vom Nullpunkt verschoben. Wo befindet sich das Werkstück nach den drei Bewegungen?

8 Zeichne das Dreieck ABC mit A(1 | 3), B(3 | 1), C(3,5 | 4), den Punkt P(5 | 2) sowie die Gerade g durch R(0 | 4,5) und S(10 | 4,5).
a) Spiegele Dreieck ABC an P und das Bilddreieck an g.
b) Die Verkettung der Punktspiegelung an P und der Geradenspiegelung an g kann durch die Verkettung einer Verschiebung und einer Spiegelung an einer Geraden h ersetzt werden. Beschreibe diese beiden Abbildungen.

2 Kongruente Figuren

1 Kann man mit einer Geradenspiegelung, einer Verschiebung, einer Punktspiegelung oder einer Drehung den Abdruck des linken Fußes auf den Abdruck des rechten Fußes abbilden? Wenn es nicht gelingt, versuche es mit einer Verkettung von zwei Abbildungen.

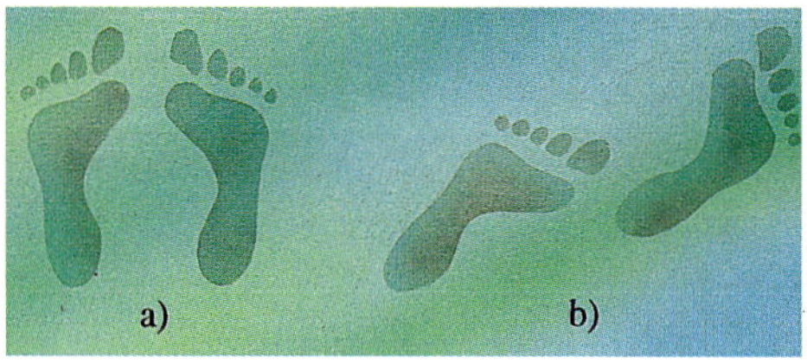

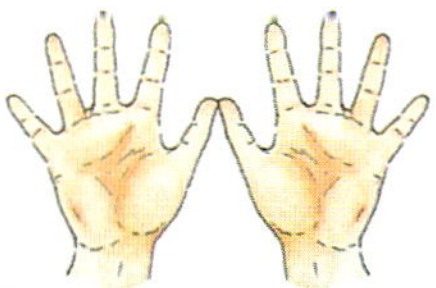

congruere (lat.): übereinstimmen

In dem Zeichen ≅ lässt sich „=“ als flächeninhaltsgleich und „~“ als gestaltgleich deuten.

Handflächen kann man „passend“ aufeinander legen. Man sagt: sie sind deckungsgleich. Kann man zwei Figuren wie z. B. Vielecke oder Kreise mit Hilfe von Verschiebungen, Geradenspiegelungen, Drehungen oder Punktspiegelungen aufeinander abbilden, könnte man sie ausschneiden und passend aufeinander legen.

Definition: Figuren F und G heißen **kongruent**, wenn man sie mit einer Kongruenzabbildung aufeinander abbilden kann. Man schreibt dann $F \cong G$ (lies: F kongruent G).

Beispiel 1: (Nachweis einer Kongruenz)
Bei dem gelben und braunen Viereck sind entsprechende Seiten und Winkel gleich groß. Zum Nachweis der Kongruenz überlegt man zunächst, welche Ecken einander entsprechen und stellt fest, dass der Umlaufsinn beider Figuren verschieden ist. Durch die eingezeichnete Verschiebung wird schon eine Ecke auf die entsprechende Ecke abgebildet. Da entsprechende Seiten und Winkel gleich groß sind, kann man diese Bildfigur durch eine Drehung und anschließende Geradenspiegelung auf die braune Figur abbilden. Damit ist insgesamt gezeigt, dass man die gelbe Figur durch eine Kongruenzabbildung auf die braune Figur abbilden kann; die Figuren sind also kongruent zueinander.

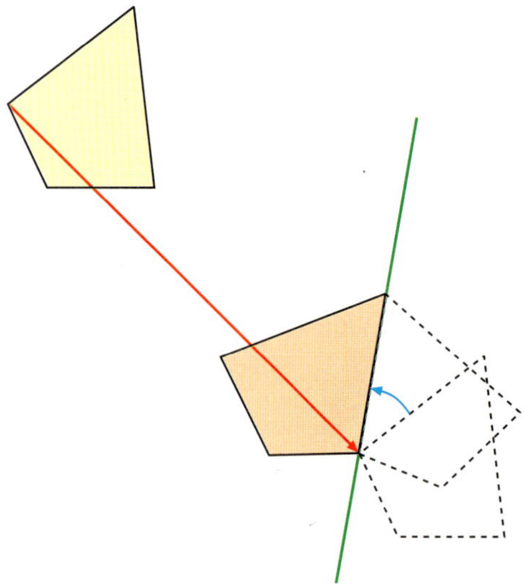

Beispiel 2: (Beweisen mit Hilfe einer Kongruenzabbildung)
Voraussetzung: Die Dreiecke ABC und BDE sind gleichseitig.
Behauptung: Es ist $\overline{AE} = \overline{CD}$.
Beweis: Die Innenwinkel der Dreiecke ABC und BDE sind alle 60° (gleichseitige Dreiecke). Bei einer Drehung um B mit dem Drehmaß 60° wird C auf A und D auf E abgebildet. Also ist $\overline{AE} = \overline{CD}$.

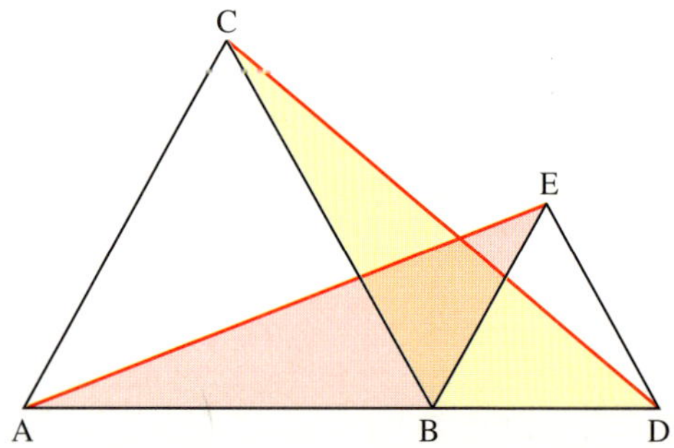

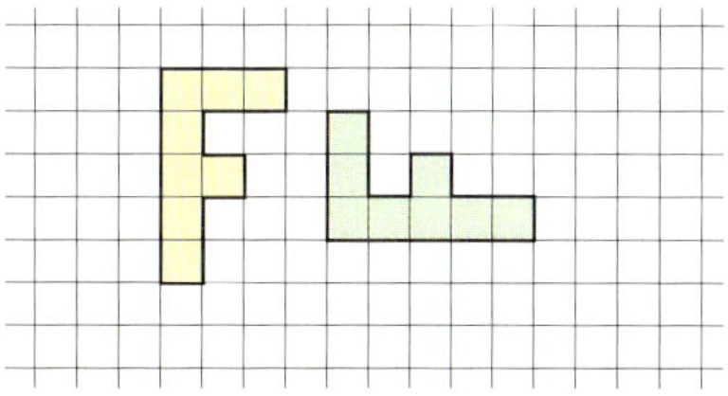

Fig. 1

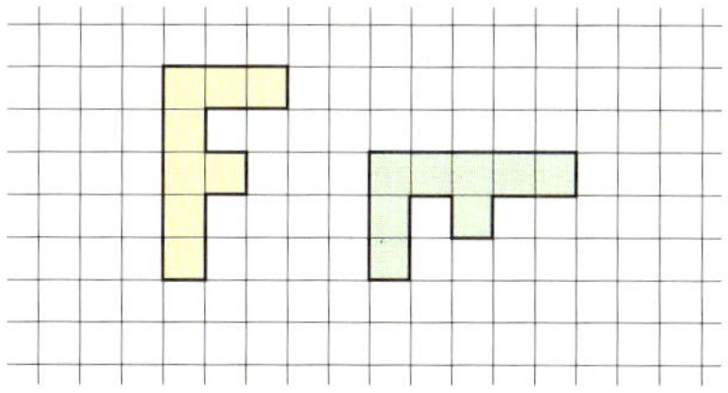

Fig. 2

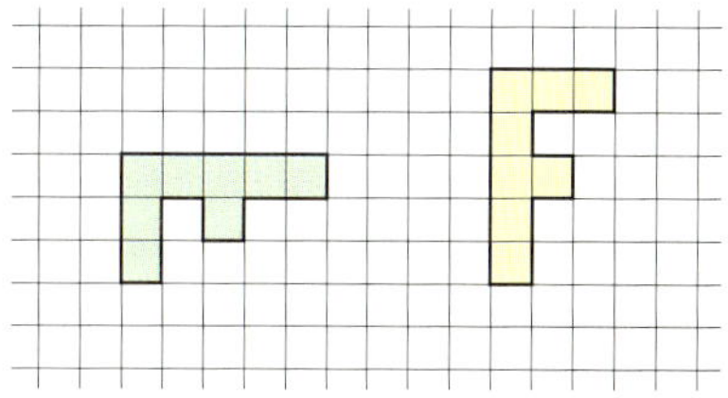

Fig. 3

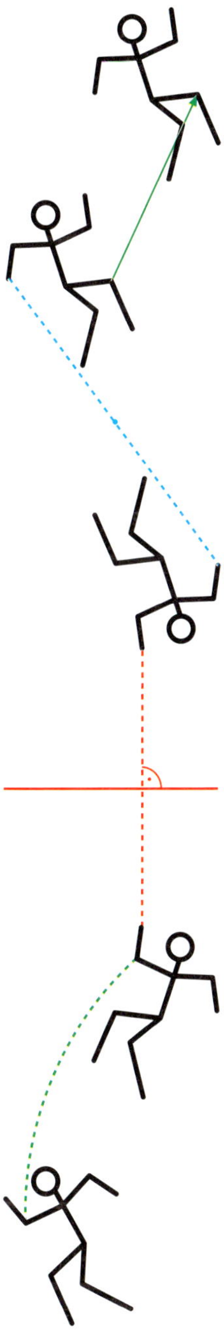

2 Übertrage die Fig. 1 ins Heft. Das gelbe „F“ soll auf das grüne „F“ abgebildet werden. Zeichne eine Möglichkeit ein. Verfahre mit den Fig. 2 und 3 entsprechend.

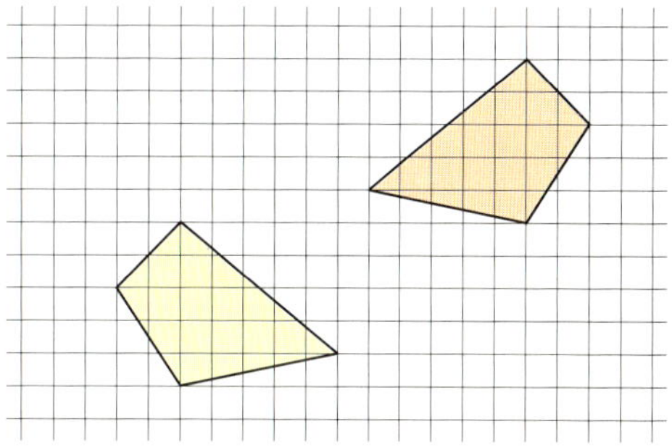

Fig. 4

3 Übertrage die Fig. 4 ins Heft. Bilde das gelbe Viereck zeichnerisch auf das braune Viereck ab.

4 Gib eine Kongruenzabbildung an, welche in Fig. 5 das Quadrat Q_1 auf das Quadrat Q_2 abbildet mit

a) $B \to F$ b) $A \to H$

c) $A \to E,\ C \to G,\ B \to H,\ D \to F$

d) $A \to F,\ B \to E,\ C \to H,\ D \to G$.

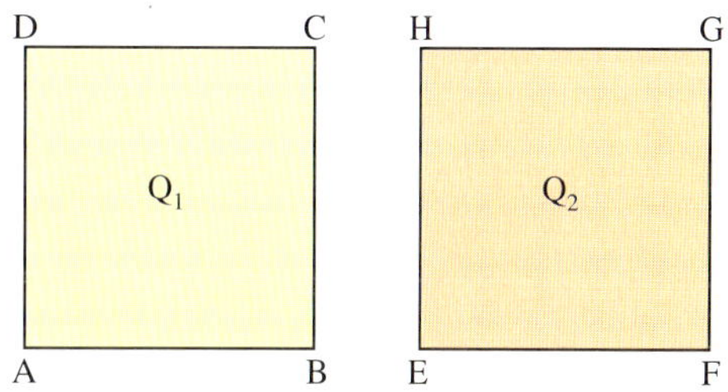

Fig. 5

5 Die Dreiecke F_1, F_2, F_3 in Fig. 6 sind gleichseitig. Gib eine Kongruenzabbildung an, wenn

a) F_1 auf F_2 abgebildet werden soll mit $A \to E,\ B \to C,\ C \to B$

b) F_1 auf F_3 abgebildet werden soll mit $A \to E,\ B \to B,\ C \to D$.

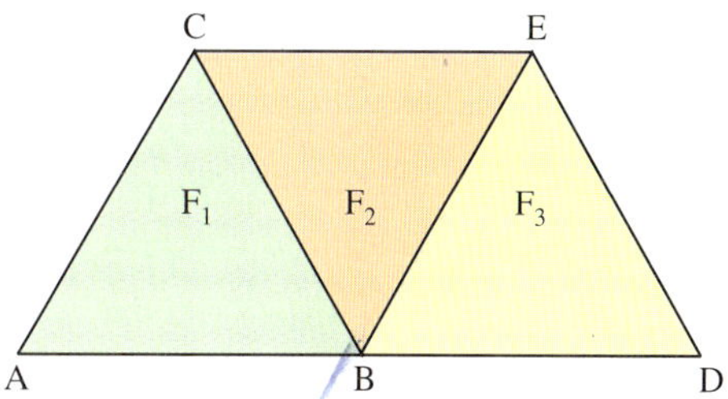

Fig. 6

6 In Fig. 7 sind die Dreiecke ACB_1 und BA_1C gleichseitig.
Zeige: Es ist $\overline{AA_1} = \overline{BB_1}$. (Anleitung: Suche eine geeignete Drehung.)

7 In Fig. 8 sind über zwei Seiten eines beliebigen Dreiecks ABC Quadrate gezeichnet; D ist die Mitte der dritten Seite. Zeige: EF ist doppelt so lang wie CD. (Anleitung: Erzeuge zunächst durch Punktspiegelung an D ein Dreieck, in dem eine Seite die Länge $2 \cdot \overline{CD}$ hat. Drehe danach um eine Quadratmitte.) Was folgt für die Richtungen von CD und EF?

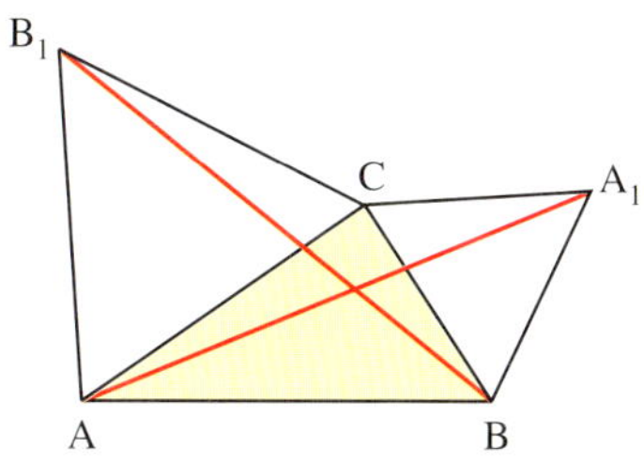

Fig. 7

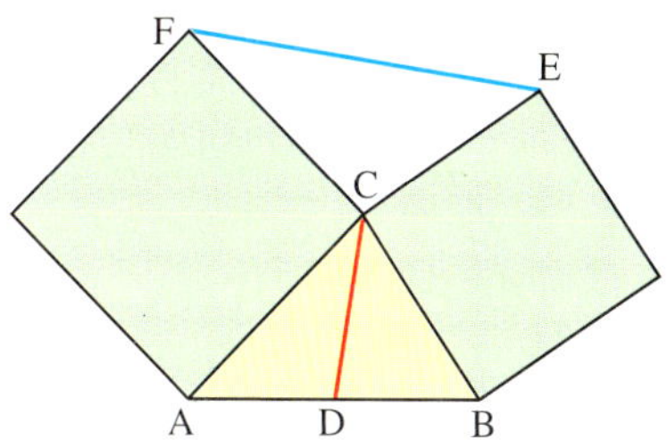

Fig. 8

3 Der Kongruenzsatz sss

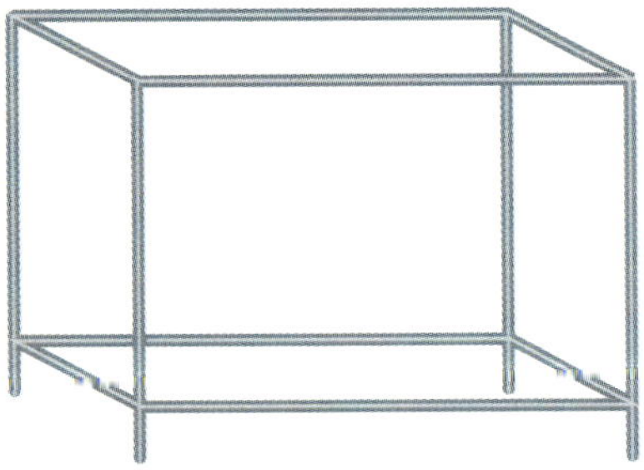

Fig. 1

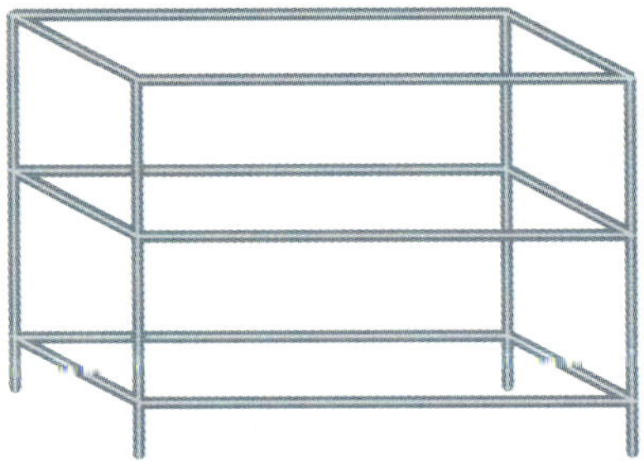

Fig. 2

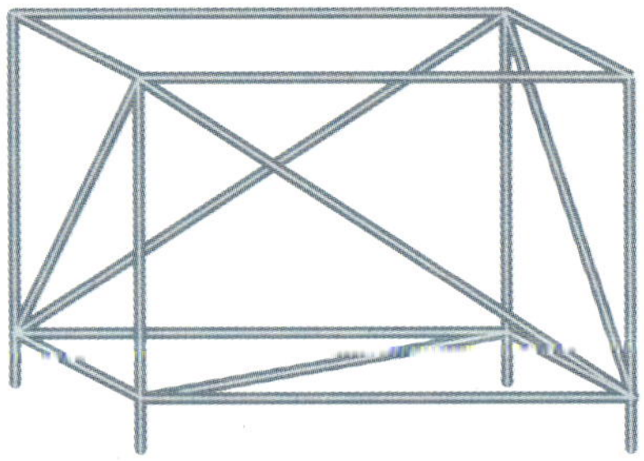

Fig. 3

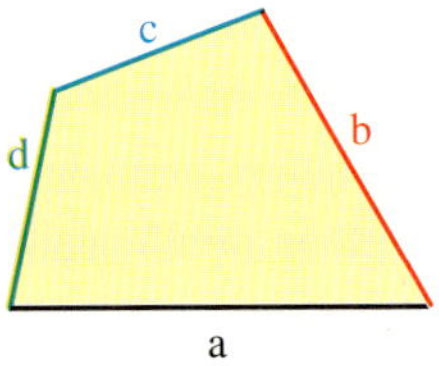

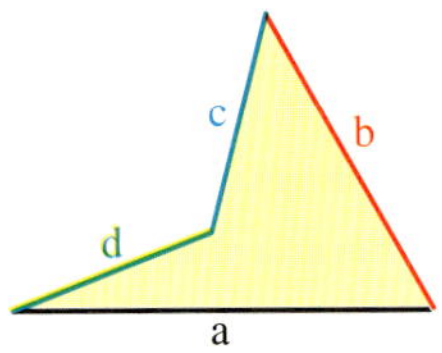

1 Wie kann man erreichen, dass das Gerüst in Fig. 1 möglichst stabil wird? Fig. 2/3 zeigen zwei Vorschläge. Welchen hältst du für besser? Warum?

Bei den nebenstehenden Vierecken sind gleich bezeichnete Seiten gleich lang. Die Winkel eines Vierecks sind also durch die Angabe der Seitenlänge keineswegs festgelegt. Bei Dreiecken scheint dies anders zu sein. Wir untersuchen deshalb nun die Frage: Kann man Dreiecke ABC und PQR (Fig. 4), in denen entsprechende Seiten gleich lang sind, über deren Winkel aber nichts bekannt ist, durch eine Kongruenzabbildung aufeinander abbilden?

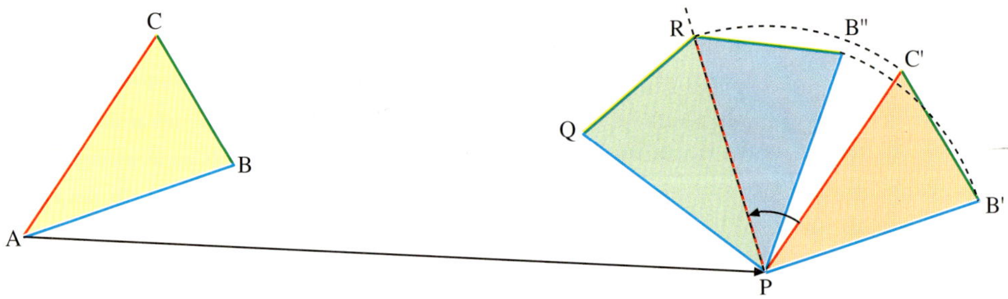

Fig. 4

Bei den Dreiecken ABC und PQR sind gleich gefärbte Seiten gleich lang. Der Umlaufsinn beider Dreiecke ist verschieden. Zunächst gibt es eine Verschiebung mit $A \rightarrow P$. Da AC, PC′ und PR gleich lang sind, können wir $\Delta PB'C'$ so um P drehen, dass $C' \rightarrow R$ gilt. Danach müssen B″ und Q spiegelbildlich zu PR liegen, denn beide Punkte ergeben sich als Schnittpunkte derselben Kreise um P und R mit vorgegebenen Seitenlängen als Radien. Die Verkettung einer Verschiebung, Drehung und Geradenspiegelung bildet also ΔABC auf ΔPQR ab. Entsprechend kann man bei anderer Lage von ΔPQR schließen.

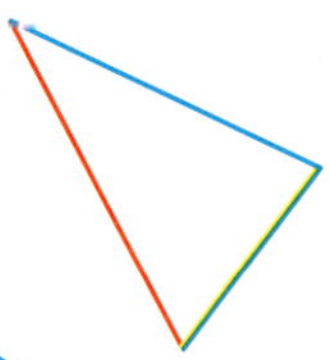

Satz: (Kongruenzsatz **sss**)
Wenn in zwei Dreiecken entsprechende **Seiten** gleich lang sind, dann sind die Dreiecke kongruent, dann sind also auch entsprechende **Winkel** gleich weit.

Der Kongruenzsatz sss ermöglicht es, die Kongruenz zweier Dreiecke ohne Abbildungen festzustellen. Aus der Gleichheit von Seitenlängen kann man sofort auf die Gleichheit von Winkelweiten schließen.

Insbesondere kann man, wenn die Seitenlängen eines Dreiecks gegeben sind, seine Winkel durch Konstruktion ermitteln. Es kommt dabei weder auf die Lage noch auf den Umlaufsinn des konstruierten Dreiecks an; alle Dreiecke mit den vorgegebenen Maßen sind nach dem Kongruenzsatz sss kongruent. Wir sagen deshalb: Die Aufgabe, ein Dreieck aus drei Seiten zu konstruieren, hat nur eine einzige Lösung, oder: Die Aufgabe ist eindeutig lösbar.

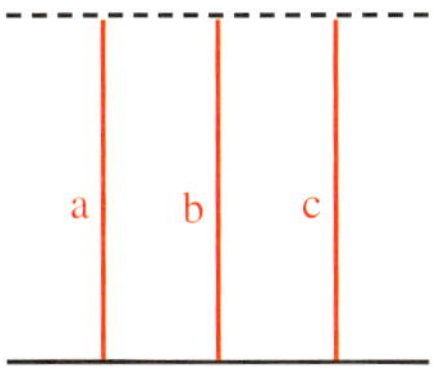

Wie groß sind die Winkel eines Dreiecks mit diesen Seiten?

Beispiel 1: (Konstruktion eines Dreiecks aus drei Seiten; Ablesen der Winkel)
Ermittle die Winkel α, β, γ in einem Dreieck ABC mit $a = 2{,}8\,cm$, $b = 3{,}9\,cm$, $c = 4{,}5\,cm$.
Konstruktionsbeschreibung (Fig. 1):
Zeichne die Strecke AB mit $\overline{AB} = c = 4{,}5\,cm$. Zeichne um A einen Kreis mit dem Radius $b = 3{,}9\,cm$ und um B einen Kreis mit dem Radius $a = 2{,}8\,cm$. Die beiden Kreise schneiden sich in C_1 und C_2. Verbinde C_1 und C_2 mit A und B.
Ablesen der Winkel:
Da die Dreiecke ABC_1 und ABC_2 kongruent sind, ist die Aufgabe eindeutig lösbar mit $\alpha \approx 38°$, $\beta \approx 59°$, $\gamma \approx 83°$.

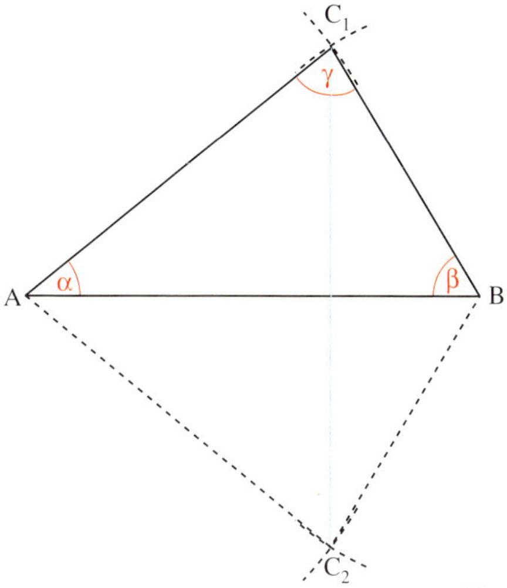

Fig. 1

Beispiel 2: (Winkelübertragung)
Fig. 2 zeigt, wie man mit dem Zirkel einen Winkel „übertragen" kann. Die Begründung dieser Konstruktion liefert der Kongruenzsatz sss: Da $\overline{ST} = \overline{AB}$ und $\overline{SU} = \overline{AC}$ sowie $\overline{TU} = \overline{BC}$ ist, gilt: $\Delta STU \cong \Delta ABC$.
Daher hat der Winkel bei A die gleiche Weite wie der bei S.

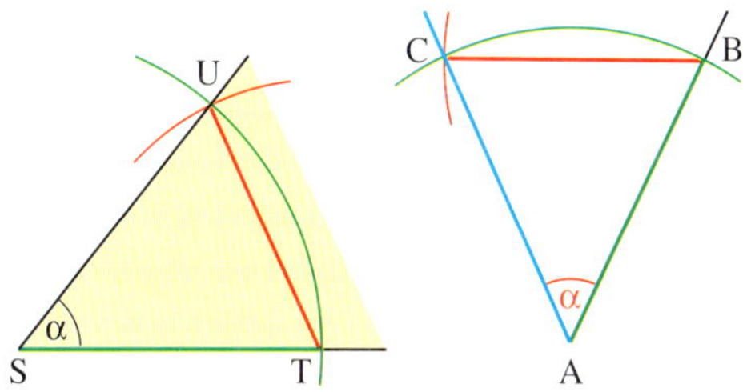

Fig. 2

Beispiel 3: (Beweisen mit sss)
Voraussetzung: In Fig. 3 ist $\overline{CB_1} = \overline{AB}$, $\overline{CC_1} = \overline{AC}$, $\overline{C_1B_1} = \overline{CB}$.
Behauptung: Es ist $C_1B_1 \parallel AB$.
Beweis: Nach sss ist $\Delta ABC \cong \Delta CC_1B_1$, also ist $\beta = \delta$. Da diese Winkel Stufenwinkel an der Geraden durch B und C sind, folgt $C_1B_1 \parallel AB$.
Bemerkung: Bei diesem Beweis wurde die Kongruenz zweier Dreiecke ausgenutzt im Unterschied zu dem Beweis auf Seite 50. Dies deshalb, weil es bei dieser Lage der Dreiecke schwieriger wäre, die notwendige Kongruenzabbildung anzugeben.

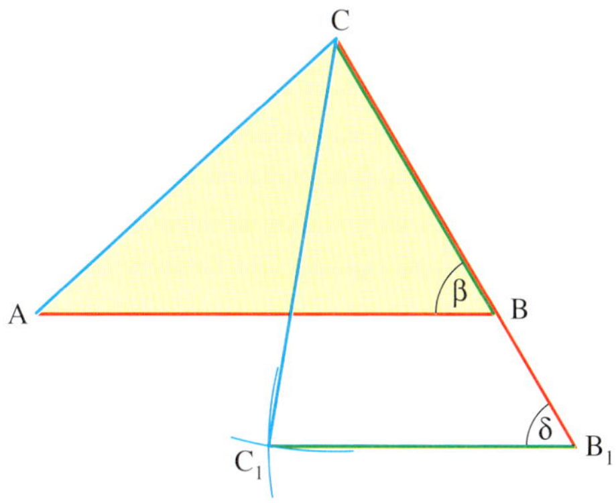

Fig. 3

2 Entscheide, ob die beiden Dreiecke ABC und DEF zueinander kongruent sind.
a) $\overline{AB} = 7\,cm$; $\overline{BC} = 4\,cm$; $\overline{AC} = 5\,cm$ und $\overline{DE} = 5\,cm$; $\overline{EF} = 7\,cm$; $\overline{DF} = 4\,cm$
b) $\overline{AB} = 3\,cm$; $\overline{AC} = 9\,cm$; $\overline{BC} = 8\,cm$ und $\overline{DE} = 3\,cm$; $\overline{FE} = 9\,cm$; $\overline{FD} = 7\,cm$

3 Zeichne einen beliebigen Winkel. Konstruiere mit Zirkel und Lineal einen Winkel, der doppelt (dreimal) so groß ist wie der gezeichnete Winkel.

4 Zeichne einen spitzen und einen stumpfen Winkel.
a) Konstruiere mit Zirkel und Lineal einen Winkel, der gleich groß ist wie die beiden gezeichneten Winkel zusammen.
b) Konstruiere mit Zirkel und Lineal einen Winkel, der zusammen mit dem spitzen Winkel ebenso groß ist wie der gezeichnete stumpfe Winkel.

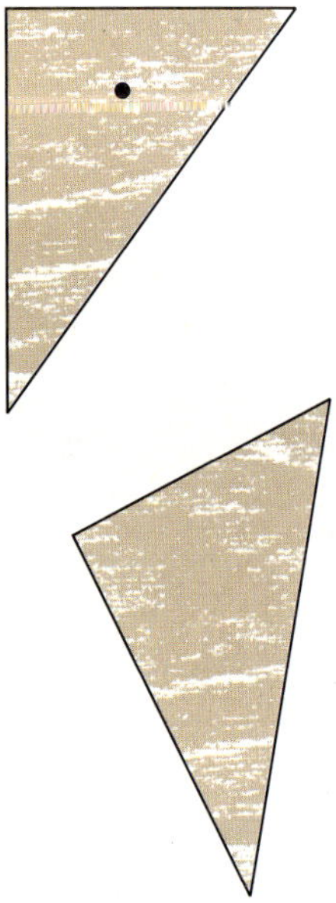

Bei den beiden dreieckigen Holzstücken sind entsprechende Seiten gleich lang. Das obere Stück ist an einer Wand festgeschraubt. Wie findet man die „entsprechende" Bohrstelle auf dem unteren Stück?

5 Zeichne ein beliebiges Dreieck ABC. Konstruiere durch Winkelübertragung mit Zirkel und Lineal einen Winkel, der gleich groß ist wie die drei Innenwinkel des Dreiecks ABC zusammen. Wie zeigt sich, ob du genau gezeichnet hast?

6 Ermittle konstruktiv die Winkel α, β, γ in einem Dreieck ABC mit
a) a = 7,0 cm; b = 4,8 cm; c = 8,4 cm
b) a = 6,2 cm; b = 4,6 cm; c = 7,0 cm
c) a = 6,6 cm; b = 4,9 cm; c = 10,7 cm
d) a = 3,5 cm; b = 7,2 cm; c = 6,2 cm
e) a = 5,5 cm; b = 8,5 cm; c = 4,7 cm
f) a = 3,1 cm; b = 3,5 cm; c = 4,3 cm.

7 Die Seiten eines Dreiecks sind 7,0 cm, 8,0 cm und 8,7 cm lang; α ist der größte, β der kleinste Winkel des Dreiecks. Bestimme α, β und γ durch Konstruktion.

8 In einem Baukasten sind fünf Stäbe mit den Längen 11,3 cm; 8,7 cm; 6,2 cm; 4,9 cm und 3,6 cm.
a) Welche drei der fünf Stäbe kann man nehmen, um ein Dreieck zusammenzuschrauben?
b) Konstruiere die Dreiecke und miss jeweils die Winkel.

9 Von vier Punkten A, B, P, Q ist bekannt: Die Strecke AB ist 5,1 cm lang. Die Strecke PA ist 7,5 cm lang, und die Strecke PB ist 4,2 cm lang. Die Strecke QA ist 6,8 cm lang, und die Strecke QB ist 8,2 cm lang. Die Punkte P und Q liegen auf derselben Seite (verschiedenen Seiten) der Geraden AB. Wie viel cm ist der Punkt P von dem Punkt Q entfernt?

10 a) Pforzheim liegt 132 km südlich von Frankfurt a. M. (Luftlinie); Kaiserslautern ist von Frankfurt 98 km und von Pforzheim 88 km entfernt. Zeichne einen Plan im Maßstab 1 : 2 000 000. In welcher Himmelsrichtung liegt Kaiserslautern von Frankfurt aus?
b) Heilbronn ist von Pforzheim 47 km und von Frankfurt 114 km entfernt. Bestimme zeichnerisch die Entfernung Kaiserslautern – Heilbronn.

11 Zeichne einen Kreis und einen Durchmesser AB des Kreises sowie von A und B aus vier gleich lange Sehnen. Beweise mit Hilfe des Kongruenzsatzes sss, dass jeweils gegenüberliegende Sehnen parallel sind.

Fig. 1

12 Bei dem Viereck ABCD in Fig. 1 sind je zwei Gegenseiten gleich lang. Beweise:
a) Je zwei Gegenwinkel sind gleich groß.
b) Je zwei Gegenseiten sind parallel.

13 In Fig. 2 sind D, E, F die Seitenmitten des Dreiecks ABC. Beweise, dass $\delta = \gamma$ ist.

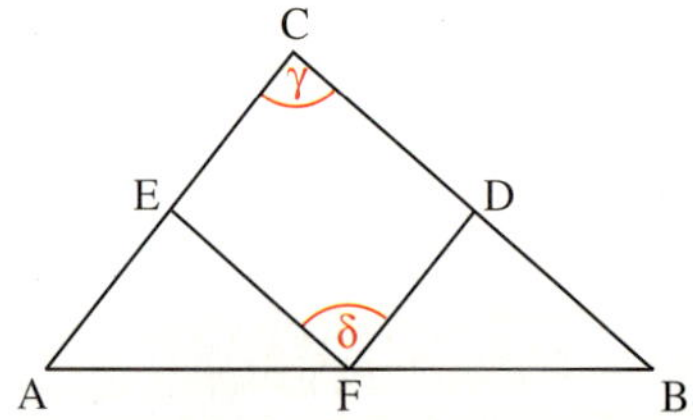

Fig. 2

4 Der Kongruenzsatz sws

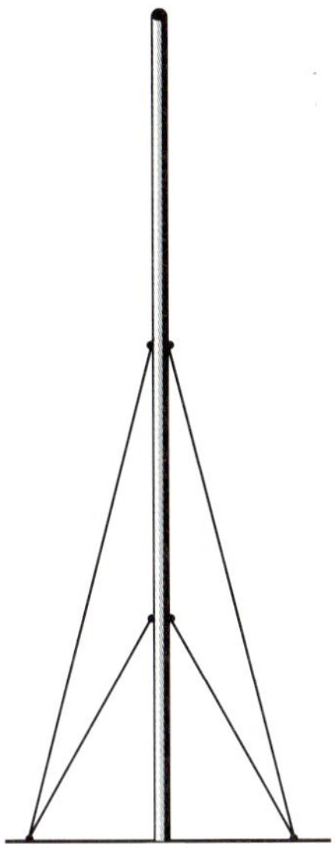

1 Ein Sendemast soll durch Halteseile stabilisiert werden. Das untere Seil ist in 5 m Höhe, das obere in 10 m Höhe angebracht. Beide Seile sind 2,5 m vom Fuß des Mastes in der Erde verankert. Wie würdest du vorgehen, um die Längen der Seile zeichnerisch zu bestimmen?

Wir untersuchen nun, ob man statt der 3 Seitenlängen eines Dreiecks auch nur 2 Seitenlängen und zusätzlich die Weite des eingeschlossenen Winkels nehmen könnte, um das Dreieck festzulegen.

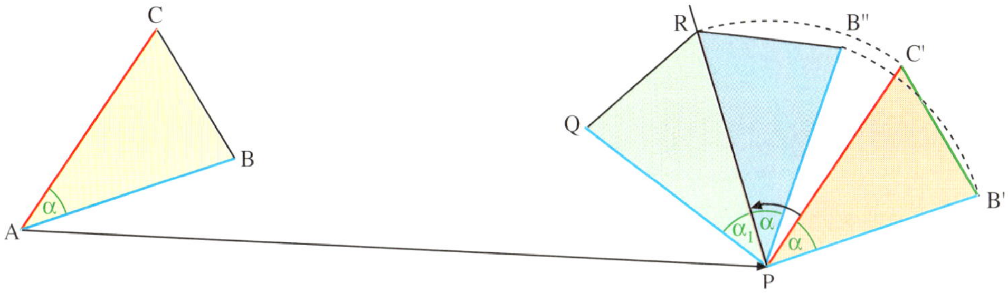

Fig. 1

Bei den Dreiecken ABC und PQR in Fig. 1 ist PQ gleich lang wie AB, PR gleich lang wie AC und $\alpha = \alpha_1$. Wie bei der Begründung zum Kongruenzsatz sss kann man das Dreieck ABC durch eine Verschiebung und anschließende Drehung so abbilden, dass A auf P und C auf R abgebildet wird. Nun ist $\alpha = \alpha_1$. Also ist die Gerade durch P und R Winkelhalbierende von $\measuredangle B''PQ$. Da auch $\overline{PB''} = \overline{PQ}$ ist, liegen B″ und Q spiegelbildlich zu PR. Also bildet die Verkettung einer Verschiebung, Drehung und Geradenspiegelung ΔABC auf ΔPQR ab. Entsprechend kann man bei anderer Lage von ΔPQR schließen.

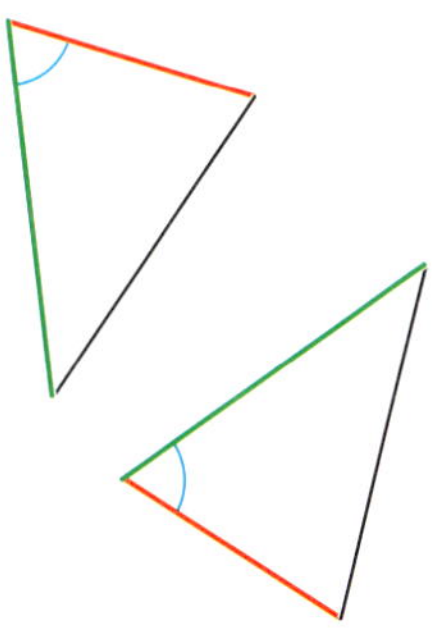

Satz: (Kongruenzsatz **sws**)
Wenn zwei Dreiecke in **zwei Seiten** und dem **eingeschlossenen Winkel** übereinstimmen, dann sind sie kongruent, stimmen also auch in der dritten Seite und den beiden anderen Winkeln überein.

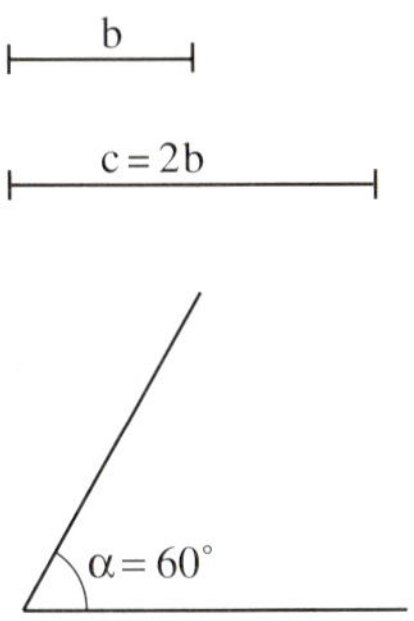

Wie groß sind β und γ in diesem Dreieck?

Beispiel 1: (Konstruktion eines Dreiecks aus zwei Seiten und dem eingeschlossenen Winkel)
Konstruiere ein Dreieck ABC mit $b = 4{,}5\,\text{cm}$, $c = 5{,}2\,\text{cm}$ und $\alpha = 40°$.
Konstruktionsbeschreibung (Fig. 2):
Zeichne die Strecke AB mit $\overline{AB} = c = 5{,}2\,\text{cm}$. Trage in A an AB den Winkel $\alpha = 40°$ an. Zeichne einen Kreis um A mit dem Radius $b = 4{,}5\,\text{cm}$. Dieser Kreis schneidet den freien Schenkel von α in C. Verbinde C mit B. Danach können wir ablesen: $a \approx 3{,}4\,\text{cm}$; $\beta \approx 59°$; $\gamma \approx 81°$.

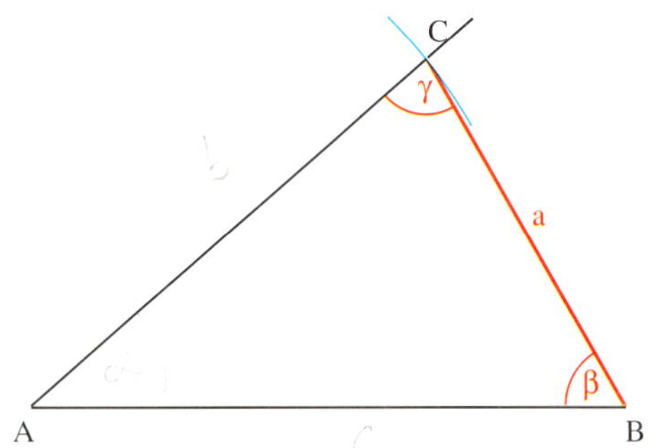

Fig. 2

Beispiel 2: (Beweisen mit sws)
Voraussetzung (Fig. 1):
ΔABC ist gleichseitig; $\overline{AC_1} = \overline{BA_1} = \overline{CB_1}$.
Behauptung: $\Delta A_1B_1C_1$ ist gleichseitig.
Beweis: Es ist $\overline{AC_1} = \overline{BA_1} = \overline{CB_1}$
und $\overline{C_1B} = \overline{A_1C} = \overline{B_1A}$;
außerdem ist $\alpha = \beta = \gamma = 60°$.
Nach sws sind die Dreiecke AC_1B_1, BA_1C_1 und CB_1A_1 kongruent. Also ist
$\overline{A_1B_1} = \overline{B_1C_1} = \overline{C_1A_1}$.

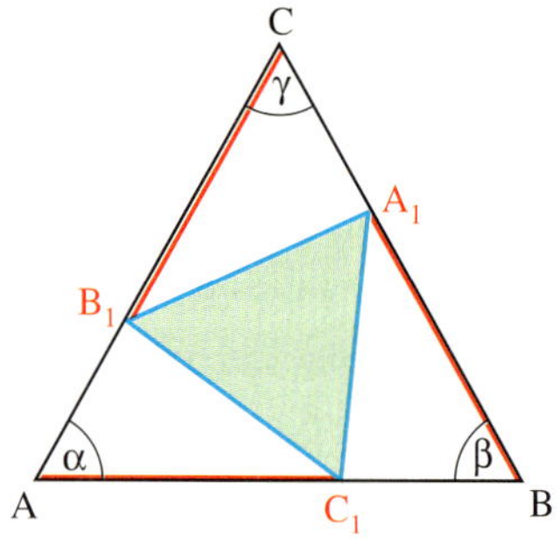

Fig. 1

2 Zeichne ein Dreieck mit den angegebenen Seiten und Winkeln. Entnimm der Zeichnung die Größe der restlichen Seite und der restlichen Winkel.
a) $b = 5{,}2\,cm$; $c = 4{,}6\,cm$; $\alpha = 54°$ b) $c = 4{,}1\,cm$; $a = 5{,}4\,cm$; $\beta = 120°$
c) $a = 6{,}6\,cm$; $b = 3{,}9\,cm$; $\gamma = 78°$ d) $b = 7{,}2\,cm$; $a = 2{,}8\,cm$; $\gamma = 50°$
e) $b = 5{,}5\,cm$; $c = 4{,}2\,cm$; $\alpha = 130°$ f) $c = 7{,}5\,cm$; $a = 3{,}9\,cm$; $\beta = 47°$

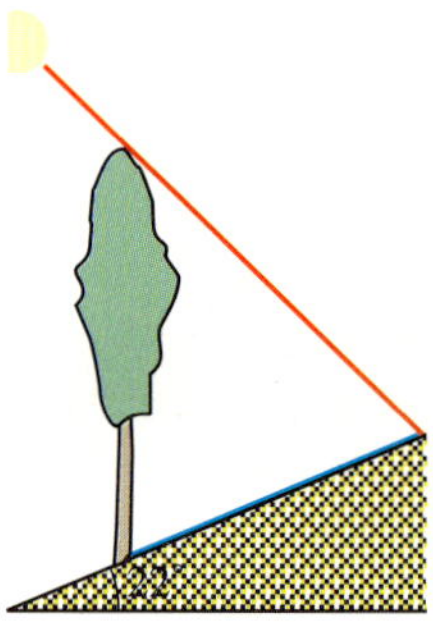

Wie hoch steht die Sonne, wenn ein 5 m hoher Baum einen 4 m langen Schatten auf den Hang wirft?

3 Zeichne ein gleichschenkliges Dreieck (Grundseite AB). Wie lang ist die Höhe?
a) $a = 6{,}2\,cm$; $\gamma = 36°$ b) $b = 4{,}3\,cm$; $\gamma = 68°$ c) $a = 5{,}5\,cm$; $\gamma = 110°$

4 Zeichne ein rechtwinkliges Dreieck ($\gamma = 90°$). Wie lang ist die dritte Seite?
a) $a = 4\,cm$; $b = 3\,cm$ b) $a = 4{,}0\,cm$; $b = 5{,}5\,cm$ c) $a = 5{,}6\,cm$; $b = 3{,}3\,cm$

5 Zwei waagerechte Stollen in einem Bergwerk gehen von einem Punkt A unter einem Winkel von 80° aus und haben die Längen $\overline{AB} = 350\,m$ und $\overline{AC} = 280\,m$. Wie lang wird ein Verbindungsstollen BC, und unter welchen Winkeln muss man ihn von B und C aus vorantreiben? Maßstab 1 : 5 000.

6 Ein Würfel hat die Kantenlänge 4 cm. Bestimme zeichnerisch die Länge d_1 der Diagonalen einer Seitenfläche und die Länge d_2 einer räumlichen Diagonalen (Fig. 2).

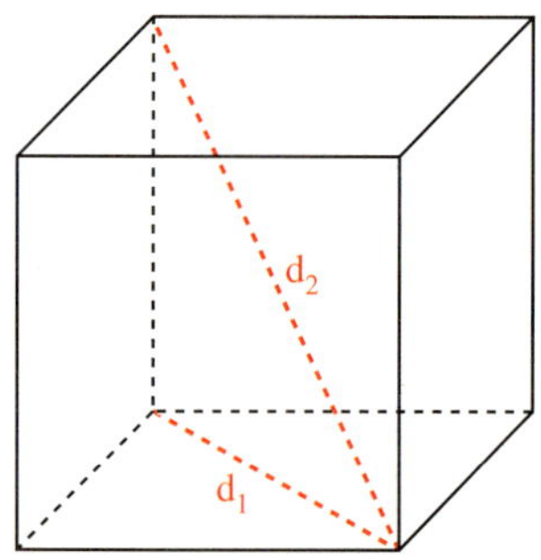

Fig. 2

7 Zeichne die Punkte A(2 | 5), B(7 | 2), C(0 | 3), D(3 | –2). Zeige, dass die Strecken AB und CD gleich lang sind. (Anleitung: Zeichne Parallelen zu den Koordinatenachsen.)

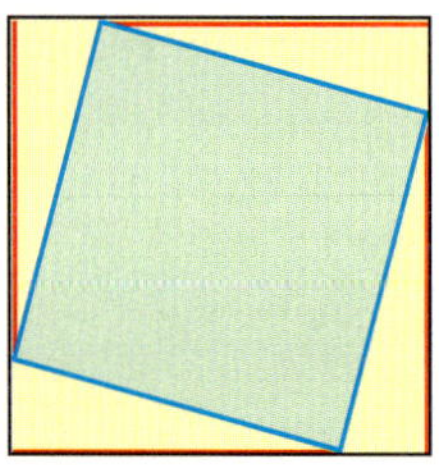

8 Zeichne ein Quadrat mit 4 cm langen Seiten. Trage auf den Seiten (wie in der Figur angegeben) gleich lange Strecken ab. Beweise: Das entstehende Innenviereck ist wieder ein Quadrat.

9 Beweise: Verlängert man die Seiten eines gleichseitigen Dreiecks wie in Fig. 3 um gleich lange Strecken und verbindet man die Endpunkte, so ist das entstehende Dreieck ebenfalls gleichseitig.

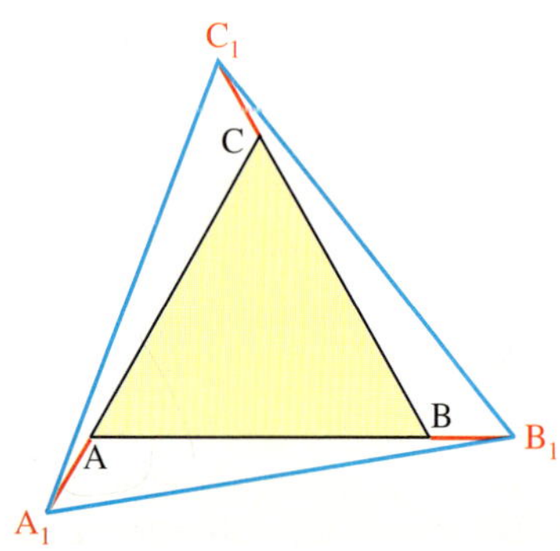

Fig. 3

5 Der Kongruenzsatz wsw bzw. sww

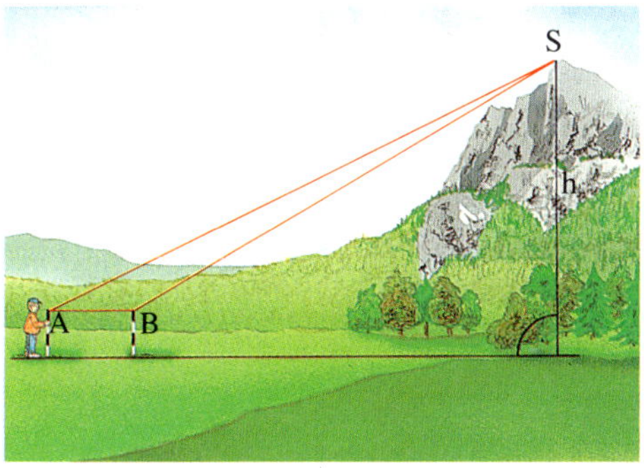

1 Um die Höhe einer Bergspitze S zu bestimmen, wurde in der Ebene eine auf den Berg zulaufende Strecke AB abgesteckt. In dem Dreieck ABS kann man nun aber keine weitere Seite mehr messen. Wie lässt sich trotzdem die Höhe h von S über der Talsohle bestimmen?

2 Ein Dreieck ABC soll konstruiert werden aus der Seite c und zwei Winkeln. Welche Winkel können dies sein?

Ist von den Seiten eines Dreiecks nur eine bekannt, so muss man versuchen, das Dreieck durch Winkel vollends festzulegen. Offenbar sind dazu mindestens zwei Winkel nötig. Wegen des Winkelsummensatzes ist dann der dritte Winkel bestimmt. Wir zeigen, dass auch die beiden anderen Seiten festgelegt sind.

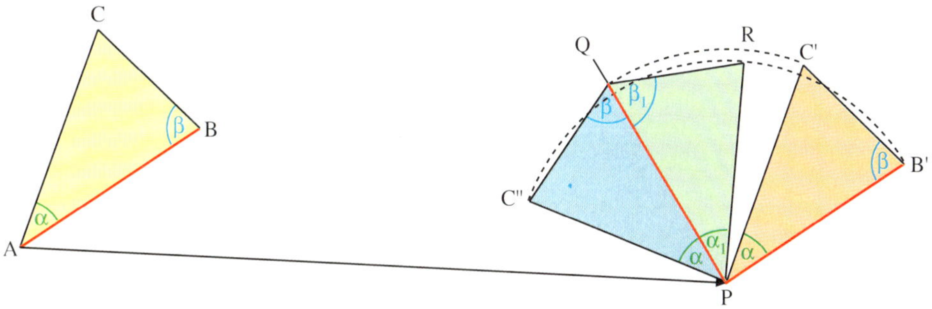

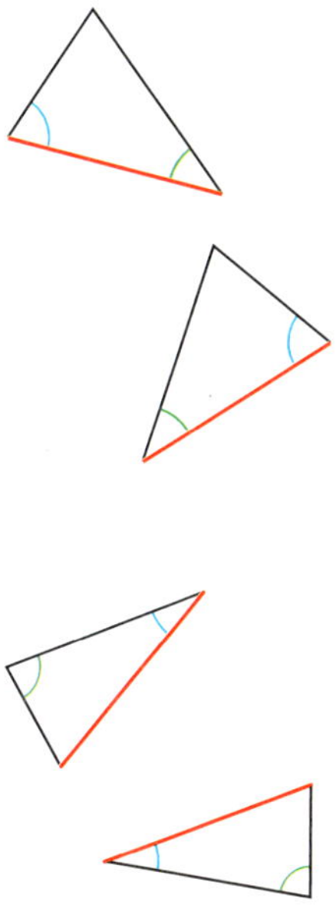

Bei den Dreiecken ABC und PQR ist PQ gleich lang wie AB und $\alpha = \alpha_1$, $\beta = \beta_1$. Das Dreieck ABC kann man durch eine Verschiebung und anschließende Drehung so abbilden, dass A auf P und B auf Q abgebildet wird. Die Gerade durch P und Q ist die gemeinsame Winkelhalbierende von $\measuredangle RPC''$ und $\measuredangle C''QR$. Also liegen C″ und R spiegelbildlich. Bei dieser Lage der Dreiecke bildet also wiederum die Verkettung einer Verschiebung, Drehung und Geradenspiegelung ΔABC auf ΔPQR ab.

Sowohl im Dreieck ABC als auch im Dreieck PQR liegen die gegebenen Winkel an der gegebenen Seite (wsw). Falls im Dreieck ABC einer der gegebenen Winkel der gegebenen Seite gegenüberliegt (sww), dann muss dies im Dreieck PQR für den entsprechenden Winkel ebenfalls zutreffen. Beide Fälle fasst man zusammen, wenn man sagt, in den Dreiecken müssen die gegebenen Winkel bezüglich der gegebenen Seite „gleich liegen“.

Satz: (Kongruenzsatz **wsw** bzw. **sww**)
Wenn Dreiecke in **einer Seite und zwei gleich liegenden Winkeln** übereinstimmen, dann sind sie kongruent, stimmen also auch im dritten Winkel und den beiden anderen Seiten überein.

Uwe ruft in einer Flaschnerei an, um eine dreieckige Abdeckplatte zu bestellen: „Eine Seite muss 50 cm, ein Winkel 50° und einer 70° messen.“ Wird die Flaschnerei richtig liefern?

Beispiel 1: (Konstruktion eines Dreiecks aus einer Seite und zwei Winkeln)
Wir konstruieren ein Dreieck ABC mit $c = 4\,\text{cm}$; $\beta = 50°$; $\gamma = 100°$ (Fig. 1).
Konstruktionsbeschreibung:
Zeichne AB mit $\overline{AB} = c = 4\,\text{cm}$. Trage in B den Winkel $\beta = 50°$ an und in einem beliebigen Punkt C_1 des freien Schenkels von β den Winkel $\gamma = 100°$. Zeichne durch A die Parallele zum freien Schenkel von γ; diese schneidet den freien Schenkel von β in C.
Bemerkung: Man kann auch α berechnen und danach α und β an AB antragen.

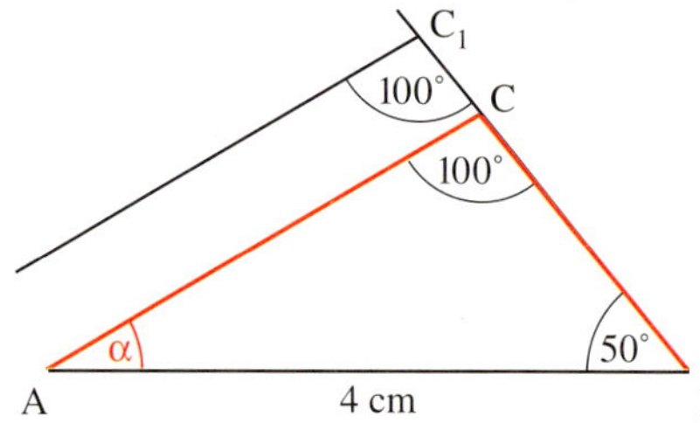

Fig. 1

Beispiel 2: (Gegenbeispiel)
In Fig. 2 stimmen die Dreiecke ABC und PQR in einer Seite und den Winkeln überein. Sie sind jedoch nicht kongruent, weil α und β bezüglich dieser Seite nicht gleich liegen.

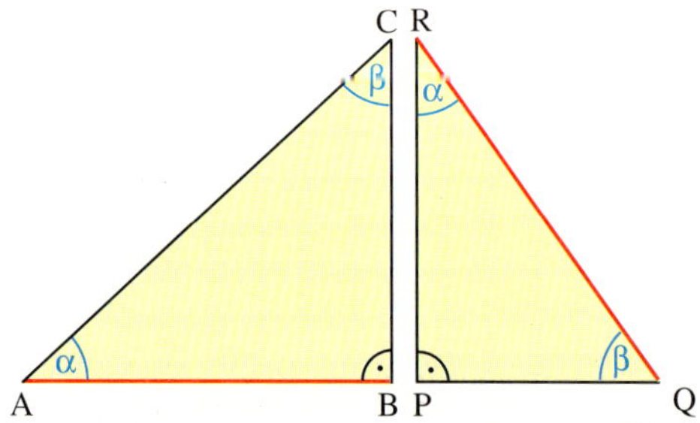

Fig. 2

Beispiel 3: (Beweisen mit sww)
In Fig. 3 ist M die Mitte von AB. BF und AG sind die Lote von A bzw. B auf die Gerade durch C und M. Behauptung: $\overline{AG} = \overline{BF}$.
Beweis: ΔAGM und ΔMBF stimmen in einer Seite und zwei gleich liegenden Winkeln überein; nach sww ist $\Delta AGM \cong \Delta MBF$, also $\overline{AG} = \overline{BF}$.

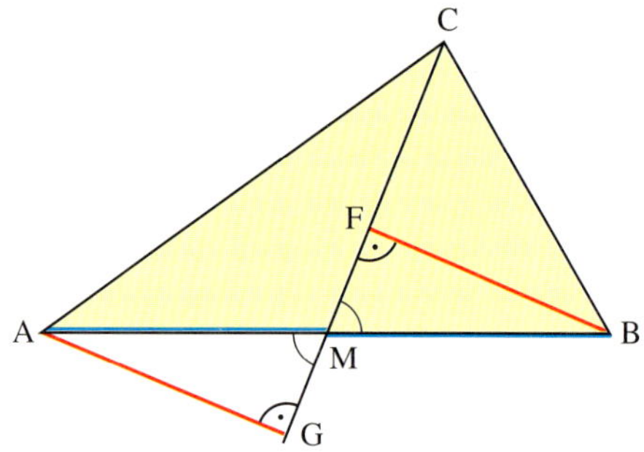

Fig. 3

3 Sind die Dreiecke ABC und A′B′C′ kongruent?

a) $c = 4\,\text{cm}$; $\alpha = 70°$; $\beta = 65°$ und $c' = 4\,\text{cm}$; $\alpha' = 70°$; $\gamma' = 45°$
b) $a = 5\,\text{cm}$; $\beta = 55°$; $\gamma = 68°$ und $b' = 5\,\text{cm}$; $\gamma' = 68°$; $\alpha' = 55°$
c) $a = 7{,}5\,\text{cm}$; $\alpha = 20°$; $\gamma = 110°$ und $a' = 7{,}5\,\text{cm}$; $\alpha' = 110°$; $\beta' = 20°$
d) $c = 8{,}7\,\text{cm}$; $\beta = 45°$; $\gamma = 67°$ und $b' = 8{,}7\,\text{cm}$; $\alpha' = 45°$; $\beta' = 67°$

4 Konstruiere ein Dreieck aus den gegebenen Stücken; miss die übrigen.

a) $b = 3{,}8\,\text{cm}$; $\alpha = 35°$; $\gamma = 125°$
b) $a = 7\,\text{cm}$; $\beta = 36°$; $\gamma = 22°$
c) $a = 5{,}5\,\text{cm}$; $\alpha = 52°$; $\beta = 63°$
d) $b = 4\,\text{cm}$; $\beta = 41°$; $\gamma = 72°$
e) $c = 4{,}7\,\text{cm}$; $\alpha = 34°$; $\gamma = 36°$
f) $a = 6{,}7\,\text{cm}$; $\alpha = 103°$; $\gamma = 48°$

5 Konstruiere ein rechtwinkliges Dreieck ($\gamma = 90°$) aus
a) $c = 5{,}4\,\text{cm}$; $\alpha = 42°$ b) $a = 4{,}8\,\text{cm}$; $\beta = 43°$ c) $b = 6{,}1\,\text{cm}$; $\beta = 32°$.

6 Konstruiere ein gleichschenklig rechtwinkliges Dreieck ABC ($\gamma = 90°$) mit der Basislänge 5 cm (6,5 cm).

7 Wie hoch steht ein Drachen, wenn die Schnur 85 m lang ist und der Winkel zwischen der Schnur und der Erde 36° beträgt?

Fig. 1

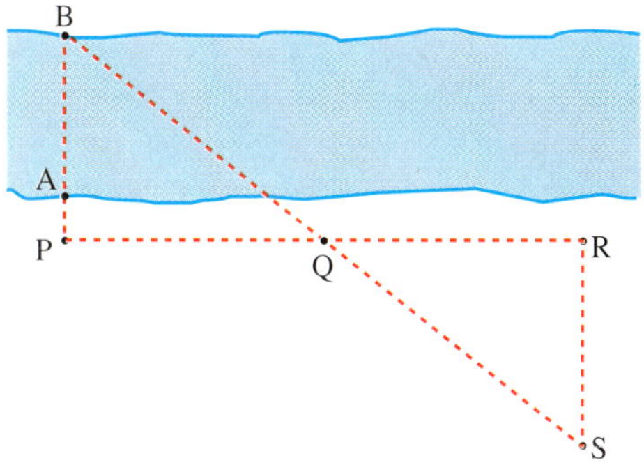

Fig. 2

8 Die römischen Feldmesser (Agrimensoren) verwendeten zum Abstecken von rechten Winkeln und zum Visieren die so genannte „groma“ (Fig. 1). Dieses Visiergerät bestand aus einem Stab, auf den – etwas seitlich versetzt, damit man besser visieren kann – drehbar ein rechtwinkliges Kreuz gesteckt wurde. Von den Enden des Kreuzes hingen mit Bleigewichten beschwerte Schnüre herab. Mit Hilfe dieses Gerätes und eines Maßbandes gelang es z. B., nach Fig. 2 die Breite eines Flusses zu ermitteln, ohne Winkel zu messen. Erläutere das Vorgehen eines römischen Feldmessers bei der Bestimmung der Länge von AB.

9 Der 8 m lange Ausleger eines Kranwagens bildet mit der Horizontalen den Winkel α (Fig. 3). Bestimme zeichnerisch den Abstand d, wenn α die Werte $20°$, $30°$, $45°$, $60°$, $70°$ annimmt. Erstelle eine Tabelle.

10 Die Entfernung Dortmund – Göttingen (Luftlinie) beträgt 170 km. Von Dortmund aus liegt Göttingen genau östlich. Soltau liegt von Dortmund aus in nordöstlicher, von Göttingen aus in nördlicher Richtung. Bestimme zeichnerisch die Entfernungen Dortmund – Soltau und Göttingen – Soltau.

11 Ein Dampfer ist von einem Leuchtturm 17 km entfernt. Der Winkel zwischen der Fahrtrichtung und der Richtung zum Leuchtturm beträgt $68°$. Nach 30 Minuten Fahrt wird der entsprechende Winkel zu $115°$ gemessen. Welche Strecke legte das Schiff in dieser Zeit zurück?

12 Das Dreieck ABC in Fig. 4 ist gleichschenklig; die Strecken AP und BQ sind gleich lang. Sind auch die Strecken PS und SQ gleich lang? (Anleitung: Die Verlängerung von AB und die Parallele zu AC durch Q schneiden sich in R. Zeige, dass die Dreiecke ASP und QRS kongruent sind.)

Fig. 3

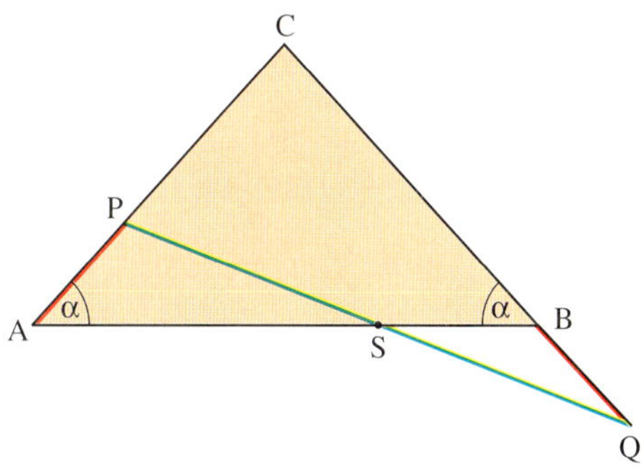

Fig. 4

6 Der Kongruenzsatz Ssw

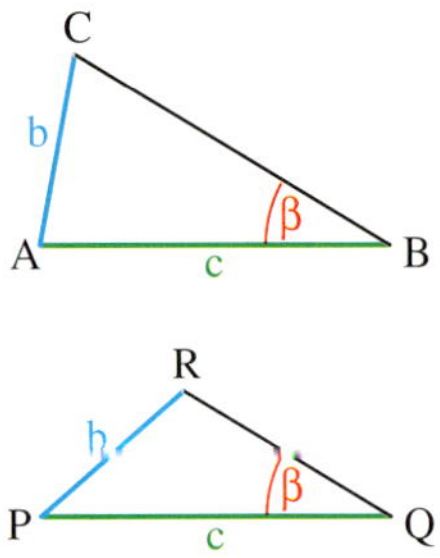

1 Von einem Dreieck ABC ist bekannt: $c = 5\,\text{cm}$; $a = 3\,\text{cm}$; $\alpha = 30°$. Versuche zeichnerisch, die restlichen Stücke zu bestimmen. Welche Schwierigkeit tritt dabei auf?

Die beiden abgebildeten Dreiecke stimmen in zwei Seiten und einem Winkel überein, sie sind jedoch nicht kongruent. Ein Dreieck ist also im Allgemeinen durch zwei Seiten und einen Winkel (falls dieser nicht der eingeschlossene ist) keineswegs eindeutig bestimmt. Fig. 1 macht dies verständlich: Der Kreis um A mit Radius b schneidet den freien Schenkel von β zweimal. Ist aber $b > c$, ergibt sich nur noch ein einziger Schnittpunkt.

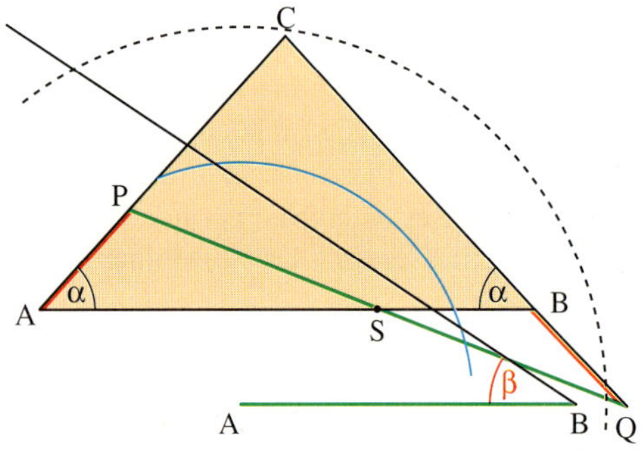

Fig. 1

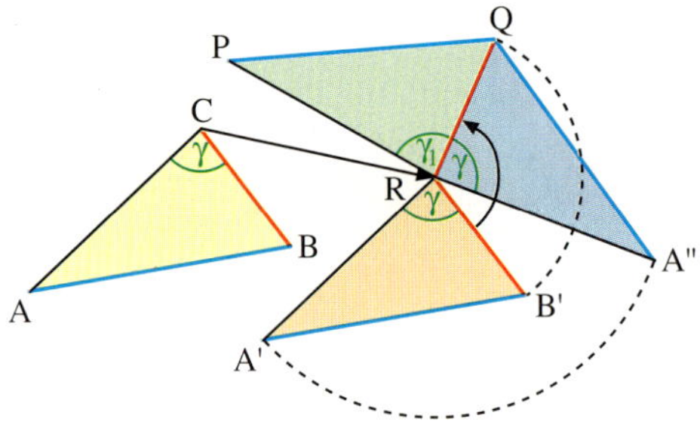

Fig. 2

Wir setzen daher voraus, dass die Dreiecke ABC und PQR in Fig. 2 in zwei Seiten und dem Gegenwinkel der größeren Seite übereinstimmen. Durch eine Verschiebung und anschließende Drehung kann man erreichen, dass C auf R und B auf Q abgebildet wird. Spiegelt man dann das Dreieck A″QR an RQ, so wird die Gerade durch R und A″ auf die Gerade durch R und P abgebildet, denn es ist $\gamma = \gamma_1$. Da $\overline{QA''} > \overline{QR}$ ist, schneidet der Kreis um Q mit dem Radius $\overline{QA''}$ die Gerade durch R und P genau einmal, und zwar im Punkt P. Also wird A″ auf P abgebildet.

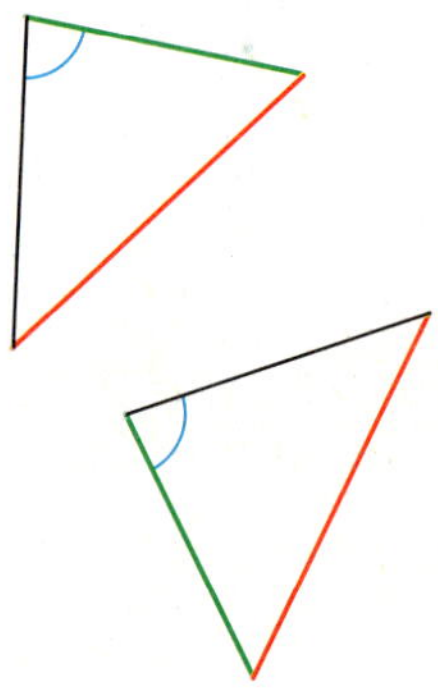

> **Satz:** (Kongruenzsatz **Ssw**)
> Wenn Dreiecke in **zwei Seiten** und dem **Gegenwinkel der größeren** übereinstimmen, dann sind sie kongruent, stimmen also auch in der dritten Seite und den beiden anderen Winkeln überein.

Beispiel 1: (Konstruktion eines Dreiecks nach Ssw)
Wir konstruieren ein Dreieck ABC mit
$a = 3\,\text{cm}$; $c = 4\,\text{cm}$; $\gamma = 62°$ (Fig. 3).
Konstruktionsbeschreibung:
Zeichne die Seite BC mit $\overline{BC} = a = 3\,\text{cm}$.
Lege an BC in C den Winkel $\gamma = 62°$ an.
Zeichne um B einen Kreis mit Radius $c = 4\,\text{cm}$. Der Schnittpunkt mit dem freien Schenkel von γ ist A. Zeichne AB. Danach können wir ablesen:
$b \approx 4{,}4\,\text{cm}$; $\alpha \approx 41°$; $\beta \approx 77°$.

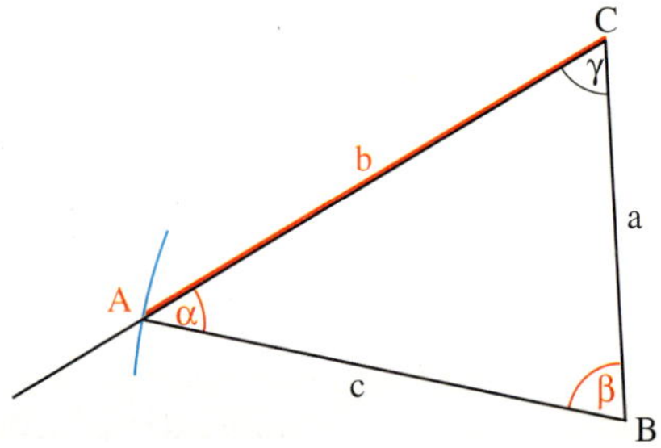

Beispiel 2: (Beweisen mit Ssw)
Wenn in einem Dreieck zwei Höhen gleich sind, dann ist das Dreieck gleichschenklig.
Beweis:
Wir suchen Teildreiecke, welche die genannten Höhen als Seiten enthalten. Bei den Dreiecken ABD und ABE ist dies der Fall. Sie stimmen in zwei Seiten und dem rechten Winkel überein, seine Gegenseite ist jeweils die größere (warum?).
Nach Ssw ist daher $\Delta ABD \cong \Delta ABE$, also $\alpha = \beta$. Die Gegenseiten dieser Winkel müssen daher nach dem Satz vom gleichschenkligen Dreieck gleich lang sein.

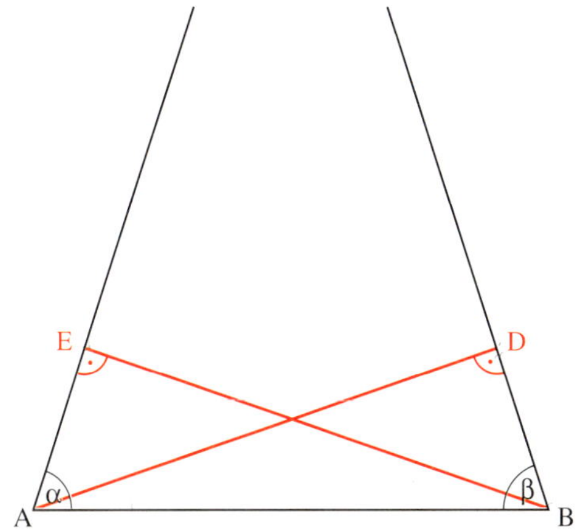

2 Konstruiere ein Dreieck ABC aus
a) $a = 5{,}3\,cm$; $c = 3{,}9\,cm$; $\alpha = 40°$
b) $a = 3{,}3\,cm$; $b = 6{,}8\,cm$; $\beta = 125°$
c) $a = 3{,}8\,cm$; $c = 4{,}6\,cm$; $\gamma = 72°$
d) $b = 6{,}0\,cm$; $c = 4{,}5\,cm$; $\beta = 120°$
e) $b = 7{,}5\,cm$; $c = 6{,}4\,cm$; $\beta = 30°$
f) $b = 4{,}7\,cm$; $c = 4{,}9\,cm$; $\gamma = 40°$.

3 Konstruiere ein Rechteck ABCD aus
a) $\overline{AB} = 5\,cm$; $\overline{AC} = 7\,cm$
b) $\overline{BD} = 8{,}6\,cm$; $\overline{BC} = 3{,}1\,cm$.

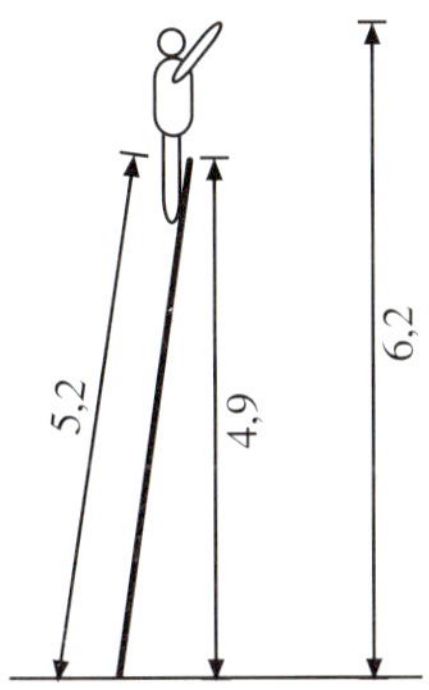

Maße in m

4 In einem Prospekt für Anlegeleitern findet man die nebenstehende Zeichnung. Wie weit muss bei den angegebenen Längen die Leiter unten von der Mauer abstehen? Zeichne im Maßstab 1 : 100.

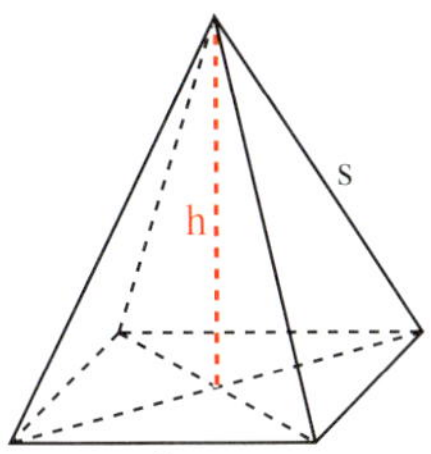

5 Die größte der Pyramiden von Giseh in Ägypten, die Cheopspyramide, hatte ursprünglich eine quadratische Grundfläche mit der Seitenlänge $a = 230\,m$.
Die Seitenflächen sind gleichschenklige Dreiecke mit der Schenkellänge $s = 219\,m$.
Ermittle zeichnerisch die Höhe h der Pyramide.
Zeichne im Maßstab 1 : 5000.

6 Verbinde die Spitze C eines gleichschenkligen Dreiecks mit einem (vom Mittelpunkt verschiedenen) Punkt der Grundseite AB. Es entstehen zwei Teildreiecke, die in zwei Seiten und einem Winkel übereinstimmen. Trotzdem sind sie nicht kongruent. Begründe dies.

7 In einem Dreieck ABC sei F der Fußpunkt der Höhe h_c; weiterhin sei $\overline{AF} = \overline{BC}$. Es entstehen zwei Teildreiecke. Sind sie kongruent?

8 a) Beweise: Werden von einem Punkt außerhalb eines Kreises die Tangenten an den Kreis gezogen, so sind die Abschnitte bis zu den Berührpunkten gleich lang.
b) Beweise: In einem Kreis haben alle Sehnen, die gleich lang sind, vom Mittelpunkt des Kreises den gleichen Abstand. Wo liegen danach die Mittelpunkte aller solcher Sehnen?

7 Vermischte Aufgaben

Kongruenzabbildungen

1 Welche der nummerierten Figuren lässt sich durch eine Kongruenzabbildung auf die Figur auf dem Rand abbilden? Gib die Kongruenzabbildung an.

2 Zeichne die Strecke AB mit $A(1\,|\,4)$, $B(5\,|\,2)$ sowie die Strecke CD mit $C(4\,|\,5)$, $D(8\,|\,3)$. Es soll AB auf CD abgebildet werden mit $A \to D$ und $B \to C$. Führe (jeweils in einer neuen Zeichnung) die Abbildung aus, wenn verwendet werden
a) eine Punktspiegelung
b) eine Verschiebung und eine Drehung
c) eine Verschiebung und eine Geradenspiegelung
d) zwei Geradenspiegelungen.

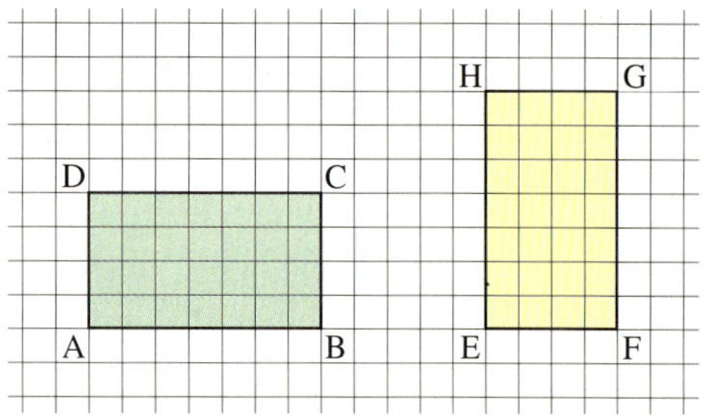

Fig. 1

3 Das Rechteck ABCD in Fig. 1 soll auf das Rechteck EFGH abgebildet werden. Gib eine Kongruenzabbildung an, welche
a) B auf H b) A auf G abbildet.

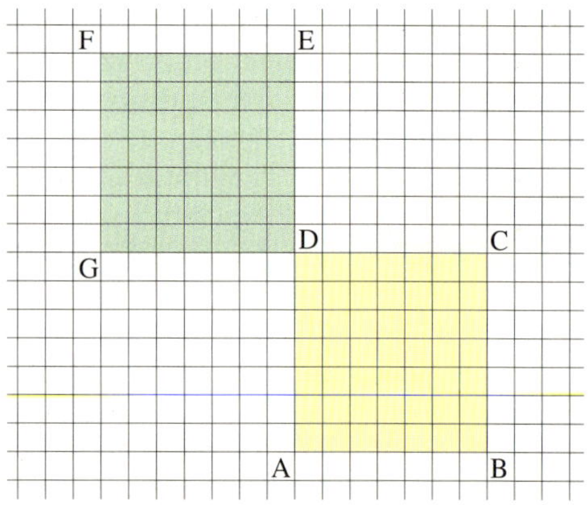

Fig. 2

4 Übertrage Fig. 2 ins Heft.
a) Das Quadrat ABCD kann durch eine Drehung und anschließende Verschiebung so auf das Quadrat DEFG abgebildet werden, dass $C \to F$ gilt. Gib das Drehzentrum an.
b) Die Drehung mit anschließender Verschiebung kann durch die Verkettung zweier Geradenspiegelungen ersetzt werden. Zeichne beide Geraden ein.
c) Die Verkettung der beiden Geradenspiegelungen kann durch eine Drehung ersetzt werden. Gib das Drehzentrum und das Drehmaß an.

5 Gegeben sind die kongruenten Dreiecke ABC und A′B′C′ mit $A(1\,|\,0)$, $B(5\,|\,3)$, $C(0\,|\,3)$ und $A'(6\,|\,3)$, $B'(9\,|\,7)$, $C'(9\,|\,2)$.
a) Zeichne die beiden Dreiecke und färbe entsprechende Seiten mit der gleichen Farbe.
b) Dreieck ABC kann durch Verketten einer Verschiebung, Drehung und Geradenspiegelung auf Dreieck A′B′C′ abgebildet werden. Zeichne eine Möglichkeit ein.

Dreieckskonstruktionen

6 Konstruiere ein Dreieck ABC mit
a) $b = 6\,cm$; $\alpha = 43°$; $\beta = 70°$
b) $a = 5{,}6\,cm$; $\alpha = 30°$; $\gamma = 130°$
c) $a = 6{,}5\,cm$; $b = 4{,}8\,cm$; $c = 3{,}2\,cm$
d) $c = 7{,}5\,cm$; $a = 4{,}0\,cm$; $b = 4{,}7\,cm$
e) $a = 4{,}6\,cm$; $c = 5{,}9\,cm$; $\beta = 60°$
f) $\alpha = 34°$; $b = 6{,}2\,cm$; $c = 3{,}9\,cm$.
Beschreibe die Konstruktion. Entnimm der Zeichnung die restlichen Seiten und Winkel.

7 Gib (falls möglich) für jedes Lösungsdreieck die restlichen Seiten und Winkel an.
a) $b = 7{,}0\,cm$; $c = 3{,}6\,cm$; $\gamma = 28°$
b) $a = 5{,}7\,cm$; $b = 5{,}0\,cm$; $\beta = 53°$
c) $a = 6{,}5\,cm$; $b = 3{,}8\,cm$; $c = 2{,}5\,cm$
d) $a = 3{,}5\,cm$; $c = 7{,}5\,cm$; $\alpha = 31°$
e) $a = 4{,}0\,cm$; $c = 5{,}0\,cm$; $h_c = 2{,}5\,cm$
f) $a = 4{,}2\,cm$; $b = 5{,}5\,cm$; $h_b = 3{,}2\,cm$

8 a) Ermittle zeichnerisch die Längen der Diagonalen d_1 und d des Quaders in Fig. 1.
b) Die Grundfläche der Pyramide in Fig. 2 ist ein Rechteck. Ermittle zeichnerisch die Länge der Höhe der Pyramide.

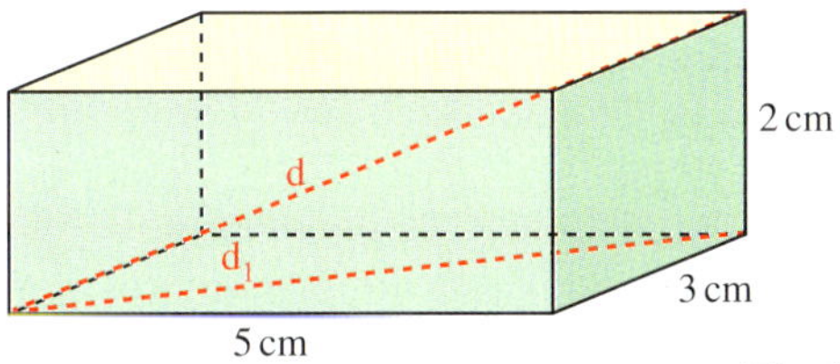

Fig. 1

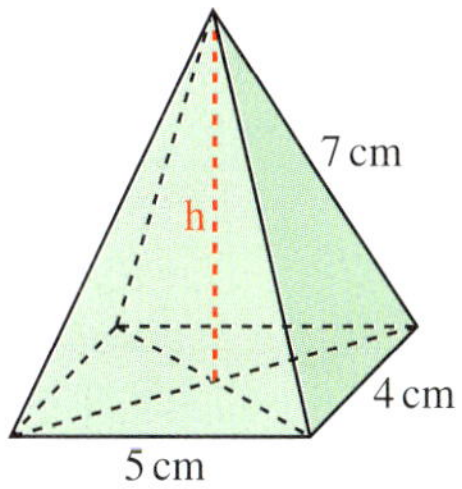

Fig. 2

9 Konstruiere ein Dreieck mit
a) $c = 4{,}5\,cm$; $a = 4{,}9\,cm$; $\alpha + \gamma = 115°$
b) $a = 5\,cm$; $b = 3\,cm$; $\alpha + \beta = 85°$.

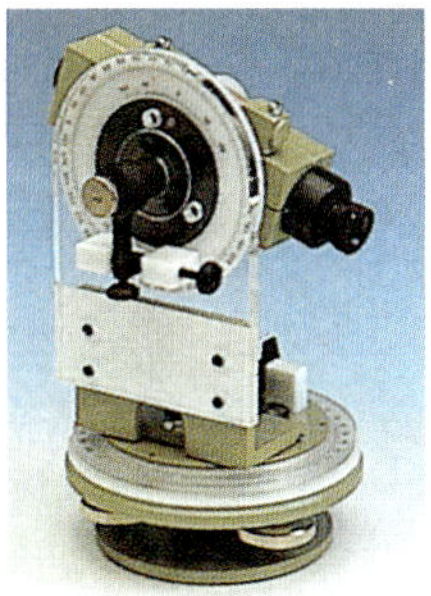
Theodolit (Gerät zum Messen von Winkeln)

Strecken und Winkel im Freien

10 Von einer 40 m langen Standlinie AB, die auf einen Fabrikschornstein zuläuft, wird seine Spitze mit einem Theodoliten angepeilt. Die Höhenwinkel α und β (d.h. Winkel gegen die Horizontale) bei A und B sind 38° und 56° groß (Fig. 3). Zeichne das Dreieck ABS im passenden Maßstab. Wie hoch ist der Schornstein?

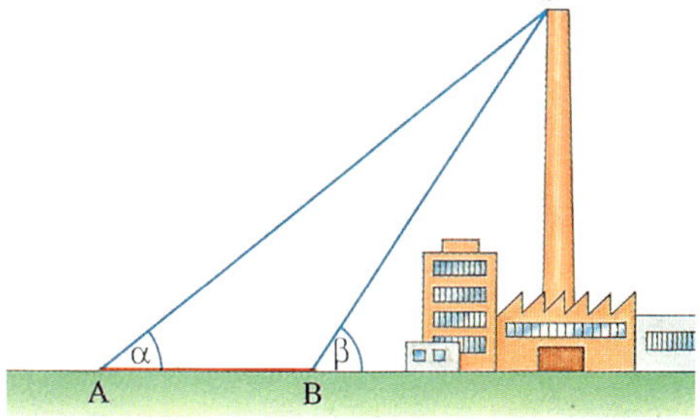

Fig. 3

11 Von einem Freiballon aus werden die Punkte A und B unter den Tiefenwinkeln α und β angepeilt. Der Winkel α ist ungefähr 66° groß, der Winkel β ungefähr 24° (Fig. 4).
Wie hoch schwebt der Ballon über dem Punkt G, wenn $\overline{AB} = 2700\,m$ ist?
Berechne hierzu die Winkel bei B und C; zeichne im Maßstab 1 : 50 000, miss die Höhe.

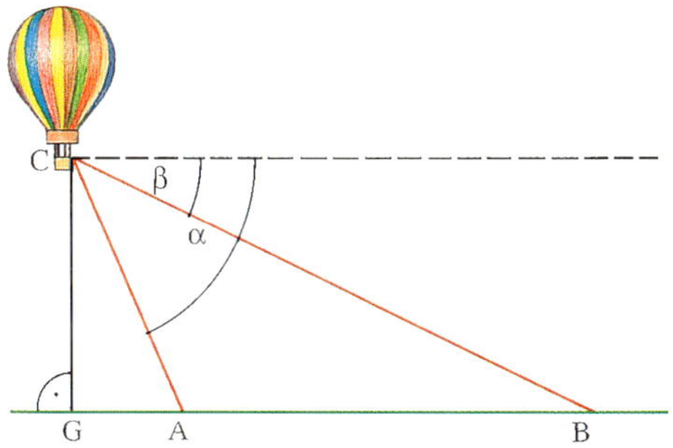

Fig. 4

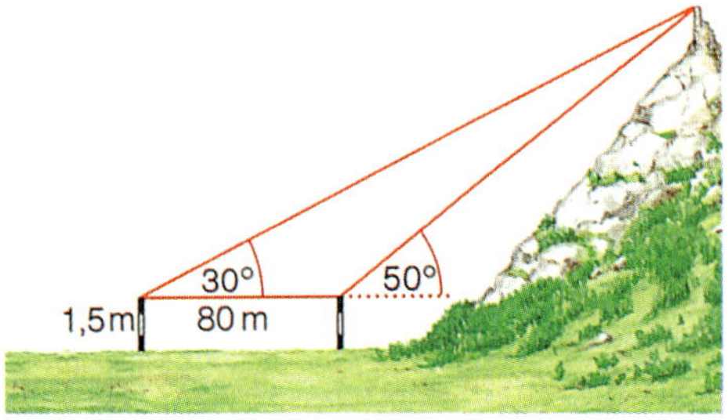

Fig. 1

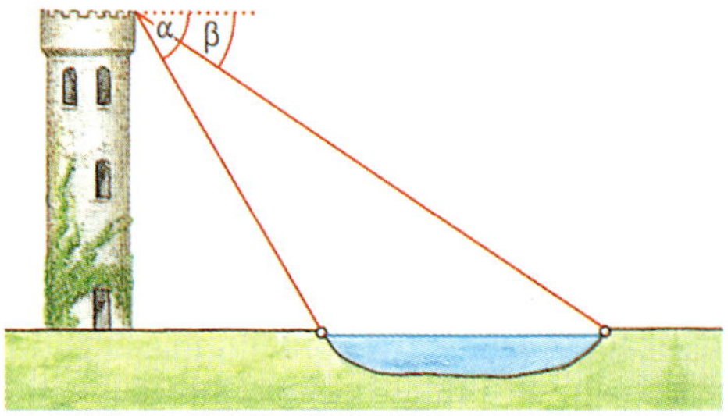

Fig. 2

12 Wie groß ist der Höhenunterschied zwischen der Ebene und dem Berggipfel in Fig. 1? Zeichne im Maßstab 1 : 2 000.

13 Der Turm in Fig. 2 ist in Wirklichkeit 26 m hoch. Wie breit ist der an ihm vorbeifließende Fluß, wenn $\alpha = 65°$ und $\beta = 28°$ sind? Zeichne im Maßstab 1 : 100.

Zum Beweisen

14 Zeichne ein beliebiges Dreieck ABC. Wähle einen Punkt P auf BC; ziehe durch P die Parallelen zu den beiden anderen Seiten. Der Schnittpunkt auf AC sei Q, der auf AB sei R.
a) Für welche Lage von P sind PQ und PR gleich lang? Formuliere eine Vermutung.
b) Beweise deine Vermutung.

15 Beweise: Rechtwinklige Dreiecke, die in der längsten und in einer weiteren Seite übereinstimmen, sind kongruent.

16 Beweise: Wenn in einem Dreieck die Orthogonale zu einer Dreiecksseite durch die gegenüberliegende Ecke zugleich Winkelhalbierende ist, dann ist das Dreieck gleichschenklig.

17 In Fig. 3 wurden über benachbarte Seiten eines Quadrates gleichseitige Dreiecke konstruiert. Beweise: Das Dreieck ABC ist gleichseitig.

18 In Fig. 4 sind die Strecken AF und BC des rechtwinkligen Dreiecks ABC gleich lang. Zeige: In einem solchen Dreieck stimmt der Abstand des Höhenfußpunktes F von AC mit der Länge der Strecke FB überein.

19 In Fig. 5 ist Dreieck ABC gleichschenklig rechtwinklig. D, E, F sind Quadratmitten; M ist Seitenmitte. Beweise, dass die Strecken DM und FM gleich lang und orthogonal sind.

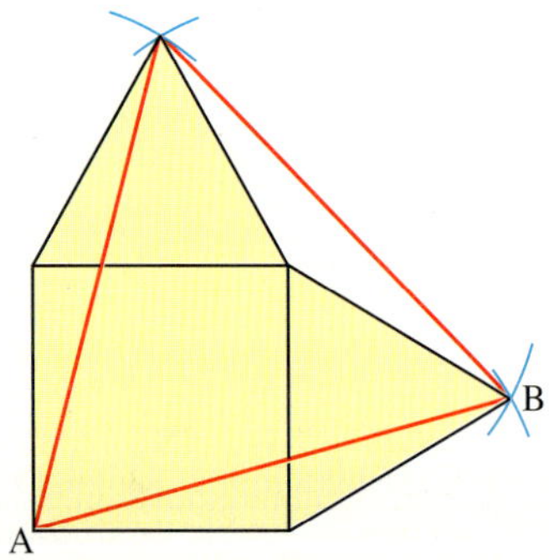

Fig. 3

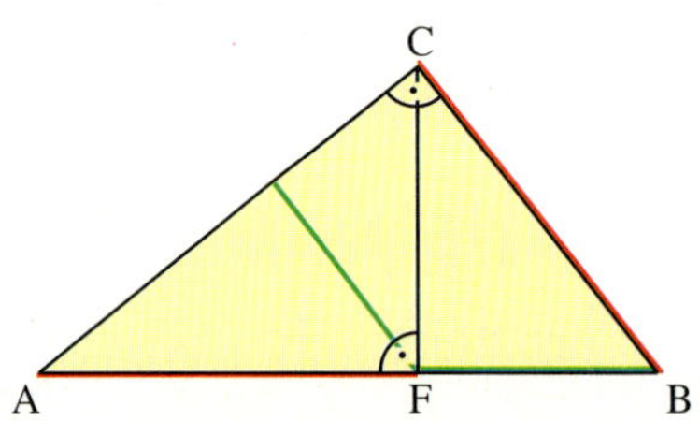

Fig. 4

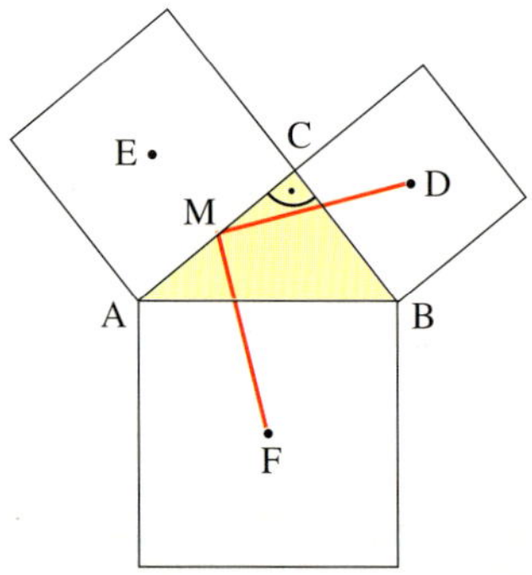

Fig. 5

Vom Spiegelbild des Spiegelbildes

Fig. 1

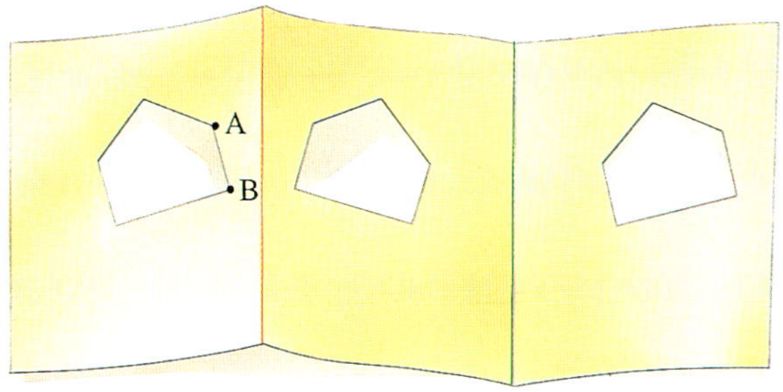

Fig. 2

Bisher haben wir Geradenspiegelungen, Verschiebungen, Punktspiegelungen und Drehungen als „Bausteine" der Kongruenzabbildungen kennengelernt. Im Folgenden werden wir sehen, dass unter diesen Bausteinen die Geradenspiegelungen wiederum eine ganz besondere Rolle spielen.

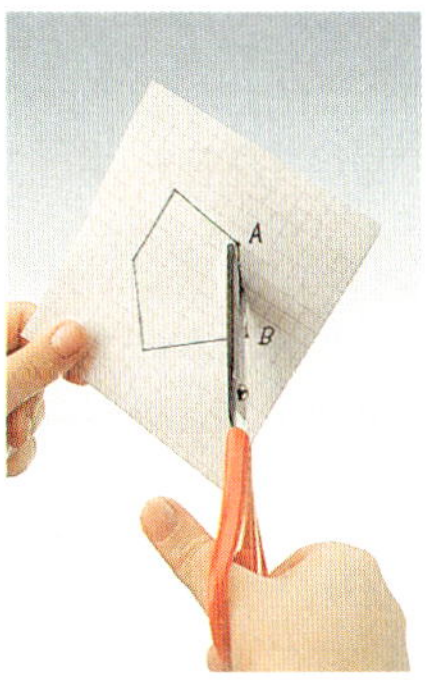

1 Falte ein Blatt Papier zweimal wie eine Ziehharmonika (Fig. 1). Achte darauf, dass die Teile des oberen Blattrandes aufeinander fallen. Auf diese Weise entstehen zwei Faltlinien, die parallel sind. Schneide eine Figur aus und falte das Blatt wieder auseinander (Fig. 2).
a) Man kann den Scherenschnitt als Verketten zweier Abbildungen auffassen. Welche Abbildungen wurden verkettet?
b) Markiere auf dem Rand der linken Figur zwei Punkte A und B (Fig. 2). Konstruiere mit dem Geodreieck die Spiegelpunkte A′ und B′, sowie die Spiegelpunkte A″ und B″ von A′ und B′. Vergleiche die Strecken AA″ und BB″ bezüglich ihrer Richtung und Länge.
c) Welcher Zusammenhang besteht zwischen den Längen von AA″ bzw. BB″ und dem Abstand der beiden Faltlinien? Welche Abbildung bildet also Punkte der linken Figur unmittelbar auf die entsprechenden Punkte der ganz rechten Figur ab?

2 Wir geben uns nun eine Verschiebung vor und versuchen umgekehrt, die Faltlinien zu finden. Schneide also mit Hilfe einer Schablone aus einem Blatt Papier eine Figur aus, verschiebe diese an eine vorgegebene Stelle und schneide auch das Bild aus (Fig. 3).
a) Falte das Blatt senkrecht zum Verschiebungspfeil wie in Fig. 4 und zeichne das Spiegelbild. Gesucht ist eine zweite Faltgerade, so dass die verschobene Figur das Spiegelbild vom Spiegelbild ist. Findest du diese?
b) Wähle eine andere Faltgerade für das erste Spiegelbild und suche erneut die zweite Faltgerade. In welche Abbildungen kann also eine Verschiebung zerlegt werden? Gib eine Bedingung für den Abstand der Geraden an. Ist die Zerlegung eindeutig?

Fig. 3

Fig. 4

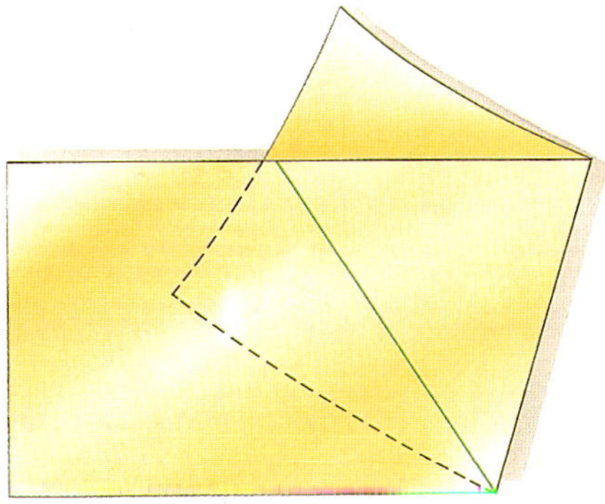

Fig. 1

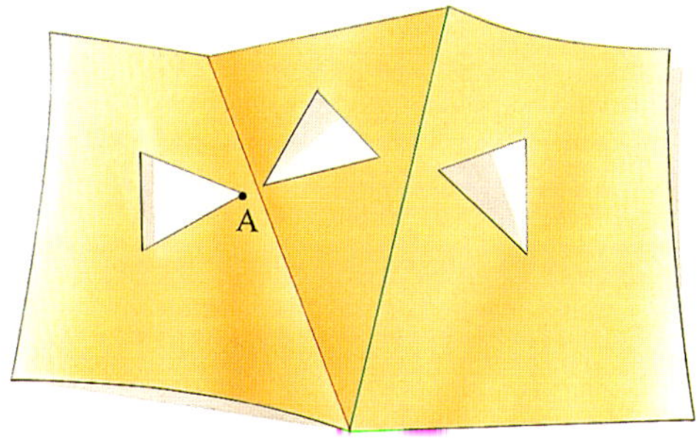

Fig. 2

3 Falte ein Blatt Papier zweimal wie bei einem Fächer und zwar so, dass die beiden Faltlinien sich auf dem unteren Blattrand schneiden (Fig. 1). Schneide eine Figur aus und falte das Blatt Papier wieder auseinander (Fig. 2).

a) Auch diesen Scherenschnitt kann man als Verketten zweier Abbildungen auffassen. Welche Abbildungen wurden verkettet?

b) Markiere auf der linken Figur einen Punkt A (Fig. 2) und verfolge dessen Bildpunkte von Spiegelbild zu Spiegelbild. Wie liegen die Punkte A, A′ und A″ bezüglich des Schnittpunktes der Faltlinien? Welche Abbildung bildet also A unmittelbar auf A″ ab?

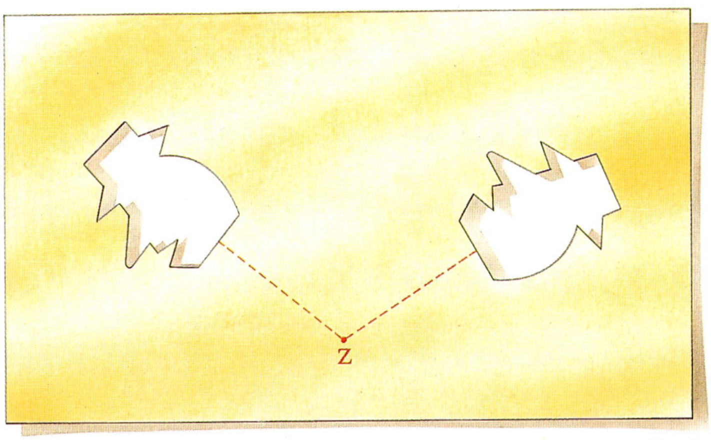

Fig. 3

4 Wir versuchen nun umgekehrt Faltlinien zu finden, wenn eine Drehung vorgegeben ist. Schneide also mit Hilfe einer Schablone aus einem Blatt Papier zwei Figuren aus, die drehsymmetrisch zu einem Punkt Z liegen (Fig. 3).

a) Falte das Blatt so, dass eine erste Faltlinie durch Z geht. Wie muss die zweite Faltlinie liegen, damit die rechte Figur als Spiegelbild vom Spiegelbild aufgefasst wird?

b) In welche Abbildungen kann eine Drehung zerlegt werden? Gibt es mehrere Möglichkeiten? Gib eine Bedingung für den Winkel zwischen den Faltlinien an.

5 Falte ein Blatt Papier zweimal und zwar so, dass die Faltlinien senkrecht zueinander sind. Schneide eine Figur aus und falte das Blatt wieder auseinander.

a) Welche Abbildungen wurden hier verkettet? Kann man die Verkettung auch durch eine einzige Abbildung beschreiben?

b) Wir gehen wieder den umgekehrten Gedankengang: Gegeben ist eine Punktspiegelung. Gesucht sind zwei Faltlinien so, dass die Hintereinanderausführung zweier Spiegelungen an diesen Linien eine Punktspiegelung ist. Wie müssen die Faltlinien zueinander liegen? Gibt es mehrere Lagen solcher Faltlinien?

Zusammenfassend lässt sich also feststellen:

Jede Kongruenzabbildung ist eine Verkettung von Geradenspiegelungen.

Kongruenzabbildungen
Geradenspiegelungen, Verschiebungen, Punktspiegelungen und Drehungen sowie Verkettungen derartiger Abbildungen nennt man Kongruenzabbildungen.

Eigenschaften von Kongruenzabbildungen
Bei Kongruenzabbildungen ändern sich Streckenlängen und Winkelweiten nicht.

Kongruente Figuren
Zwei Figuren F und G heißen kongruent, wenn man F durch eine Kongruenzabbildung auf G abbilden kann (Fig. 1).
Schreibweise: $F \cong G$.

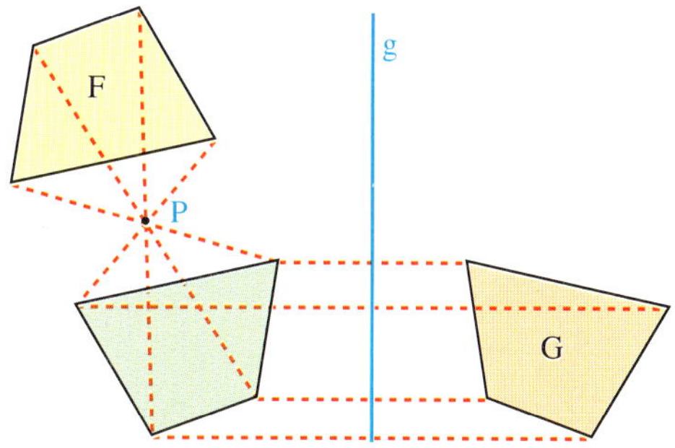

Fig. 1

Kongruenz von Dreiecken (Kongruenzsätze)
Dreiecke sind kongruent, wenn sie übereinstimmen

a) in drei Seiten (sss; Fig. 2)

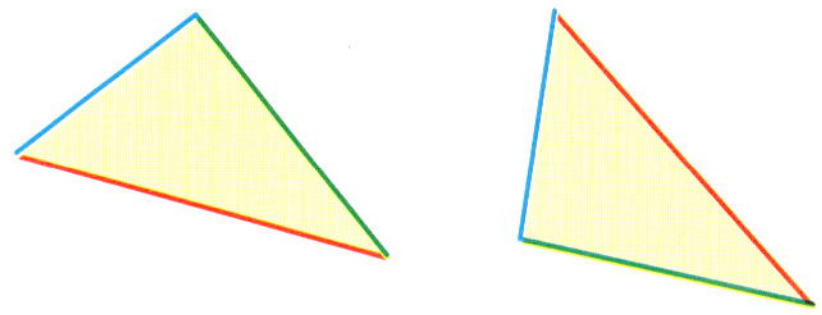
Fig. 2

b) in zwei Seiten und dem eingeschlossenen Winkel (sws; Fig. 3)

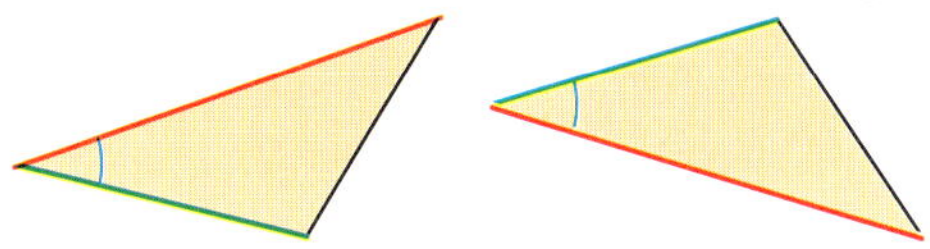
Fig. 3

c) in einer Seite und zwei gleich liegenden Winkeln (wsw oder sww; Fig. 4, Fig. 5)

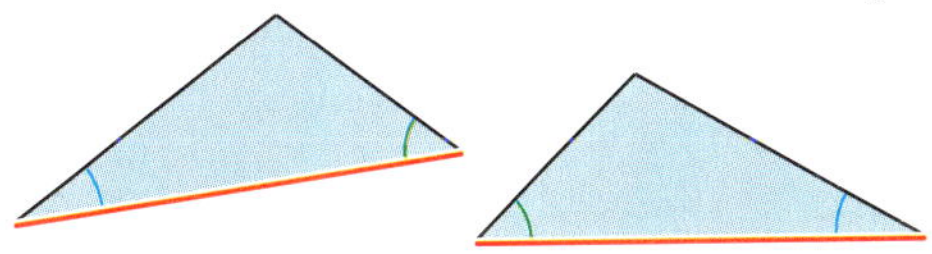
Fig. 4

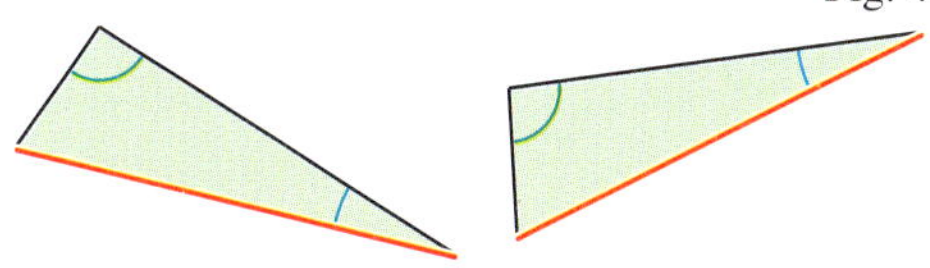
Fig. 5

d) in zwei Seiten und dem Gegenwinkel der größeren Seite (Ssw; Fig. 6).

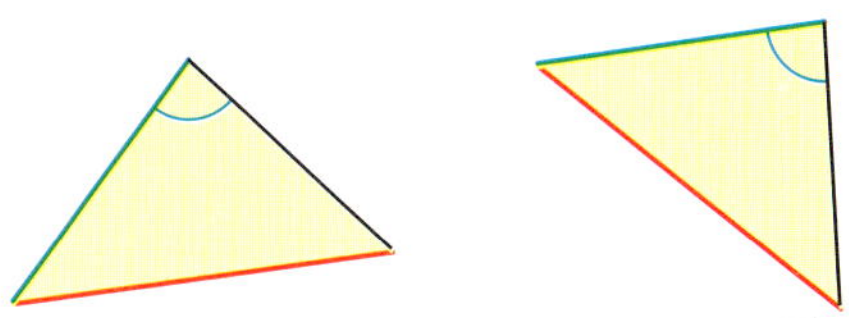
Fig. 6

In jedem dieser Fälle stimmen dann die Dreiecke auch in den restlichen Seiten und Winkeln überein.

Nachweis der Kongruenz von Dreiecken
Die Kongruenz zweier Dreiecke kann man nachweisen, indem man entweder eine Kongruenzabbildung angibt, die das eine Dreieck auf das andere abbildet
oder indem man zeigt, dass die Voraussetzungen eines Kongruenzsatzes erfüllt sind.

Verwendung der Kongruenzsätze
a) beim Konstruieren
Um die Höhe eines Turmes (Fig. 7) zeichnerisch zu bestimmen, zeichnet man das Dreieck ABC (wsw) und misst die Länge von AC.

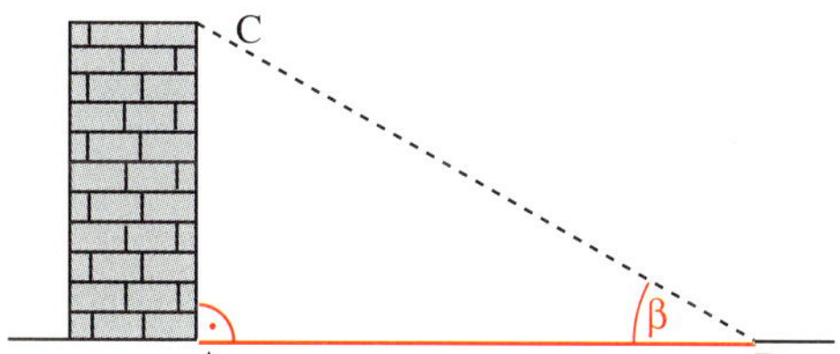

Fig. 7

b) beim Beweisen
In Fig. 8 ist $\overline{AE} = \overline{GC}$ und $\overline{AH} = \overline{CF}$.
Dann ist $\Delta EBF \cong \Delta HGD$ (sws).
Folglich ist $\overline{EF} = \overline{HG}$.

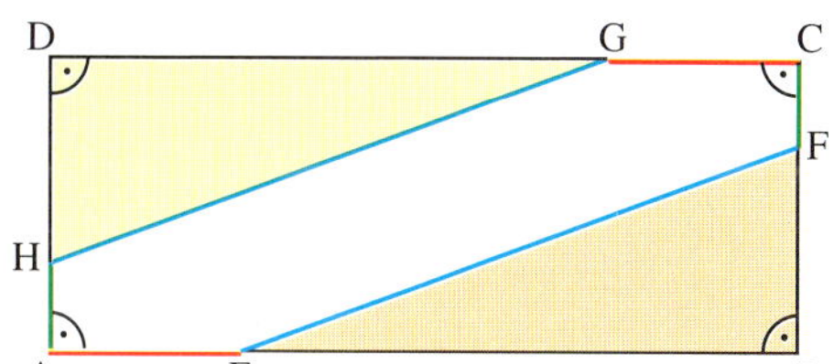

Fig. 8

1 Terme mit mehreren Variablen

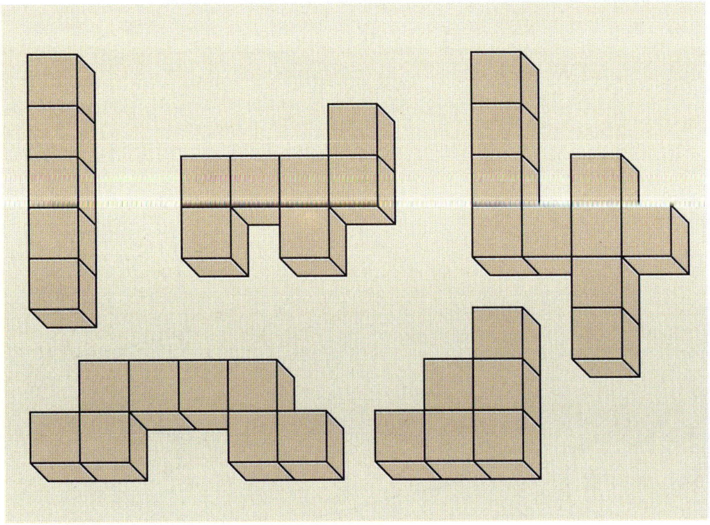

1 Wir wollen bei aus Würfeln geklebten Figuren die Anzahl der sichtbaren Quadratflächen bestimmen.
a) Bei dem Turm sind 22 Flächen sichtbar. Zähle auch bei den anderen Figuren die sichtbaren Flächen ab.
b) Um Fehler beim Abzählen zu vermeiden, gehen wir anders vor. Jeder Würfel hat 6 Flächen. Sind 2 Würfel an einer Fläche zusammengeklebt, so sieht man 2 Flächen nicht. Wie viele Flächen sieht man, wenn 5 Würfel an 4 Flächen zusammengeklebt sind?
c) Wie viele Flächen sieht man, wenn w Würfel an k Flächen zusammengeklebt sind? Bestimme damit die Anzahl der sichtbaren Flächen bei den Figuren.

$4a^2 - a$ ist ein Term mit einer Variablen a. Entsprechend ist z. B. $x \cdot (y^2 - 1)$ ein Term mit zwei Variablen und $3a + 2 \cdot (b - c)$ ein Term mit drei Variablen.
Terme sind keine Zahlen, sondern Rechenvorschriften; sie nehmen erst dann einen Wert an, wenn man für die Variablen Zahlen einsetzt (die Variablen mit Zahlen belegt). Dabei ist zu beachten:

> Wenn in einem Term **dieselbe Variable mehrmals** auftritt, so muss sie überall mit derselben Zahl belegt werden.
> **Verschiedene Variable** können auch mit denselben Zahlen belegt werden.

Auch hier werden Plätze belegt.

Beispiel 1:
$3x + 2y^2$ ist ein Term mit 2 Variablen. Belegt man x mit der Zahl 4 und y mit der Zahl 3, erhält man den Wert $3 \cdot 4 + 2 \cdot 3^2 = 30$. Belegt man sowohl x als auch y mit der Zahl 5, so erhält man $3 \cdot 5 + 2 \cdot 5^2 = 65$.

Zu jeder Variablen gehört eine **Grundmenge**. Sie enthält die Zahlen, mit denen die Variable belegt werden darf. Wenn nichts anderes gesagt wird, ist die Grundmenge hier stets die Menge $\mathbb{Q}$ der rationalen Zahlen.
Wie schon bei den Termen mit einer Variablen nennen wir zwei Terme **äquivalent**, wenn sie bei der gleichen Belegung stets zum gleichen Ergebnis führen. Ein gegebener Term lässt sich oft in einen äquivalenten Term umformen, der einfacher ist.

Beispiel 2:
a) Die Terme $6a - 2b$ und $2 \cdot (3a - b)$ sind äquivalent.
b) Die Terme $x^2 + y$ und $(x + y)^2$ sind nicht äquivalent. Wählt man z. B. 1 für x und 2 für y, so erhält man aus $x^2 + y$ die Zahl 3, aus $(x + y)^2$ dagegen die Zahl 9.

Belegt man in 2a die Variable a mit –3, erhält man

~~2–3~~ *f*
~~2 · –3~~ *f*
2 · (–3) ✓

2 Belege in dem angegebenen Term die Variable x mit 2, die Variable y mit –4 und die Variable z mit $\frac{1}{2}$. Welche Zahl ergibt sich?

a) $2x + y$ b) $x + 2y$ c) $2x - y$ d) $y - 2x$ e) $2(x + y)$
f) $2(y - x)$ g) $2(x - y)$ h) $3x - y + 2z$ i) $x - (y + z)$ j) $5z - (4z - y)$
k) $1{,}5x - 0{,}5z$ l) $\frac{3}{4}z + y - \frac{1}{2}x$ m) $\frac{2}{5}(x + \frac{1}{2}z)$ n) $2{,}5z + \frac{2}{15}x$ o) $0{,}6(z + 4y)$

3 Belege in den Termen $2a - (a - b)^2$ und $2a^2 - b^2 + c$

a) a mit 2, b mit –4 und c mit 5
b) a mit –7, b mit 13 und c mit 14
c) a mit 3, b mit 1,9 und c mit 0,3
d) a mit –4, b mit –3,1 und c mit –8,1
e) a mit $\frac{5}{3}$, b mit $\frac{5}{6}$ und c mit $\frac{5}{24}$
f) a mit $-\frac{7}{12}$, b mit $-\frac{5}{24}$ und c mit $\frac{11}{24}$.

Berechne die sich ergebende Zahl.

Fällt dir die Berechnung schwer, so nimm den

her!

4 Übertrage die Tabellen in dein Heft und ergänze sie.

a)

x	4	5	–4	–5
y	5	4	5	4
$2x - 3y$				

b)

x	7	2,4	$-\frac{2}{3}$	$-3\frac{1}{3}$
y	–9	–1,5	$\frac{11}{12}$	$5\frac{1}{4}$
$3(x - 2y)$				

5 Ersetze in Aufgabe 4a) den Term $2x - 3y$ durch

a) $2(x + 2y)^2$ b) $(2x + 2)^2 \cdot y$ c) $(2x + 2y)^2$ d) $2 \cdot (x + 2)^2 \cdot y$

6 Ersetze in Aufgabe 4b) den Term $3(x - 2y)$ durch

a) $\frac{2}{3}(x - 4 + 3y)$ b) $\frac{1}{2}(x - 1 + y)^2$ c) $\frac{1}{2}(y + 2)^2 + x$ d) $\frac{1}{2}y + (2 + x)^2$

7 Wird ein Kapital von 100 € bei einem Zinssatz von p % für n Jahre angelegt, so beträgt das Kapital (in €) nach dieser Zeit: $100 \cdot (1 + \frac{p}{100})^n$.
Berechne mit dem Taschenrechnet das Kapital für p = 4; 6; 8 und 10 sowie für n = 2; 4 und 6.
Trage die Ergebnisse in eine Tabelle ein.

a + b	a–b+c	a – c
a–b–c	a	a+b+c
a + c	a+b–c	a – b

a + b	c–b+d	e+f–d	g – f
e–f–h	g	a	c+f+h
g–b+h	e	c	a+b–h
c + f	a+b–d	g–f+d	e – b

8 Belege in den beiden Quadraten die Variablen a, b, ... mit beliebigen natürlichen Zahlen.
a) Erhält man ein magisches Quadrat?
b) Wie hängt die Zahl (bzw. die Zahlen) in der Mitte mit der Summe jeder Zeile oder jeder Spalte zusammen?

a)

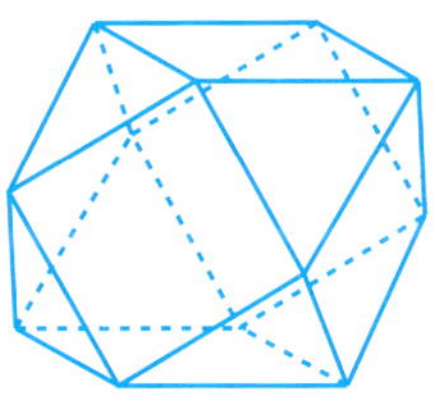

b)

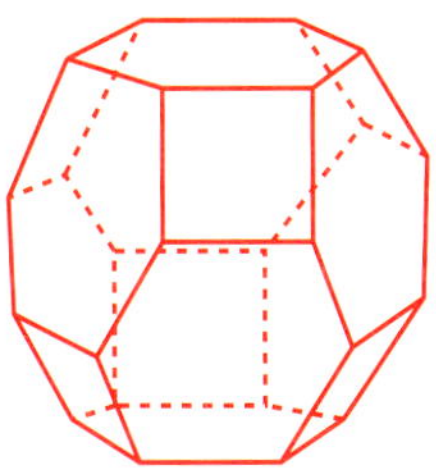

c)

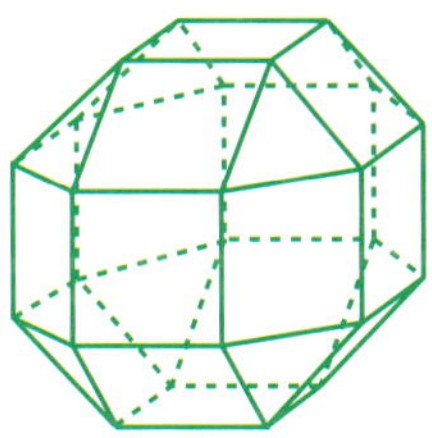

9 Für Körper mit ebenen Oberflächen, wie sie hier abgebildet sind, fand der Mathematiker Leonhard EULER (1707 – 1783) folgenden Zusammenhang zwischen der Anzahl e der Ecken, der Anzahl f der Flächen und der Anzahl k der Kanten:

$$k = e + f - 2.$$

Berechne für die abgebildeten Körper die Anzahl der Kanten, indem du die Ecken und Flächen zählst.

Aufstellen von Termen

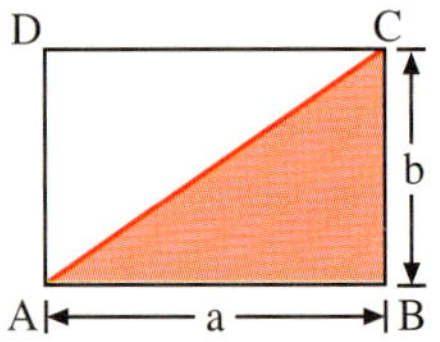

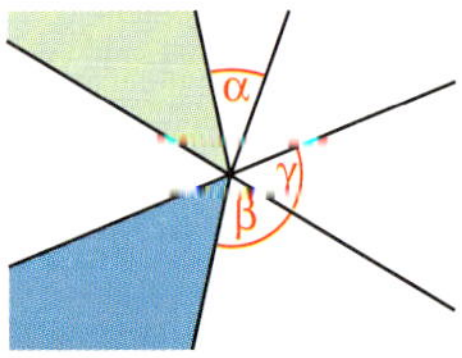

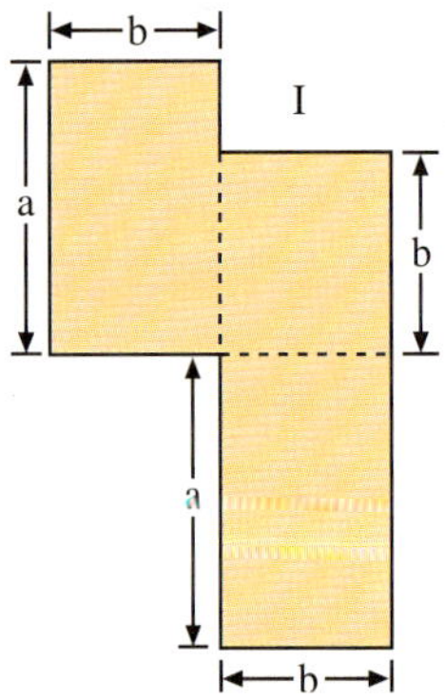

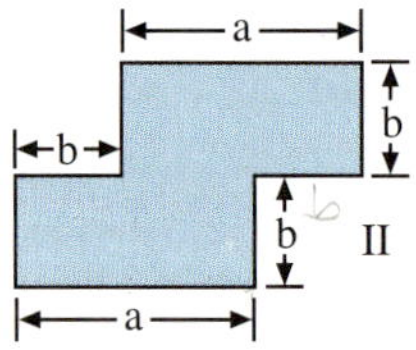

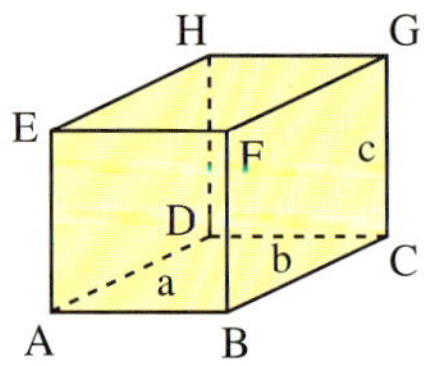

10 Gib einen Term an für
a) den Flächeninhalt des Rechtecks ABCD
b) den Flächeninhalt des Dreiecks ABC
c) die Weite des grünen Winkels
d) die Weite des blauen Winkels.

11 Gib zwei äquivalente Terme an für
a) den Umfang des Rechtecks ABCD.
b) den Umfang und den Flächeninhalt der Figuren I und II
c) die Oberfläche und die Kantenlänge des Quaders ABCDEFGH.

12 Gib für die Flächeninhalte der Buchstaben zwei verschiedene Terme an. Betrachte dazu die Fläche einmal als Summe von Teilflächen und einmal als Differenz von Flächen. Sind die erhaltenen Terme äquivalent?

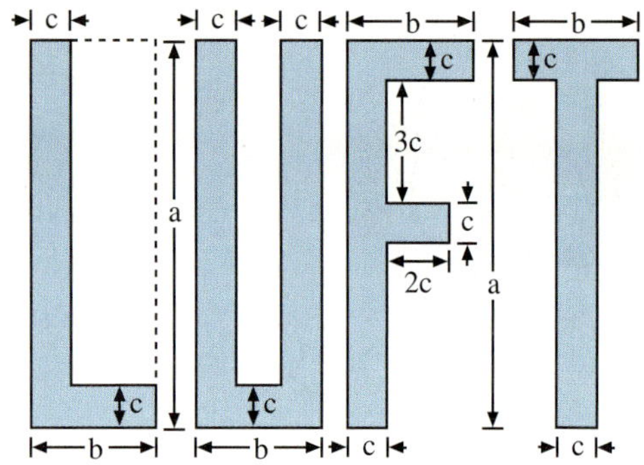

13 Ina biegt sieben je 20 cm lange Drahtstücke zu sieben verschiedenen Rechtecken der Länge x (in cm) und der Breite y (in cm).
a) Welcher Term ergibt zur Länge x die Breite y, und welcher Term ergibt zu x und y den Flächeninhalt A (in cm^2) des Rechtecks?
b) Ergänze die Tabelle. Für welches x wird A am größten?

x	9	8	7	6	5,5	5	4,5
y							
A							

Hinz und Kunz haben nur Geld der angegebenen Sorten. Kann Hinz an Kunz jeden durch 10 Cent teilbaren Rechnungsbetrag bezahlen?

14 Die farbigen Pakete haben die Länge a, die Breite b und die Höhe c (stets in cm). Wie lang ist jeweils die Schnur, wenn
a) der Schnurverbrauch an den Kreuzungspunkten nicht berücksichtigt wird
b) an jeden Kreuzungspunkt 2 cm und für den Schlussknoten 30 cm Schnur gebraucht werden?

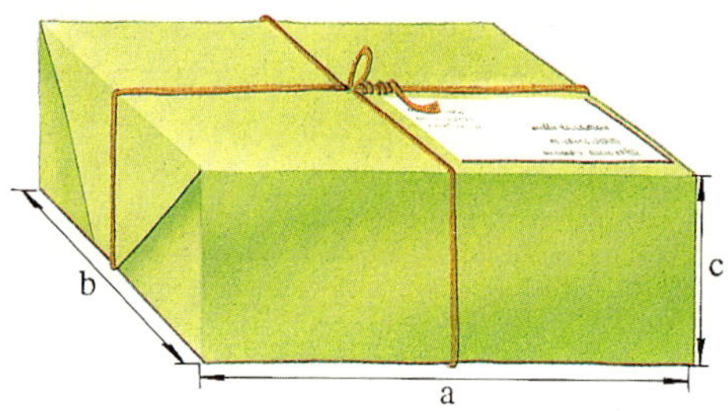

15 a) Aus n gleichseitigen Dreiecken wird eine Figur gelegt. Welcher Term gibt den Umfang der Figur an, wenn sich die Dreiecke an b Seiten berühren?
b) Statt mit Dreiecken wird nun mit n regelmäßigen Sechsecken, die sich an b Seiten berühren, eine Figur gelegt. Gib einen Term für den Umfang der Figur an.

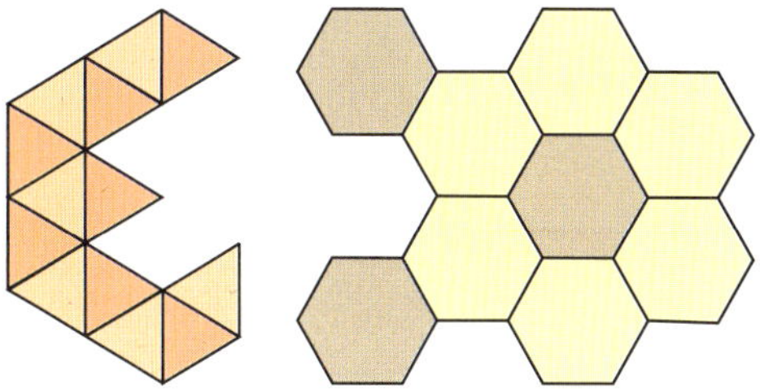

Aus Physik und Technik

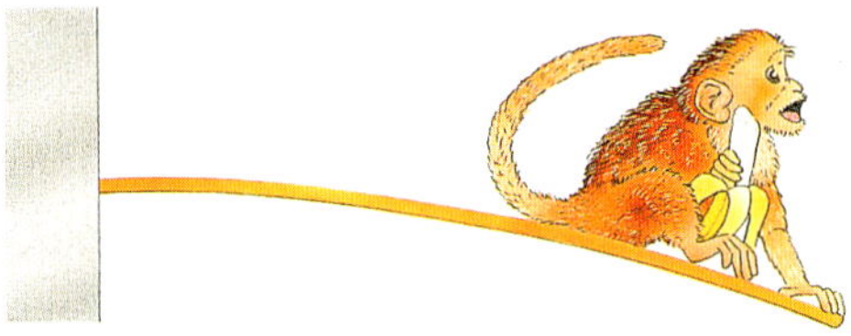

d \ b	5	10	15	20	25
3		s			
4					

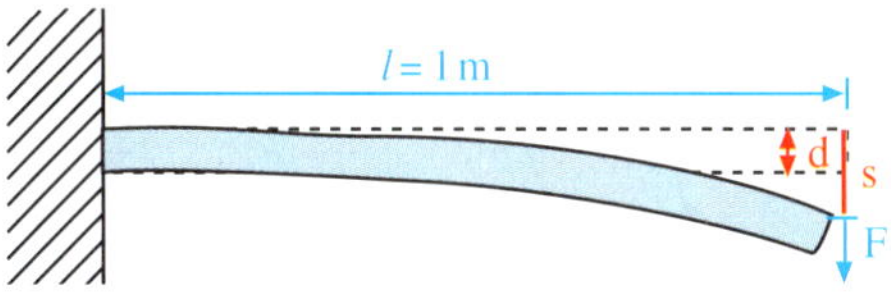

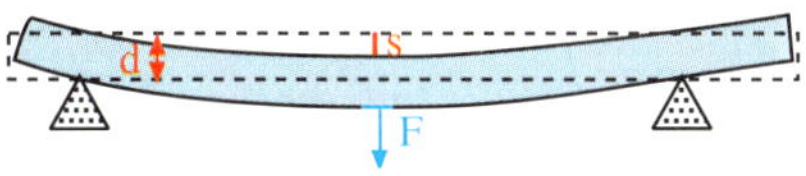

Ein Buntspecht ist etwa 1 N (Newton) schwer.

16 a) Wenn man an einen auf einer Seite fest eingespannten Stab eine Last hängt, so biegt sich der Stab nach unten. Die Strecke s, um die sich der Stab senkt, hängt von Größe der Last, von der Länge des Stabes, seiner Breite und seiner Dicke ab. Ein 1 m langer Stahlstab der Breite b und Dicke d (beide in mm) senkt sich bei einer Kraft von 1 N um die Strecke

$$s = \frac{19\,000}{b \cdot d^3} \text{ (in mm)}.$$

Berechne s auf 0,1 mm genau für b = 5 mm; 10 mm; ... ; 30 mm und d = 3 mm; 4 mm; 5 mm; 6 mm. Trage die Ergebnisse in eine Tabelle ein.
b) Ist der Stab von a) nicht auf einer Seite eingeklemmt, sondern liegt er auf beiden Seiten auf, so gilt für eine in der Mitte angreifende Kraft von 1 N entsprechend

$$s = \frac{1\,200}{b \cdot d^3}.$$

Berechne s auf 0,1 mm genau für b = 5 mm; 10 mm; ... ; 30 mm und d = 2 mm; 3 mm; 4 mm; 5 mm; trage die Ergebnisse in eine Tabelle ein.

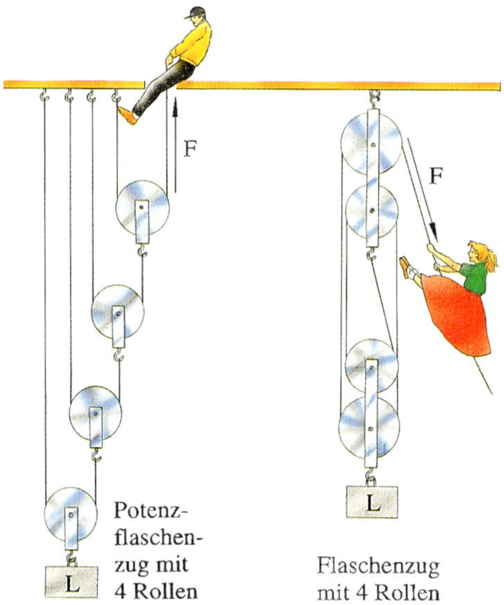

Potenzflaschenzug mit 4 Rollen

Flaschenzug mit 4 Rollen

17 Flaschenzüge verwendet man zum Heben schwerer Lasten. Bei einem Flaschenzug mit n Rollen, von denen jede 20 N schwer ist, benötigt man zum Heben der Last L die Kraft F (beide in N).
Für F gilt $F = \frac{1}{n}(L + 10n)$.
Berechne für n = 2; 4; 6; 8 und L = 100; 200; 1 000; 5 000 die Kraft F.

18 Ordnet man n Rollen, die je 20 N schwer sind, zu einem so genannten Potenzflaschenzug an, so gilt entsprechend zu Aufgabe 17 für die Kraft

$$F = \frac{1}{2^n}(L + 20 \cdot (2^n - 1)).$$

Berechne für n = 2; 4; 6 und L = 100; 200; 1 000; 5 000 die Kraft F.

2 Vereinfachen von Summen und Produkten

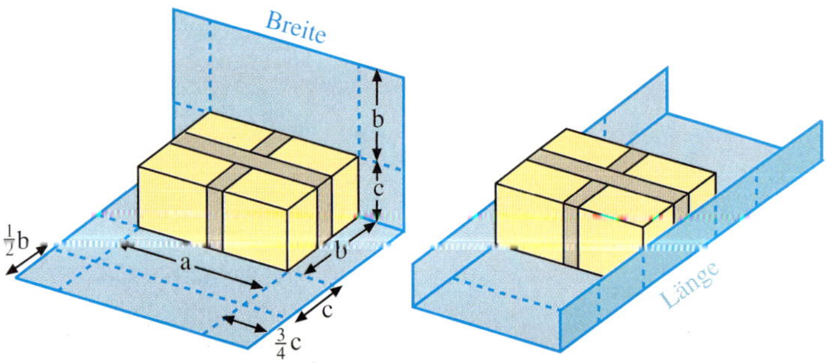

1 Eine Verpackungsmaschine schneidet Packpapier entsprechend der Größe von Paketen zu. Die Pakete haben die Länge a, die Breite b und die Höhe c. Entnimm der Zeichnung Länge und Breite eines zugeschnittenen Papierbogens. Gib dabei die Terme für Länge und Breite zuerst als Summe der Größen a, b, c, $\frac{1}{2}$b und $\frac{3}{4}$c an. Vereinfache dann diese Summen so weit wie möglich.

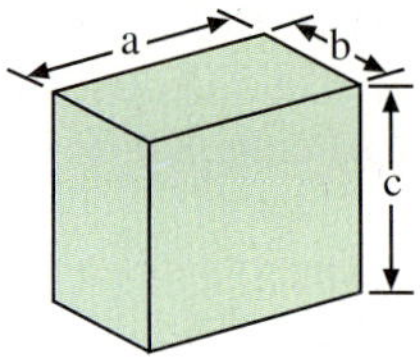

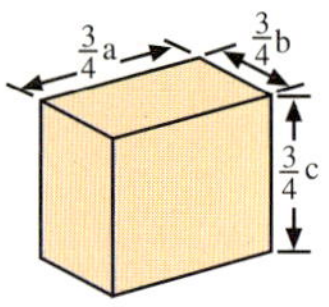

2 Ein großes Paket mit der Länge a, der Breite b und der Höhe c soll durch ein Paket mit etwa halbem Rauminhalt ersetzt werden. Es gibt kleinere Pakete mit den Maßen $\frac{3}{4}$a, $\frac{3}{4}$b und $\frac{3}{4}$c sowie andere mit den Maßen $\frac{4}{5}$a, $\frac{4}{5}$b und $\frac{4}{5}$c. Welches der kleineren Pakete hat etwa den halben Rauminhalt des großen Paketes?

Alle Rechengesetze, die wir für Zahlen kennen, bleiben für Terme gültig, da für die Variablen Zahlen eingesetzt werden können. Insbesondere gelten weiterhin die Kommutativ- und Assoziativgesetze bei Addition und Multiplikation sowie die Klammerregeln.

Rechengesetze	Addition	Multiplikation
Kommutativgesetz	$a + b = b + a$	$a \cdot b = b \cdot a$
Assoziativgesetz	$(a + b) + c = a + (b + c)$	$(a \cdot b) \cdot c = a \cdot (b \cdot c)$
Klammerregeln	$a + (b + c) = a + b + c$ $a - (b + c) = a - b - c$	$a + (b - c) = a + b - c$ $a - (b - c) = a - b + c$

Beispiel 1: (Vereinfachen mit Kommutativ- und Assoziativgesetz)

a) Addition

$$\begin{aligned} 2x + 4y + 3x &= 2x + (4y + 3x) \\ &= 2x + (3x + 4y) \\ &= (2x + 3x) + 4y \\ &= 5x + 4y \\ 2z + 6 + 3z &= 2z + (6 + 3z) \\ &= 2z + (3z + 6) \\ &= (2z + 3z) + 6 \\ &= 5z + 6 \end{aligned}$$

b) Multiplikation

$$\begin{aligned} 2x \cdot 4y &= 2 \cdot (x \cdot 4) \cdot y \\ &= 2 \cdot (4 \cdot x) \cdot y \\ &= (2 \cdot 4) \cdot (x \cdot y) \\ &= 8xy \\ 2z \cdot 6 &= 2 \cdot (z \cdot 6) \\ &= 2 \cdot (6 \cdot z) \\ &= (2 \cdot 6) \cdot z \\ &= 12z \end{aligned}$$

Beispiel 2: (Klammerregeln)

a) Plusklammerregel

$$\begin{aligned} 3x + (2x + 4y) &= 3x + 2x + 4y \\ &= 5x + 4y \\ 5x + (2y - 4x) &= 5x + 2y - 4x \\ &= x + 2y \end{aligned}$$

b) Minusklammerregel

$$\begin{aligned} 2x - (4x + 5y) &= 2x - 4x - 5y \\ &= -2x - 5y \\ 3x - (4y - 5x) &= 3x - 4y + 5x \\ &= 8x - 4y \end{aligned}$$

1. Platz
$a + a \neq a^2$

Richtig ist:
$a + a = 2a$
$a \cdot a = a^2$.

2. Platz
$2 \cdot (ab) \neq (2a) \cdot (2b)$

Richtig ist:
$2 \cdot (a \cdot b) = 2ab$.

3. Platz
$3a + b \neq 3ab$

Richtig ist:
$3a + b$ kann man nicht weiter vereinfachen.

Vereinfachen von Summen und Differenzen

3 Vereinfache die Terme.

a) $3a + 2b + 6b$ b) $5a - 2b - 3b$ c) $2b - 6a - 7b$ d) $-4a - 2b + 4a$
e) $7x - 8x - 11y$ f) $14x - 6y + 5x$ g) $-13x - 2y + 2y$ h) $-x - y - 5x$
i) $6r - 13s - 6r$ j) $34v - 23w + v$ k) $-23p + 9p - 7q$ l) $-34m + 2n - 14m$

4 a) $\frac{2}{3}a + \frac{5}{4}b + \frac{3}{4}b$ b) $\frac{6}{7}a + \frac{9}{5}b - \frac{4}{5}b$ c) $\frac{8}{3}b + \frac{2}{3}a - \frac{5}{6}b$ d) $-\frac{3}{8}a + \frac{5}{9}b - \frac{4}{3}a$
e) $\frac{5}{8}y - \frac{7}{6}y - \frac{5}{12}z$ f) $\frac{11}{18}y - \frac{3}{5}z + \frac{5}{4}y$ g) $-\frac{3}{7}y - \frac{5}{9}z - z$ h) $-\frac{4}{9}y + z - \frac{13}{24}y$

5 a) $2{,}7a - 1{,}3a + 2{,}5b$ b) $-0{,}9a - 0{,}6b + 1{,}6a$ c) $12b - 4{,}2a - 0{,}3a$
d) $9{,}2x - 7{,}2x - 1{,}6y$ e) $-8{,}3y - 7{,}4y - 3{,}9x$ f) $-5{,}2x - 4{,}0y + 6{,}6y$
g) $0{,}1r - 1{,}2s - 0{,}01r$ h) $1{,}34p - 2{,}48q - 1{,}42p$ i) $-0{,}93m + 2{,}83m - 0{,}73n$

6 a) $5x + 6y - 4x - 8y$ b) $12y - 23x + 19x - 8y$ c) $-37c + 12c + 19d - 15c$
d) $0{,}5z + 1{,}6y - 1{,}4y - z$ e) $3a - 3b - 4{,}9b - 8{,}3a$ f) $-0{,}8c + 3{,}1c + 1{,}9d - c$
g) $\frac{5}{3}s + \frac{3}{4}t - \frac{1}{6}s - \frac{5}{8}t$ h) $\frac{5}{24}g - \frac{3}{35}h + \frac{7}{36}g - \frac{1}{7}h$ i) $-\frac{11}{15}e + \frac{14}{25}e + \frac{9}{22}f - \frac{13}{55}f$

7 a) $3x + 6 - 9x - 18$ b) $15 - 25x - 22x - 18$ c) $-31 + 22r - 67r - 37$
d) $3{,}1x + 1{,}7x - 1{,}4 - 5$ e) $5a - 12 - 4{,}9a + 9{,}9a$ f) $-0{,}8t + 7{,}2 - 1{,}9t - 6$
g) $\frac{4}{9}s + \frac{4}{5} - \frac{17}{20} - \frac{7}{6}s$ h) $\frac{13}{15}p - \frac{9}{25} + \frac{23}{20}p - \frac{7}{15}$ i) $-\frac{13}{15} + \frac{11}{37}w + \frac{6}{25} - \frac{17}{35}$

8 Beachte die Klammerregeln.

a) $8x + (3y - 4x)$ b) $3y - (5y - 9x)$ c) $-7a - (4b - 20a)$
d) $7a - 5b - (3a - 6b)$ e) $9q - 3p - (8p + 3q)$ f) $-5m + 12n - (6n + 2m)$
g) $8a - (7x + 2a) + 9x$ h) $-5b + (-3y + 2b) + y$ i) $(4k + 2r) - 6r + 2k$

9 a) $7u - (3v + 9u) + (2u - 4v)$ b) $12p - 9q - (q + p) - (5q - 2p)$
c) $t - (2s + 5t) + 3t - (3s + t)$ d) $-(x - y) + 2x - (y + 2x) + (-x + 2y)$
e) $5a - (-4a - 9b) + (-5b - 3a) + 2b$ f) $25n - 7m - (-m + n) - (-n - 3n) + 2m$

10 a) $7k - (7 + 9k) + (6k - 9)$ b) $12 - 9y - (y + 13) - (-7 + 13y)$
c) $-5 - (4z - 6) + 3 - (8z + 11)$ d) $-(-4 - 6n) + 2n - (5 + 3n) - (7 - n)$
e) $7c + (-8 - 11c) + (-13c - 5) + 31$ f) $-6 - 8m - (m - 4) + (-7 - 12m) + 13$

11 a) $6a - (2{,}5b - 2{,}1a) + (a - 0{,}2b)$ b) $-(3{,}8s + 2{,}9t) - (1{,}2t - 0{,}7s) + 2s$
c) $-2{,}5f - (4{,}1 - 6{,}6f) + (3f - 0{,}7)$ d) $\left(\frac{3}{8}v - \frac{1}{3}w\right) + \frac{7}{18}w - \left(\frac{1}{6}w + \frac{5}{12}v\right) - \frac{13}{15}w$
e) $-\frac{7}{5} + \left(-d - \frac{3}{20}\right) - \left(-\frac{4}{30} - \frac{4}{11}d\right) + \frac{5}{6}$ f) $\frac{3}{8}x - \frac{5}{14}y - \left(\frac{3}{7}y - \frac{1}{4}x\right) + \left(\frac{1}{5}x - \frac{8}{21}y\right)$

12 Zeige, dass folgende Terme nicht äquivalent sind.

a) $2a + b$ und $a + 2b$ b) $3a - 2b$ und $3b - 2a$ c) $2a + 2b$ und $2a + 2$

Das Rechnen wär nur halb so schwer, wenn die b??? Null nicht wär!

$a + 0 = a$
$0 \cdot a = 0$
$0 : a = 0$
$a : 0$ geht nicht!

13 Welche der folgenden Terme sind äquivalent?

a) $2a + a$; $2a + 2$; $5a - (a + a)$; $a + 2 + a$; $3 + 3a - 3$; $4a - 2 + 4 - 2a$
b) $4b - 2$; $2b - 4 + 2b$; $b - (b - 4b + 2)$; $-4 - (5b - b)$; $-5 - (4b - 3)$

14 Vereinfache die folgenden Terme, wenn möglich.

a) $a + a$ b) $a + 2$ c) $a + 2a$ d) $2a + ab$ e) $2ab + ab$ f) $2ab + b$ g) $2a + 2b$

Vereinfachen von Produkten und Quotienten

15 Vereinfache die Produkte.

a) $3a \cdot 4$ b) $5 \cdot 2b$ c) $b \cdot 5 \cdot 3$ d) $3c \cdot 4d$ e) $c \cdot 6d$ f) $2x \cdot 5x$
g) $7y \cdot 6y$ h) $y \cdot 2 \cdot 11y$ i) $2 \cdot z \cdot 4y$ j) $5 \cdot mn \cdot 3$ k) $2{,}5r \cdot 3s$ l) $0{,}3u \cdot 0{,}4$
m) $0{,}6u \cdot 0{,}7u$ n) $y \cdot 2{,}2 \cdot z \cdot 3$ o) $\frac{2}{3}a \cdot \frac{4}{5}b$ p) $\frac{5}{12}a \cdot \frac{3}{5}a$ q) $\frac{24}{35} \cdot \frac{7}{8} \cdot pq$ r) $2\frac{2}{5}e \cdot 3\frac{1}{3}e$

16 a) $(+6a) \cdot (-3b)$ b) $(-4a) \cdot (-5a)$ c) $(-3x) \cdot (+4y)$ d) $(-2b) \cdot (+4b)$
e) $3z \cdot (-4z)$ f) $(-m) \cdot 8n$ g) $-5p \cdot (-4q)$ h) $-4q \cdot (+2q)$
i) $2 \cdot (-pq)$ j) $(-4) \cdot (-xy)$ k) $-6a \cdot (+4a)$ l) $(-t) \cdot (-3t)$

17 Vereinfache die Quotienten.

a) $(12a) : 3$ b) $(-24a) : (-8)$ c) $(12x) : 4$ d) $(9b) : (-6)$
e) $(5{,}6t) : (-4)$ f) $(-m) : 5$ g) $-(5p) : (-0{,}5)$ h) $(-4q) : \frac{2}{3}$
i) $\left(\frac{6}{7}v\right) : \left(-\frac{3}{14}\right)$ j) $\left(\frac{2}{9}t\right) : \left(-\frac{5}{4}\right)$ k) $-\left(\frac{6}{25}ab\right) : \frac{16}{15}$ l) $\left(\frac{8}{9}t\right) : \left(-3\frac{2}{3}\right)$

18 Vereinfache zuerst die einzelnen Produkte und dann die Summe.

a) $4b \cdot 3 + a \cdot 6 \cdot 2 + 3 \cdot 2b + 7a \cdot 2 - 9a$ b) $6 \cdot 3a - 6 \cdot b \cdot 3 + 6a - b \cdot 2 \cdot 5 - 8 \cdot a \cdot 3$
c) $-2x \cdot 3 - 8y + 5 \cdot y \cdot 4 + 5x \cdot 2 - y \cdot 7$ d) $11 \cdot 2 - (1 \cdot z \cdot 6 \cdot 2 + 7 \cdot 5 - 8 \cdot 2 \cdot z) - z \cdot 3$
e) $-p - (2 \cdot q \cdot 4 \cdot 3 + p \cdot 5 - q \cdot 8 \cdot 2) - 3p$ f) $12s \cdot 3 + (t \cdot 5 - t \cdot 7 - 6s) - (s - 2t)$
g) $3m \cdot 2 + 3 \cdot 1 - (-14 + m \cdot 5 \cdot 2 + 3m \cdot 9)$ h) $(v \cdot 3 \cdot 2 - 4w \cdot 2) - (8 \cdot w \cdot 2 + 7 \cdot 5 \cdot v) - w$

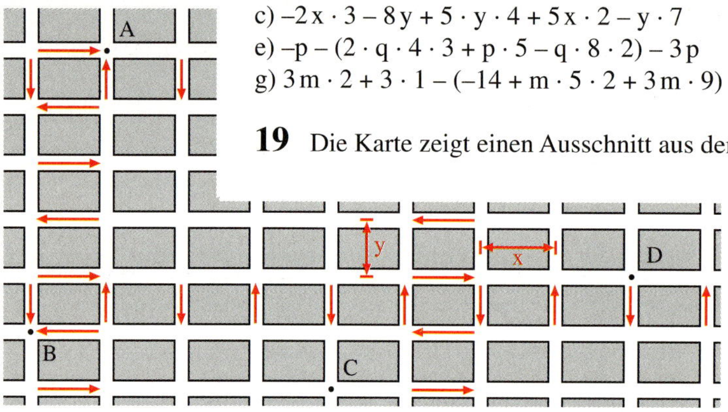

19 Die Karte zeigt einen Ausschnitt aus dem Plan einer Stadt mit rechteckigem Straßennetz von lauter Einbahnstraßen. Gib einen möglichst einfachen Term für die Länge folgender Fahrtstrecken an, wenn $x > y$ ist.

a) Von A über B nach C
b) Von B über A nach C
c) Von D über B nach A
d) Von D über A nach B
e) Von B über D nach A

Aus der Geometrie

20 Gib einen möglichst einfachen Term an für die gesamte Drahtlänge der beiden ebenen Drahtmodelle A und B und der beiden räumlichen Drahtmodelle C und D.

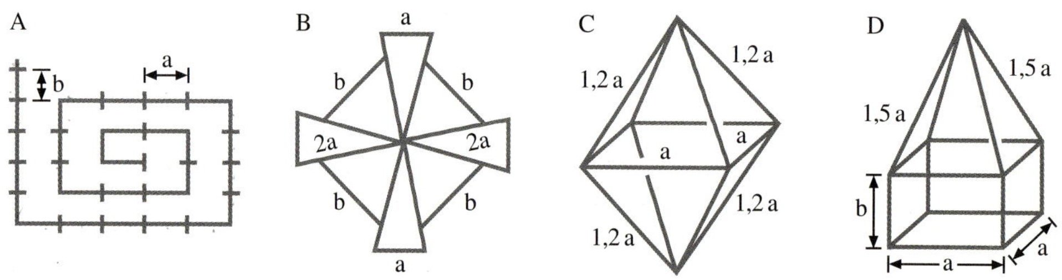

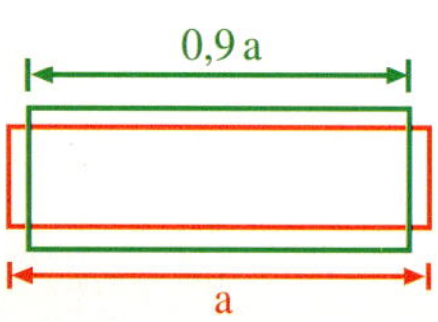

21 Um wie viel Prozent wird eine Rechtecksfläche größer bzw. kleiner, wenn man
a) eine Seite um 10 % (15 %) verkleinert und die andere um 15 % (10 %) vergrößert
b) beide Seiten um 5 % vergrößert?

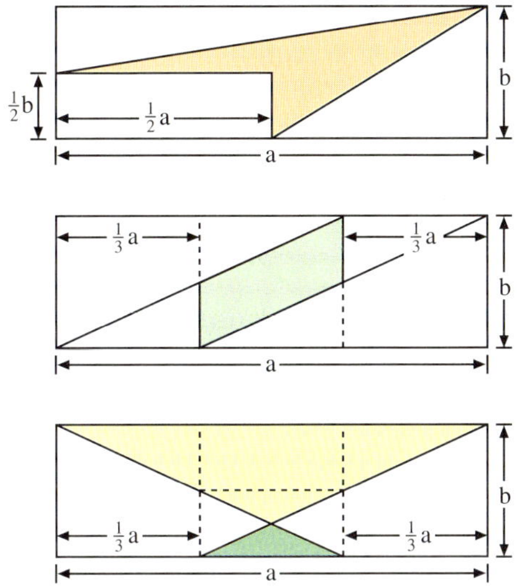

22 Um wie viel Prozent wird ein Quadervolumen größer bzw. kleiner, wenn man
a) zwei Seiten um 5 % verkleinert und die andere um 10 % vergrößert
b) zwei Seiten um 10 % verkleinert und die andere um 20 % vergrößert
c) alle Seiten um 10 % vergrößert?

23 Gib bei den Rechtecken mit den Seitenlängen a und b den Flächeninhalt der gefärbten Flächen an.

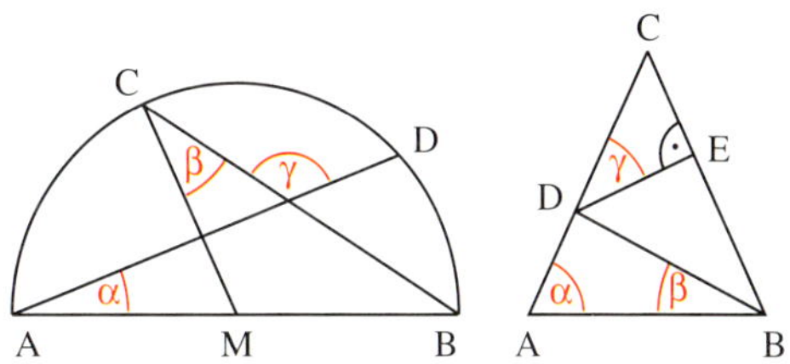

24 Bei Figur I ist AB der Durchmesser des Halbkreises. Bei Figur II ist das Dreieck ABC spitzwinklig und gleichschenklig mit Basis AB. Gib jeweils einen Term an, mit dem man die Winkelweite γ aus den Winkelweiten α und β berechnen kann.

Untersuchungen zur Teilbarkeit

Die Sprechweise „Es sei n eine natürliche Zahl …“ meint, dass die Variable n mit natürlichen Zahlen belegt werden soll.

25 Es sei n eine natürliche Zahl größer als 0. Welcher Term ergibt
a) den Nachfolger von n
b) den Vorgänger von n
c) die um 3 größere Zahl
d) die um 5 kleinere Zahl
e) die um z größere Zahl
f) das Doppelte von n
g) die Hälfte von n
h) das z-fache von n
i) das Quadrat von n?

26 Begründe mit Hilfe einer Termumformung.
a) Addiert man drei aufeinander folgende natürliche Zahlen, so ist die Summe stets durch 3 teilbar.
b) Addiert man drei aufeinander folgende gerade natürliche Zahlen, so ist die Summe stets durch 6 teilbar.
c) Addiert man fünf aufeinander folgende natürliche Zahlen, so ist die Summe stets durch 5 teilbar.
d) Addiert man fünf verschiedene natürliche Zahlen n, $n + k$, $n + 2k$, $n + 3k$ und $n + 4k$, so ist die Summe stets durch 5 teilbar.
e) Multipliziert man eine Zahl mit ihrem Doppelten und ihrem Dreifachen, so ist das Produkt stets durch 6 teilbar.

Zu Aufgabe 28a:

Aus 429 wird 429 429

27 Addiert man vier aufeinander folgende natürliche Zahlen, so ist die Summe stets durch 4 teilbar. Ist dieser Satz wahr oder falsch?

28 Zeige durch Termumformung.
a) Schreibt man eine 3-stellige natürliche Zahl 2-mal hintereinander, so erhält man eine 6-stellige Zahl, die stets durch 7, 11 und 13 teilbar ist.
b) Schreibt man eine 2-stellige natürliche Zahl 3-mal hintereinander, so erhält man eine 6-stellige Zahl, die stets durch 3, 7, 13 und 37 teilbar ist.

3 Addieren von Produkten

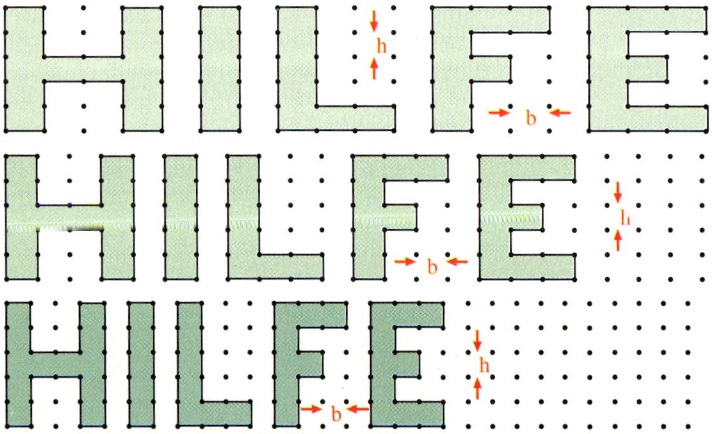

1 Buchstaben für Werbezwecke können beim Hersteller in jeder Höhe h und jeder Breite b bestellt werden. Der Hersteller sägt die Buchstaben aus Platten heraus.
Der Preis jedes Buchstabens hängt vom Materialverbrauch und somit von seiner Fläche sowie vom Arbeitsaufwand und somit von seinem Umfang ab.
1 dm^2 Fläche kostet 5 €, 1 dm Umfang kostet 2 €. Gib für jeden der abgebildeten Buchstaben einen möglichst einfachen Term für seinen Preis in Abhängigkeit von b und h an, wenn h und b in Dezimeter gemessen werden.

Terme wie $3a \cdot 5b + \frac{2}{5} \cdot ab$ oder $\frac{1}{2}xy \cdot 6 + 3x \cdot 2y + 5 \cdot x \cdot z$ sind Summen, bei denen die Summanden Produkte sind. Wie beim Rechnen mit Zahlen ist die Reihenfolge der Rechenschritte festgelegt durch die Vereinbarung

„Punktrechnung vor Strichrechnung".

Deshalb versuchen wir zuerst die Produkte zu vereinfachen und danach die einzelnen Summanden zusammenzufassen, sofern dies möglich ist. Auf diese Weise erhält man z. B.

$\frac{1}{2}ab \cdot 5a + 4b \cdot 3a - 2 \cdot 4ab + b \cdot 2a \cdot \frac{3}{4} \cdot a$

$= \frac{1}{2} \cdot 5 \cdot a \cdot a \cdot b + 4 \cdot 3a \cdot b - 2 \cdot 4 \cdot a \cdot b + 2 \cdot \frac{3}{4} \cdot a \cdot a \cdot b$ Ordnen der Produkte

$= \frac{5}{2}a^2b + 12ab - 8ab + \frac{3}{2}a^2b$ Vereinfachen der Produkte

$= \frac{5}{2}a^2b + \frac{3}{2}a^2b + 12ab - 8ab$ Ordnen der Summanden

$= 4a^2b + 4ab$ Vereinfachen der Summe.

Die Summanden $4a^2b$ und $4ab$ kann man nicht weiter zusammenfassen.

> Summen und Differenzen von Produkten kann man nur dann zusammenfassen, wenn sie **dieselben Variablen** jeweils **mit denselben Hochzahlen** enthalten.

Beispiel 1: (Zusammenfassen der Summanden möglich)
a) $6ab + 3ba - ab \cdot 7 = 6ab + 3ab - 7ab = 2ab$
b) $8s^2t + 2ts^2 - s^2t \cdot 4 = 8s^2t + 2s^2t - 4s^2t = 6s^2t$

Beispiel 2: (Zusammenfassen der Summanden nicht möglich)
a) $9xy^2 + 3yx^2 + x \cdot y^2x = 9xy^2 + 3x^2y + x^2y^2$
b) $3m + n \cdot 2 + 4 = 3m + 2n + 4$

Beispiel 3: (Zusammenfassen der Summanden teilweise möglich)
a) $p \cdot 4 \cdot 5 \cdot pq - 3 \cdot p \cdot q + 5q \cdot p^2 + q \cdot 2p = 20p^2q - 3pq + 5p^2q + 2pq = 25p^2q - pq$
b) $3z \cdot 2 + 4z \cdot z - 5 - z \cdot 5 + 6 - 3z^2 = 6z + 4z^2 - 5 - 5z + 6 - 3z^2 = z^2 + z + 1$

2 Vereinfache die Terme.

a) $10ab - 7b \cdot a + 9a \cdot 2b - ab \cdot 12$

b) $4ba - 6ab - a \cdot 5b + ab \cdot 9 + b \cdot 25a + ab$

c) $xy - y \cdot x \cdot 8 + 5x \cdot y + 8y \cdot x - x \cdot y \cdot 6$

d) $-pq \cdot 6 - q \cdot p \cdot 2 - 12q \cdot 2p + 2 \cdot 4pq - qp$

e) $2{,}5rs - 2s \cdot 1{,}6r + s \cdot 2{,}2r - 1{,}6s \cdot 2r$

f) $-0{,}4m \cdot 0{,}3n + 2{,}5 \cdot 0{,}7n \cdot m - mn \cdot 1{,}6 \cdot 2$

g) $e \cdot \frac{5}{12}f - \frac{1}{6} \cdot fe + \frac{4}{9} \cdot fe \cdot 3 + f \cdot \frac{7}{18}e$

h) $-d \cdot c \cdot \frac{4}{15} + d \cdot \frac{2}{5}c - \frac{7}{15}cd + cd \cdot \frac{7}{3} - \frac{1}{6}cd$

22 oder 2z?

3 a) $4a - 3b \cdot a + 3 \cdot 2a - ab \cdot 4 - a + ab$

b) $5b - 5b \cdot a - a \cdot 4b + b \cdot 3 + b \cdot 25a - 2ab$

c) $2yz^2 - 5z^2 \cdot y + 3y \cdot z - 4z \cdot y - y \cdot z^2 \cdot 2$

d) $-v^2w - w^2 \cdot v \cdot 3 - 12w \cdot v^2 + 2 \cdot v^2w - w^2v$

e) $0{,}3 - d \cdot 1{,}4c + 2{,}7 - 2{,}6d \cdot 2c + 5cd$

f) $-0{,}5i^2 \cdot k + 1{,}2 \cdot 0{,}5k \cdot i - ki + i^2k \cdot 3{,}2$

g) $r \cdot \frac{5}{18}s^2 - \frac{1}{9} \cdot s^3r + \frac{5}{6} \cdot s^3r \cdot 3 + s^2 \cdot \frac{7}{18}r$

h) $-m^2 \cdot n \cdot \frac{5}{24} + m^2 \cdot \frac{3}{8}n^2 - \frac{5}{16}nm^2 + n^2m^2 \cdot \frac{5}{4}$

t + t oder ttt?

4 Übertrage die Tabelle in dein Heft und ergänze sie. Achte darauf, welche Summanden man noch zusammenfassen kann und welche nicht.

+	$\frac{2}{3}rs + r^2s$	$\frac{1}{4}rs + \frac{1}{2}rs^2$	$\frac{1}{5}rs + \frac{2}{3}r^2s^2$
$\frac{1}{3}rs + r^2s^2$			
$\frac{1}{6}rs^2 + \frac{1}{2}r^2s$			
$\frac{2}{3}r^2s + \frac{1}{4}r^2s^2$			
$\frac{4}{9}rs^2 + \frac{1}{8}r^2s^2$			

9u oder qu oder 9v oder qv?

5 Beachte die Klammerregeln.

a) $4a + (3ab + 2a) - (a \cdot 4 - b \cdot 9a)$

b) $15b - (7b \cdot a - 4 \cdot b + 5b - b \cdot 16a)$

c) $(5c^2d - 4d^2 \cdot c) - (3c \cdot d^2 - 4d \cdot c^2)$

d) $-(f^2 \cdot 5e - e^2 \cdot f \cdot 3) + (2e \cdot f^2 + 6 \cdot f^2e)$

e) $1{,}3 - (g \cdot 0{,}4h + 0{,}3) - 1{,}5g \cdot 3h$

f) $-(-2{,}5n^2 \cdot m + 0{,}2 \cdot 1{,}5m \cdot n) - mn + mn^2$

g) $\left(q \cdot \frac{5}{8}p^2 - \frac{1}{6} \cdot p^4q\right) + \left(p^4q \cdot \frac{3}{4} + p^2 \cdot \frac{7}{8}q\right)$

h) $\left(s^3 \cdot \frac{3}{5}r + s^3 \cdot \frac{3}{2}r^2\right) - \left(\frac{2}{5}rs^3 + r^2s^3 \cdot \frac{3}{2}\right)$

6 a) $a \cdot c^2 \cdot 3b - (7c \cdot ba^2 + cab \cdot 8 - bc \cdot 3a^2) + (ba \cdot 9c - b \cdot 5ac^2 + 4abc \cdot a - c \cdot 5 \cdot ab)$

b) $15 - (x^2y \cdot 25 - x \cdot 22x) - (x \cdot 7 + x^2 \cdot 18) + y \cdot 34x^2 - (4x^2 - 23 - 11x + 21xy \cdot x)$

c) $-(p \cdot 38q + qp \cdot 45p - 26q - pq \cdot 67) + 39qp^2 - (39 \cdot q - p^2 \cdot 58qp - 6ppq + pq \cdot 29)$

d) $tsr \cdot 29 + 4t \cdot rst - (s \cdot 5r + 26ts) - (-r \cdot 5s + str \cdot 35 - t \cdot 48rst) + 6r \cdot ts - 7s \cdot t$

e) $v \cdot 6{,}2uw + (uv \cdot 7{,}4 + w \cdot 3{,}4 \cdot vu - w \cdot 9{,}1u) - 6{,}3vu - (0{,}6wu \cdot v + v \cdot 1{,}1u - 0{,}4wu)$

f) $2{,}5z \cdot 3y^2 - (0{,}8y \cdot 0{,}5z - 5{,}2 + z \cdot 1{,}5 - 0{,}1y \cdot 4z) + (y \cdot 0{,}4yz - 2{,}5 + z \cdot 0{,}8)$

g) $f \cdot \frac{2}{3}e - \left(\frac{1}{2}ge + he \cdot \frac{3}{4} - hg + g \cdot \frac{5}{4}e\right) + \left(e \cdot \frac{2}{3}f + gh - h \cdot \frac{7}{6}f\right) + \frac{3}{2}eh - \left(\frac{5}{3}eg + h \cdot \frac{5}{2}g\right)$

h) $\left(\frac{3}{2}xz - w \cdot \frac{5}{4}x + yw + yx \cdot \frac{3}{5} + w \cdot \frac{1}{2}x\right) - \left(x \cdot \frac{7}{10}z - y \cdot \frac{4}{5}z + \frac{3}{20}xy + wy - \frac{1}{5}xw + y \cdot \frac{9}{10}w\right)$

Man kann Terme mit mehreren Variablen leichter vergleichen, wenn man für das Aufschreiben der Ergebnisse vereinbart:

Potenzen werden bei der Reihenfolge als Produkte behandelt (a^2 steht wie $a \cdot a$).

Bei Produkten schreiben wir
- Zahlen vor Buchstaben ($3xy$ und nicht $x \cdot 3y$)
- Buchstaben in alphabetischer Reihenfolge (ab und nicht ba; p^2q und nicht qp^2).

Bei Summen von Produkten schreiben wir
- Produkte mit mehr Buchstaben vor Produkte mit weniger Buchstaben (abc steht vor ab)
- Produkte mit gleichviel Buchstaben in derselben Reihenfolge wie im Lexikon (ax steht vor ay; a^2b steht vor ab^2).

7 Welche Summe entsteht aus $2x + 3y + 4xy$, wenn man

a) x und y um 20 % vergrößert

b) x um 40 % vergrößert und y um 40 % verkleinert?

8 In den Klassen 8 a und 8 b beträgt der Anteil der Mädchen je 60 %. Wie viel Prozent der Schüler jeder Klasse können schwimmen, wenn

a) in Klasse 8 a 90 % der Mädchen und 70 % der Jungen schwimmen können

b) in Klasse 8 b 70 % der Mädchen und 90 % der Jungen schwimmen können?

Oberflächen und Rauminhalte

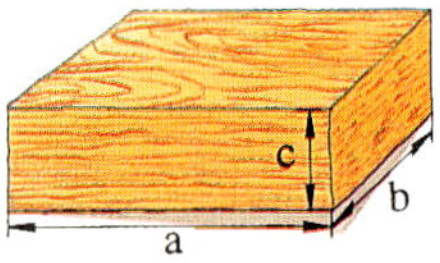

9 Berechne die Oberflächen der grünen Körper.

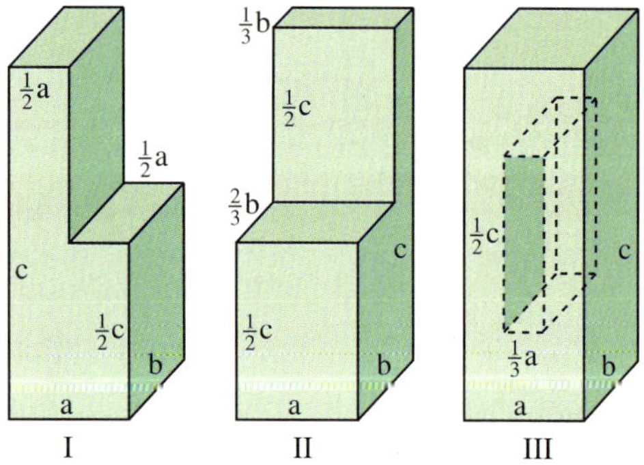

10 Es gibt drei Möglichkeiten, einen Holzquader mit den Seitenlängen a, b und c so (vorsichtig!) in Wasser zu tauchen, bis er schwimmt und eine Quaderfläche parallel zur Wasseroberfläche ist. Dann sind stets $\frac{2}{3}$ seines Rauminhaltes unter der Wasseroberfläche.

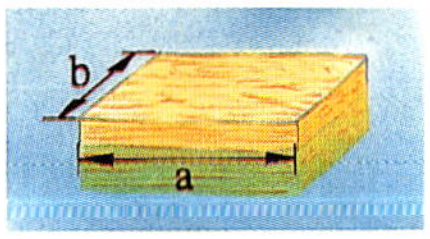

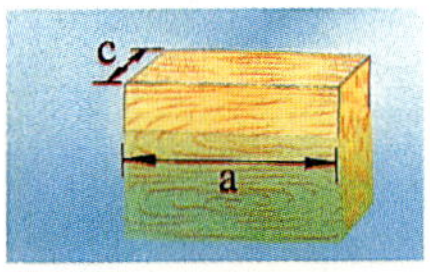

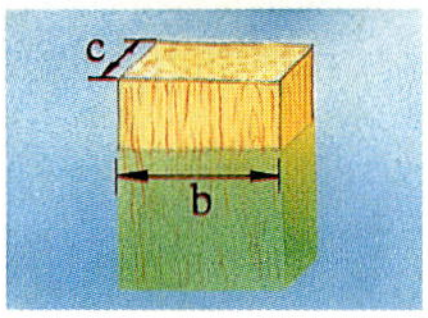

Bearbeite die folgenden Aufgaben für diese drei Möglichkeiten.

a) Zeichne ein Netz des Quaders, färbe in ihm die feuchten Flächen blau. Wähle für die Zeichnung $a = 4\,cm$, $b = 3\,cm$ und $c = 2\,cm$.

b) Gib einen einfachen Term für den Flächeninhalt der feuchten Flächen an.

c) Wie viel Prozent der Quaderoberfläche sind feucht, wenn $a = 2c$ und $b = \frac{3}{2}c$ gilt?

11 Eine Schachtel für Arzneimittel wird aus Feinkarton hergestellt. Sie hat eine quadratische Grundfläche mit der Seitenlänge s und die Höhe h. Vor dem Zusammenkleben hat das Netz der Schachtel das gezeichnete Aussehen.

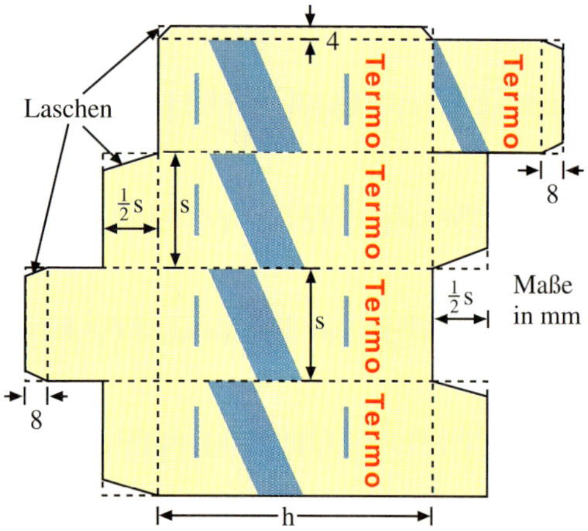

a) Welche Vorteile hat das gezeichnete Netz gegenüber anderen Möglichkeiten für das Netz?

b) Gib einen einfachen Term für den Flächeninhalt des benötigten Kartons an. Rechne bei den (abgeschrägten) Laschen mit den ursprünglichen Rechtecken.

c) Zeichne das Netz mit $h = 10\,cm$ und $s = 4\,cm$ und schneide es aus. Gib den Flächeninhalt der bei geschlossener Schachtel nicht sichtbaren Kartonfläche an.

12 Die Tritthöhe von Treppen beträgt häufig 1,8 dm. Die Stufenbreite b und die Stufentiefe t sind von Fall zu Fall verschieden.

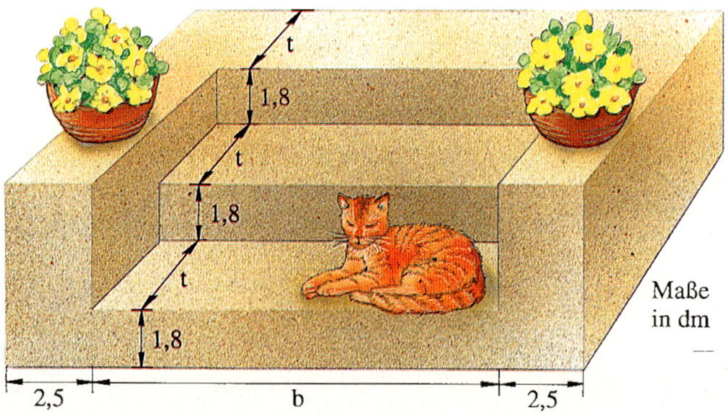

a) Gib einen möglichst einfachen Term für den Rauminhalt (in dm^3) der gezeichneten Treppe mit den seitlichen Quadern an, wenn b und t in Dezimeter gemessen werden.

b) Welche Masse hat die gezeichnete Treppe bei $b = 8{,}0\,dm$ und $t = 2{,}5\,dm$, wenn sie aus Beton besteht, von dem $1\,dm^3$ eine Masse von 2,5 kg hat.

c) Die Zeichnung zeigt eine Treppe mit 3 Stufen. Welchen Rauminhalt haben die entsprechenden Treppen bei zwei und bei vier Stufen?

4 Multiplizieren von Produkten und Potenzen

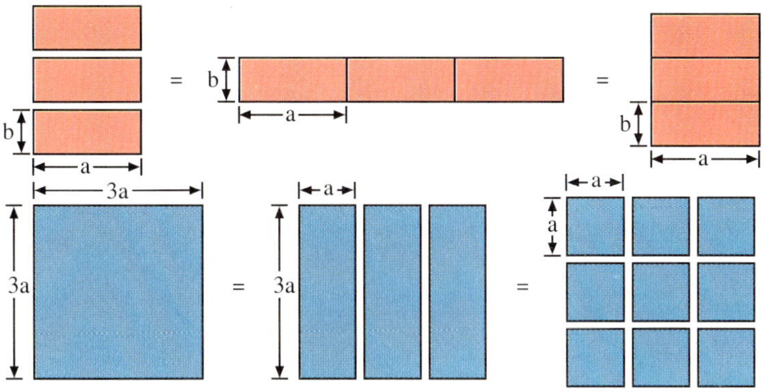

1 Der Term $a \cdot b$ gibt den Flächeninhalt eines Rechtecks mit den Seitenlängen a und b an, und es ist $ab + ab + ab$ äquivalent mit $3 \cdot (ab)$. Mit den roten Rechtecken sind Umformungen des Terms $3 \cdot (ab)$ veranschaulicht. Gib diese Umformungen an.

2 Der Term $(3a)^2$ gibt den Flächeninhalt eines Quadrates mit der Seitenlänge 3a an. Gib die Umformung der Potenz $(3a)^2$ in Produkte an, die mit den blauen Quadraten veranschaulicht ist.

Beim Multiplizieren von Produkten darf man beliebig Klammern setzen oder weglassen sowie die Reihenfolge der Faktoren vertauschen (Assoziativ- und Kommutativgesetz der Multiplikation). Multipliziert man $5a$ mit $2a \cdot b$, so erhält man

$5a \cdot (2a \cdot b) = (5a \cdot 2a) \cdot b$ nach dem Assoziativgesetz
$= (5 \cdot 2 \cdot a \cdot a) \cdot b$ nach dem Kommutativgesetz
$= 10a^2b$.

Beim Potenzieren von Produkten schreiben wir eine Potenz zunächst als Produkt und vereinfachen dann dieses Produkt. Für die Potenz $(2ab)^2$ gilt

$$(2ab)^2 = (2ab) \cdot (2ab) = 2 \cdot 2 \cdot a \cdot a \cdot b \cdot b = 4a^2b^2.$$

Ein **Produkt** wird mit einer Zahl **multipliziert**, indem man **einen Faktor** des Produktes multipliziert.
Ein **Produkt** wird **potenziert**, indem man die Potenz **als Produkt** schreibt und dann gleiche Faktoren zusammenfasst.

Es ist $5 \cdot (2 + 4) = 5 \cdot 2 + 5 \cdot 4$ nach dem Distributivgesetz. Dagegen ist $5 \cdot (2 \cdot 4) \neq (5 \cdot 2) \cdot (5 \cdot 4)$, aber $5 \cdot (2 \cdot 4) = (5 \cdot 2) \cdot 4 = 2 \cdot (5 \cdot 4)$.

Beispiel 1: (Multiplikation von Produkten)

a) $5a \cdot (3a \cdot 2b) = (5a \cdot 3a) \cdot 2b = 15a^2 \cdot 2b = 30a^2b$ (1. Faktor wird multipliziert.)

b) $12 \cdot \left(\frac{7}{5}a \cdot \frac{1}{6}b\right) = \frac{7}{5}a \cdot \left(12 \cdot \frac{1}{6}b\right) = \frac{7}{5}a \cdot 2b = \frac{14}{5}ab$ (2. Faktor wird multipliziert.)

c) $4a^2b \cdot (a \cdot 3b) = (4a^2 \cdot a) \cdot (3b \cdot b) = 4a^3 \cdot 3b^2 = 12a^3b^2$

d) $(2a \cdot 5b) \cdot 4a = (2a \cdot 4a) \cdot 5b = 8a^2 \cdot 5b = 40a^2b$

Beispiel 2: (Division von Produkten durch eine Zahl)

a) $(4a \cdot 6b) : 3 = (4a \cdot 6b) \cdot \frac{1}{3} = 4a \cdot \left(6b \cdot \frac{1}{3}\right) = 4a \cdot 2b = 8ab$ (Multiplikation mit

b) $\frac{10a \cdot 3b}{5} = (10a \cdot 3b) \cdot \frac{1}{5} = \left(10a \cdot \frac{1}{5}\right) \cdot 3b = 2a \cdot 3b = 6ab$ der Kehrzahl)

Beispiel 3: (Potenzieren von Produkten)

a) $(3a \cdot b^2)^2 = (3a \cdot b^2) \cdot (3a \cdot b^2) = 3 \cdot 3 \cdot a \cdot a \cdot b^2 \cdot b^2 = 9a^2b^4$

b) $\left(\frac{3}{5}a \cdot \frac{1}{2}b\right)^3 = \left(\frac{3}{5}a \cdot \frac{1}{2}b\right) \cdot \left(\frac{3}{5}a \cdot \frac{1}{2}b\right) \cdot \left(\frac{3}{5}a \cdot \frac{1}{2}b\right) = \frac{3}{5} \cdot \frac{3}{5} \cdot \frac{3}{5} \cdot \frac{1}{2} \cdot \frac{1}{2} \cdot \frac{1}{2}a \cdot a \cdot a \cdot b \cdot b \cdot b = \frac{27}{1000}a^3b^3$

$(-1)^2 = ???$
$(-1)^3 = ???$

$(-1)^n = ???$

3 Vereinfache die Produkte und Quotienten.

a) $4a \cdot (2a \cdot 5b)$ b) $2a^2 \cdot (3b^2 \cdot 7a)$ c) $(x^2 \cdot 3y^2) \cdot 2xy$ d) $(y^2 \cdot 2z^2) \cdot 4yz$
e) $(y \cdot 5z) \cdot (4yz \cdot z)$ f) $(r^2 \cdot 2s) \cdot (2rs^2 \cdot r)$ g) $5gh(h^2 \cdot 2h \cdot 4g^2)$ h) $(t \cdot 2u)(t^2 \cdot 4u^2 \cdot t)$
i) $2{,}5x(4xy \cdot 1{,}2y)$ j) $(0{,}3v \cdot 0{,}4w^2) \cdot 3vw$ k) $\left(\frac{3}{5}mn^2 \cdot \frac{7}{4}mn\right) \cdot \frac{2}{3}n^2$ l) $\frac{4}{15}q^2p^3\left(\frac{9}{4}qp \cdot \frac{2}{7}p\right)$

4 a) $6a \cdot a \cdot 3b^2 \cdot ab$ b) $5a^2b \cdot 2b^2 \cdot a \cdot a^2 \cdot 3$ c) $2x^2 \cdot 5 \cdot 3xy^2 \cdot x^2y$
d) $2xy \cdot 2z^2 \cdot 5yz \cdot xy^2$ e) $xy \cdot 5z^2 \cdot 4y^2z \cdot 6x^3$ f) $b^2c \cdot 2c^3a \cdot 2ba^3 \cdot bc$
g) $2uv^2w \cdot 3w^2 \cdot 2u^2vw$ h) $rs^2t \cdot 4t^2 \cdot 2r^2s \cdot rt$ i) $2 \cdot 0{,}3xy^2 \cdot 0{,}4x^2y$

5 a) $(5a \cdot 6ab) : 12$ b) $(2a^3 \cdot 8b^3 \cdot 7a) : 14$ c) $(2v^2 \cdot 4w^2 \cdot vw) : 5$
d) $(xy^2 \cdot 2x^2 \cdot 4xy) : 24$ e) $\left(\frac{3}{4}u^2 \cdot 4v^2 \cdot \frac{5}{9}uv\right) : \frac{5}{6}$ f) $\left(\frac{5}{8}n^2 \cdot 6m^2 \cdot \frac{4}{3}m \cdot m\right) : \frac{2}{9}$
g) $\frac{4a \cdot b \cdot 12b \cdot a}{32}$ h) $\frac{5r \cdot 2s \cdot 3t \cdot 2r}{20}$ i) $\frac{12m^2 \cdot 2mn^2 \cdot 3 \cdot mn}{6 \cdot 4}$

6 a) $(-3a)(-3b^2)$ b) $4(-8a^2)(+5ab)$ c) $2(-gh)(-5)(-h)$ d) $(-x)(-y)(-y^2) \cdot 2x$
e) $(+xy) \cdot 5z^2(-4x^2)$ f) $(-s^2t)(-3st)(-4)$ g) $2u(-v^2 \cdot 3)u^2(-v)$ h) $(-m)(-mn)(-nm)$
i) $(-0{,}3)(pq)(-2q)$ j) $2{,}4g^3(-gh)(+h^2)$ k) $\left(-\frac{9}{4}\right)\left(-\frac{8}{3}e^2\right) \cdot \frac{5}{12}$ l) $\frac{15}{16}a^2\left(+\frac{8}{27}\right)\left(+\frac{3}{5}ab\right)$

Wie lauten die nächsten Zahlen auf der Rolle? Suche zuerst einen Term für die linke und dann für die rechte Reihe.

7 Verwandle die Potenzen in Produkte.

a) $(2ab)^2$ b) $(8ab^2)^2$ c) $(2x^2y)^3$ d) $(2x^3y^2z)^2$ e) $(3xy^2z^3)^3$ f) $(a^2bc^3)^3$
g) $(1{,}3p^2q)^2$ h) $(0{,}5pqr)^3$ i) $(0{,}3y^2z)^3$ j) $\left(\frac{3}{4}de^2f\right)^2$ k) $\left(\frac{2}{3}a^2bc^3\right)^3$ l) $\left(\frac{3}{2}u^2v^3\right)^4$

8 a) $(-ab)^2$ b) $(-2ab^2)^3$ c) $(-xy^2)^3$ d) $(+2xyz^2)^2$ e) $(-xy^2z^3)^2$ f) $(-r^3s^2t)^3$
g) $(-0{,}7t^2)^2$ h) $(-0{,}2uv)^3$ i) $(-0{,}3q^3)^2$ j) $\left(-\frac{3}{4}m^3n\right)^2$ k) $\left(-\frac{1}{5}yz^2\right)^3$ l) $\left(-\frac{5}{4}gh^2\right)^4$

9 Vereinfache die Terme.

a) $3a(2ab)^2$ b) $4a^2(-2ab^2)^2$ c) $(-4x^3y)^2 \cdot 4xy^2$ d) $(-3xy)(-3xy^2)^2$
e) $yz^2(-yz)(2y^2z)^2$ f) $3(-r^2s)^2(-2rs)^2$ g) $p(-q)^2 \cdot (-2p^2q)^3$ h) $(-vw)^3 \cdot 2w^2(-2v)^2$
i) $(-0{,}3r)^2(0{,}2s)^3$ j) $1{,}5m^3(-0{,}4n^2)^2 \cdot m$ k) $\frac{5}{4}d^2\left(-\frac{2}{3}e^2\right)^2 \cdot \frac{3}{4}de$ l) $\frac{1}{3}f^2\left(\frac{3}{4}g\right)^2\left(-\frac{4}{3}fg\right)^3$

10 Übertrage die Tabelle in dein Heft und ergänze sie.

$\cdot$	$2p$	$-5q$	$6pq$	$-4p^2q$	$(3pq^2)^2$
$-2p^2q$					
$(-pq)^3$					

11 Vereinfache die Summen.

a) $2a(4a \cdot 3b^2) + (-2ab)^2$
b) $(6xy^2)^2 + 3x \cdot 2y \cdot 5x \cdot (-y^3)$
c) $3(2xy)^2 + (-y)(5x)^2 \cdot 9y + x^2y^2$
d) $8(r^2s)(r^4s^2) - 2(r^2s)^3$ e) $2u(2v)^2 - (uv)^2 + 5uv^2$ f) $2s^2tt^2 + (st)^3 + t(st)^2$

12 a) $8a \cdot (-2ab^2)^2 - (2ab)^3(-2b)$ b) $(x \cdot 5y)^2 - (5xy)^3 + x^2y^3 \cdot (4x) - 9x^2y^2$
c) $(rs^2 \cdot 2t)^3 - (-3rs)^3 - 8s^6(rt)^3$ d) $(2p \cdot 3q)^2 \cdot (3p^2q)^2 - 4p^2(-8q^2)^2(-p^2)^2$
e) $3m^3(2n^2 \cdot 3m)^3 - (7m^2n^2)^3 + m^2(m^2n^3)^2$ f) $(-2a)^2(-5ab)^2 - (a^2b^2)^2 + (-3a)^3 \cdot ab^2$

Jede Farbe bedeutet eine Zahl. Welche Zahlen gehören zu den Farben, wenn gilt:

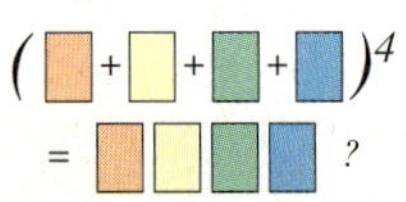

13 a) $a \cdot (-3abc^2)^2 \cdot bc^2 - (bc^2)^3(-2a^2b) + (ab)^2 \cdot (bc^3)^2 + (4ab(c^2))^3 + (ab^2c^3)^2$
b) $y^2(x \cdot 5y)^3 \cdot 2x - 3x^2y(-xy)^3 - 9x^2y^3 \cdot (xy)^2 - (2xy)^4(-3y) + (-x)(x^2 \cdot 5y^2)^2$
c) $r^2(s^2 \cdot 2t)^2 + r(2r \cdot 3s)^2 \cdot (3r^2s)^2 - (-3rst)^2 \cdot 5s^2 - (rs)^2(2st)^2 - r^3(6s^2)^2(r^2)^2$
d) $m^2(m \cdot (-2n)^3)^2 + (-2nm)^3(-3m^2) + (-2n)(n^2 \cdot m^5) - n^3 \cdot (-mn)^3(-2m) + 5m \cdot (-2mn^2)^3$
e) $p^3(p \cdot (-0{,}5q))^3 + \frac{8}{9}p \cdot (-1{,}5pq^2) - \left(\frac{3}{10}qp^2\right)^2(-2{,}5p^2q) + \left(\frac{1}{2}p^2q\right)^3 - q\left(-\frac{4}{3}pq\right)(-2p)$

14 Sven und Tanja verteilen Zeitungen. Sven muss 1,5-mal so viel Zeitungen verteilen wie Tanja, doch erhält er je Zeitung nur 70 % des Geldbetrages, den Tanja erhält. Wer verdient mehr?

15 Der neue Truck von John fasst 20 % mehr Ladung. Wie ändert sich das Produkt aus beförderter Ladung und Fahrtstrecke (d. h. sein Verdienst), wenn er mit dem neuen Wagen seine Fahrtstrecke auch noch um 10 % steigert?

16 Frau Pohl besitzt ein rechteckiges Grundstück. Wegen eines Straßenneubaus muss ihr Grundstück in der Länge um 10 % gekürzt werden; zum Ausgleich erhält sie in der Breite 10 % dazu. Um wie viel Prozent ändert sich dadurch der Flächeninhalt ihres Grundstücks?

Aus der Geometrie

Wie groß ist der Inhalt des roten Quadrates? Wenn du die Figur abzeichnest und ausschneidest, ist es ganz einfach!

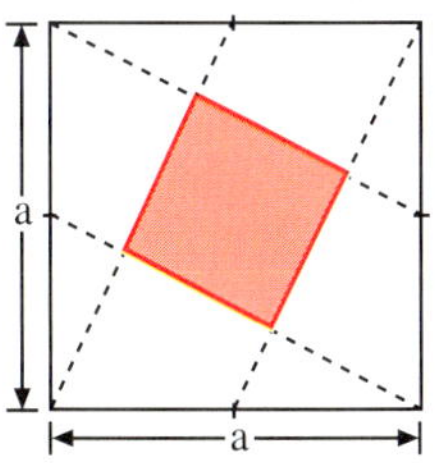

17 Eine rechteckige Platte mit den Seitenlängen a und b wird halbiert. Dann werden an den Ecken beider Hälften rechtwinklige Dreiecke mit den Katheten $\frac{1}{6}$a und $\frac{1}{3}$b abgeschnitten.
Wie viel Prozent der ursprünglichen Fläche wird dabei entfernt?

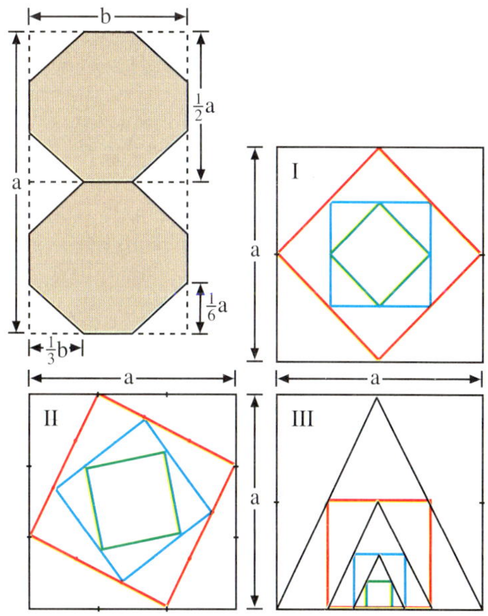

18 In drei Quadrate mit der Seitenlänge a werden auf verschiedene Art nacheinander in den Farben rot, blau und grün neue Quadrate gezeichnet.
Berechne jeweils den Flächeninhalt der farbigen Quadrate in Abhängigkeit von a.

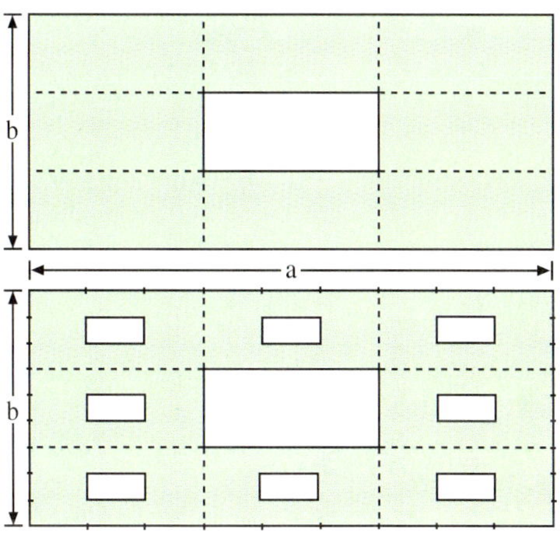

19 Jede Seite eines Rechtecks wird in drei gleich lange Teile geteilt. Nimmt man das mittlere Rechteck heraus, erhält man die links gezeichnete Figur. Teilt man in dieser Figur die Seiten in 9 gleich lange Teile und nimmt wieder die mittleren Rechtecke heraus, ergibt sich die Figur darunter.
a) Bestimme Flächeninhalt und Umfang des ursprünglichen Rechtecks sowie der beiden gezeichneten Flächen.
b) Man kann das Verfahren fortführen. Wie groß sind Flächeninhalt und Umfang nach dem nächsten Schritt? Versuche es ohne Zeichnung!

5 Multiplizieren von Summen

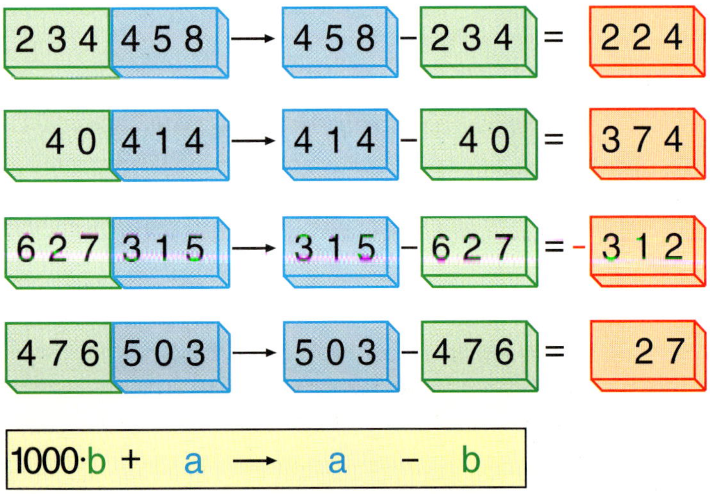

1 Mit einer einfachen Regel kann man prüfen, ob eine natürliche Zahl n größer als 1 000 durch 7, 11 oder 13 teilbar ist. Dazu subtrahiert man von der aus den letzten drei Ziffern gebildeten Zahl a die aus den vorangehenden Ziffern gebildete Zahl b und untersucht die Differenz $a - b$.
a) Wie erkennt man, ob die urspüngliche Zahl n durch 7, 11 oder 13 teilbar ist?
b) Begründe dein Ergebnis, indem du, ausgehend von $n = 1000 \cdot b + a$, für n einen Term angibst, der $a - b$ enthält. Wie erkennst du an diesem Term die Teilbarkeit durch 7, 11 oder 13?
Beachte dabei: $1001 = 7 \cdot 11 \cdot 13$.

Wenn wir z. B. $12 \cdot 105$ im Kopf berechnen wollen, dann rechnen wir

$$12 \cdot 105 = 12 \cdot (100 + 5) = 12 \cdot 100 + 12 \cdot 5 = 1200 + 60 = 1260.$$

Die Summe $100 + 5$ wird mit 12 multipliziert, indem man sowohl 100 als auch 5 mit 12 multipliziert. Entsprechend gilt bei Termen z. B.

$$x \cdot (2 + x) = 2x + x^2.$$

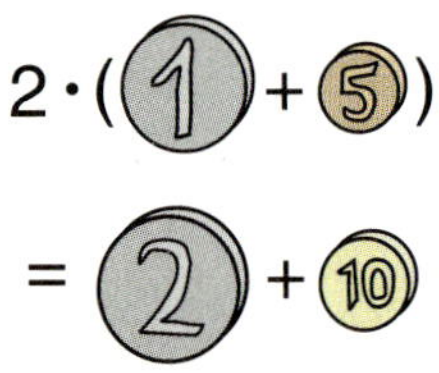

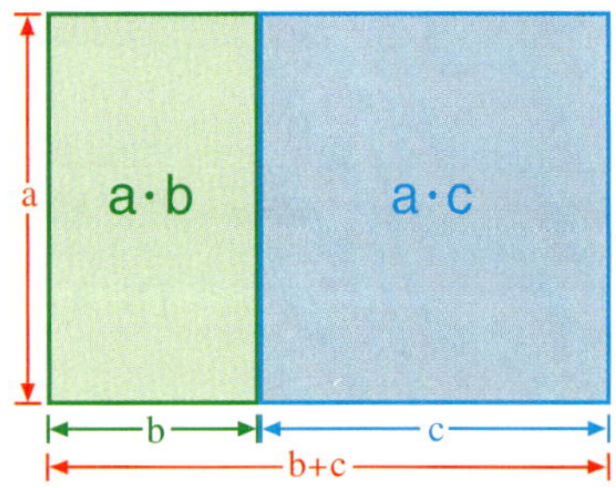

Distributivgesetz: $a \cdot (b + c) = a \cdot b + a \cdot c$

Mit dem Distributivgesetz kann man Produkte in Summen sowie Summen in Produkte verwandeln. Man nennt dies Ausmultiplizieren und Ausklammern.

Aus dem Distributivgesetz ergibt sich auch

$(b + c) \cdot a = ab + ac$ mit dem Kommutativgesetz,
$a \cdot (b - c) = ab - ac,$ weil $b - c = b + (-c)$ ist,
$(b + c) : a = \frac{b}{a} + \frac{c}{a},$ weil $(b + c) : a = \frac{1}{a}(b + c)$ gilt.

Beachte:

$6 : (2 + 3) \neq \frac{6}{2} + \frac{6}{3}$

Beispiel 1:

a) (Ausmultiplizieren)
$3a \cdot (2b + 4c^2) = 3a \cdot 2b + 3a \cdot 4c^2$
$= 6ab + 12ac^2$

b) (Ausklammern)
$12ab^2 + 8ac = 4a \cdot 3b^2 + 4a \cdot 2c$
$= 4a \cdot (3b^2 + 2c)$

Beispiel 2:

a) $4a^2 \cdot (2b - 3c) = 4a^2 \cdot 2b - 4a^2 \cdot 3c$
$= 8a^2b - 12a^2c$

b) $(2x + 5y) \cdot 3xz = 2x \cdot 3xz + 5y \cdot 3xz$
$= 6x^2z + 15xyz$

c) $(3x - 2y^2) \cdot 4z^2 = 3x \cdot 4z^2 - 2y^2 \cdot 4z^2$
$= 12xz^2 - 8y^2z^2$

d) $(6x + 8y) : 4 = (6x) : 4 + (8y) : 4$
$= \frac{3}{2}x + 2y$

e) $12x : (2 + 4) = (12x) : 6 = 2x$, dagegen ist $(12x) : 2 + (12x) : 4 = 6x + 3x = 9x$

Beispiel 3: (Lösen einer Gleichung durch Ausklammern)

$x^4 - 3x^3 = 0$

$x^3(x - 3) = 0$ (Ausklammern von x^3)

Nun ist ein Produkt genau dann 0, wenn mindestens ein Faktor 0 ist. Dies ergibt hier $x^3 = 0$ oder $x - 3 = 0$ und somit $L = \{0; 3\}$.

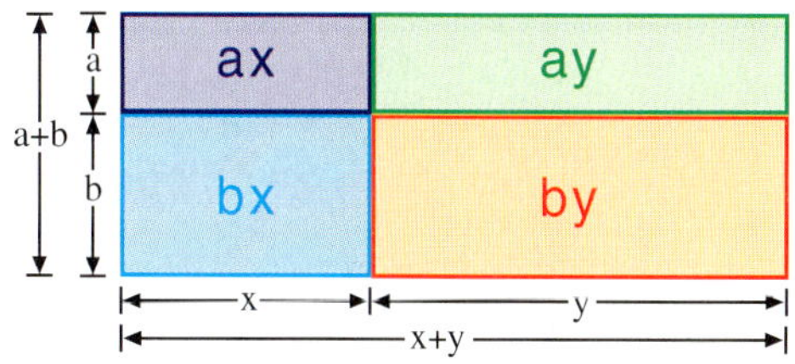

Um ein Produkt von zwei Summen wie $(a + b) \cdot (x + y)$ in eine Summe von Produkten zu verwandeln, wenden wir das Distributivgesetz mehrfach an:

$(a + b) \cdot (x + y) = a \cdot (x + y) + b \cdot (x + y)$
$= a \cdot x + a \cdot y + b \cdot x + b \cdot y$

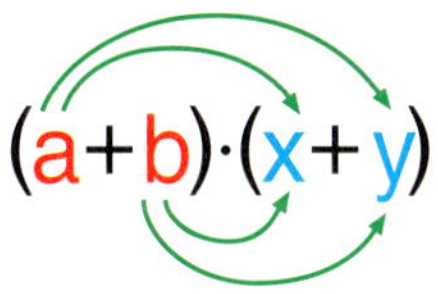

Zwei Summen werden multipliziert, indem man **jeden Summanden des ersten Faktors mit jedem Summanden des zweiten Faktors** multipliziert und die Produkte addiert.

$$(a + b) \cdot (x + y) = a \cdot x + a \cdot y + b \cdot x + b \cdot y$$

Beispiel 4: (Multiplikation von zwei Summen)

a) $(3a + 2b) \cdot (4x + y) = 3a \cdot 4x + 3a \cdot y + 2b \cdot 4x + 2b \cdot y = 12ax + 3ay + 8bx + 2by$

b) $(a - b) \cdot (2a + 3b) = a \cdot 2a + a \cdot 3b - b \cdot 2a - b \cdot 3b = 2a^2 + 3ab - 2ab - 3b^2$
$= 2a^2 + ab - 3b^2$

c) $(-x + 2x^2) \cdot (-x^2 - 2x^3) = x \cdot x^2 + x \cdot 2x^3 - 2x^2 \cdot x^2 - 2x^2 \cdot 2x^3$
$= x^3 + 2x^4 - 2x^4 - 4x^5 = -4x^5 + x^3$

2 Verwandle in eine Summe oder eine Differenz.

a) $a(2b + 3)$ b) $3a(2 - b)$ c) $5b(a - 6)$ d) $4x(6x + 7)$
e) $v(3 + 2w)$ f) $5r(2r - 3s)$ g) $-5p(8p - 5q)$ h) $-m^2(m + 5n^2)$
i) $5t^2(3s + st)$ j) $7u(2vw - w^2)$ k) $xy(2x - 7y)$ l) $8xy(3y^2 - 2y)$

3 a) $2a^2(ab + 5c)$ b) $4st^2(2rs - 5st)$ c) $-4u^2v^2(u - 12)$ d) $-5p^2(-3p + 4pq^2)$
e) $3ab(-2ab + b^2)$ f) $5xy(-3x^2 - 2xy)$ g) $-3uv(-u + 2uv)$ h) $-3p^2q(p^3 - 3pq^2)$
i) $0{,}3m(-0{,}4m + n)$ j) $0{,}7y(0{,}4y - z^2)$ k) $\frac{6}{5}cd\left(\frac{5}{4}c^2 - \frac{10}{9}d^2\right)$ l) $\frac{25}{24}gh^2\left(\frac{8}{5}g^2 - \frac{32}{75}gh\right)$

4 a) $(2b - 5c) \cdot 4c$ b) $(3x - 4y) \cdot 2x^2$ c) $(7y - 5z) \cdot 2yz^2$ d) $(3rs - 4s^2) \cdot (-s^3)$
e) $(2s^2 + t^2)(-st)$ f) $(-3v^2 - 2vw) \cdot 3w^3$ g) $(-2pq - 3q)(-3)$ h) $(2m^2 - 5n^2) \cdot (-mn)$
i) $(0{,}9m - 3) \cdot 2{,}5m$ j) $(3{,}4x - x^2)(-x^3)$ k) $\left(\frac{8}{3}y^2 - \frac{5}{9}y^3\right) \cdot \frac{27}{20}y$ l) $\left(\frac{6}{7}y^2z - \frac{18}{35}yz^3\right) \cdot \frac{7}{9}yz$

5 a) $4xy(7x^2 - 5xy + 3y^2)$ b) $(3yz^2 - 2y^2z + 4) \cdot 2yz^2$ c) $(3 - 4ab^2 - 3a^2b)(-2b)$
d) $2ef(e^3 - e^2 - 3e + 2)$ e) $(k^3 - k^2 - 3k + 2) \cdot 3k^2$ f) $(-rs)(s^3 + 4s^2 - s + 6)$
g) $(-7xyz^2 - 2xy^2z + 4x^2yz) \cdot 2xyz$ h) $(-3rs^2)(5r^2st^2 - 4rs^2t^2 + 9r^2s^2t)$
i) $(-5a^2b^2 + 3a^2b - 6ab^2 - 7ab)(-2a^2b)$ j) $(-5p^4 + 6p^3 - 2p^2 + 9p - 3)(-2p^2q)$
k) $(-0{,}3pq)(5p^3q - 3p^2q + 2pq - 5q)$ l) $(-2u^2vw - 8uv^2w + 5uvw^2 - 4uv)\left(\frac{3}{20}uw\right)$

□ und ■ sind je eine Ziffer, für die gilt:
■□ = (■ + 1)(□ + 8).
Durch Rechnen und Nachdenken findest du die zwei Möglichkeiten rasch!

6 Verwandle die Quotienten in Summen oder Differenzen.

a) $(12a + 18c) : 6$ b) $(9y^2 - 3z^2) : 9$ c) $(4{,}5r - 5s) : 0{,}5$
d) $\left(\frac{2}{9}rs - \frac{4}{15}rst\right) : \frac{16}{45}$ e) $(8s^2 + 6st - 4t^2) : (-8)$ f) $(-6q^2 - 4q - 8) : (-12)$
g) $(2m^3 - 5mn^2 - 6mn) : (-9)$ h) $(-2{,}4vw^2 - 16vw) : (-16)$ i) $\left(\frac{16}{27}gh + \frac{8}{9}g - \frac{2}{9}\right) : \left(-\frac{8}{3}\right)$

7 Verwandle durch Ausklammern in ein Produkt.

a) $6a + 6b$ b) $12a - 4b$ c) $15ab - 20ac$ d) $8a^2 + 16ab$
e) $24ab^2 - 18a^2b$ f) $13xy - 39$ g) $6a^3b^2 + 8a^2b^2$ h) $35xyz^2 - 56x^2y$
i) $36rs^2t - 84rst^2$ j) $68v^3w^4 - 85v^5w^3$ k) $91u^2v^4 - 104u^2$ m) $72a^2b^2c - 32a^3b^2c$

8 a) $8a^2b - 12ab^2 + 24ab + 20a^2b^2$ b) $-15x^2y^3 + 90x^2y^2 - 45x^4y^3 + 75x^3y^2$
c) $42x^3 - 28x^2 + 56x^4 - 56x^5 + 14x^6$ d) $26p^2q - 65p^2q^3 + 78p^3q - 39p^3q^2$
e) $32r^3st^2 - 48r^3s^2t^3 + 64r^2s^2t^2$ f) $12a^3b^3c - 18a^2c^2 + 36a^3b^2 - 42a^2c^2$
g) $15ef^2g - 24ef^2g + 27e^2f^2g^2 - 30ef^2g$ h) $8xy^2z^2 - 28x^2y^2z^3 + 12xy^2z^2 - 12xy^2z$

9 Bestimme durch Ausklammern die Lösungsmengen der Gleichungen.

a) $3x - x^2 = 0$ b) $6x + 2x^2 = 0$ c) $x^3 - 5x^2 = 0$ d) $2x^2 - 3x = 0$
e) $4x^3 + 12x^2 = 0$ f) $15x^3 - 5x^4 = 0$ g) $\frac{2}{3}x^3 + \frac{1}{6}x^2 = 0$ h) $\frac{3}{4}x^4 + \frac{1}{2}x^5 = 0$
i) $x^2 - ax = 0$ j) $ax^2 - 4x^3 = 0$ k) $2x^2 - 4ax = 0$ l) $3x^3 + 5bx^2 = 0$

Stellst du durch Verschieben der Papierstreifen oben nacheinander die Ergebnisse von Aufgabe 16 ein, so kannst du unten ablesen, wie die abgebildete Jahreszeit in Nordamerika heißt.

10 Verwandle die Produkte durch Ausmultiplizieren in Summen.

a) $(a + b)(r + s)$ b) $(2a + b)(r - s)$ c) $(a - 2b)(u - v)$
d) $(2x - y)(y - 3x)$ e) $(-3p - 2)(3 - 4q)$ f) $(4v - 3)(-3 - 6w)$
g) $(2a + 5)(4a - 6)$ h) $(-3x + 2)(3x - 12)$ i) $(5 - 9t)(2t + 4)$
j) $(6m - 2)(4n + 3)$ k) $\left(\frac{6}{5}u - \frac{9}{25}\right)\left(\frac{5}{6} - \frac{5}{3}v\right)$ l) $\left(\frac{9}{8}c - \frac{3}{4}\right)\left(\frac{16}{27} + \frac{4}{3}c\right)$

11 a) $(2a + 1)(3a + b)$ b) $(3a - 2)(4a + 3)$ c) $(4 - 7x)(5 + 2y)$
d) $(5a - 8)(b - 3a)$ e) $(3ab - 2a)(5b - 2a)$ f) $(2a^2 + 3a)(-4a - 3)$
g) $(2a^2 + 5)(9b^2 - 4b)$ h) $(2x^3 + x)(4x - 1)$ i) $(-3xy + y^2)(x^2 - 2xy)$
j) $(x^2y + xy^2)(-x + 3y)$ k) $\left(\frac{1}{3}rs - \frac{5}{6}r\right)\left(-\frac{3}{5}s + \frac{6}{5}rs\right)$ l) $\left(\frac{3}{4}mn - \frac{9}{8}n\right)\left(\frac{2}{3}mn + \frac{4}{9}m^2\right)$

12 a) $(3a^3b + 4a^2b^2 - ab^3)(3a - b)$ b) $(3a^3 + 5a^2 + a)(a^2 - 2a)$
c) $(-x^2 + 4xy - 3y^2)(2x - 7y)$ d) $(6rst - 4rs + 3r)(-5rs + 2st)$
e) $(3a^2 - a + 1)(a^2 + 2a - 3)$ f) $(4a^2 + 2a - 5)(3a - 4b - 1)$

13 a) $(4ab^2 + 2a^2b)(3a + 5b)2a^2$ b) $(3a^2b + 5a^3b) \cdot 4b^2 \cdot (3a^2 - 2a^3)$
c) $(2x + 3y)(4x - 2y)(3x + 7y)$ d) $(-2y + 5y^2)(y - y^3)(6y^2 - 5)$
e) $(-2c + 3cd)(5cd - 4d)(8c + d)$ f) $(-5rs + r)(rs - 2s)(8r + 9rs)$

14 Bestimme durch Ausmultiplizieren die Lösungsmenge.

a) $(x - 2)(x - 3) = (x + 1)(x - 4)$ b) $(3x + 1)(x - 4) = (x + 1)(3x - 4)$
c) $(1 - 3x)(2x + 1) = (6x - 1)(1 - x)$ d) $(4y - 3)(2 - 3y) = (5 - 6y)(2y + 3)$
e) $(4z - 2)(z - 1) = (2z + 1)(2z - 3)$ f) $(3r - 1)(2 + 2r) = (1{,}5r + 1)(4r + 3)$

15 Es ist $ab + 2a + 3b + 6 = a(b + 2) + 3(b + 2) = (a + 3)(b + 2)$. Verwandle die folgenden Summen und Differenzen ebenso in Produkte.

a) $ab + 3a + 2b + 6$ b) $ab + 2a - b - 2$ c) $ab + 5a - 3b - 15$
d) $2xy - y - 6x + 3$ e) $3xy - 2x - 15y + 10$ f) $-3rs - 3r + 2s + 2$
g) $-2pq - 2p + 2q + 2$ h) $3ab - 12a + 2b - 8$ i) $-12yz + 15y + 8z - 10$

16 Die folgenden Produkte ergeben sehr einfache Summen.

a) $(1 - y)(1 + y + y^2 + y^3 + y^4 + y^5 + y^6)$ b) $(x + y^2)(x^2 - xy^2 + y^4)$
c) $(x + y^2)(x^3 - x^2y^2 + xy^4 - y^6)$ d) $(x^2 + y)(x^6 - x^4y + x^2y^2 - y^3)$
e) $(x - y)(x^4 + x^3y + x^2y^2 + xy^3 + y^4)$ f) $(x - y)(x^5 + x^4y + x^3y^2 + x^2y^3 + xy^4 + y^5)$

Ein Zaubertrick wird enträtselt!

Ein Zauberer sagt: „Denke dir zwei Zahlen. Addiere und multipliziere sie nun. Addiere und subtrahiere jetzt die beiden erhaltenen Ergebnisse. Nenne mir nur die Ergebnisse dieser Addition und Subtraktion.“ Nun kann der Zauberer die beiden ursprünglichen Zahlen angeben. Kannst du dies erklären?

Hinweis: Der Zauberer addiert 1 zu den ihm genannten Zahlen.

17 Auf S. 82 und S. 83 sind die Umformungen $a(b + c) = ab + ac$ sowie $(a + b) \cdot (x + y) = ax + ay + bx + by$ veranschaulicht. Veranschauliche entsprechend:

a) $a(b - c) = ab - ac$

b) $(a - b)(x + y) = ax + ay - bx - by$

c) $(a + b)(x - y) = ax - ay + bx - by$

d) $(a - b)(x - y) = ax - ay - bx + by$.

18 a) Die Produkte $7 \cdot 10$ und $8 \cdot 9$ unterscheiden sich um 2. Gilt dies immer, wenn man bei 4 aufeinander folgenden Zahlen die größte und die kleinste sowie die beiden mittleren Zahlen multipliziert?

b) Die Produkte $7 \cdot 13$ und $9 \cdot 11$ unterschieden sich um 8. Gilt dies immer, wenn man bei 4 aufeinander folgenden ungeraden Zahlen die größte und die kleinste sowie die beiden mittleren Zahlen multipliziert?

19 Frau Dachs möchte ihren Garten mit Wegen versehen. Sie hat sich mehrere Möglichkeiten aufgezeichnet. Da sie Länge und Breite ihres rechteckigen Gartens nicht auswendig weiß, rechnet sie mit Termen. Welcher Term gibt bei den gezeichneten Möglichkeiten die Gesamtfläche der Gartenbeete in m^2 an, wenn die Wege 0,6 m breit sind?

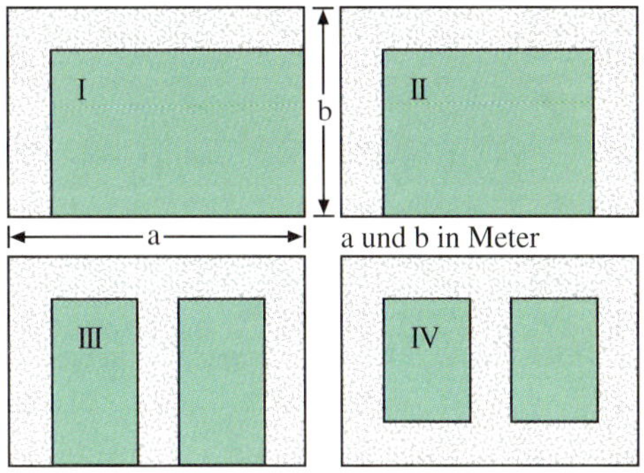

20 Mit 6 rechteckigen Plättchen der Seitenlängen a und b mit $a > 2b$ kann man auf die 3 gezeichneten Arten rechteckige Figuren legen, die innen leer sind.

a) Gib einen Term für den Flächeninhalt der Figur einschließlich der Innenfläche an.

b) Schreibe die Terme für die Flächeninhalte als Summe und ordne die Summen nach ihrer Größe in aufsteigender Reihenfolge. Beachte dabei, dass a und b Längen mit $a > 2b$ sind.

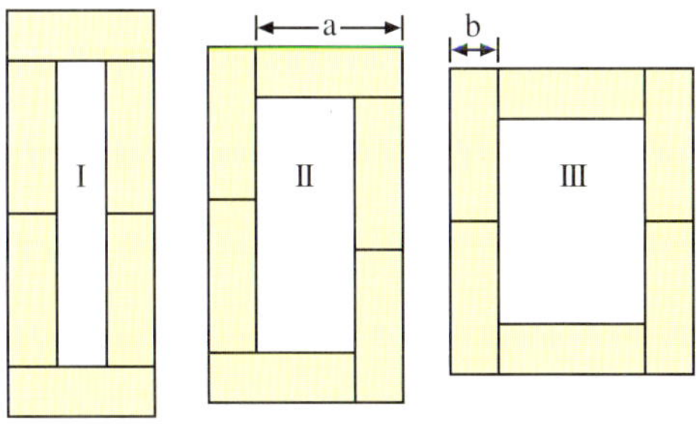

21 Löse wie Aufgabe 20 und zeichne die möglichen Figuren für

a) 4 Plättchen

b) 8 Plättchen (wobei 5 Figuren möglich sind).

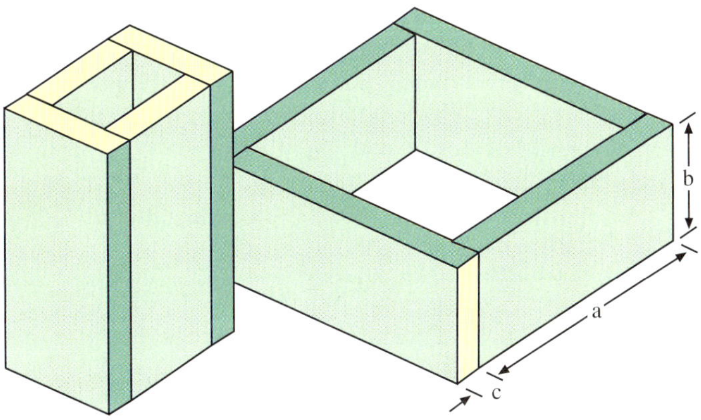

22 Mit 4 Quadern, die je die Länge a, die Breite b mit $a > 2b$ und die Höhe c mit $b > 2c$ haben, kann man auf 6 Arten quaderförmige Körper legen, die innen hohl sind. Zwei Möglichkeiten sind hier aufgezeichnet.

a) Zeichne alle 6 Möglichkeiten auf.

b) Gib je einen Term für den Rauminhalt der 6 Körper einschließlich des Hohlraumes an.

c) Schreibe die Terme für die Rauminhalte als Summen und ordne diese dann nach ihrer Größe in aufsteigender Reihenfolge.

6 Potenzieren von Summen. Binomische Formeln

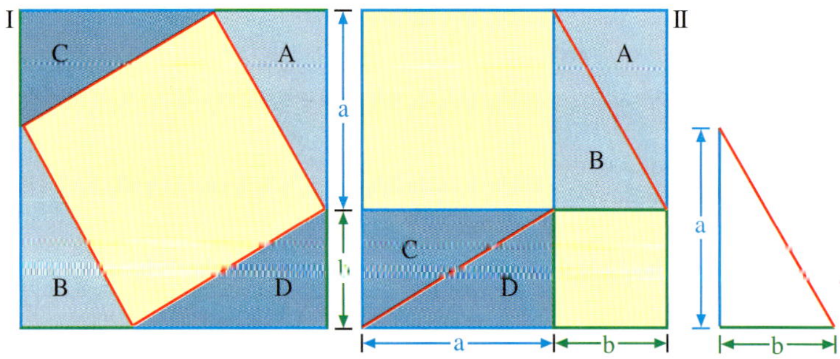

1 Die 4 rechtwinkligen Dreiecke A, B, C und D mit den Katheten a und b haben zusammen den Flächeninhalt $2ab$.
Wir legen die 4 Dreiecke wie in Figur I zu einem Quadrat mit der Seitenlänge $a+b$.
Dann verschieben wir die Dreiecke B, C und D so, dass sich Figur II ergibt.
Berechne in beiden Figuren den Inhalt der gelben Fläche.
Was folgt daraus für $(a+b)^2$?

2 Bildet man aus den Streckenlängen a und b ein Rechteck mit den Seitenlängen $a+b$ und $a-b$, so erhält man durch Umlegen eines Rechtecks mit den Seitenlängen $a-b$ und b eine neue Figur mit gleichem Flächeninhalt.
Berechne den Flächeninhalt der ersten Figur. Gib den Flächeninhalt der zweiten Figur als Differenz der Inhalte von zwei Quadraten an. Welche Beziehung folgt aus der Gleichheit der berechneten Flächeninhalte?

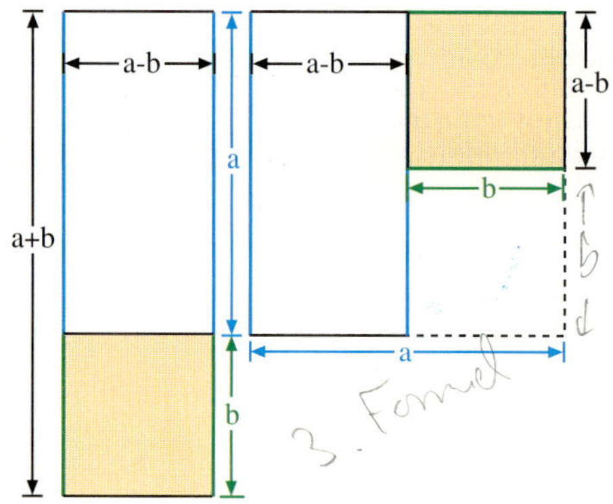

Man kann sich die binomischen Formeln z. B. auch so merken:

(ruck + zuck)²
=
ruck²
+
2 ruck zuck
+
zuck²

Suche ähnliche Merkhilfen!

Man kann die Potenzen $(a+b)^2$ und $(a-b)^2$ und das Produkt $(a+b)(a-b)$ auch ohne geometrische Überlegungen als Summe schreiben.

$$(a+b)^2 = (a+b)(a+b) = a^2 + ab + ab + b^2 = a^2 + 2ab + b^2$$
$$(a-b)^2 = (a-b)(a-b) = a^2 - ab - ab + b^2 = a^2 - 2ab + b^2$$
$$(a+b)(a-b) = a^2 - ab + ab - b^2 = a^2 - b^2$$

Um das praktische Rechnen zu erleichtern, merken wir uns:

$\mathbf{(a+b)^2 = a^2 + 2ab + b^2}$	(Erste binomische Formel)
$\mathbf{(a-b)^2 = a^2 - 2ab + b^2}$	(Zweite binomische Formel)
$\mathbf{(a+b)(a-b) = a^2 - b^2}$	(Dritte binomische Formel)

Beachte: Für $a \neq 0$ und $b \neq 0$ ist $(a+b)^2 \neq a^2 + b^2$ und $(a-b)^2 \neq a^2 - b^2$.

Beispiel 1:

a) $(3r+s)^2 = (3r)^2 + 2 \cdot 3r \cdot s + s^2 = 9r^2 + 6rs + s^2$
b) $(3r-4s)^2 = (3r)^2 - 2 \cdot 3r \cdot 4s + (4s)^2 = 9r^2 - 24rs + 16s^2$
c) $(3r+5s)(3r-5s) = (3r)^2 - (5s)^2 = 9r^2 - 25s^2$
d) $43^2 = (40+3)^2 = 40^2 + 2 \cdot 40 \cdot 3 + 3^2 = 1600 + 240 + 9 = 1849$
e) $36^2 = (40-4)^2 = 1600 - 2 \cdot 40 \cdot 4 + 4^2 = 1600 - 320 + 16 = 1296$
f) $34 \cdot 26 = (30+4)(30-4) = 30^2 - 4^2 = 900 - 16 = 884$

bis *(lat.): zweimal*
nomen *(lat.): Namen*

Beispiel 2: (Verwandlung von Summen und Differenzen in Potenzen oder Produkte)

a) mit der 1. binomischen Formel:

$x^2 + 6x + 9 = x^2 + 2 \cdot 3x + 3^2$
$= (x + 3)^2$

$9x^2 + 30xy + 25y^2 = (3x)^2 + 2 \cdot 3x \cdot 5y + (5y)^2$
$= (3x + 5y)^2$

b) mit der 2. binomischen Formel:

$x^2 - 8x + 16 = x^2 - 2 \cdot 4x + 4^2$
$= (x - 4)^2$

$\frac{1}{9}x^2 - \frac{10}{3}xy + 25y^2 = \left(\frac{1}{3}x\right)^2 - 2 \cdot \frac{1}{3} \cdot 5y + (5y)^2$
$= \left(\frac{1}{3}x - 5y\right)^2$

c) mit der 3. binomischen Formel:

$x^2 - 6{,}25 = x^2 - 2{,}5^2 = (x + 2{,}5)(x - 2{,}5)$

$4x^2 - 49y^4 = (2x)^2 - (7y^2)^2 = (2x + 7y^2)(2x - 7y^2)$

nnak naM
nehcsimonib eid
nov hcua nlemroF
sknil hcan sthcer
!nesel

Francesco Binomi
(1472 – 1483)
„Entdecker der binomischen Formeln"

Beispiel 3: (Lösen von Gleichungen mit den binomischen Formeln)

a) $x^2 + 10x + 25 = 0$
$(x + 5)^2 = 0$
Dann ist $x + 5 = 0$
und somit $L = \{-5\}$.

b) $4x^2 - 12x + 9 = 0$
$(2x - 3)^2 = 0$
Dann ist $2x - 3 = 0$
und somit $L = \left\{\frac{3}{2}\right\}$.

c) $x^2 - 64 = 0$
$(x + 8)(x - 8) = 0$
$x + 8 = 0$ oder $x - 8 = 0$
und somit $L = \{-8; 8\}$.

Ausmultiplizieren mit den binomischen Formeln

3 Schreibe die Potenzen als Summen.

a) $(x + y)^2$ b) $(r + s)^2$ c) $(p - q)^2$ d) $(g - h)^2$ e) $(a + 2)^2$
f) $(2x + 1)^2$ g) $(3x - 1)^2$ h) $(4x + y)^2$ i) $(5a - 2b)^2$ j) $(3a + 8b)^2$
k) $(7 - 2x)^2$ l) $(8r - 3s)^2$ m) $(3 + 5m)^2$ n) $(7 - 8k)^2$ o) $(2x + 12)^2$

4 Schreibe die Produkte als Differenzen.

a) $(x + y)(x - y)$ b) $(r - s)(r + s)$ c) $(m + 1)(m - 1)$ d) $(t - 2)(t + 2)$
e) $(1 - 4w)(1 + 4w)$ f) $(3 + 7f)(3 - 7f)$ g) $(3t - 2)(3t + 2)$ h) $(7v + 3)(7v - 3)$
i) $(6x - 5y)(6x + 5y)$ j) $(7a - 2)(7a + 2)$ k) $(2r + 9s)(2r - 9s)$ l) $(5t + 6u)(5t - 6u)$

5 Berechne mit Hilfe der binomischen Formeln im Kopf.

a) 21^2 b) 29^2 c) 23^3 d) 28^2 e) 32^2 f) 34^2 g) 39^2 h) 37^2
i) 36^2 j) 42^2 k) 45^2 l) 49^2 m) 52^2 o) 53^2 p) 59^2 q) 102^2
r) 98^2 s) 96^2 t) $1\,002^2$ u) 999^2 v) 997^2 w) 501^2 x) 498^2 y) 403^2

6 a) $9 \cdot 11$ b) $19 \cdot 21$ c) $18 \cdot 22$ d) $14 \cdot 16$ e) $15 \cdot 19$ f) $13 \cdot 19$
g) $24 \cdot 16$ h) $28 \cdot 32$ i) $24 \cdot 26$ j) $35 \cdot 25$ k) $36 \cdot 24$ l) $37 \cdot 43$
m) $45 \cdot 55$ n) $65 \cdot 75$ o) $81 \cdot 79$ p) $84 \cdot 96$ q) $98 \cdot 102$ r) $104 \cdot 96$

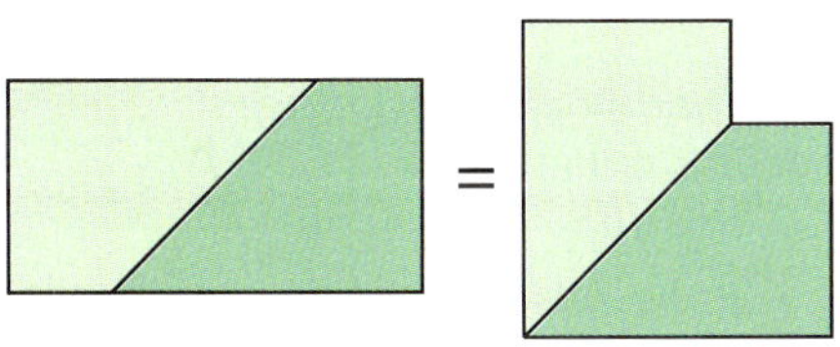

7 a) Übertrage das rote Quadrat in dein Heft und beschrifte es so, dass dadurch die 1. binomische Formel (2. binomische Formel) veranschaulicht wird.
b) Beschrifte die grünen Figuren in deinem Heft so, dass sie die 3. binomische Formel veranschaulichen.

8 Schreibe die Potenzen und Produkte als Summen und Differenzen.

a) $(3a - 4b)^2$ b) $(7a + 4b)^2$ c) $(11y^2 - 2y)(11y^2 + 2y)$
d) $(pq^3 + pq)(pq^3 - pq)$ e) $(ab + 3a^2b)^2$ f) $(2d + 5ef)^2$
g) $(3vw - w^2)(3vw + w^2)$ h) $(9xy + 10z^2)^2$ i) $(13a^2 - 14ab^2)^2$

9 a) $(1{,}5t^2 - 0{,}3t)^2$ b) $(1{,}4a^3b + 0{,}3ab)^2$ c) $(1{,}7y^2 - 2)(1{,}7y^2 + 2)$
c) $(2{,}5r + rs)(2{,}5r - rs)$ e) $(0{,}7mn^3 + 1{,}8m^2n^2)^2$ f) $(0{,}2p^2q^2 - 0{,}4pq)^2$
g) $(1{,}5uv^2 + 2{,}5v^2)^2$ h) $(1 + 0{,}3g^3)(1 - 0{,}3g^3)$ i) $(1{,}8u + 3{,}5u^3)^2$

10 a) $\left(\frac{3ab}{4} - \frac{8ac}{9}\right)^2$ b) $\left(\frac{5uv}{4} + \frac{3uw}{7}\right)\left(\frac{5uv}{4} - \frac{3uw}{7}\right)$ c) $\left(\frac{4a}{3}b^2 + \frac{9a}{8}b^3\right)^2$
d) $\left(\frac{3}{10}a^2x - \frac{5}{6}ax^2\right)^2$ e) $\left(\frac{9}{8}p^2q^3 + \frac{4}{3}p^4q\right)^2$ f) $\left(\frac{1}{6}x^3 + \frac{1}{4}x^2\right)\left(\frac{1}{6}x^3 - \frac{1}{4}x^2\right)$
g) $\left(\frac{2}{7}ab - \frac{3}{5}ac\right)\left(\frac{2}{7}ab + \frac{3}{5}ac\right)$ h) $\left(-\frac{11}{15}abc^2 + \frac{5}{33}a^2b^2c\right)^2$ i) $\left(\frac{5}{12}r^3s^2t + \frac{8}{15}rs^2t^3\right)^2$

11 Zeige durch Ausmultiplizieren oder durch Ausklammern:

a) $(-a + b)^2 = (a - b)^2$ b) $(-a - b)^2 = (a + b)^2$ c) $(b - a)^2 = (a - b)^2$
d) $(-a + b)(-a - b) = (a + b)(a - b)$ e) $(a - b)(-a - b) = (b + a)(b - a)$.

Bei einem schrottreifen Taschenrechner arbeiten nur noch die Tasten zur Eingabe von Zahlen sowie die Addier-, Subtrahier- und Quadriertaste. Man kann mit ihm noch multiplizieren, wenn man im Kopf durch 2 dividiert. Wie?

Sogar die Division durch 2 ist mit dem Taschenrechner noch möglich, aber wie?

12 Achte besonders auf die Vorzeichen.

a) $(-a + 3b)^2$ b) $(-4p - 5q)^2$ c) $(-2x - y)(-2x + y)$ d) $(5x - 6y)(-5x - 6y)$
e) $(-4p^2 - 3q)^2$ f) $(-9a + 11b^2)^2$ g) $(7yz^3 - 17y^2)^2$ h) $(-8gh + 9g^2)^2$
i) $(-5 - 2k)(-5 + 2k)$ j) $(-1{,}5a^3 + 0{,}8b)^2$ k) $\left(\frac{6}{5}y + z\right)\left(-\frac{6}{5}y - z\right)$ l) $\left(-\frac{25}{24}r - \frac{9}{5}s\right)^2$

13 Achte auf die Reihenfolge der Rechenschritte.

a) $5(2ab + 7b)^2$ b) $4ab^3(6b^2 + b^3)^2$ c) $4y(5y^2 - 3y)(5y^2 + 3y)$
d) $6rs^2(rs^2 + rs)(rs^2 - rs)$ e) $(4z^3 + 3z^2)^2 \cdot 5z$ f) $6(2ef^2 + 5ef)^2 \cdot 3f$
g) $(3p^2 - q^2) \cdot 3q^3 \cdot (3p^2 + q^2)$ h) $u^3(6u^2 - 11)^2 \cdot 5uv$ i) $4m\left(\frac{3}{4}m^2n^3 - 1{,}54mn\right)^2 \cdot 3n$

14 a) Zeige mit Hilfe des Distributivgesetzes, dass gilt:
$(a + b + c)^2 = a^2 + b^2 + c^2 + 2ab + 2ac + 2bc$.
b) Berechne ebenso $(a - b + c)^2$; $(a + b - c)^2$ und $(a - b - c)^2$.

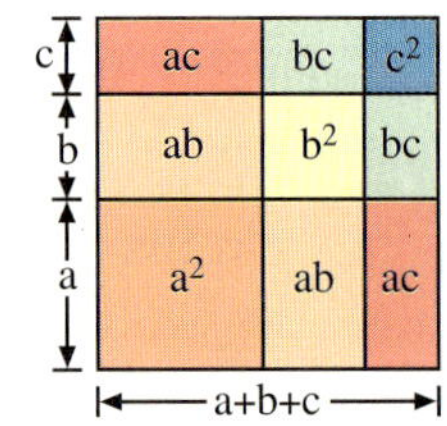

15 Berechne wie in Aufgabe 14:

a) $(2a + 3 + 5c)^2$ b) $(4x - 2y + z)^2$
c) $(r^2 + s - 3t)^2$ d) $(u - 4v + 5w)^2$ e) $(3y^2 + 4z - 6)^2$ f) $(7rs + 9s^2 - 3)^2$

16 a) Zeige, dass gilt:
$(a + b)^3 = a^3 + 3a^2b + 3ab^2 + b^3$,
$(a - b)^3 = a^3 - 3a^2b + 3ab^2 - b^3$.
b) Berechne die Volumina der Quader gleicher Farbe und veranschauliche so die Formel für $(a + b)^3$.

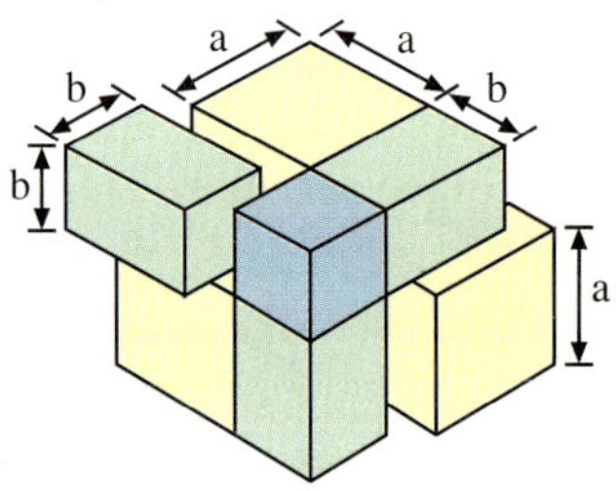

17 Berechne mit Hilfe der Formeln von Aufgabe 16.

a) $(a + 4)^3$ b) $(a - 2)^3$ c) $(2x + 3y)^3$ d) $(4 - t^2)^3$ e) $(z^2 + 4)^3$
f) $(3e + 4f)^3$ g) $(5 - 3rs)^3$ h) $(4 + r^2s)^3$ i) $\left(\frac{2}{3}c - \frac{3}{4}d\right)^3$ j) $(0{,}4g^2 - 0{,}5)^3$

Mit Köpfchen geht's, mit Knöpfchen nicht!

Es ist $5^3 + 6^3 < 7^3$. *Mit der 1. binomischen Formel kannst du zeigen, dass* $5^{192} + 6^{192} < 7^{192}$ *ist, mit deinem Taschenrechner nicht!*

Ausklammern mit den binomischen Formeln

18 Schreibe die Terme mit Hilfe der binomischen Formeln als Produkte.

a) $a^2 + 2a + 1$ b) $a^2 - 6ab + 9b^2$ c) $e^2 - 4f^2$ d) $4x^2 - 9y^2$
e) $4x^2 - 4x + 1$ f) $9x^2 + 6xy + y^2$ g) $25 - 16t^2$ h) $49s^2 - 42st + 9t^2$
i) $64v^4 - 81w^6$ j) $49 - 28s^2 + 4s^4$ k) $144 - 169z^4$ l) $16z^2 + 24z^3 + 9z^4$
m) $121u^2v^4w^6 - 25$ n) $64 + 48cd^2 + 9c^2d^4$ o) $36 - 60s^3 + 25s^6$ p) $9a^4 - 48a^3 + 64a^2$

19 a) $0{,}25r^2 - 0{,}04s^4$ b) $\frac{9}{4} - 6a^2 + 4a^4$ c) $\frac{1}{16}a^2 + \frac{5}{2}a^3 + 25a^4$
d) $\frac{16}{25}x^2y^2 + 8xy^2 + 25y^2$ e) $4z^2 - \frac{1}{9}z^4$ f) $9a^2b^4 - 2a^2b^3 + \frac{1}{9}a^2b^2$
g) $\frac{4}{9}a^2 - \frac{1}{25}b^4$ h) $\frac{25}{9}r^4s^2 + 4r^3s^3 + \frac{36}{25}r^2s^4$ i) $\frac{9}{16}g^4 - \frac{5}{2}g^2h^3 + \frac{25}{9}h^6$
j) $1{,}44a^4 - 1{,}2a^2b + 0{,}25b^2$ k) $0{,}36r^4s^2 - 0{,}25r^2s^4$ l) $0{,}25 - 2{,}5t + 6{,}25t^2$

20 Klammere zuerst einen gemeinsamen Faktor aus und wende dann eine der binomischen Formeln an.

a) $2a^2 + 8a + 8$ b) $5a^2 - 45$ c) $5x^3 - 20x^2y + 20xy^2$
d) $28x^3 - 84x^2 + 63x$ e) $4z^3 - 64z$ f) $27r^3s - 72r^2s^2 + 48rs^3$
g) $75p^5 - 240p^3q + 192pq^2$ h) $-3p^5q + 42p^3q^2 - 147pq^3$ i) $12r^2t^5 - 60rst^4 + 75s^2t^3$
j) $-20a^5 - 60a^4 - 45a^3$ k) $-2x^4y + 162x^2y$ l) $2x^6y^2 - 8x^4y^3 + 8x^2y^4$

21 Wende die binomischen Formeln mehrmals an.

a) $x^4 - 1$ b) $x^4 - y^8$ c) $x^4 - 8x^2y^2 + 16y^4$
d) $16x^4 - 81y^4$ e) $81y^4 - 625z^8$ f) $16a^4 - 200a^2 + 625$
g) $x^8 - 256$ h) $256a^4 - 800a^2b^2 + 625b^4$ i) $x^8 - 2x^4 + 1$
j) $\frac{1}{16}x^4 - \frac{1}{81}y^8$ k) $\frac{625}{16}m^4 - \frac{256}{81}n^4$ l) $\frac{16}{81}a^4 - \frac{2}{9}a^2b^2 + \frac{1}{16}b^4$

22 Schreibe die Terme, wenn möglich, als Produkt oder Potenz.

a) $a^2 + 4$ b) $a^2 + 4a - 4$ c) $a^4 - 4$ d) $4r^2 + 9s^2 - 12rs^2$
e) $8x^2 + 8x - 4$ f) $a^2 - 6$ g) $a^4 - 16$ h) $12xy - 4x^2 - 9y^2$
i) $-25a^2 + 36$ j) $9a^2 + 25b^2 + 60ab$ k) $-32p^3 + 48p^2q - 18pq^2$ l) $m^3n^2 - 49mn^2$

23 Bestimme die Lösungsmenge der Gleichungen wie in Beispiel 3 auf Seite 87.

a) $x^2 - 4x + 4 = 0$ b) $x^2 + 6x + 9 = 0$ c) $x^2 - 36 = 0$
d) $64 - x^2 = 0$ e) $9x^2 - 6x + 1 = 0$ f) $16x^2 + 24x + 9 = 0$
g) $1024 - 16x^2 = 0$ h) $81 - 126x + 49x^2 = 0$ i) $2x^2 - 98 = 0$
j) $108 - 72x + 12x^2 = 0$ k) $484 + 176x + 16x^2 = 0$ l) $75x^2 - 147 = 0$

Das Verfahren heißt „Quadratische Ergänzung".

24 Ersetze □ so durch einen Term, dass du eine binomische Formel anwenden kannst.
(Beispiel: Bei $a^2 + 6a + \square$ ist $a^2 + 6a + 9 = (a + 3)^2$)

a) $a^2 - 6a + \square$ b) $a^2 + 4ab + \square$ c) $4a^2 - 12ab + \square$ d) $25 - 10c + \square$
e) $49y^2 - 28y + \square$ f) $25x^4 + 20x^2y^2 + \square$ g) $9a^2b^4 - a^2b^2 + \square$ h) $x^2y^2 + 8xy + \square$
i) $x^2 - x + \square$ j) $\frac{4}{9}x^4 + \frac{2}{3}x^3 + \square$ k) $\frac{9}{4}a^2b^2 + ab + \square$ l) $r^4s^2 - \frac{2}{3}r^2s + \square$

25 Es ist $x^2 - 8x + 18 = x^2 - 8x + 16 + 2 = (x - 4)^2 + 2$. Da $(x - 4)^2 \geqq 0$ ist für jede Belegung der Variablen x, gilt $x^2 - 8x + 18 = (x - 4)^2 + 2 \geqq 2$ für jede Belegung der Variablen. Welche Werte nehmen folgende Terme an?

a) $x^2 - 4x + 2$ b) $x^2 + 6x - 1$ c) $x^2 - 16x + 9$ d) $x^2 - 14x - 5$ e) $x^2 - 3x + 1$
f) $x^2 + 5x$ g) $x^2 - \frac{1}{2}x + \frac{1}{4}$ h) $x^2 - \frac{4}{15}x + 1$ i) $x^2 - x - 2$ j) $x^2 + \frac{2}{3}x + \frac{4}{9}$

Anwendungen

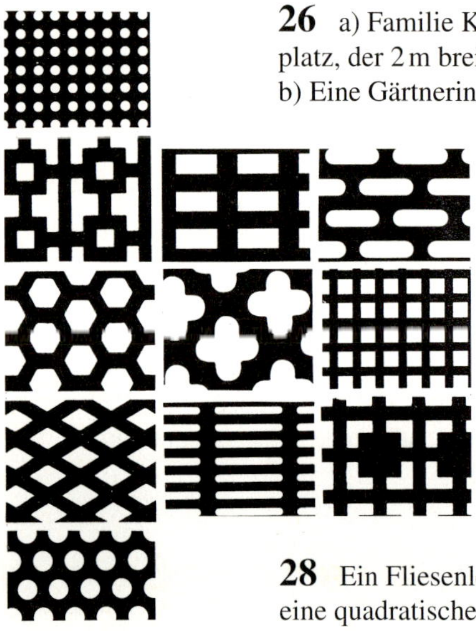

Einige Lochbleche, wie sie von der Industrie verwendet werden.

26 a) Familie Kurz tauscht einen quadratischen Bauplatz gegen einen rechteckigen Bauplatz, der 2 m breiter, aber dafür 2 m kürzer ist. Ist dieser Tausch für Familie Kurz günstig?
b) Eine Gärtnerin steckt mit einer Schnur, die an den Ecken zusammengeknüpft ist, ein quadratisches Beet ab. Wie ändert sich der Flächeninhalt des Beetes, wenn sie eine Seite um 1 m länger als die andere wählt?

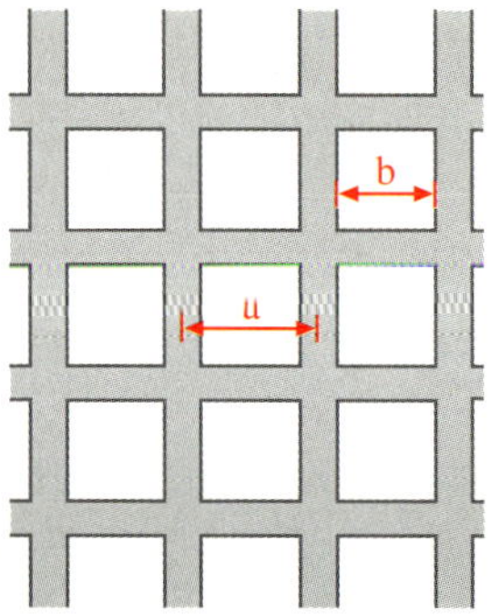

27 Um Gewicht zu sparen, verwendet man statt ganzen Blechen manchmal Lochbleche.
Wie groß muss das aus einem Quadrat der Seitenlänge a entfernte Quadrat der Seitenlänge b sein, wenn ein Blech noch 75 % seines ursprünglichen Gewichtes besitzen soll?

28 Ein Fliesenleger kauft quadratische Fliesen in Packungen zu 8 Stück. Immer wenn er eine quadratische Fläche mit Fliesen beklebt, bleiben vier, eine oder keine Fliese übrig. Erkläre dies.

Beweise

29 Zeige, dass die Quadrate zweier Zahlen dieselbe Einerziffer haben, wenn die Einerziffer der Zahlen zusammen 10 ergeben.

30 Zeige, dass von allen Rechtecken mit gleichem Umfang das Quadrat den größten Flächeninhalt hat.

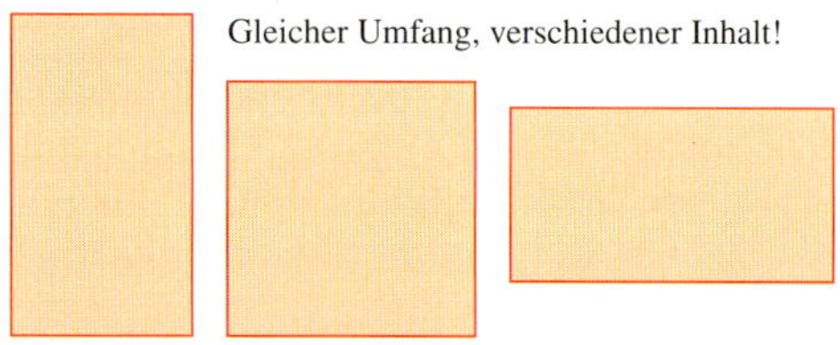

31 a) Begründe: Das Quadrat einer natürlichen Zahl mit der Einerziffer 5 hat die Zehnerziffer 2 und die Einerziffer 5.
b) Wie erhält man in einfacher Weise die restlichen Ziffern?

32 Zeige, dass für jede natürliche Zahl n größer als 1
a) der Term $n^4 - 2n^3 + n^2$ stets eine durch 4 teilbare Zahl ergibt
b) der Term $n^3 - n$ stets eine durch 6 teilbare Zahl ergibt.

33 Für welche Primzahl p ist
a) $p + 1$ eine Quadratzahl
b) $4p + 1$ eine Quadratzahl
c) $2p + 1$ die dritte Potenz n^3 einer natürlichen Zahl n
d) $4p + 1$ die dritte Potenz n^3 einer natürlichen Zahl n?
(Anleitung: In c), d) muss n ungerade, also von der Form $2k + 1$ (mit $k \in \mathbb{N}$) sein.)

34 Es sei p eine Primzahl. Zeige, dass
a) $2p + 1$ nie eine Quadratzahl ist
b) $4p + 1$ nie die vierte Potenz n^4 einer natürlichen Zahl n ist.

Höhere Potenzen von Summen. Das PASCALsche Dreieck

Blaise PASCAL (1623 – 1662) gehörte zu den mathematischen Wunderkindern. Sein Vater zog von der Auvergne nach Paris, um Blaise eine möglichst gute Ausbildung zu geben. Zunächst beschäftigte er seinen Sohn nur mit Latein und anderen Sprachen, aber Blaise erfand die Mathematik für sich allein. Da erlaubte ihm sein Vater die Lektüre mathematischer Bücher.
PASCAL schrieb mehrere Arbeiten über das nach ihm benannte Zahlendreieck, das allerdings schon lange vorher bekannt war.

Berechnet man $(a + b)^3$, $(a + b)^4$ und die folgenden höheren Potenzen von Summen mit den binomischen Formeln und dem Distributivgesetz, so erhält man
$(a + b)^3 = a^3 + 3a^2b + 3ab^2 + b^3$
$(a + b)^4 = a^4 + 4a^3b + 6a^2b^2 + 4ab^3 + b^4$,
usw. Je größer die Hochzahl, desto mühsamer scheint die Berechnung. Zwar sind die Potenzen der Variablen wie etwa a^4, a^3b, a^2b^2, ab^3, b^4 leicht zu bilden, bei den davor stehenden Zahlen erkennt man aber zunächst keine Gesetzmäßigkeit. Schreibt man die Zahlen aber in der abgebildeten Form, so erhält man das so genannte **PASCALsche Dreieck**, das viele bemerkenswerte Eigenschaften hat.

35 a) Wie lauten die (roten) Zahlen an der linken und rechten Seite des Dreiecks?
b) Wie erhält man jede (blaue) Zahl ab der zweiten Zeile aus ihren beiden Nachbarn in der Zeile darüber?
c) Übertrage das Dreieck in dein Heft und ergänze es bis zur 10. Zeile.

1	0. Zeile
1 1	1. Zeile
1 2 1	2. Zeile
1 3 3 1	3. Zeile
1 4 6 4 1	4. Zeile
1 5 10 10 5 1	5. Zeile
1 6 15 20 15 6 1	6. Zeile
1 7 21 35 35 21 7 1	7. Zeile
1 8 28 56 70 56 28 8 1	8. Zeile

36 Berechne mit dem PASCALschen Dreieck die Potenzen
a) $(a + b)^6$ b) $(a + b)^8$ c) $(a + 1)^7$
d) $(x - 1)^6$ e) $(x - 2)^6$ f) $(1 + x)^5$
g) $(x^2 + 1)^5$ h) $(2x - 3)^4$ i) $(2x + y)^5$ j) $(2 - 3b)^3$ k) $(5a - 3b)^4$ l) $(3a^2 - 2b)^5$.

37 a) Addiere die Zahlen der 2., 3., …, 8. Zeile eines PASCALschen Dreiecks. Was fällt auf? Wie lautet die Summe der Zahlen in der n-ten Reihe?
b) Addiere in einem PASCALschen Dreieck alle Zahlen auf einer bei 1 beginnenden, zur linken Seiten parallelen Strecke wie 1, 4, 10 oder 1, 5, 15, 35. Wo findest du die Summe dieser Zahlen?
c) Subtrahiere und addiere abwechselnd die Zahlen einer Zeile wie etwa in der 4. Zeile $1 - 4 + 6 - 4 + 1$. Was vermutest du?
d) Addiere die Quadrate der Zahlen einer Zeile, wie z. B. $1^2 + 3^2 + 3^2 + 1^2$ in der 3. Zeile. Wo findest du im PASCALschen Dreieck die Summe der Quadrate der n-ten Zeile?

Hier siehst du, wie die Dreieckszahlen und die Tetraederzahlen zu ihrem Namen kommen.

38 Die Zahlen 1, 3, 6, 10 … heißen Dreieckszahlen, die Zahlen 1, 4, 10, 20, … Tetraederzahlen. Beide sind im PASCALschen Dreieck leicht zu finden. Gib die nächsten 5 Zahlen der Zahlenfolgen an.

7 Vereinfachen von Termen

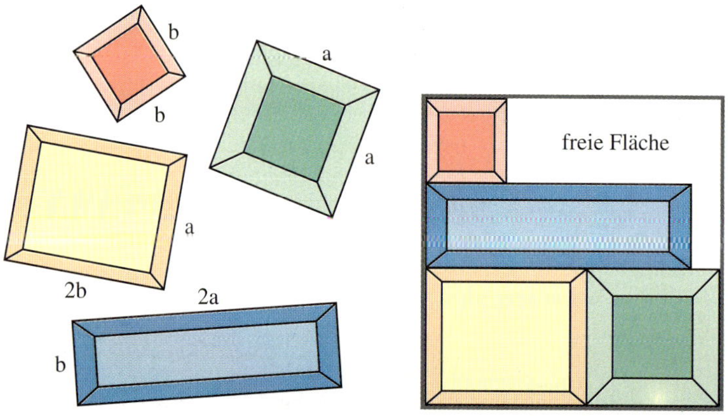

1 Die beiden Quadrate und Rechtecke links haben die angegebenen Seitenlängen, wobei $a > b > \frac{1}{2}a$ ist. Die 4 Flächen werden zusammengeschoben, dann wird wie angegeben ein Rechteck um die erhaltene Figur gezeichnet.
a) Welche Seitenlängen hat das gezeichnete Rechteck?
Wie groß ist der Inhalt der freien Fläche im Rechteck?
b) Schiebe die 4 Flächen zu einer anderen Figur zusammen, zeichne das Rechteck und berechne den Inhalt der freien Fläche.

Wie bei Rechenausdrücken ist beim Vereinfachen von Termen die **Reihenfolge der Rechenschritte** entscheidend. Ausmultiplizieren und Ausklammern hat bei Termen aber eine viel größere Bedeutung als bei Zahlen; z. B. kann man bei $2 \cdot (3 + 5) - 6$ mit der Addition in der Klammer beginnen, bei dem Term $2 \cdot (a + b) - 2a$ muss dagegen beim Vereinfachen zuerst ausmultipliziert werden.

> Bei Termen wird **zuerst potenziert**, **dann multipliziert** oder dividiert und **am Ende addiert** oder subtrahiert.
> Klammerinhalte werden, wenn möglich, zuerst vereinfacht.
> Das Distributivgesetz erlaubt **Ausmultiplizieren** und **Ausklammern**.

Bei Termen wie $2x - 2(x + 1)$ oder $2x - (x - 1)^2$ ist beim Ausmultiplizieren und bei den binomischen Formeln insbesondere die Minusklammer-Regel zu beachten. Man multipliziert zuerst und lässt dann im nächsten Rechenschritt die Klammer weg:
$2x - 2(x + 1) = 2x - (2x + 2) = 2x - 2x - 2 = -2$
$2x - (x - 1)^2 = 2x - (x^2 - 2x + 1) = 2x - x^2 + 2x - 1 = -x^2 + 4x - 1.$

Beispiel 1: (Ausmultiplizieren und Zusammenfassen)
a) $6(a - 2b) + 3(5a + 4b) = 6a - 12b + 15a + 12b = 21a$
b) $6(2a - b) - 3(4a - 5b) = 12a - 6b - (12a - 15b) = 12a - 6b - 12a + 15b = 9b$
c) $(a - 3b)(2a + b) + (2b - a)(3a + b)$
$= 2a^2 + ab - 6ab - 3b^2 + 6ab + 2b^2 - 3a^2 - ab = -a^2 - b^2$

Beispiel 2: (Ausklammern von Summen und Differenzen)
a) $2(3a + b) + 5(3a + b) = (2 + 5)(3a + b) = 7(3a + b)$
b) $a(2a - b) + 3(2a - b) = (a + 3)(2a - b)$
c) $3b(b - 5a) + a(5a - b) = 3b(b - 5a) - a(b - 5a)$
$= (3b - a)(b - 5a)$
d) $4a - ab + 8b - 2b^2 = a(4 - b) + 2b(4 - b)$
$= (a + 2b)(4 - b)$

zu c):
Bei einem Summanden wird der Faktor –1 ausgeklammert, dann enthalten beide Summanden denselben Faktor.

Beispiel 3: (Ausmultiplizieren von Potenzen)

a) $(2a - b)(a + 3b)^2 = (2a - b)(a^2 + 6ab + 9b^2)$

$= 2a^3 + 12a^2b + 18ab^2 - a^2b - 6ab^2 - 9b^3 = 2a^3 + 11a^2b + 12ab^2 - 9b^3$

b) $a(2a - 3b)^2 + (2a + 5b)^2 \cdot b = a(4a^2 - 12ab + 9b^2) + (4a^2 + 20ab + 25b^2)b$

$= 4a^3 - 12a^2b + 9ab^2 + 4a^2b + 20ab^2 + 25b^3 = 4a^3 - 8a^2b + 29ab^2 + 25b^3$

Beispiel 4: (Ausklammern mit der 3. binomischen Formel)

a) $a^2 - 4b^2 + a + 2b = (a - 2b)(a + 2b) + (a + 2b) = (a - 2b + 1)(a + 2b)$

b) $4a^2 - 9b^2 + (2a - 3b)^2 = (2a - 3b)(2a + 3b) + (2a - 3b)^2$

$= (2a - 3b)[(2a + 3b) + (2a - 3b)] = (2a - 3b)4a$

Zum Ausmultiplizieren

2 Multipliziere zuerst die Klammern aus und fasse dann die Summanden zusammen.

a) $3(5a - 2b) + 2(a + 3b)$ b) $4(y - 5x) + 2(8x - 2y)$ c) $5(t - 3s) + 6(2s - 4t)$

d) $(4p - q) \cdot 3 + (q + p) \cdot 3$ e) $3(2z + 4) - 2(6 - 4z)$ f) $2a(a + 3) - 3(2a + 5)$

g) $-2m(n - 4) + 3n(5 - m)$ h) $-2u(u - v) - (uv + u^2)$ i) $3k(l + 2) - 2l(5 - k)$

3 a) $3a(2 - 3a) + 4(a + 2) - 2(5a + 4)$ b) $3(x - y^2) - y(2x - 3y) + x(2x - 3)$

c) $5w(u - v) + 5v(w - u) + 5u(v - w)$ d) $3(1 - a) - 3(a - a^2) + 3(a^2 - 1)$

e) $3(a + 2b) - 3a(a - 2b) + 3a^2(a + 1)$ f) $(p + 3q)(-2) - (-6)(p - q) + (q - p)$

4 a) $(4 - a)(3 + 3a) + (a + 3)(3a - 4)$ b) $(x - 4y)(x + y) - (y + 2x)(3x - 4y)$

c) $(5u + v)(u - 2v) + (5v - 2u)(v - u)$ d) $(r - s)(s - 2t) - (t + 2r)(2s - t)$

e) $(a + 2b)(a - c) + (b - a)(2c + a)$ f) $(-2m + 9n)(n - 3m) - (n - m)(m - 3n)$

5 a) $(3a - 2b)(2a + b)^2$ b) $(4 - 2x)(x - 3)^2$ c) $(c + 3d)(d - 5c)^2$

d) $(2p - q)^2 \cdot (p + 2q)$ e) $(z - 3z^2)^2(4z - 3)$ f) $(2r - 3s^2)^2(s - 4r^2)$

g) $(p - 2q)^2 \cdot (q - 3p)^2$ h) $(m - m^2)^2 \cdot (2m + 3m^2)^2$ i) $((2x - y)(y - 4x))^2$

6 a) $(a - 2b)^2 + (2a + b)^2$ b) $(3x - 2y)^2 + (x + 6y)^2$ c) $(4r - s)^2 - (2r - 2s)^2$

d) $(2c + 3d)^2 - (2c - d)^2$ e) $(2v + 5w)^2 - (2v - 5w)^2$ f) $(4m - 5n)^2 + (4m + 5n)^2$

g) $(-c - 3d)^2 + (c + 3d)^2$ h) $(-q - 2p)^2 - (2p + q)^2$ i) $(2x^2 + 1)^2 - (2x + 1)^2$

7 a) $(2a - b)^2 + (b - a)(4a - b)$ b) $(3x - 4y)^2 - (3x - y)(3x + y)$

c) $(3v + w)(v - 5w) + (5v - 2w)^2$ d) $(-2g + h^2)(3h + g^2) - (3h - g)^2$

e) $(y^2 + 4)^2 - (y^2 - 2)(y^2 + 2)$ f) $(a + 2a^2)(3a^2 - 4a) - (a^2 - 3a)^2$

8 a) $3(a - 4b)^2 + (2b - 3a)(5a - 6b)$ b) $(x - 2)(x - 3)^2 - (x^2 - 1)(3x + 4)^2$

c) $(2s - t)^2 \cdot (-4t) - (2st - 3s)^2 \cdot 5$ d) $(m - m^2)(m - 1)^2 - (1 - m)(m - 2)^2$

e) $3x(2xy + y)^2 + (3xy - x)(y - 4x^2y)$ f) $(p - 2)^2 \cdot (p - 1)^2 - (1 - p)(p^2 - 4)^2$

9 Gib alle Terme an, die du mit den rechts abgebildeten Plättchen legen kannst, wenn jedes Plättchen nur einmal vorhanden ist und auch jedes Plättchen verwendet werden muss.
Vereinfache diese Terme durch Ausmultiplizieren.

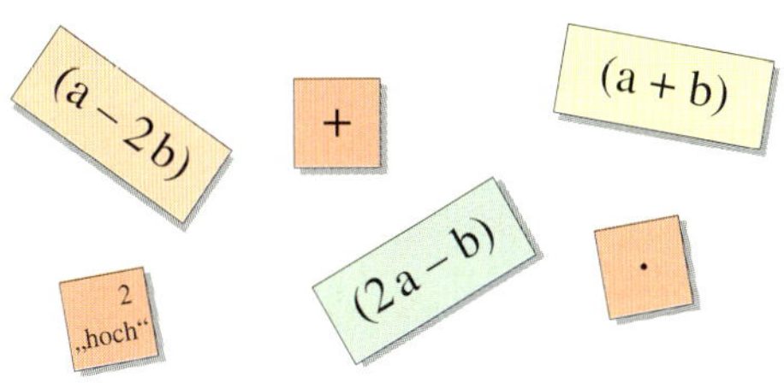

Zum Ausklammern

Man kann auch

$a^4 + 4b^4$

als Produkt von Summen schreiben. Die Summen enthalten die Terme

a^2, $2b^2$, $2a^2b^2$ und $-2a^2b^2$,

allerdings manche zweimal. Findest du die Zerlegung?

10 Verwandle die Summen und Differenzen durch Ausklammern in Produkte.
a) $4(2a + 3b) + 5(2a + 3b)$ b) $5(2x - 5y) - 3(2x - 5y)$ c) $a(a - 2b) + 3(a - 2b)$
d) $(3r - s)s - (3r - s)6$ e) $2m(m - 4n) - n(m - 4n)$ f) $(2p + q)3p - 2q(2p + q)$
g) $6r(s + 2t) - (s + 2t)$ h) $(uv - 3) + (uv - 3)2w$ i) $c^2(d + 2) + (d + 2)2$

11 Verwandle wie in Beispiel 2c in Produkte.
a) $2(2a - b) - a(b - 2a)$ b) $x(x - 3y) - 3(3y - x)$ c) $s(-r - 2t) + r(r + 2t)$
d) $(-3 + t)s - (3 - t)5$ e) $-2u(u + 2v) - 5(-u - 2v)$ f) $q(p - 4q) - (4q - p)$
g) $(s - 2t) - r(2t - s)$ h) $(uv - u) + (u - uv)2u$ i) $d^2(e - 1) + (1 - e)e$

12 Verwandle wie in Beispiel 2d in Produkte.
a) $4a - ab - 4b + b^2$ b) $3x - 2y + xy - 6$ c) $rs + 2r + s + 2$
d) $ab - a + b - 1$ e) $2mn - 6m + n - 3$ f) $2ab - 8a + 3b - 12$
g) $2y^2 - 6y - 3x + xy$ h) $3q^2 + 4p + 2pq + 6q$ i) $1 - 2xy - 2y + x$

13 Verwandle in ein Produkt oder eine Potenz.
a) $2a(2a + 3b) + 3b(2a + 3b)$ b) $2x(2x - 5y) - 5y(2x - 5y)$
c) $4r(1 + 4r) + 4r + 1$ d) $3q(3q - 2p) + (2p - 3q)2p$
e) $7m(4n - 7m) + 4n(7m - 4n)$ f) $-2y(x - 2y) - (2y - x)$

14 Verwandle mit der 3. binomischen Formel in ein Produkt.
a) $a^2 - 9b^2 + a + 3b$ b) $3x - y + 9x^2 - y^2$ c) $m^2 - 4n^2 - 2n - m$
d) $16u^2 - 25v^2 + 5v - 4u$ e) $6q - 5p - 25p^2 + 36q^2$ f) $9u^2v^2 - 16 + 3uv + 4$
g) $a^2 - 4b^2 - (a - 2b)^2$ h) $r^2 - 1 + (r + 1)^2$ i) $(2s - t)^2 - t + 2s$
j) $2(3g - 2h) - 9g^2 + 4h^2$ k) $1 - 4a^2b^2 + 2ab - 1$ l) $a^2b^2 - 9 + 3 + ab$

15 Aus $x(x + 5) - 2(x + 5) = 0$ folgt $(x - 2)(x + 5) = 0$, somit hat die ursprüngliche Gleichung die Lösungsmenge $L = \{2; -5\}$. Löse ebenso:
a) $2(x - 1) - x(x - 1) = 0$ b) $x(3x - 2) + 3x - 2 = 0$ c) $(x - 2)^2 - x + 2 = 0$
d) $2(2x + 1) + (2x + 1)^2 = 0$ e) $-2x(3x - 4) - 3(4 - 3x)^2 = 0$.

Flächen- und Rauminhalte

16 Berechne für $a > b > \frac{1}{2}a$ in den Rechtecken I, II und III mit den Seitenlängen a und b den Flächeninhalt der gelben, roten und braunen Flächen.

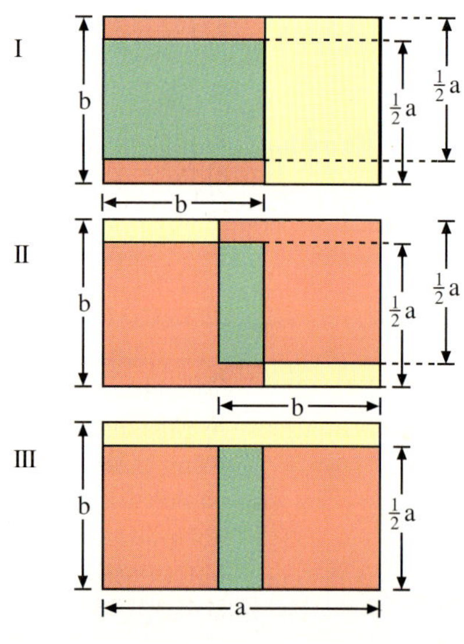

17 Berechne für $a > \frac{3}{2}b$ den Inhalt der gelben Fläche, wenn die „Brücke“ aus
a) 11 b) 17 c) $2n + 1$ $(n > 1)$
Rechtecken besteht.

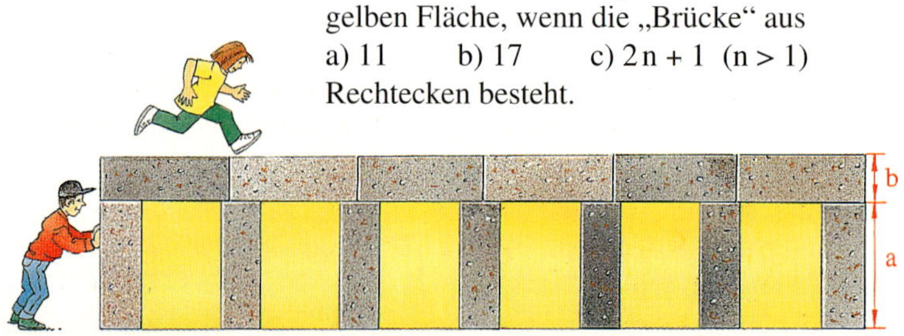

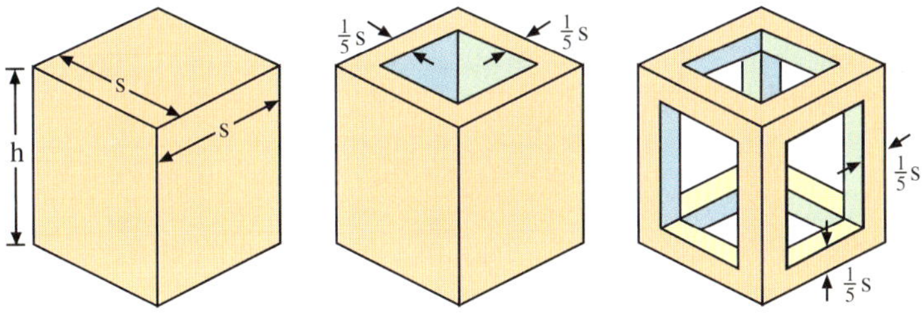

18 Gegeben ist ein Quader der Höhe h, dessen Grundfläche ein Quadrat mit der Seitenlänge s mit $s < h$ ist.
a) In den Quader wird von einer Quadratfläche zur andern eine quadratische Öffnung geschnitten.
Die Wandstärke des entstandenen Hohlkörpers beträgt überall $\frac{1}{5}s$.
Welchen Rauminhalt hat der Hohlkörper?
b) In den Hohlkörper werden nun, jeweils von einer Seitenfläche zur gegenüberliegenden, rechteckige Öffnungen geschnitten, wobei die Wandstärke wieder $\frac{1}{5}s$ beträgt. Welchen Rauminhalt hat das erhaltene Gerüst eines Quaders?

Aus der Wirtschaft

19 Da zu viel Stahl auf dem Weltmarkt angeboten wird, beschließen die führenden Stahlhersteller, ihre Produktion um je 1,5 Millionen Tonnen jährlich zu senken und gleichzeitig den Preis je Tonne Rohstahl um 5 € zu erhöhen.
Wie ändern sich dadurch die Einkünfte eines Stahlherstellers, der bisher a Tonnen Stahl zu einem Preis von b € je Tonne verkauft hat?
Ist das Vorgehen gerecht? Begründe deine Antwort.

Packe die drei Quader so in ein quaderförmiges Paket, dass möglichst wenig Hohlraum entsteht. Wie viel Prozent des Paketes sind dann hohl?

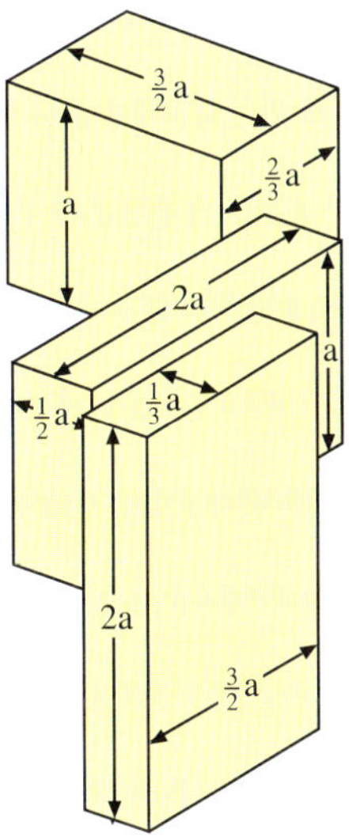

20 a) Um sie zum Sparen anzuhalten, zahlt eine Bank jedem Auszubildenden eine Prämie von 60 € auf sein Sparbuch, das mit einem Zins von p % jährlich verzinst wird. Welchen Betrag hat ein Auszubildender nach einem Jahr auf seinem Sparbuch, wenn er bereits a € gespart hat und kein Geld vom Sparbuch abhebt?
b) Eine andere Bank geht ähnlich vor; sie gibt allerdings nur 40 € Prämie, jedoch verzinst sie das Sparbuch mit dem doppelten Zinssatz. Wie viel hat hier ein Auszubildender mit a € Anfangsguthaben nach 1 Jahr auf dem Sparbuch?
c) Uta hat bereits einen großen €-Betrag von s € gespart. Wie viel hätte sie bei der Bank in a) nach einem Jahr mehr auf dem Sparbuch als bei der Bank in b)?

21 Herr Mohl prahlt: „An meinem neuen Arbeitsplatz muss ich 2 Stunden in jeder Woche weniger arbeiten und bekomme auch noch 1 € mehr Stundenlohn.“ Darauf antwortet seine Tochter, die weder die genaue Arbeitszeit noch den Stundenlohn ihres Vaters kennt: „Ich meine, du wirst dort weniger verdienen.“ Kann dies sein?

22€ Herr Diesel hat ein Taxi, das er mit seinem Sohn abwechselnd steuert. Zusammen arbeiten sie wöchentlich 120 h. Über die Bezahlung haben die beiden vereinbart: Die gesamten Einkünfte werden jede Woche so verteilt, dass der Vater für jede Arbeitsstunde 2 € mehr als sein Sohn erhält. Wie viel erhalten sie beide zusammen in einer Woche, in welcher der Vater a Stunden mit einem Stundenlohn von b € gearbeitet hat? Berechne damit, wie viel jeder in einer Woche erhält, in der sie 1 660 € eingenommen haben und der Vater 50 h gearbeitet hat.

8 Vermischte Aufgaben

Erkennst du, wie die Reihen fortzusetzen sind?

$a^4 - b^4 = (a^2 - b^2)(a^2 + b^2)$
$a^6 - b^6 = (a^2 - b^2)(a^4 + a^2b^2 + b^4)$
$a^8 - b^8 = (a^2 - b^2)(a^6 + a^4b^2 + a^2b^4 + b^6)$

$a^3 + b^3 = (a + b)(a^2 - ab + b^2)$
$a^5 + b^5 = (a + b)(a^4 - a^3b + a^2b^2 - ab^3 + b^4)$

$a^3 - b^3 = (a - b)(a^2 + ab + b^2)$
$a^5 - b^5 = (a - b)(a^4 + a^3b + a^2b^2 + ab^3 + b^4)$

Nahe und ferne Verwandte der binomischen Formeln

1 a) $5a - (5b - 2a) + (3a - 2b) - b$ b) $-(8r + 9s) - 2s - (2r - 7s) + 4r$
c) $-5x - (4 - 6x) + 3x - (7x + 2) + 6$ d) $u - 2v + 3u - (4v + 7v) + (v - 2u)$
e) $-3m + (-n - 6m) - (-3n - 5m) - 5n$ f) $y - 2z - (4z - 2y) + (-y - 3z) + 5y$

2 a) $a \cdot b \cdot 3c^2 - (7c^2 \cdot ba + acb \cdot 3 - bc \cdot 5a)$ b) $(p^2 \cdot 5q \cdot 2 - p \cdot 12q) - (q \cdot 7p + p^2 \cdot 18q)$
c) $-(x \cdot 8y + x^2 \cdot 45y) - (y \cdot 9x - xy \cdot 6)$ d) $(2uv \cdot 2v) - 4uv + (5v \cdot 3u - v^2 \cdot 4u)$
e) $xyz + (xy \cdot 7 + xy \cdot 3z - z \cdot 3y) - 6xyz$ f) $25t \cdot 3t \cdot s - (8s \cdot 4t - t \cdot 3s - 11s \cdot 4t^2)$

3 a) $(-2a)(-5b^2)$ b) $4 \cdot 3b^2(-2ab)$ c) $3(-rs)(-2)(+s)$ d) $2u(-u^2)(-v) \cdot (-v^2)$
e) $2(+xy)^2 \cdot 3x^2 \cdot 4x$ f) $(-2c^2d)^2(-3d) \cdot 2$ g) $(-t)^2 \cdot t(-s^2)t^2$ h) $3t^2 \cdot (-2)^2 \cdot (3s^2)^2$
i) $g^2 \cdot 2h(-g)(-5g)^2$ j) $(-2p^2)(-3p^2 \cdot 5)^2$ k) $3v(-2w)^2 \cdot (-2)v^2$ l) $(3cd)^3 \cdot 2d^2(-2c)^2$

4 a) $6a \cdot (-3a^2b)^2 - (2ab)^2(-2a^3)$ b) $(2s \cdot 3t)^2 - (2st)^3 - s^2t \cdot (4t) + 8s^3t^3$
c) $(2qp^2 \cdot 2q)^3 + (2qp)^3 - 8p^6(q \cdot q)^3$ d) $(5fg)^2 \cdot (3f^2g)^2 - 3f^2(-3g)^3(f^2)^2 \cdot 2g$
e) $2m^2(-2n^2 \cdot 3)^3 - (-2m^2n)^3 + 9n^2(m^2)^2$ f) $(-x)^3(-2x^2y)^2 - (x^3y)^2 \cdot 6x + 3x^5 \cdot x^2y^2$

5 a) $2ab(7a^2 - 5ab + 3b^2 - 7a^2)$ b) $2x(3y^2 - 2y^2 \cdot 3y + 7y^3) \cdot 3y^2$
c) $(-2a)(3a^2b - 4ab^2 - 2a^2b)(-2b)$ d) $2y^2(y^3 + y^2 - 3y + 2) \cdot 4y$
e) $(-6)(n^3 + 3n^2 - 2n + 5) \cdot 3n^2$ f) $(-2u^2)(v^3 + 4v^2 - v + 6)(-v)$

6 a) $(a + 4b)(3a - 5b)$ b) $(3a^2 + 5a)(3a - 7)$ c) $(-2x + 4xy)(-3y + 2x)$
d) $(7rs - 3rt)(5rt - rs)$ e) $(3b^2 - b)(1 - 2b^2)$ f) $(4z + 3)(3z - 4z^2)$
g) $(7xyz - 3xz)(5xy - 2yz)$ h) $(-c^2 + 2)(-8 - 4c^2)$ i) $(-2k^2 + 3k^3)(2k^2 - 3k^3)$

7 a) $(3ab - ab^2 - 2a^2b)(2a - b)$ b) $(-k^2 + 2k - 3k)(3 - 5k)$
c) $(-2s^2 + 4st + t^2)(s - 2t)$ d) $(xyz - 4xy + 3x)(-5xy - 2yz)$
e) $(-5a - 8b + 12)(9 - 8b + 11a)$ f) $(4u^2 + 2u - 5)(4u^2 - 2u - 5)$

8 a) $(a - 3)(a + 2)(2a - 5)$ b) $(2x - y)(3y - 4x)(3x + 3y)$
c) $(2s + st)(3t - st)(4st - 5s)$ d) $(abc - 1)(2 + abc)(4 - 2abc)$
e) $(3a - 2)(2a^2 - 5a + 3)(3 + 4a)$ f) $(4ef^2 - 5)(5e - 3f)(2ef - e^2f + 2)u$

9 a) $(a + 3)^2$ b) $(3s - 2t)^2$ c) $(3u - y)(3u + v)$ d) $(k - 5m)(k + 5m)$
e) $(z^2 - 3y^2)^2$ f) $(3a^3 + 2b^2)^2$ g) $(3pq - 7q^2)^2$ h) $(2e^2f + 5f^2)^2$
i) $(5 + 8n^2)(5 - 8n^2)$ j) $(2v^3 + 5v^2)^2$ k) $(ab - c)(ab + c)$ l) $(5s - 2rs^2)^2$

10 a) $(-7a + 2b)^2$ b) $(-8r - 9s^2)^2$ c) $(-9u - v)(-9u - v)$ d) $(-2c - 9d)(-2c + 9d)$
e) $(-4m^3 - 3mn^2)^2$ f) $(-9pq - 6q)^2$ g) $(7 - 17xyz^2)^2$ h) $(-8e^2fg^2 - 5f)^2$
i) $(1 - 2k^3)(1 + 2k^3)$ j) $(-2ab + 5bc)^2$ k) $(3y^3 + z)(3y^3 - z)$ l) $(uv^2w^3 - u^3v^2w)^2$

11 a) $6(3a + 4b)^2$ b) $7a^3(2b^3 + 6b^2)^2$ c) $4r(9s^2 - 7r)(9s^2 + 7r)$
d) $(xy^2 - xy)(xy^2 + xy)3x^2$ e) $(k^3 - k^2)^2 \cdot 5k \cdot (-5)$ f) $(-6v)(7vw^2 - 5vw)^2 \cdot 3w$
g) $(3p^2 - q^2)^2 \cdot 3q^3 \cdot (p + q)^2$ h) $(1 - v)^2(2v^2 - 1)^2$ i) $(-2a)^3(-4a^2)(1 - 2a^2)^2$

12 a) $4(a - 3)^2 - (a + 4)(3 - 5a)$ b) $3(x - 2y)(x + 2y) - 4(x + 3y)^2$
c) $(-s + 2t)(t - 2s) + (2s - 5t)(-s)$ d) $(mn - 1)(2 + mn) + (1 + mn)(2 - mn)$

Subtrahiere von verschiedenen 3-stelligen Zahlen ihre Quersumme und bilde die Quersumme der Differenz. Was fällt auf? Kannst du dies erklären?

Beispiel:

537
↓
537 − (5 + 3 + 7) = 522
↓
5 + 2 + 2 = 9

13 a) $2{,}5(0{,}5a - 3)^2 - (1{,}5a - 4{,}5)^2$ b) $(1{,}2x - 2{,}5y)^2 - (0{,}7x + 0{,}4y)^2$
c) $(0{,}4s - 1{,}5t)^2 + (0{,}4s - 2{,}5t)^2$ d) $(0{,}3 - a)(0{,}4 + a) - (0{,}5a - 0{,}3)^2$
e) $(1{,}2p - q)^2 - (0{,}3q - 0{,}5p)(p - 3q)$ f) $(0{,}2yz - 3)(0{,}4 - yz) - (2 - 0{,}1yz)^2$

14 a) $\frac{8}{3}\left(\frac{1}{2}a - \frac{1}{4}b\right)\left(b - \frac{1}{4}a\right) + \left(\frac{1}{4}a + \frac{1}{2}b\right)^2$ b) $\left(\frac{2}{3}x + \frac{3}{5}y\right)\left(x - \frac{1}{2}y\right) - \left(\frac{3}{4}x - y\right)\left(\frac{1}{3}y + \frac{3}{4}x\right)$
c) $\left(\frac{4}{5}u + \frac{3}{2}v\right)^2 + \frac{1}{2}\left(\frac{5}{2}v - \frac{3}{5}u\right)^2$ d) $\left(\frac{3}{5}p^2 + \frac{2}{5}q\right)\left(\frac{5}{4}q^2 - p\right) - \frac{4}{15}\left(\frac{3}{2}p - 2q\right)^2$
e) $\left(\frac{4}{5}r - \frac{3}{4}s\right)\left(r - \frac{8}{9}s\right) - \left(\frac{2}{3}r - s\right)(s - r)$ f) $\left(\frac{3}{8}v - u\right)\left(\frac{3}{4}u - \frac{3}{2}v\right) + \left(\frac{9}{2}v - u\right)\left(v + \frac{3}{4}u\right)$

15 Schreibe die Terme als Produkte oder Potenzen.
a) $a^2 + 4a + 4$ b) $a^2 - 2ab + b^2$ c) $9x^2 - 16y^2$ d) $9r^2 + 6rs + s^2$
e) $16u^2 - 49$ f) $25p^4 - 10p^2 + 1$ g) $81t^2 - 121s^4$ h) $225 - 60s + 4s^2$
i) $v^4 - 34v^2 + 289$ j) $441 + 84r + 4r^2$ k) $361y^4 - 625z^6$ l) $324z^2 - 684z + 361$

16 a) $0{,}04a^2 - 0{,}09b^2$ b) $0{,}25a^2 - 1{,}5ab + 2{,}25b^2$ c) $0{,}36x^2 - 2{,}89y^4$
d) $2{,}56y^2 - 8yz + 6{,}25z^2$ e) $1{,}96v^4 - 1{,}69w^6$ f) $\frac{4}{25}c^2 - \frac{8}{3}cd + \frac{100}{9}d^2$
g) $\frac{49}{144}a^2 - \frac{289}{169}b^4$ h) $\frac{49}{16}p^2q^2 + 2pq^2 + \frac{16}{49}q^2$ i) $\frac{49}{64}a^2b^2 - ab + \frac{16}{49}$

17 a) $10a^2 + 40a + 40$ b) $112r^2 - 175s^2$ c) $200a^5 - 240a^3b + 72ab^2$
d) $80p^2 - 245q^2$ e) $294u^2v^2 + 420uv^2 + 150v^2$ f) $25a^3b - 64ab^5$
g) $44u^3 + 132u^2v^2 + 99uv^4$ h) $112y - 504x^2y^2 + 567y^2$ i) $117 - 312z + 208z^2$

18 Waldfrisches Fichtenholz schrumpft beim Trocknen, und zwar in Längsrichtung um 0,3 %, tangential zu den Jahresringen um 7,8 % und radial zu den Jahresringen um 3,6 %.
Um wie viel Prozent nimmt das Volumen eines Balkens beim Trocknen etwa ab?

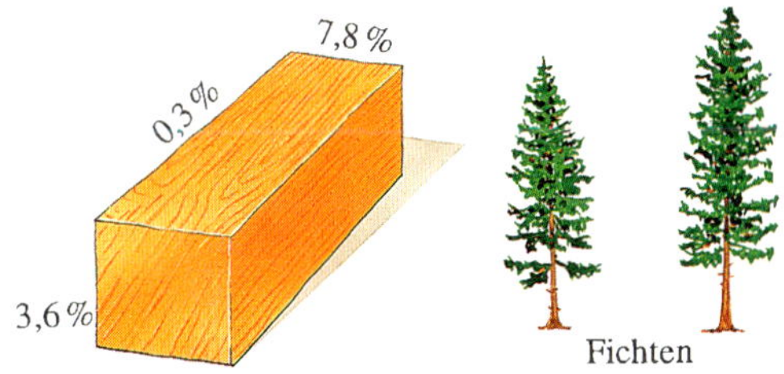

Fichten

x	5
x^2	25
x^3+x^2+x	155
Anteil von x^2	16,1%

19 a) Die Seite eines Quadrates wird gemessen, wobei eine Messungenauigkeit von p % auftritt. Zeige, dass dann der Flächeninhalt des Quadrates mit einer Ungenauigkeit von etwa 2p % bestimmt werden kann.
b) Wie groß sind die beiden Ungenauigkeiten (in dm und dm^2) bei $p = 3$ und einem quadratischen Sportplatz mit der Seitenlänge 90 m?

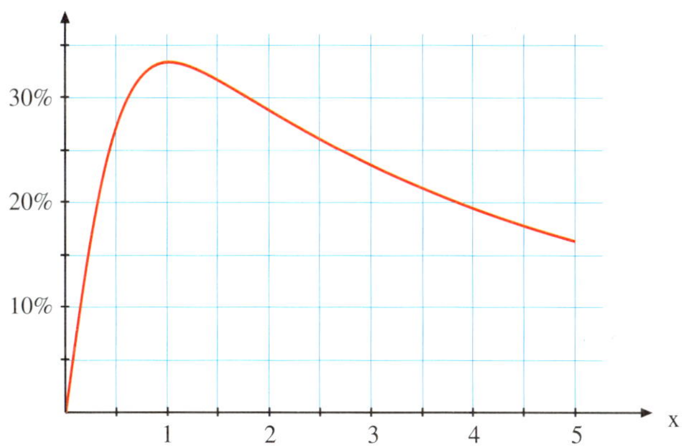

20 Das Schaubild zeigt den prozentualen Anteil von x^2 an der Summe $x^3 + x^2 + x$ für x zwischen 0 und 5.
a) Beschreibe den Verlauf des Schaubildes. Für welches x ist der prozentuale Anteil am größten?
b) Erstelle je ein entsprechendes Schaubild für den prozentualen Anteil von x^3 und x an der Summe $x^3 + x^2 + x$.
Berechne dazu für $x = \frac{1}{4}; \frac{1}{2}; 1; 2; 3; 4; 5$ die prozentualen Anteile von x bzw. x^3 an der Summe $x^3 + x^2 + x$; trage die Ergebnisse in ein Schaubild ein.

Merkwürdige Strecken, Flächen und Körper

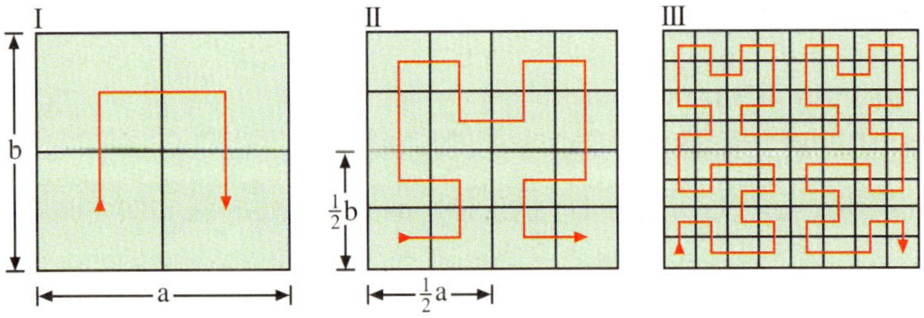

21 a) Berechne in den drei grünen Rechtecken I, II und III je die Länge der roten Wege, welche Mittelpunkte der inneren Rechtecke verbinden.
b) Zeichne das nächste Rechteck mit dem zugehörigen Weg in dein Heft und berechne wiederum die Länge des Weges.
Wähle $a = 12\,cm$ und $b = 8\,cm$.

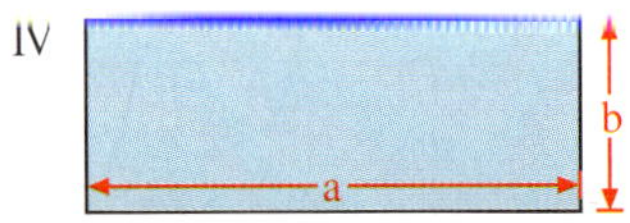

22 Berechne für die drei blauen Figuren IV, V und VI je den Flächeninhalt und den Umfang.

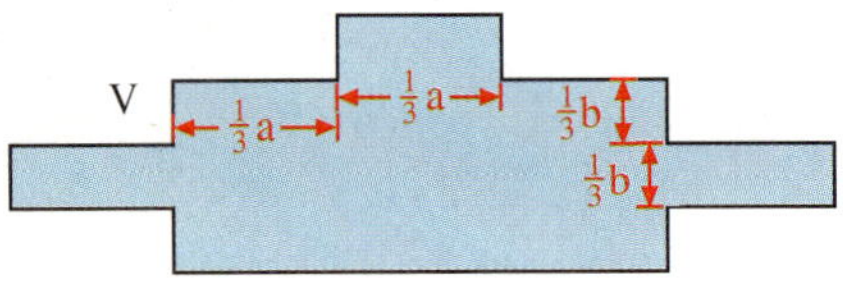

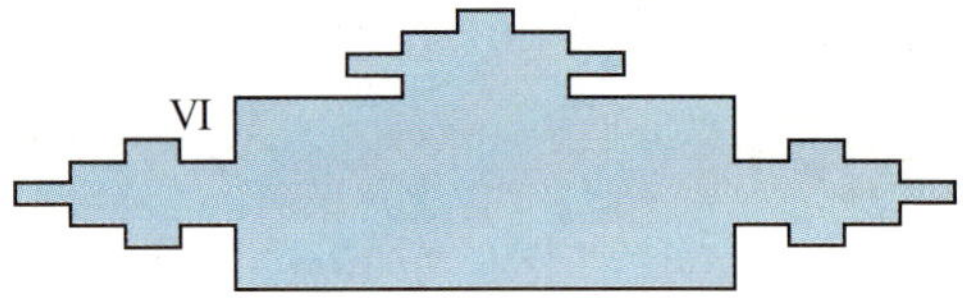

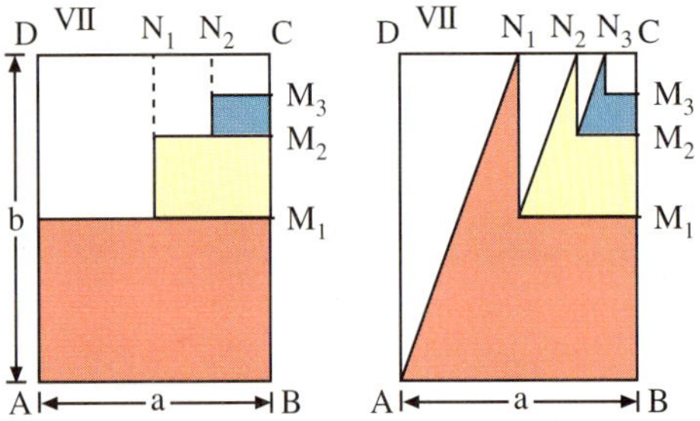

23 In den Rechtecken VII und VIII ist M_1 der Mittelpunkt von BC, M_2 der Mittelpunkt von M_1C und M_3 der Mittelpunkt von M_2C. Entsprechend in N_1 der Mittelpunkt von CD, ... Berechne den Inhalt folgender Flächen:
a) rot b) gelb c) blau
d) rot und gelb
e) rot und gelb und blau.

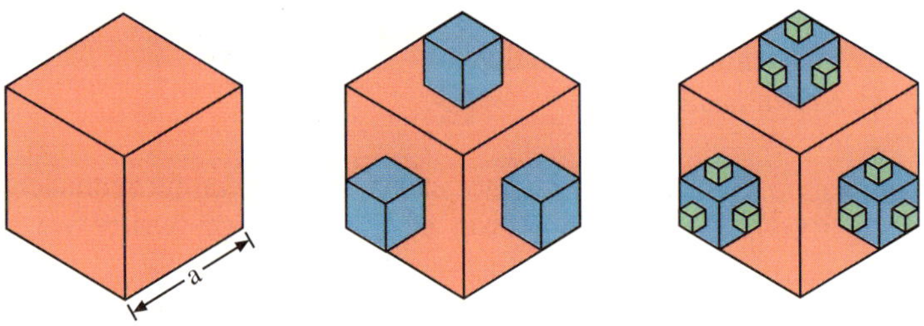

24 An 5 der 6 Seitenflächen eines Würfels wird je ein kleinerer Würfel mit $\frac{1}{3}$ der ursprünglichen Seitenlänge in der Mitte angefügt. So erhält man den mittleren Körper. Aus ihm erhält man auf die gleiche Weise den rechten Körper. Berechne das Volumen, die Oberfläche und die Kantenlänge für jeden der drei Körper.

Zahlenrätsel

25 Wie heißen die beiden natürlichen Zahlen? Du solltest zuerst binomische Formeln anwenden; dann hilft ein wenig Probieren.
a) Sie haben die Summe 18, und ihre Quadrate unterscheiden sich um 72.
b) Die Differenz der Zahlen ist 2, die Differenz ihrer Quadrate 24.
c) Zusammen ergeben sie 33, und ihre Quadrate unterscheiden sich um 165.
d) Sie haben die Differenz 6, und ihre Quadrate unterscheiden sich um 192.

26 Wie heißen die beiden natürlichen Zahlen?
a) Wenn man sie addiert und die Summe quadriert, erhält man um 154 mehr, als wenn man sie zuerst quadriert und dann die Quadrate addiert.
b) Wenn man die Zahlen quadriert und die Quadrate addiert, erhält man um 266 mehr, als wenn man die Zahlen subtrahiert und die Differenz quadriert.
c) Das Quadrat der Summe beider Zahlen ist um 156 größer als das Quadrat ihrer Differenz.

27 Bestimme vier aufeinander folgende natürliche Zahlen so, dass die Summe aus den Quadraten der beiden kleinsten Zahlen um 44 kleiner ist als die Summe der Quadrate der der beiden größten Zahlen.

Beweise

Die Beweise erfordern etwas Spürsinn.

Zuerst solltest du die Zahlenbeispiele genau ansehen

Dann solltest du eigene Beispiele suchen.

Zum Schluss erfolgt der Beweis durch Umformen geeigneter Terme.

28 Für $a = 8$ und $b = 3$ ist

$$2 \cdot 8^2 + 2 \cdot 3^2 = 11^2 + 5^2.$$

Zeige, dass sich für alle natürlichen Zahlen a und b die Zahl

$$2 \cdot a^2 + 2 \cdot b^2$$

als Summe von zwei Quadratzahlen schreiben lässt.
(Anleitung: Beachte, dass im angegebenen Beispiel $11 = 8 + 3$ und $5 = 8 - 3$ ist.)

29 a) Berechne den Term $p^2 - 1$ für die Primzahlen 5; 7; 11 und 13. Zeige, dass jedes Ergebnis durch 24 teilbar ist.
Gilt dies auch für die Primzahl 97?
b) Zeige, dass für jede Primzahl $p \geqq 3$ sowohl $p - 1$ als auch $p + 1$ durch 2 teilbar ist. Durch welche Zahl ist also $p^2 - 1$ teilbar?
c) Warum muss $p^2 - 1$ für jede Primzahl $p > 3$ sogar durch 8 teilbar sein?
d) Zeige, dass für jede Primzahl $p > 3$ eine der Zahlen $p - 1$ und $p + 1$ auch durch 3 teilbar sein muss. Durch welche Zahl (größer als 8) muss also $p^2 - 1$ auch teilbar sein? Formuliere das Ergebnis in einem Satz.

30 a) In der Tabelle sind die Quadratzahlen $5^2, 6^2, \ldots, 10^2$ als Differenzen von zwei anderen Quadratzahlen dargestellt.
Vergleiche die sechs Zeilen.
Kannst du eine Regelmäßigkeit feststellen?

25	=	$13^2 - 12^2$
36	=	$10^2 - 8^2$
49	=	$25^2 - 24^2$
64	=	$17^2 - 15^2$
81	=	$41^2 - 40^2$
100	=	$26^2 - 24^2$
…	=	… – …

b) Gib einen Term mit der Variablen k an, der für jede natürliche Zahl k eine Quadratzahl liefert.
c) Gib einen Term mit der Variablen x an, der für $x = 10$ die Differenz $10^2 - 8^2$, für $x = 17$ die Differenz $17^2 - 15^2$ und für $x = 26$ die Differenz $26^2 - 24^2$ liefert.
d) Zeige, dass jede gerade Quadratzahl größer als 4 sich als Differenz zweier Quadratzahlen schreiben lässt.
Schreibe 16^2 dann als Differenz von zwei Quadratzahlen.
e) Weise nach, dass sich auch jede ungerade Quadratzahl größer als 4 als Differenz von zwei Quadratzahlen schreiben lässt.
Welche Darstellung ergibt sich für die Quadratzahl 169?

Mathematische Exkursionen

Wie man durch Spielen Formeln findet

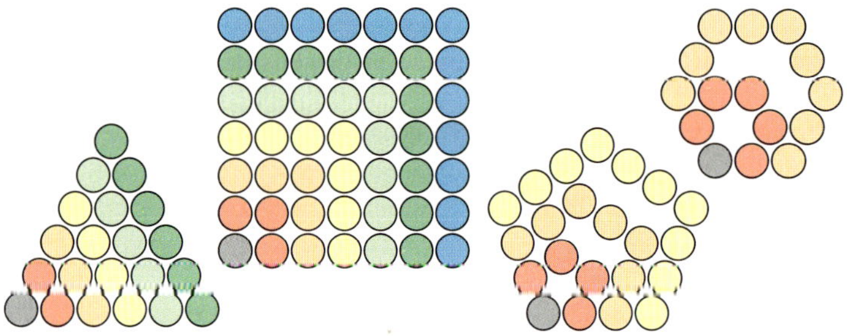

1 Es macht Spaß, mit bunten Spielmarken regelmäßige Figuren wie Dreiecke, Vierecke, Fünfecke usw. zu legen. Damit man das Entstehen einer Figur gut erkennen kann, beginnen wir stets mit einer schwarzen Marke und legen dann die Marken (wie im Regenbogen) in den Farben rot, orange, gelb, grün, blau, violett an. Übertrage die Tabelle in dein Heft und trage in ihr ein, wie viele Marken du bei den Figuren von jeder Farbe benötigst. Ergänze auch die letzte Spalte der Tabelle.

Nummer der Farbe	1	2	3	4	5	6	7	n
Farbe								
Dreieck	1	2	3	4				
Viereck	1	3	5	7				
Fünfeck	1	4	7					
Sechseck	1	5						

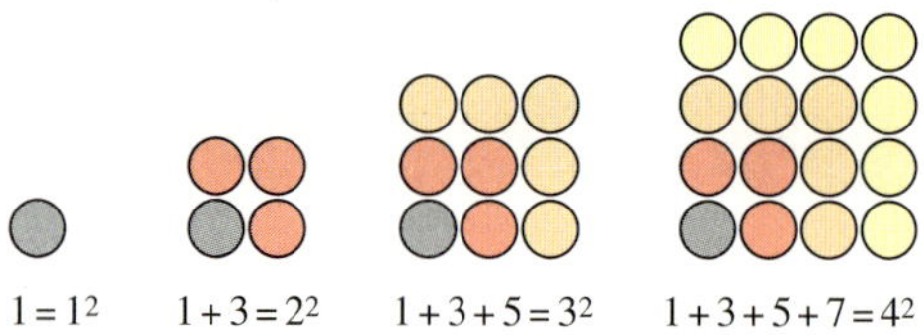

2 a) Führe die obige Folge von Quadraten in deinem Heft weiter.
b) Gib mit a) das Ergebnis von $1 + 3 + 5 + 7 + 9$ und $1 + 3 + 5 + 7 + 9 + 11$ an.
c) An ein Quadrat der Seitenlänge $n - 1$ wird eine neue Farbe angelegt. Wie viele Marken der neuen Farbe brauchst du? Welche Formel erhältst du für die Summe

$$1 + 3 + 5 + \ldots + (2n - 3) + (2n - 1)\,?$$

d) Berechne mit c) die Summe $1 + 3 + \ldots + 1995$.

3 Bei Dreiecken erhält man entsprechend zu den Quadraten die Summen

$$1 + 2 = 3$$
$$1 + 2 + 3 = 6$$
$$1 + 2 + 3 + 4 = 10.$$

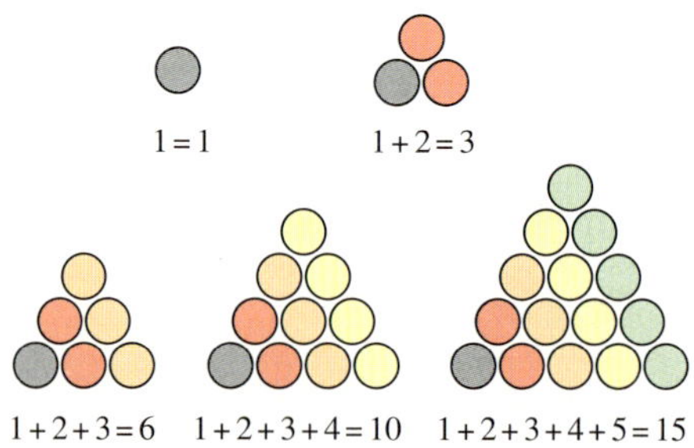

a) Ergänze noch einige Summen.
b) Um einen Term für die Summe

$$1 + 2 + \ldots + (n - 1) + n$$

zu erhalten, legen wir zwei gleich große Dreiecke zu einem Rechteck um. Wie viele Marken enthält das Rechteck, wenn jedes Dreieck 7 Farben enthält?
c) Aus wie vielen Marken würde das Rechteck bestehen, wenn die Dreiecke je n Farben enthalten? Welche Formel erhältst du damit für die Summe

$$1 + 2 + \ldots + (n - 1) + n\,?$$

d) Berechne mit c) die Summe $1 + 2 + 3 + \ldots + 999 + 1000$.

Carl Friedrich GAUSS (1777 – 1855) berechnete im Alter von 8 Jahren die Summe der natürlichen Zahlen von 1 bis 100, indem er sich überlegte:
1 + 100 = 101
2 + 99 = 101
… + … = 101
… + … = 101
49 + 52 = 101
50 + 51 = 101.

Dann erhielt er die Summe durch die Multiplikation
50 · 101 = 5050.

4 a) Mit dem Ergebnis von Aufgabe 3 kann man auch eine Formel für die Summe der natürlichen Zahlen $m + (m + 1) + (m + 2) + \ldots + (n - 1) + n$ erhalten, indem man eine geeignete Differenz bildet. Gib eine möglichst einfache Formel an.
b) Berechne mit a) die Summe $500 + 501 + \ldots + 599 + 600$.

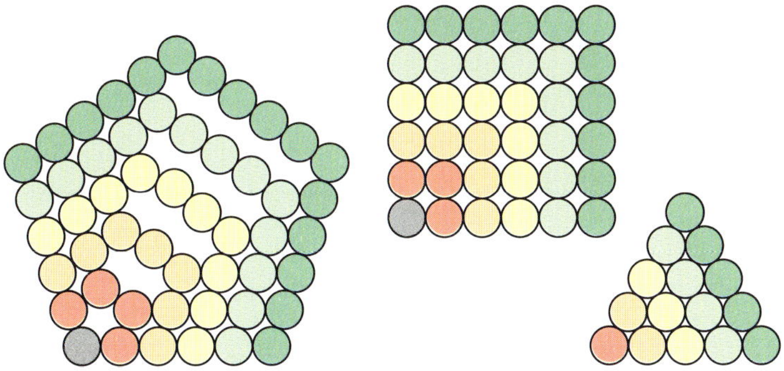

5 Jedes Fünfeck kann man zu einem Quadrat und einem Dreieck umlegen. Bestimme damit eine Formel für die Summe
$1 + 4 + 7 + \ldots + (3n - 5) + (3n - 2)$.

6 Aus jedem Sechseck kann man ein Quadrat und zwei gleich große Dreiecke erhalten. Welche möglichst einfache Formel für die Summe
$1 + 5 + 9 + \ldots + (4n - 7) + (4n - 3)$
ergibt sich damit?

7 Etwas mehr Mühe bereitet es, eine Formel für die Summe
$1^2 + 2^2 + 3^2 + \ldots + (n - 1) + n^2$
der Quadratzahlen zu finden. Wir beginnen mit Quadraten aus 1^2, 2^2, 3^2, 4^2, … Marken, die wir in Dreiecksform anordnen. Aus diesen Dreiecken bauen wir dann „Hochhäuser“.
a) Wie viele Marken enthält die Grundseite eines Dreiecks, bei dem n Reihen von Marken übereinander liegen?
b) Wie viele Marken liegen bei einem „Hochhaus“ aus 3, 4, 7 Farben übereinander?
c) Wie viele Marken liegen bei einem „Hochhaus“ aus n Farben übereinander? Verwende das Ergebnis von Aufgabe 3 b).

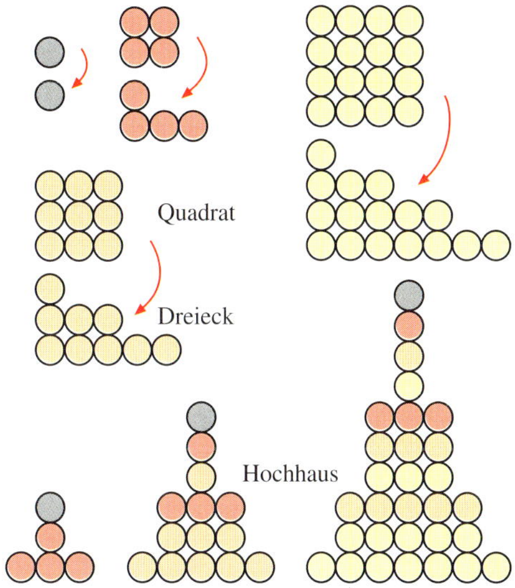

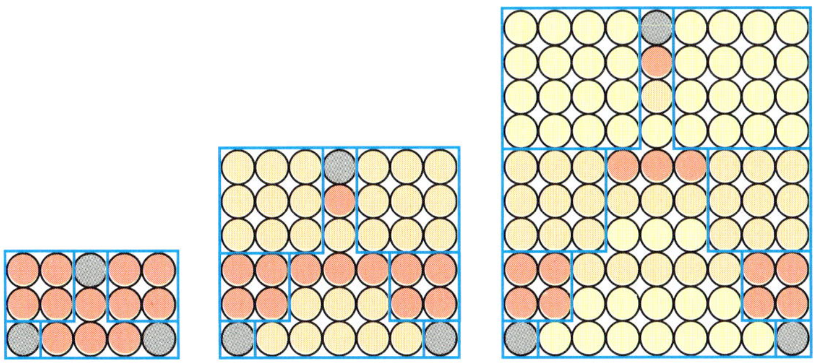

8 Die „Hochhäuser“ von Aufgabe 7 ergänzen wir nun zu Rechtecken, indem wir die ursprünglichen Quadrate nochmals auf beiden Seiten der „Hochhäuser“ hinzufügen.
a) Wie viele Marken liegen bei n Farben an den Seiten des Rechtecks?
Wie viele Marken enthält nun das Rechteck?
b) Welche Formel für die Summe
$1^2 + 2^2 + 3^2 + \ldots + n^2$
ergibt sich aus a)?
c) Berechne mit b) die Summe $1^2 + 2^2 + \ldots + 199^2 + 200^2$.

9 a) Bestimme mit der Formel für die Summe $1^2 + 2^2 + \ldots + n^2$ von Aufgabe 8 eine Formel für die Summe $2^2 + 4^2 + 6^2 + \ldots + (2n)^2$ der geraden Quadratzahlen. Klammere dazu aus der Summe $2^2 + 4^2 + \ldots + (2n)^2$ einen geeigneten Faktor aus.
b) Welche möglichst einfache Formel erhältst du mit a) für die Summe
$1^2 + 3^2 + \ldots + (2n - 1)^2$ der ungeraden Quadratzahlen?
c) Berechne $2^2 + 4^2 + \ldots + 100^2$ und $1^2 + 3^2 + \ldots + 99^2$.

Mathematische Exkursionen

Je weniger Rechenschritte, desto schneller

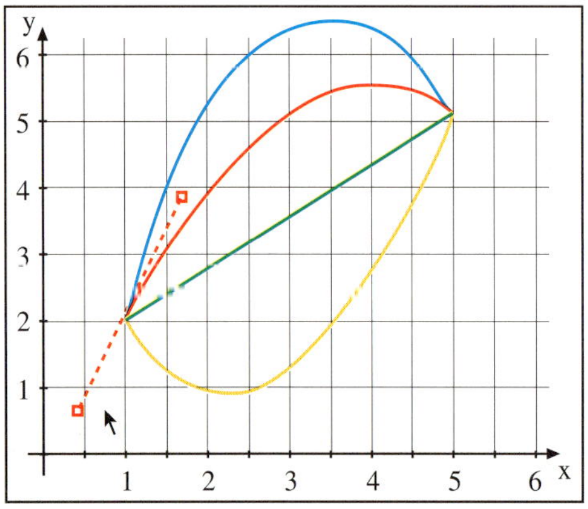

Das Achsenkreuz wird bei Zeichenprogrammen meist nicht auf dem Bildschirm gezeigt.

Bei vielen Zeichenprogrammen für Computer kann man zwei gegebene Punkte durch eine gekrümmte Linie verbinden, deren Steigung in einem Punkt noch gewählt werden kann. Dabei ermittelt der Computer einen Term, der die Kurve beschreibt. Wie dies geschieht, können wir hier nicht untersuchen. Für die rote Kurve hat der Computer den Term $(0{,}3\,x - 2{,}4)(0{,}2 - 1{,}2\,x)$ errechnet.

1 Belege in dem Term

$$(0{,}3\,x - 2{,}4)(0{,}2 - 1{,}2\,x) \qquad [P]$$

die Variable x mit 1; . . . ; 5 und zeichne damit die Kurve in dein Heft. Vergleiche das Ergebnis mit der hier abgebildeten Kurve. Woher rührt der Unterschied?

Um eine ansprechende Kurve zu erhalten, muss der Computer die Variable x in dem Term [P] mit sehr vielen Zahlen belegen, und dies benötigt Zeit. Deshalb stellt sich die Frage, ob man durch Termumformungen die Zahl der Rechenschritte verringern kann. Wir können z. B. den Term [P] ausmultiplizieren und erhalten:

$$-0{,}36\,x^2 + 2{,}94\,x - 0{,}48\,. \qquad [S]$$

2 Wie viele Additionen und Multiplikationen müssen durchgeführt werden, wenn die Variable x in den Termen [P] und [S] je mit einer Zahl belegt wird?

3 Bei der Berechnung von [S] muss sowohl $-0{,}36\,x$ als auch $2{,}94$ mit x multipliziert werden. Wir können deshalb die Variable x ausklammern und erhalten

$$(-0{,}36\,x + 2{,}94)\,x - 0{,}48\,. \qquad [H]$$

Wie viele Additionen und Multiplikationen sind jetzt erforderlich?

4 Um die Zeitersparnis noch genauer angeben zu können, vergleichen wir die Dauer einer Addition und einer Multiplikation. Dazu übersetzen wir die links dargestellten Anweisungen in eine Programmiersprache und messen die Rechenzeit. Dann fügen wir am Ende nacheinander je die Zeilen **s := a + b** sowie **p := a * b** an und messen in beiden Fällen die Rechenzeit. Welche Ergebnisse erhältst du mit deinem Schulcomputer?

```
Für i := 1 BIS 30000
        WIEDERHOLE
     a := Zufallszahl
     b := Zufallszahl
```

5 Wie viel Prozent beträgt die Zeitersparnis von [H] gegenüber [S], wenn eine Multiplikation 2,4-mal so lang wie eine Addition dauert?

6 Die Terme

$$(2x + 3)(4x + 5)(6x + 7) \qquad [P]$$
$$48\,x^3 + 188\,x^2 + 244\,x + 105 \qquad [S]$$
$$((48\,x + 188)\,x + 244)\,x + 105 \qquad [H]$$

sind äquivalent. Bestimme für [P], [S] und [H] die Anzahl der benötigten Additionen und Multiplikationen sowie die Zeitersparnis wie in Aufgabe 5.

Die hier gezeigte, einfache Berechnung von Termen heißt HORNER-Verfahren. Es hat viele Entdecker. Man findet es bereits 1247 in einem Buch des chinesischen Mathematikers CHIN-KIU-SHAO, dann 1427 im Buch „Ulug Beg" des arabischen Mathematikers AL-KASI. Dann hat es der Italiener Paolo RUFFINI (1765 – 1822) in den Jahren 1807/08 und schließlich 1819 der englische Mathematiker William George HORNER (1786 – 1837) veröffentlicht. Nach Letzterem ist es benannt.

Terme
Terme sind Rechenvorschriften.
Beim Belegen der Variablen in einem Term werden für die Variablen Zahlen eingesetzt.

$2a - 3b + 2$ ist ein Term mit den Variablen a und b.
Belegt man a mit 4 und b mit –5, erhält man $2 \cdot 4 - 3(-5) + 2 = 25$.

Vereinfachen von Summen und Produkten
Produkte werden durch Vertauschen und Zusammenfassen von Faktoren vereinfacht.
Bei Summen können nur Summanden zusammengefasst werden, welche die gleichen Variablen mit den gleichen Hochzahlen enthalten.
Beim Weglassen von Klammern sind die Plusklammerregel und insbesondere die Minusklammerregel zu beachten.

$4a \cdot 3 = 4 \cdot 3 \cdot a = 12a$
$2a \cdot 5b = 2 \cdot 5 \cdot a \cdot b = 10ab$
$2a + 7b + 3a + 8 = 5a + 7b + 8$
$2a^2 + a^2 - 3a + 4a = 3a^2 + a$

$4a + (2b - 4a) = 4a + 2b - 4a = 2b$
$3b - (3b - 2a) = 3b - 3b + 2a = 2a$

Multiplizieren von Produkten und Potenzen
Ein Produkt wird mit einem Faktor multipliziert, indem man nur einen Faktor des Produktes multipliziert.
Potenzen werden beim Umformen zuerst als Produkte geschrieben.

$3a \cdot (2b \cdot 5b) = (3a \cdot 2b) \cdot 5b = 6ab \cdot 5b$
$= 30ab^2$
$(3a)^3 = (3a) \cdot (3a) \cdot (3a)$
$= 3 \cdot 3 \cdot 3 \cdot a \cdot a \cdot a = 27a^3$

Multiplizieren von Summen
Mit dem Distributivgesetz werden
a) Produkte zu Summen umgeformt (Ausmultiplizieren):
Eine Summe wird mit einem Faktor multipliziert, indem man jeden Summanden mit dem Faktor multipliziert.
Eine Summe wird mit einer Summe multipliziert, indem man jeden Summanden der ersten Summe mit jedem Summanden der zweiten Summe multipliziert.
b) Summen zu Produkten umgeformt (Ausklammern):
Das Ausklammern ist die Umkehrung des Ausmultiplizierens.

$2a \cdot (4a + 3b) = 2a \cdot 4a + 2a \cdot 3b$
$= 8a^2 + 6ab$
$(2a - 3b)(4c - 5d)$
$= 2a \cdot 4c - 2a \cdot 5d - 3b \cdot 4c + 3b \cdot 5d$
$= 8ac - 10ad - 12bc + 15bd$

$6ab - 8ac = 2a \cdot 3b - 2a \cdot 4c$
$= 2a \cdot (3b - 4c)$

Potenzieren von Summen
Beim Potenzieren von Summen oder Differenzen sind die ersten beiden binomischen Formeln nützlich:
$(a + b)^2 = a^2 + 2ab + b^2$; $(a - b)^2 = a^2 - 2ab + b^2$.
Die 3. binomische Formel $(a - b)(a + b) = a^2 - b^2$ hilft manchmal beim Multiplizieren von Summen mit Differenzen.
Die binomischen Formeln erlauben auch, gewisse Summen und Differenzen als Produkte zu schreiben.

$(2a + 3)^2 = 4a^2 + 12a + 9$
$(4a - 5b)^2 = 16a^2 - 40ab + 25b^2$

$(3a - 5b) \cdot (3a + 5b) = 9a^2 - 25b^2$

$3a^3 - 12a^2b + 12ab^2$
$= 3a(a^2 - 4ab + 4b^2) = 3a(a - 2b)^2$

Terme mit vielen Rechenschritten
Wie bei Zahlen gilt:
Potenzieren vor Multiplizieren vor Dividieren.
Abweichungen von dieser Vereinbarung werden durch Klammern gekennzeichnet.

$6(a - b)^2 + 3(4ab - 2b^2)$
$= 6(a^2 - 2ab + b^2) + 12ab - 6b^2$
$= 6a^2 - 12ab + 6b^2 + 12ab - 6b^2$
$= 6a^2$

V Besondere Punkte und Linien im Dreieck

1 Der Umkreismittelpunkt U

1 In einer Grünanlage soll ein kreisförmiger Kinderspielplatz angelegt werden. Lässt sich erreichen, dass die drei vorhandenen Bäume am Rande des neuen Spielplatzes stehen, so dass sie im Sommer den Kindern Schatten spenden?

2 Zeichne ein rechtwinkliges Dreieck ABC. Wie findet man den Mittelpunkt des Kreises, der durch die Eckpunkte A, B und C verläuft? Zeichne diesen Kreis ein.

Zur Erinnerung:
Die Mittelsenkrechte einer Strecke AB ist der geometrische Ort aller der Punkte, die von A und B gleich weit entfernt sind.

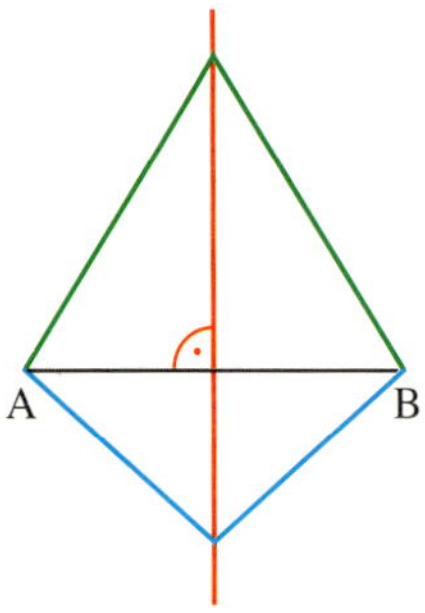

Im Dreieck ABC sind m_1 und m_2 die Mittelsenkrechten der Seiten AB und BC; ihr Schnittpunkt ist U.
Weil U auf m_1 liegt, ist $\overline{UA} = \overline{UB}$;
weil U auf m_2 liegt, ist $\overline{UB} = \overline{UC}$.
Also ist auch $\overline{UA} = \overline{UC}$
Der Punkt U muss also auch auf der Mittelsenkrechten von AC liegen. Er ist von A, B und C gleich weit entfernt. Man kann also um U einen Kreis zeichnen, der durch die Ecken des Dreiecks geht. Dieser Kreis heißt **Umkreis**, sein Mittelpunkt **Umkreismittelpunkt** und sein Radius **Umkreisradius**.

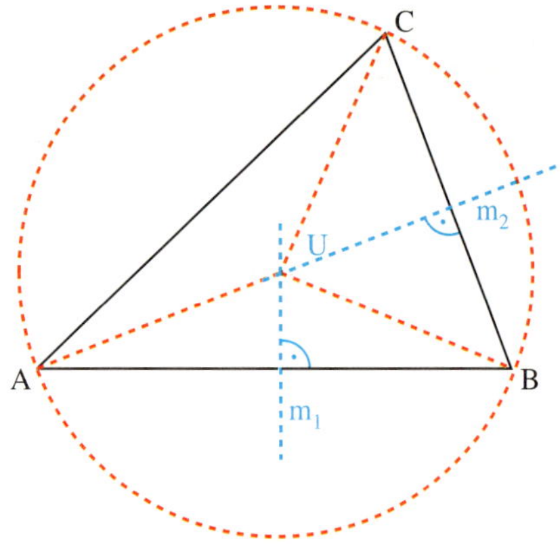

Satz vom Umkreis:
In jedem Dreieck schneiden sich die **Mittelsenkrechten** der drei Seiten in einem Punkt U. Dieser Punkt hat von allen drei Ecken des Dreiecks den gleichen Abstand.

Besondere Lagen des Umkreismittelpunktes U:

spitzwinkliges Dreieck

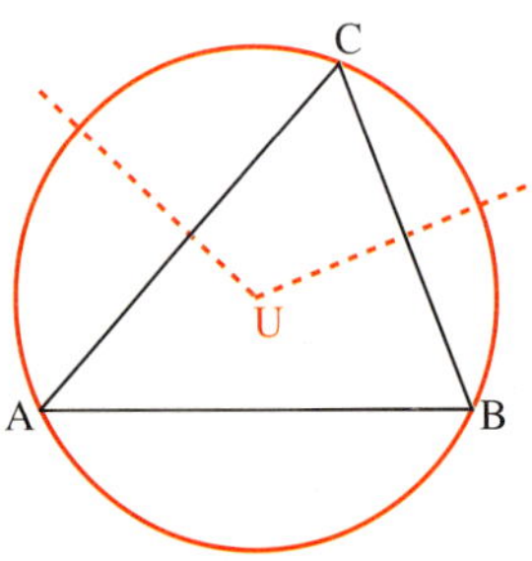

U liegt im Dreieck

rechtwinkliges Dreieck

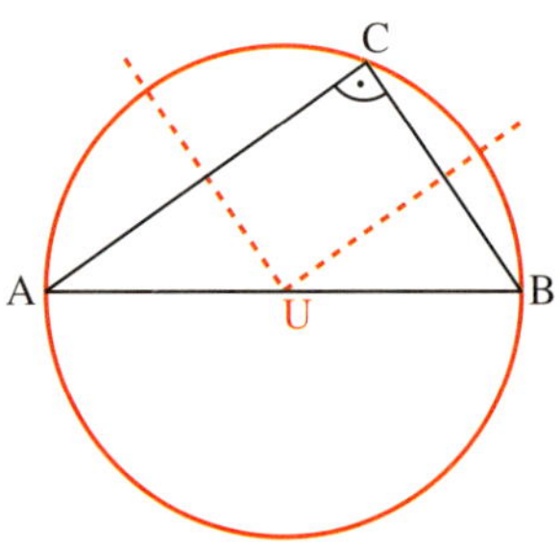

U liegt auf einer Dreiecksseite

stumpfwinkliges Dreieck

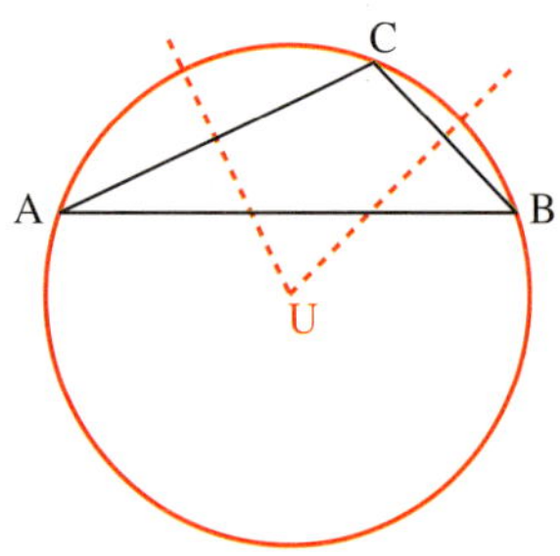

U liegt außerhalb des Dreiecks

Beachte:
*Im Unterschied zu Dreiecken haben Vierecke im Allgemeinen **keinen** Umkreis.*

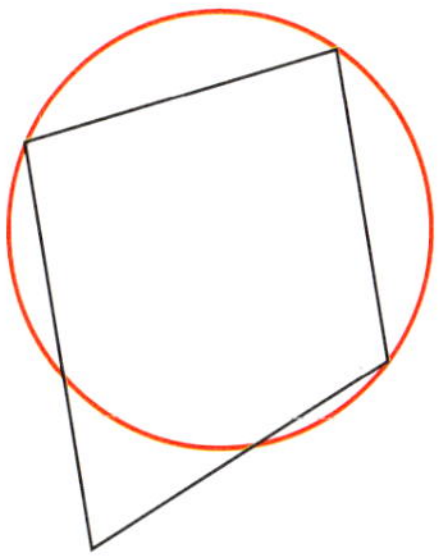

Beispiel: (Konstruktion eines Dreiecks mit Hilfe des Umkreises)
Konstruiere ein Dreieck ABC mit a = 3,2 cm, b = 4,9 cm und dem Umkreisradius r = 2,8 cm.

Konstruktionsbeschreibung:
Zeichne um einen Punkt U den Umkreis mit r = 2,8 cm. Wähle auf dem Umkreis einen Punkt A. Zeichne um A einen Kreis mit dem Radius b = 4,9 cm. Der Kreis schneidet den Umkreis in C. Verbinde A mit C. Zeichne um C einen Kreis mit dem Radius a = 3,2 cm. Dieser Kreis schneidet den Umkreis in B und B′. Verbinde B mit A und C bzw. B′ mit A und C.
Beachte: Die beiden Dreiecke ABC und AB′C sind nicht kongruent, erfüllen aber beide die gegebenen Bedingungen. Wir sagen: Es gibt 2 Lösungen. Hätte man mit C′ weitergearbeitet, so würden sich zwei Lösungsdreiecke ergeben, die symmetrisch zu den gezeichneten Dreiecken liegen.

Konstruktion:

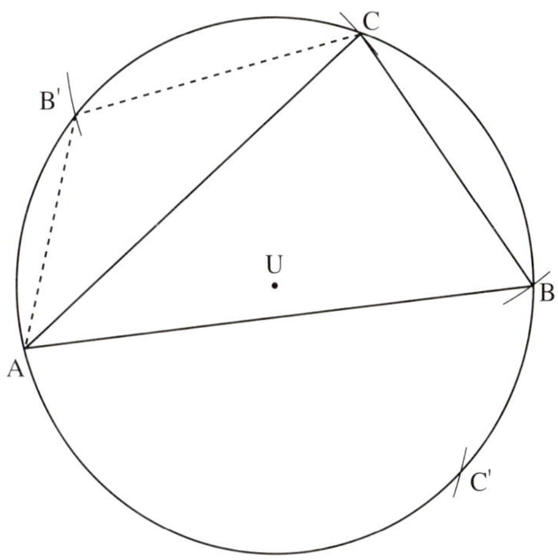

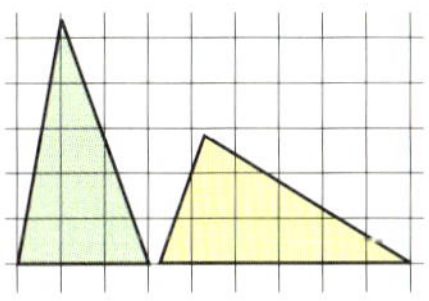

Die beiden Dreiecke sind kongruent, aber nicht gleich hoch.
Warum ist dies kein Widerspruch?

Verbindet man im Dreieck ABC die Seitenmitten, so erhält man das „Mittendreieck“ $A_1B_1C_1$. Seine Seiten sind parallel zu den Seiten von Dreieck ABC; seine Höhen liegen auf den Mittelsenkrechten von Dreieck ABC. Die Höhen schneiden sich also in einem Punkt, dem **Höhenschnittpunkt H** des Dreiecks $A_1B_1C_1$. Da man jedes Dreieck als Mittendreieck eines anderen auffassen kann, gilt:

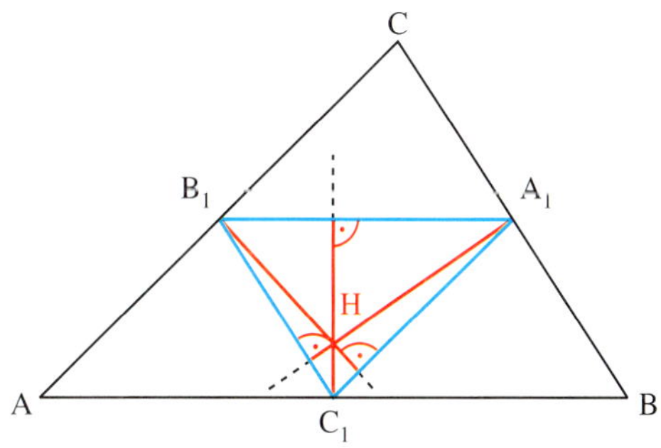

> **Satz** vom Höhenschnittpunkt:
> In jedem Dreieck schneiden sich die drei **Höhen** (oder deren Verlängerungen) in einem Punkt.

Höhen in einem rechtwinkligen Dreieck

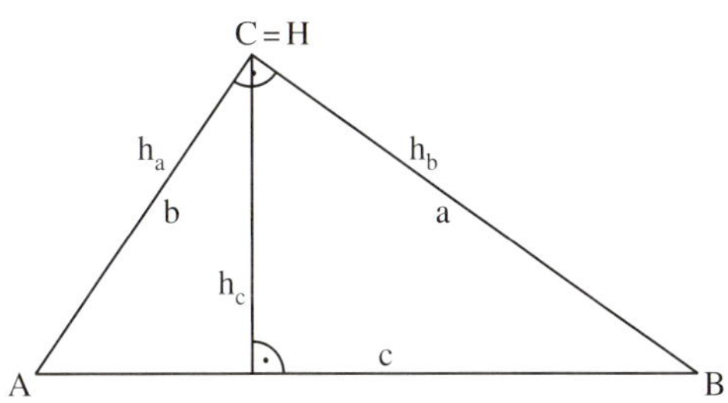

H liegt in einer Ecke des Dreiecks

Höhen in einem stumpfwinkligen Dreieck

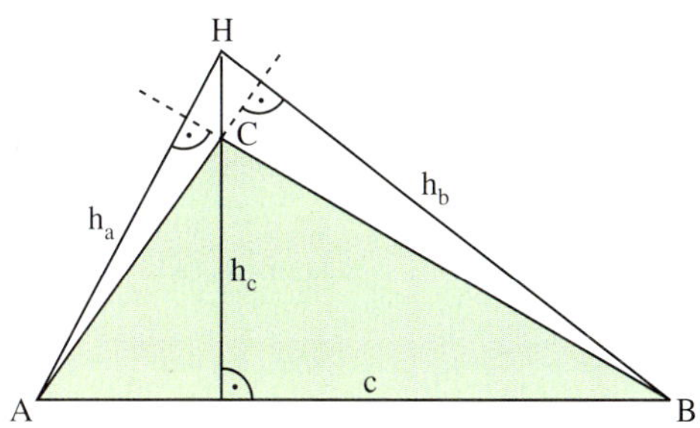

H liegt außerhalb des Dreiecks

Zeichne durch Umfahren einer Tasse einen Kreis. Wie kann man den Mittelpunkt bestimmen? Führe die Konstruktion durch.

Konstruktionen zum Umkreis

3 Konstruiere ein Dreieck mit Umkreis. Gib den Radius r des Umkreises an.
a) b = 5,8 cm; c = 5,4 cm; $\alpha = 48°$
b) a = 5,8 cm; b = 3,5 cm; c = 7,5 cm
c) a = 4,7 cm; b = 7,7 cm; c = 6,2 cm
d) b = 6,8 cm; c = 7,5 cm; $\gamma = 78°$

4 Konstruiere ein Dreieck; beschreibe die Konstruktion. Gib für jede Lösung die restlichen Stücke an.
a) r = 3,0 cm; a = 2,5 cm; b = 4,0 cm
b) r = 3,5 cm; c = 5,0 cm; b = 5,5 cm
c) r = 4,0 cm; c = 7,5 cm; $\alpha = 60°$
d) r = 3,5 cm; a = 5,8 cm; $\gamma = 46°$

5 Konstruiere ein rechtwinkliges Dreieck ($\gamma = 90°$).
a) r = 3,8 cm; $\alpha = 30°$
b) r = 4,2 cm; a = 5,0 cm
c) r = 4,8 cm; $\beta = 55°$

6 Zeichne drei Punkte P, Q und R, die nicht auf einer Geraden liegen. Gesucht ist ein Radius r so, dass die Kreise um P, Q und R mit diesem Radius r durch denselben Punkt gehen. Führe die Konstruktion durch.

7 Zeichne das Dreieck ABC und den Kreis um M durch C in dein Heft. Konstruiere jeweils den Umkreismittelpunkt U des Dreiecks ABC, wenn die Ecke C die angegebenen Lagen annimmt. Auf welcher Linie wandert U, wenn C den Kreis durchläuft?

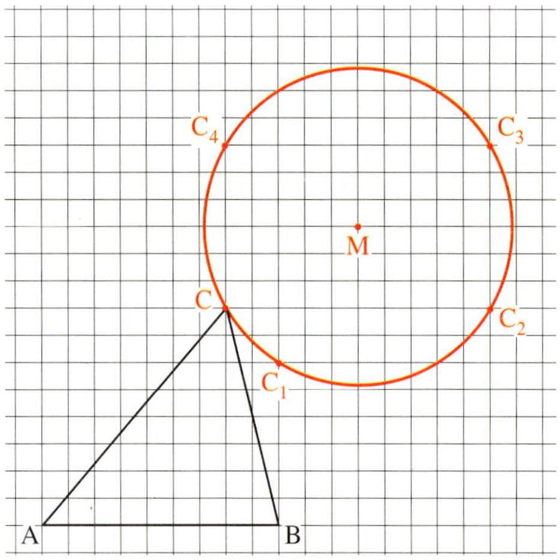

Konstruktionen mit Dreieckshöhen

8 Konstruiere ein Dreieck. Gib für jede Lösung die restlichen Stücke an.
a) a = 4,0 cm; c = 4,5 cm; $h_c = 3,5$ cm
b) $h_a = 4,0$ cm; c = 4,2 cm; a = 3,4 cm
c) $h_c = 4,2$ cm; b = 4,4 cm; $\gamma = 40°$
d) $h_c = 4,2$ cm; a = 4,4 cm; b = 4,6 cm
e) $h_c = 3,6$ cm; a = 3,8 cm; $\alpha = 50°$
f) b = 3,8 cm; $h_c = 3,0$ cm; $\beta = 28°$

9 Konstruiere ein gleichschenkliges Dreieck ABC mit der Grundseite AB aus:
a) $h_c = 6,6$ cm; b = 7,0 cm
b) $h_b = 4,0$ cm; c = 4,5 cm
c) $h_c = 5,0$ cm; c = 2,8 cm
d) $h_a = 3,0$ cm; b = 3,2 cm.

10 Wie hoch ungefähr reicht eine 25 m lange Feuerwehrleiter bei einem Neigungswinkel von 55°?

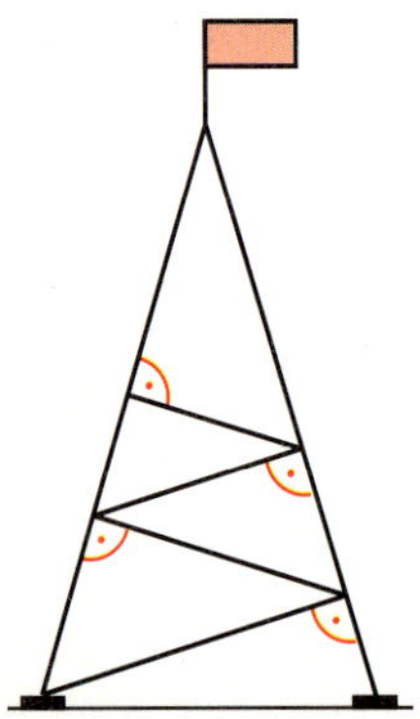

11 Das Gerüst ist 20 m hoch und am Boden 15 m breit. Wie lang sind die Querverstrebungen, wenn diese jeweils senkrecht zu den Seitenträgern angebracht sind? Zeichne im Maßstab 1 : 250.

12 Es sei $u = a + b + c$ der Umfang eines Dreiecks. Zeige: Die Summe der Längen der drei Höhen ist kleiner als u und größer als $\frac{1}{2}$u.
(Anleitung: Wende die Dreiecksungleichung auf Teildreiecke an.)

2 Der Inkreismittelpunkt I

1 Aus einem dreieckigen Stoffrest soll eine möglichst große kreisrunde Unterlage für eine Blumenvase geschneidert werden. Wie kann man den Mittelpunkt des Kreises durch Falten finden?

2 Zeichne ein beliebiges Dreieck und konstruiere die Winkelhalbierenden der drei Innenwinkel. Was fällt dir auf?

Zur Erinnerung:
Die Winkelhalbierende eines Winkels ist der geometrische Ort aller der Punkte, die von den beiden Schenkeln den gleichen Abstand haben.

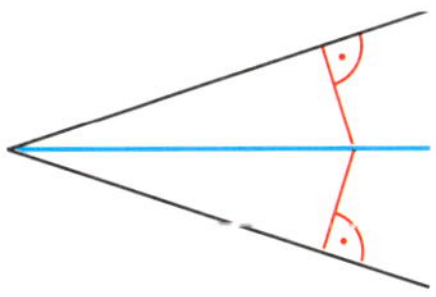

In einem Dreieck ABC bezeichnet man die Winkelhalbierenden (oder ihre Längen) mit w_α, w_β und w_γ. Der Schnittpunkt von w_α und w_β sei I. Dieser Punkt I hat von b und c bzw. von a und c den gleichen Abstand. Damit hat er auch von a und b den gleichen Abstand. I muss also auch auf w_γ liegen. Man kann somit um I einen Kreis zeichnen, der alle drei Seiten des Dreiecks berührt. Dieser Kreis heißt **Inkreis**, sein Mittelpunkt **Inkreismittelpunkt** und sein Radius **Inkreisradius**.

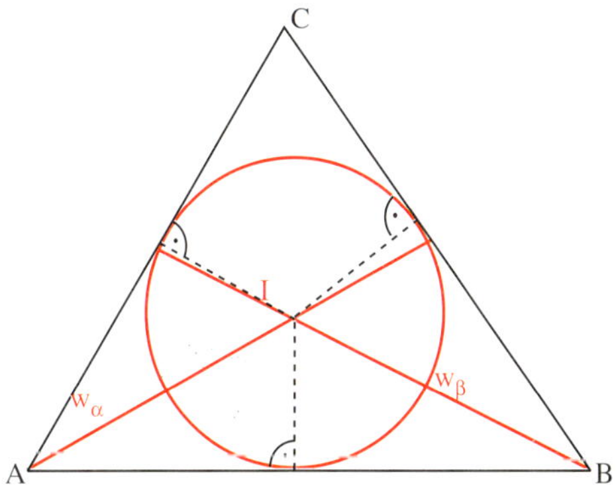

Für den Inkreisradius verwendet man meistens den griechischen Buchstaben ρ (gelesen: rho).

ρ

Satz vom Inkreis:
In jedem Dreieck schneiden sich die **Winkelhalbierenden** der drei Innenwinkel in einem Punkt I. Dieser Punkt hat von allen drei Seiten des Dreiecks den gleichen Abstand.

Beispiel:
Am Giebel eines Rathauses soll eine Uhr angebracht werden. Der Giebel hat die Form eines gleichschenkligen Dreiecks mit der Basis 8,0 m und den Schenkellängen 4,5 m. Wie groß darf der Radius des Zifferblattes höchstens sein; wo sollte der Mittelpunkt der Uhr liegen? Wir fertigen eine Zeichnung im Maßstab 1 : 100.

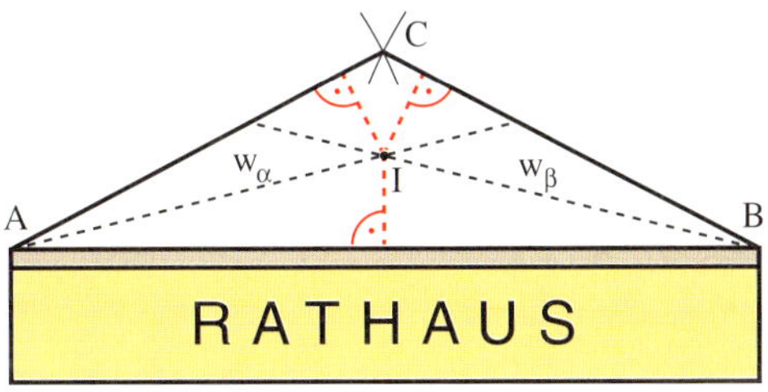

Konstruktionsbeschreibung:
Zeichne ein gleichschenkliges Dreieck ABC mit $c = 8{,}0\,\text{cm}$ und $a = b = 4{,}5\,\text{cm}$. Konstruiere die Winkelhalbierenden w_α und w_β; sie schneiden sich in I. Fälle von I die Lote auf die drei Seiten. Danach können wir ablesen: Der Abstand des Punktes I von den Seiten beträgt ungefähr 0,9 cm.

Der Radius des Zifferblattes darf also höchstens 90 cm betragen. Da der Giebel gleichschenklig ist, liegt der Mittelpunkt 90 cm über der Mitte der Grundseite.

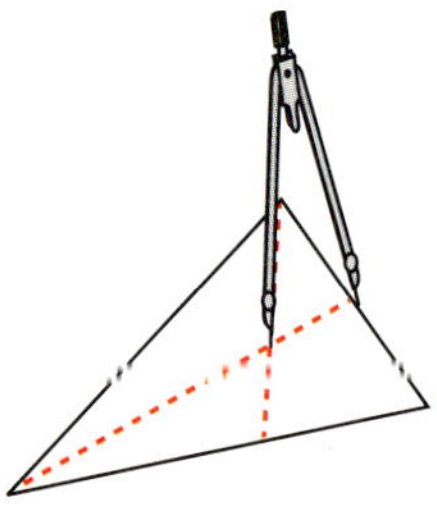

Jens möchte mit dem Zirkel den Radius des Inkreises abgreifen. Was macht er falsch?

3 Konstruiere ein Dreieck ABC und seinen Inkreis.

a) $c = 5{,}8\,cm$; $\alpha = 47°$; $\gamma = 55°$
b) $a = 8\,cm$; $b = 5\,cm$; $\alpha = 57°$
c) $c = 6{,}5\,cm$; $\alpha = 48°$; $w_\alpha = 6{,}3\,cm$
d) $a = 5{,}5\,cm$; $\beta = 113°$; $w_\beta = 2{,}7\,cm$
e) $b = 4{,}8\,cm$; $\alpha = 60°$; $w_\alpha = 4{,}6\,cm$
f) $\beta = 40°$; $\gamma = 65°$; $w_\beta = 6{,}2\,cm$

4 a) Zeichne ein Dreieck ABC mit $a = 7{,}5\,cm$; $b = 10\,cm$; $c = 8{,}6\,cm$. Konstruiere den Umkreis und den Inkreis des Dreiecks.
b) Konstruiere ein Dreieck aus $\gamma = 90°$; $b = 5{,}2\,cm$; $w_\alpha = 5{,}5\,cm$.

5 a) Zeige durch ein Beispiel: Drei Geraden g, h, k können so liegen, dass es keinen Punkt gibt, der von g, h und k den gleichen Abstand hat.
b) Zeichne zwei parallele Geraden g und h sowie eine dritte Gerade k, welche g und h schneidet. Konstruiere alle Punkte, die von g, h und k den gleichen Abstand haben. Wie viele solche Punkte gibt es?

6 Gegeben sind ein Punkt A und zwei von A ausgehende Halbgeraden. Der Punkt B liegt auf der einen, der Punkt C auf der anderen Halbgeraden.
Was ist der geometrische Ort des Mittelpunktes des Inkreises von Dreieck ABC, wenn C auf der Halbgeraden wandert?

7 a) Von einem Dreieck sind die beiden Eckpunkte $A(2|1)$ und $B(9|3)$ sowie der Mittelpunkt $I(6|4)$ des Inkreises gegeben. Konstruiere das Dreieck.
b) Der Inkreis eines Dreiecks berührt die Dreiecksseiten in $D(5|0)$, $E(4|6)$ und $F(0|4)$. Konstruiere das Dreieck.

8 Konstruiere die Figur in deinem Heft; nutze dabei die Symmetrie aus.

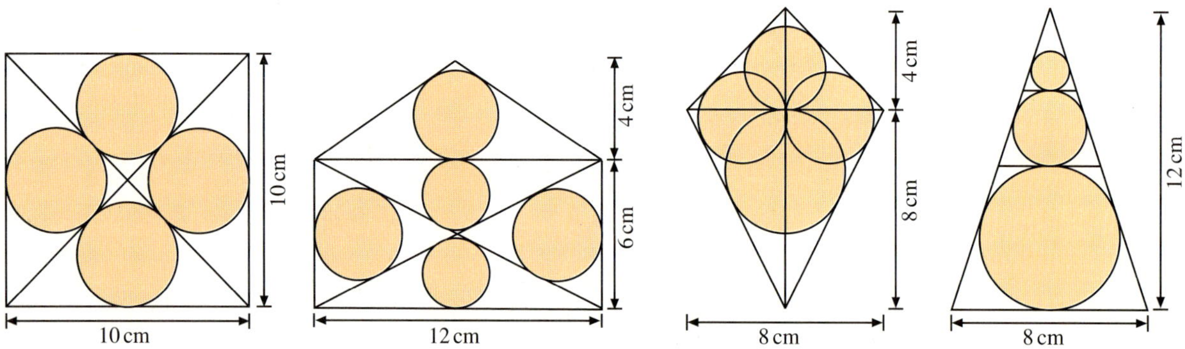

9 Bei dem Trichter ist die rote Linie in Wirklichkeit ein Kreis mit dem Durchmesser 30 cm; die kürzeste (grün eingezeichnete) Mantellinie ist 20 cm, die längste (blau eingezeichnete) Mantellinie 40 cm lang.
a) Zeichne eine Seitenansicht des Trichters im Maßstab 1 : 4.
b) Welchen Durchmesser darf eine kugelrunde Orange höchstens haben, damit sie nicht aus dem Trichter „herausschaut“?

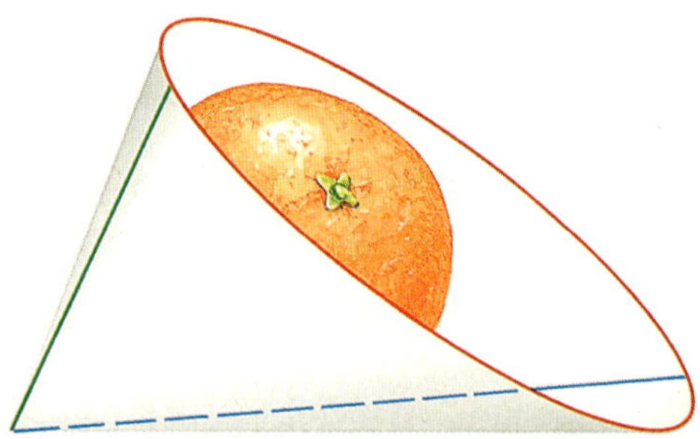

3 Der Schwerpunkt S

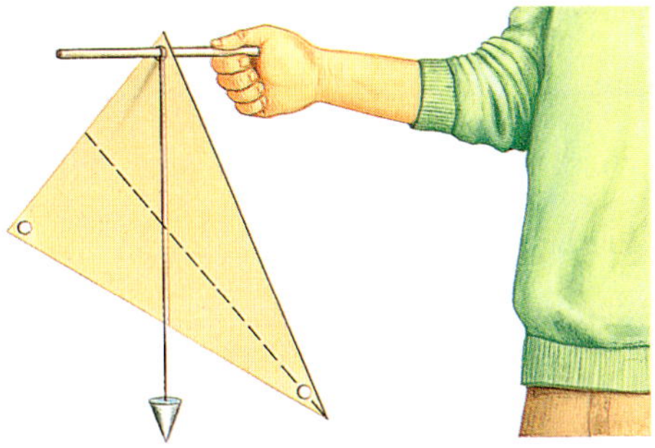

1 Schneide aus einem Stück Pappe ein Dreieck aus. Hänge das Dreieck und ein Lot (Faden mit Gewicht) nacheinander an jeder Ecke drehbar auf.
a) Zeichne jeweils den Verlauf des Fadens in das Dreieck ein.
b) Wo schneiden die eingezeichneten Linien die Dreiecksseiten?
c) Gehen die eingezeichneten Linien durch einen Punkt?

So kannst du ein Dreieck aus Pappe, Holz usw. im Gleichgewicht halten:

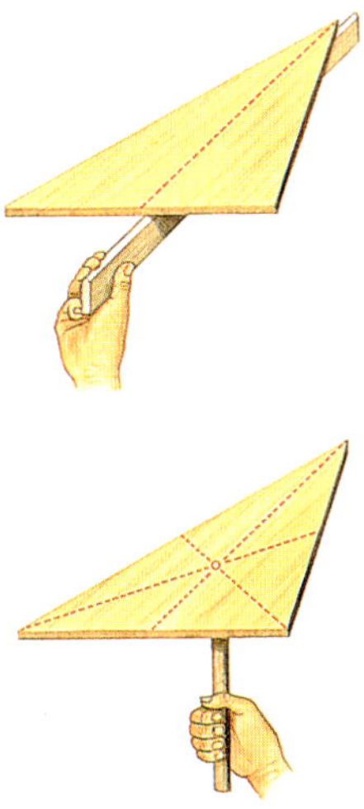

Ein Stück Pappe in der Form eines Parallelogramms kann man leicht in zwei gleich große Stücke zerschneiden (Fig. 1). Bei einem dreieckigen Stück Pappe (Fig. 2) ist dies nicht so einfach. Ein Vergleich mit dem Parallelogramm zeigt aber: Verbindet man eine Ecke mit der Mitte der gegenüberliegenden Seite, so halbiert diese Linie die Fläche des Dreiecks (Fig. 3). Ein längs dieser Linie unterstütztes Dreieck ist „im Gleichgewicht". Diese „Flächenhalbierende" wird deshalb auch **Schwerlinie** genannt.

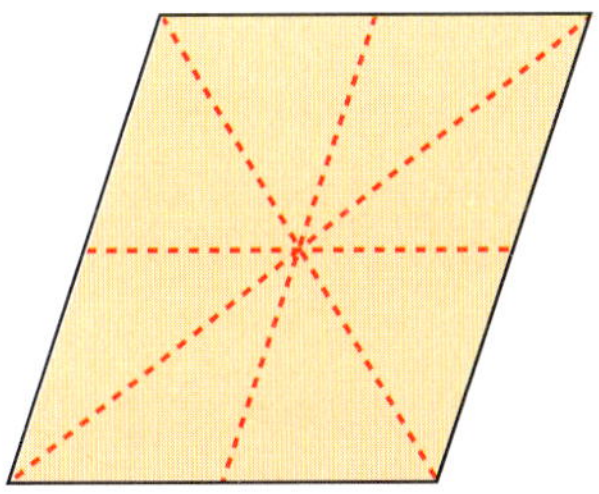

Fig. 1

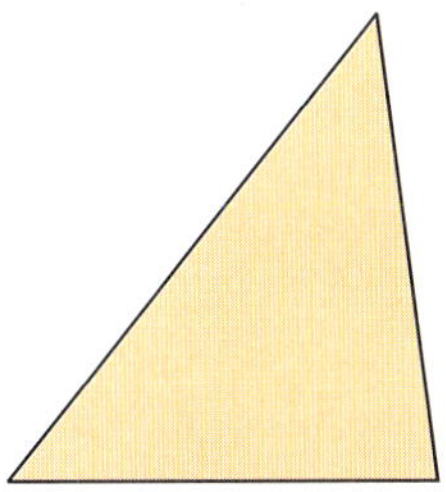

Fig. 2

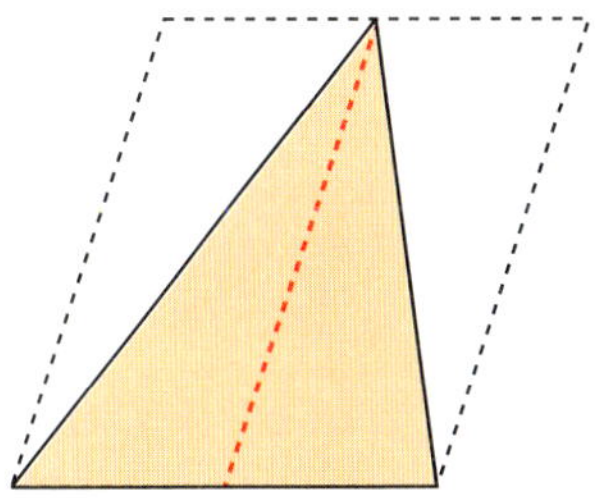

Fig. 3

Jedes Dreieck hat drei Schwerlinien. Da sie von den Ecken zu den Mitten M_a, M_b und M_c der gegenüberliegenden Seiten verlaufen, heißen sie auch **Seitenhalbierende**; sie (wie auch ihre Längen) werden mit s_a, s_b und s_c bezeichnet. Wir beweisen nun, dass sich die Seitenhalbierenden in einem Punkt S schneiden. Dieser Schnittpunkt S heißt **Schwerpunkt**.

Beweis:
Im Dreieck ABC sind durch A und B sowie durch die Mitten M_a und M_b die Parallelen zur Seitenhalbierenden s_c gezeichnet. Die Parallelen durch M_a und M_b sind in den Dreiecken AM_cC und M_cBC Mittelparallelen. Die Seite AB wird also in vier gleich lange Strecken geteilt. Somit bilden die Parallelen zusammen mit s_c eine Streifenschar. Diese teilt s_a in drei gleich lange Strecken, d.h.: s_c teilt s_a im Schnittpunkt S im Verhältnis 2 : 1. Entsprechend wird s_a auch von s_b im Verhältnis 2 : 1 geteilt, also muss s_b ebenfalls durch S gehen.

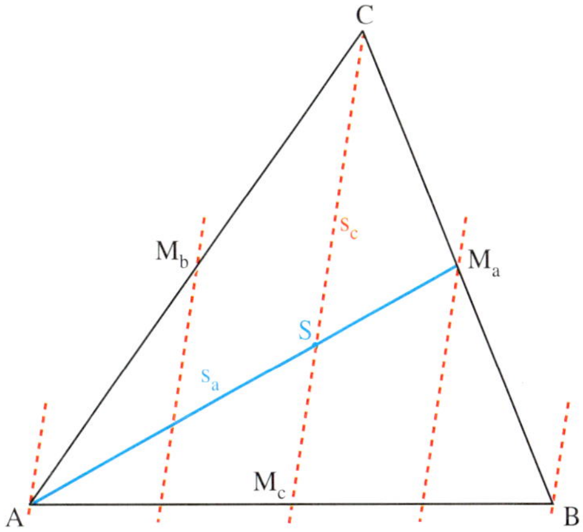

Schon Archimedes (287 – 212 v.Chr.; griechischer Mathematiker und Physiker in Syrakus) verfasste eine Schrift über den Schwerpunkt von Flächen. Im 16. Jahrhundert erklärte der Niederländer Simon Stevin (1548 – 1620) die Seitenhalbierende eines Dreiecks als Gleichgewichtsachse mit Hilfe der folgenden Figur.

Simon Stevin

Satz vom Schwerpunkt:
In jedem Dreieck schneiden sich die **Seitenhalbierenden** in einem Punkt, dem **Schwerpunkt S**.
Der Punkt S teilt jede Seitenhalbierende im Verhältnis 2 : 1.

Beispiel: (Konstruktion eines Dreieck und seines Schwerpunktes)
Konstruiere ein Dreieck ABC mit $a = 5{,}8\,cm$, $b = 3{,}0\,cm$ und $s_a = 3{,}6\,cm$.

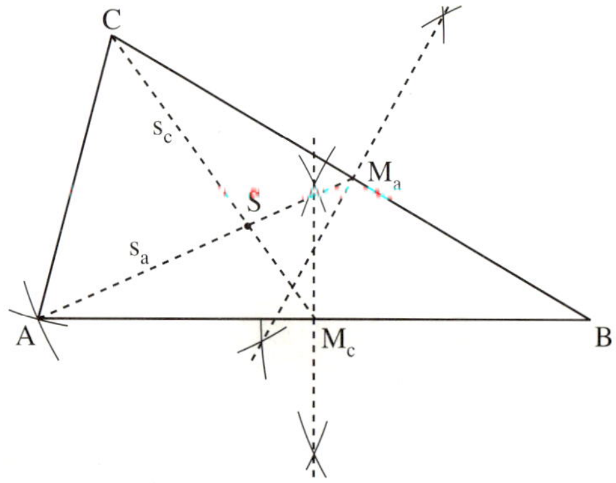

Konstruktionsbeschreibung:
Zeichne die Strecke BC mit $\overline{BC} = a = 5{,}8\,cm$. Konstruiere die Mitte M_a von BC. Zeichne einen Kreis um C mit dem Radius b = 3,0 cm und um M_a mit dem Radius $s_a = 3{,}6\,cm$. Die Kreise schneiden sich in A. Verbinde A mit B und C. Konstruiere die Mitte M_c von AB. Verbinde M_c mit C. Diese Seitenhalbierende schneidet s_a im Schwerpunkt S.
Bemerkung: Von den beiden Teilstrecken einer Seitenhalbierenden ist diejenige die längere, welche die Ecke enthält. Im Beispiel ist $\overline{AS} = \frac{2}{3} \cdot s_a = \frac{2}{3} \cdot 3{,}6\,cm = 2{,}4\,cm$.

2 Von einem Dreieck kennt man die Punkte
a) $A(1|2)$; $B(8|3)$; $M_a(7|5)$
b) $A(0|2)$; $M_b(2|3)$; $M_c(4|1)$
c) $C(5|6)$; $M_a(7|2)$; $M_c(5|0)$
d) $M_a(5{,}5|2{,}5)$; $M_b(3{,}5|3)$; $M_c(3|0{,}5)$.
Ermittle mit Hilfe der Gitterlinien das Dreieck; gib die Koordinaten des Schwerpunktes S an.

3 Von einem Dreieck kennt man die Punkte
a) $A(2|1)$; $M_c(4|2)$; $S(3|3{,}5)$
b) $C(3|6)$; $M_a(6|4)$; $S(4|3)$
c) $M_a(6|2{,}5)$; $M_b(3|3)$; $S(5|2)$
d) $M_a(7|4)$; $M_c(5|1)$; $S(5|3)$.
Ermittle mit Hilfe der Gitterlinien das Dreieck und gib die Koordinaten der fehlenden Ecken an.

4 Konstruiere ein Dreieck ABC und seinen Schwerpunkt S. Beschreibe die Konstruktion.
a) $a = 4{,}8\,cm$; $b = 6{,}6\,cm$; $c = 6{,}1\,cm$
b) $a = 4{,}7\,cm$; $b = 5{,}5\,cm$; $\gamma = 119°$
c) $c = 5{,}2\,cm$; $\beta = 41°$; $\gamma = 54°$
d) $c = 7{,}2\,cm$; $\alpha = 122°$; $\beta = 24°$

5 Konstruiere ein Dreieck ABC; beschreibe die Konstruktion.
a) $b = 7{,}0\,cm$; $c = 6{,}4\,cm$; $s_c = 5{,}0\,cm$
b) $a = 4{,}0\,cm$; $b = 5{,}0\,cm$; $s_b = 4{,}3\,cm$
c) $a = 3{,}0\,cm$; $\gamma = 70°$; $s_b = 3{,}4\,cm$
d) $c = 6{,}6\,cm$; $\alpha = 61°$; $s_b = 5{,}8\,cm$
e) $c = 6{,}0\,cm$; $\alpha = 49°$; $s_c = 5{,}4\,cm$
f) $b = 7{,}2\,cm$; $\gamma = 92°$; $s_b = 5{,}8\,cm$

6 In einem Dreieck ABC fällt
a) die Seitenhalbierende s_a mit der Mittelsenkrechten m_a zusammen
b) die Seitenhalbierende s_c mit der Höhe h_c zusammen
c) die Seitenhalbierende s_b mit der Winkelhalbierenden w_β zusammen.
Um was für ein besonderes Dreieck handelt es sich?

7 Konstruiere ein Dreieck ABC. Beginne mit einem Teildreieck, bei dem S eine Ecke ist.
a) $a = 6{,}0\,cm$; $s_b = 6{,}6\,cm$; $s_c = 3{,}6\,cm$
b) $c = 10{,}2\,cm$; $s_a = 8{,}7\,cm$; $s_b = 7{,}2\,cm$
c) $b = 7{,}0\,cm$; $s_b = 4{,}8\,cm$; $s_c = 5{,}1\,cm$
d) $c = 5{,}5\,cm$; $s_b = 4{,}8\,cm$; $s_c = 6{,}6\,cm$

Petra möchte ein schmales, dreieckiges Stück Pizza halbieren. Wie sollte sie schneiden, damit nicht beide Stücke noch schmaler werden?

8 Konstruiere ein gleichschenkliges Dreieck ABC mit der Grundseite AB.
Wie lang ist AB?
a) $s_b = 4{,}7\,cm$; $a = 7{,}0\,cm$
b) $s_a = 5{,}3\,cm$; $b = 6{,}6\,cm$
c) $s_a = 3{,}6\,cm$; $s_c = 6{,}3\,cm$
d) $s_c = 7{,}2\,cm$; $s_b = 7{,}5\,cm$

9 Denke dir die Dreiecke in Fig. 1 aus einer dicken Spanplatte ausgesägt. Wenn man sie auf eine Tischplatte stellt, so wird das linke Dreieck stehen bleiben, das rechte dagegen um die Ecke B nach rechts kippen.
Wird das mittlere Dreieck stehen bleiben oder ebenfalls umfallen?
Kann man bei einem solchen Dreieck voraussagen, ob es nach rechts kippen wird oder nicht?

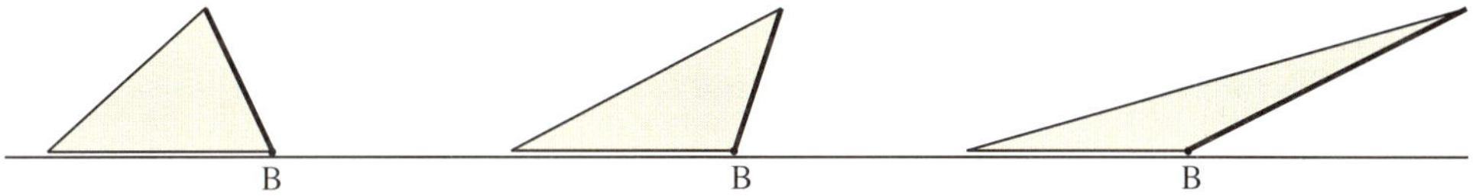

Fig. 1

Beweise

10 In dem Dreieck ABC (Fig. 2) sind M_a und M_b die Mitten der Seiten a und b. Weiterhin ist E die Mitte von AS und F die Mitte von BS.
a) Zeige: M_aM_b und EF sind parallel und gleich lang.
b) Beweise mit Hilfe kongruenter Dreiecke erneut den Satz vom Schwerpunkt.

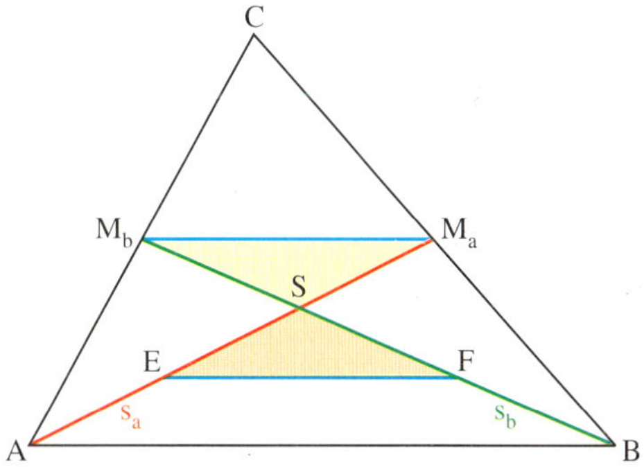

Fig. 2

11 In dem Parallelogramm ABCD (Fig. 3) sind E und F die Seitenmitten von BC bzw. CD.
Beweise: AE und AF teilen die Diagonale BD in drei gleich lange Strecken.

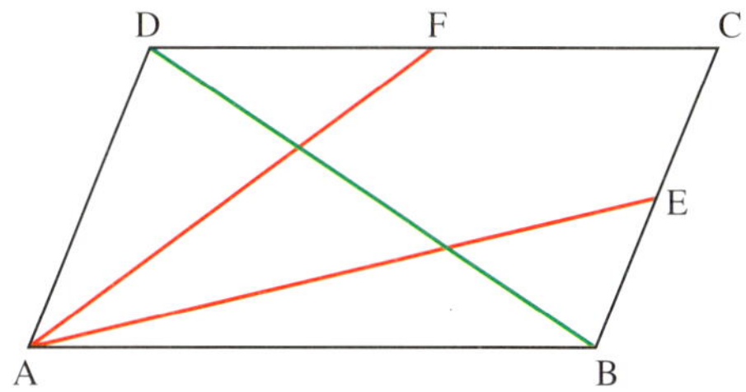

Fig. 3

12 In jedem Dreieck ist die halbe Summe zweier Seiten größer als die von der gemeinsamen Ecke ausgehende Seitenhalbierende. (Anleitung: Betrachte z. B. die Punktspiegelung an M_b.)

13 Es sei $u = a + b + c$ der Umfang eines Dreiecks. Beweise: Die Summe der Längen der drei Seitenhalbierenden ist kleiner als u und größer als $\frac{3}{4}u$.
(Anleitung: Wende die Dreiecksungleichung auf Teildreiecke an; vgl. Seite 106, Aufg. 12.)

14 Beweise: Sind in einem Dreieck zwei Seitenhalbierende gleich lang, so ist das Dreieck gleichschenklig.

4 Dreieckskonstruktionen

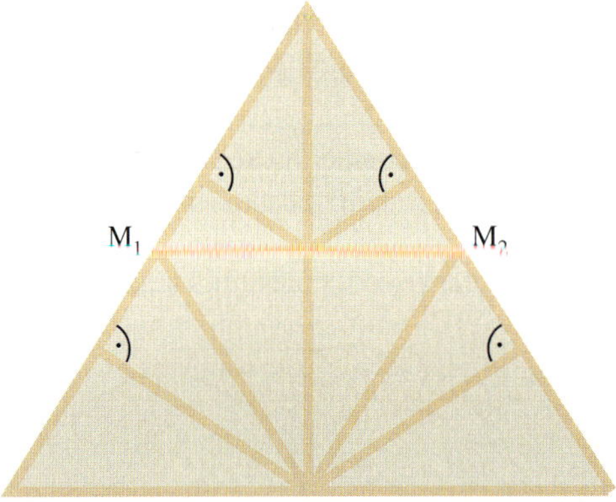

1 Der abgebildete Dachgiebel ist 6 m breit; die Dachneigung beträgt 57°. M_1 und M_2 sind Seitenmitten.
a) Zeichne den Giebel im Maßstab 1 : 100.
b) Wie lang sind die Stützbalken, die senkrecht zu den Seitenbalken verlaufen?

2 Von einem Dreieck sind gegeben:
$a = 3{,}5\,\text{cm}$; $c = 2{,}9\,\text{cm}$; $h_c = 3{,}0\,\text{cm}$.
a) Zeichne ein beliebiges Dreieck und markiere die gegebenen Stücke farbig.
b) Welches Teildreieck ist konstruierbar?
c) Führe die Konstruktion durch. Gibt es mehrere Lösungen?

Bei der Aufgabe, ein Dreieck ABC aus $c = 4{,}1\,\text{cm}$, $b = 2{,}3\,\text{cm}$ und $\beta = 27°$ zu konstruieren, schneidet der Kreis um A mit dem Radius b den freien Schenkel von β in C_1 und C_2 (Fig. 1). Die Dreiecke ABC_1 und ABC_2 erfüllen beide die geforderten Bedingungen, sind aber nicht kongruent.

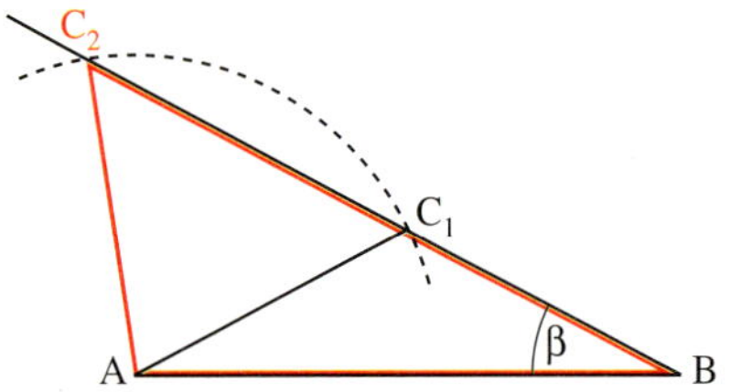

Fig. 1

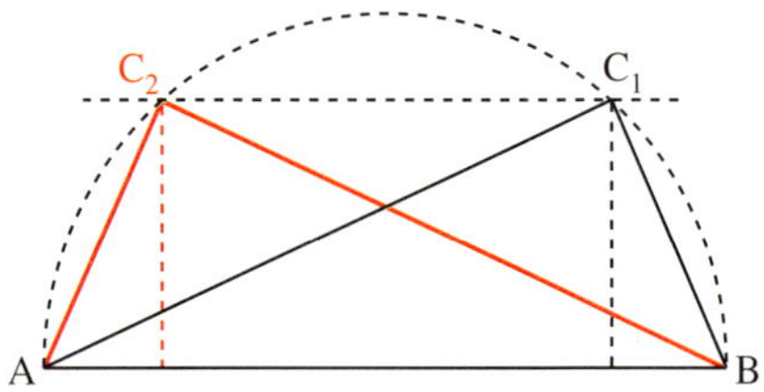

Fig. 2

Bei der Aufgabe, ein rechtwinkliges Dreieck ABC mit $\gamma = 90°$, $c = 5{,}3\,\text{cm}$ und $h_c = 2{,}0\,\text{cm}$ zu konstruieren, schneidet die Parallele zur Grundseite AB den Thaleskreis über AB auch in zwei Punkten (Fig. 2). Die Dreiecke ABC_1 und ABC_2 sind aber kongruent. Aus beiden Dreiecken ergeben sich die gleichen fehlenden Innenwinkel zu ungefähr 66° und 24°. Unterschiedlich sind nur die Bezeichnungen.

> Ergeben sich bei der Aufgabe, ein Dreieck zu konstruieren, mehrere Lösungsdreiecke, die aber kongruent sind, so sagen wir: Die Aufgabe hat nur eine Lösung. Von verschiedenen Lösungen sprechen wir nur, wenn es auch Lösungsdreiecke gibt, die nicht kongruent sind.

Bei schwierigeren Dreieckskonstruktionen ist es vorteilhaft, die Lösung in drei Schritten durchzuführen: 1. Planfigur; 2. Konstruktion; 3. Konstruktionsbeschreibung.
Für die Planfigur zeichnen wir ein beliebiges Dreieck und kennzeichnen die gegebenen Stücke farbig. Anhand dieser Figur überlegen wir, in welcher **Reihenfolge** die gegebenen Stücke verwendet werden können. Insbesondere achten wir darauf, ob ein **Teildreieck** konstruiert werden kann. Ist dies der Fall, schraffieren wir es in der Planfigur.

Beispiel 1: (Dreieckskonstruktion mit Hilfe eines Teildreiecks; 1 Lösung)
Konstruiere ein Dreieck ABC mit $c = 4{,}2\,cm$, Umkreisradius $r = 2{,}3\,cm$ und $s_c = 3{,}1\,cm$.

1. Planfigur:

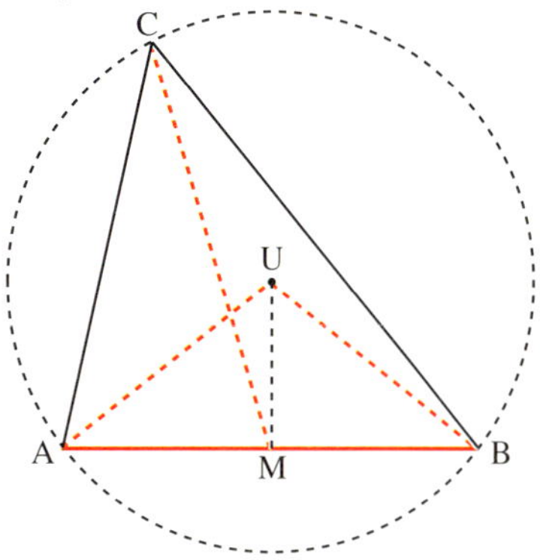

2. Konstruktion:

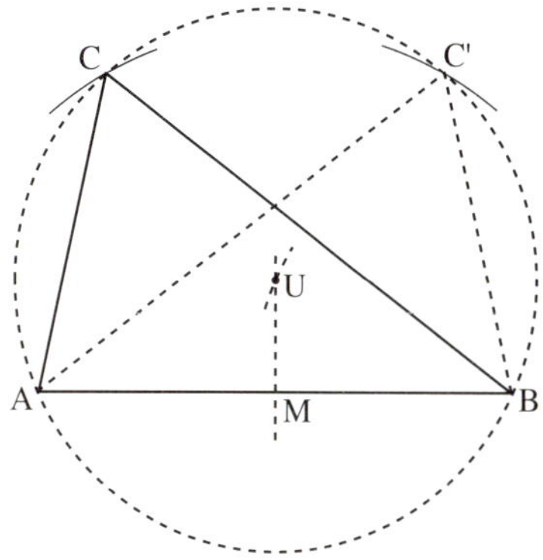

3. Konstruktionsbeschreibung:
Zeichne die Strecke AB mit $\overline{AB} = c = 4{,}2\,cm$ und konstruiere die Mittelsenkrechte. Diese schneidet AB in M. Zeichne um B einen Kreis mit dem Radius $r = 2{,}3\,cm$. Der Kreis schneidet die Mittelsenkrechte im Umkreismittelpunkt U. Zeichne den Umkreis. Zeichne um M einen Kreis mit dem Radius $s_c = 3{,}1\,cm$. Der Kreis schneidet den Umkreis in C und C′. Verbinde C und C′ mit A und B.
Die Dreiecke ABC und ABC′ sind kongruent. Die Aufgabe hat nur eine Lösung. Der Konstruktionsfigur können wir entnehmen: $a \approx 4{,}5\,cm$, $b \approx 2{,}8\,cm$, $\alpha \approx 76°$, $\beta \approx 37°$, $\gamma \approx 67°$.

Beispiel 2: (Dreieckskonstruktion mit Hilfe eines Teildreiecks; 2 Lösungen)
Konstruiere ein Dreieck ABC mit $b = 4{,}1\,cm$, $h_c = 3{,}0\,cm$ und $s_b = 3{,}6\,cm$.

1. Planfigur:

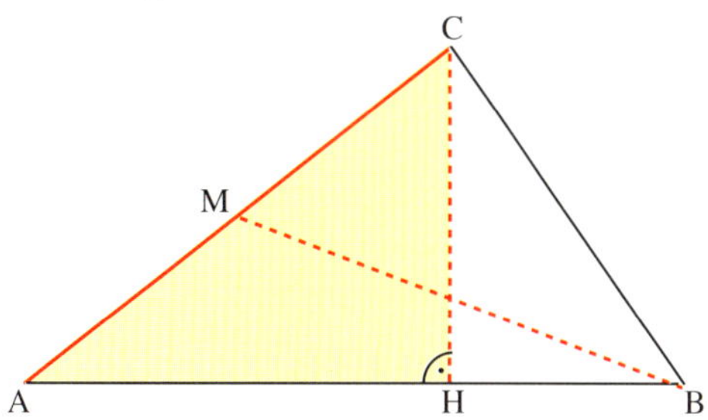

2. Konstruktion:

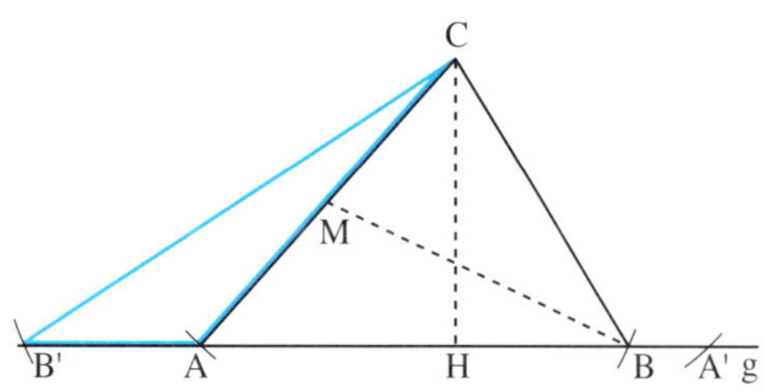

3. Konstruktionsbeschreibung:
Zeichne eine Gerade g; wähle auf g einen Punkt H. Errichte in H ein Lot mit der Länge $h_c = 3{,}0\,cm$. Der Endpunkt ist C. Zeichne um C einen Kreis mit dem Radius $b = 4{,}1\,cm$. Dieser Kreis schneidet g in A. Verbinde A mit C. Halbiere die Strecke AC; der Mittelpunkt ist M. Zeichne um M einen Kreis mit $s_c = 3{,}6\,cm$. Dieser Kreis schneidet g in B und B′. Verbinde B und B′ mit C.

Die Aufgabe hat zwei Lösungen:
Dreieck ABC mit $a \approx 3{,}5\,cm$, $c \approx 4{,}6\,cm$, $\alpha \approx 47°$, $\beta \approx 59°$, $\gamma \approx 74°$ sowie
Dreieck AB′C mit $a' \approx 5{,}5\,cm$, $c' = 1{,}9\,cm$, $\alpha' \approx 133°$, $\beta' \approx 33°$, $\gamma' \approx 14°$.
Bemerkung: Hätte man mit dem zweiten Schnittpunkt A′ des Kreises um C mit g weitergearbeitet, so würden sich zwei Lösungsdreiecke ergeben, die symmetrisch zu den gezeichneten Dreiecken liegen.

3 Konstruiere ein Dreieck; beschreibe die Konstruktion. Miss die restlichen Seiten und Winkel des konstruierten Dreiecks.

a) $\beta = 40°$; $h_c = 3{,}5\,cm$; $s_a = 4{,}1\,cm$
b) $\alpha = 30°$; $h_c = 2{,}5\,cm$; $s_b = 3{,}5\,cm$
c) $\alpha = 70°$; $h_c = 3{,}2\,cm$; $s_b = 4{,}2\,cm$
d) $\beta = 110°$; $h_c = 3{,}5\,cm$; $s_c = 5{,}3\,cm$
e) $c = 5{,}1\,cm$; $h_c = 3{,}5\,cm$; $s_c = 4{,}1\,cm$
f) $a = 5{,}2\,cm$; $h_a = 3{,}1\,cm$; $s_a = 4{,}6\,cm$

4 Konstruiere ein Dreieck. Miss die restlichen Seiten und Winkel.

a) $\gamma = 68°$; $h_c = 4{,}0\,cm$; $w_\gamma = 4{,}5\,cm$
b) $\beta = 42°$; $h_b = 3{,}2\,cm$; $w_\beta = 4{,}0\,cm$
c) $a = 6{,}1\,cm$; $h_c = 2{,}1\,cm$; $w_\gamma = 2{,}8\,cm$
d) $c = 6{,}2\,cm$; $h_a = 5{,}1\,cm$; $w_\alpha = 5{,}6\,cm$

5 Prüfe, ohne zu rechnen, ob durch die folgenden Angaben alle Seiten und Winkel eines Dreiecks eindeutig bestimmt sind. Begründe die Antwort.

a) $a = 4\,cm$; $b = 3\,cm$; $c = 5\,cm$
b) $a = 6\,cm$; $b = 3\,cm$; $\gamma = 60°$
c) $a = 7\,cm$; $c = 4\,cm$; $\gamma = 50°$
d) $a = 8\,cm$; $b = 5\,cm$; $c = 2\,cm$
e) $a = 7\,cm$; $\alpha = 35°$; $\beta = 70°$
f) $\alpha = 30°$; $\gamma = 90°$

6 Konstruiere ein Dreieck; beschreibe die Konstruktion. Gib für jedes Lösungsdreieck die restlichen Seiten und Winkel an.

a) $b = 4{,}6\,cm$; $h_c = 4{,}0\,cm$; $s_b = 6{,}0\,cm$
b) $a = 4{,}8\,cm$; $h_b = 4{,}4\,cm$; $s_a = 5{,}5\,cm$
c) $b = 4{,}9\,cm$; $h_c = 3{,}8\,cm$; $s_a = 4{,}3\,cm$
d) $c = 5{,}2\,cm$; $h_b = 3{,}2\,cm$; $s_b = 4{,}5\,cm$
e) $a = 4{,}5\,cm$; $h_c = 3{,}4\,cm$; $w_\gamma = 3{,}8\,cm$
f) $h_c = 3{,}5\,cm$; $s_c = 3{,}9\,cm$; $s_a = 4{,}3\,cm$

7 Konstruiere ein rechtwinkliges Dreieck ($\gamma = 90°$) aus:

a) $h_c = 3{,}2\,cm$; $w_\gamma = 3{,}4\,cm$
b) $s_c = 3{,}2\,cm$; $h_c = 2{,}5\,cm$.

8 Konstruiere ein Dreieck aus (r: Umkreisradius; ρ: Inkreisradius):

a) $a = 6{,}2\,cm$; $r = 3{,}8\,cm$; $h_a = 3{,}5\,cm$
b) $c = 6{,}4\,cm$; $r = 3{,}5\,cm$; $s_c = 4{,}4\,cm$
c) $\alpha = 60°$; $\rho = 1{,}8\,cm$; $h_c = 4{,}5\,cm$
d) $\beta = 110°$; $\rho = 2{,}0\,cm$; $h_a = 7{,}5\,cm$.

Neue Trends im Stuhldesign

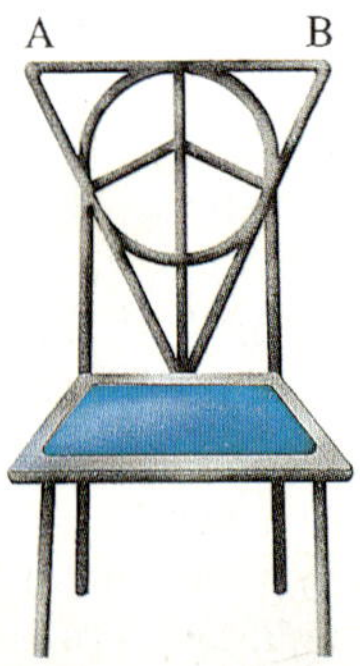

9 Ein runder Turm hat einen Durchmesser von 4,50 m. Das kegelförmige Dach ist 2,20 m hoch. Wie lang sind die Dachsparren? (Zeichne im Maßstab 1 : 50.)

10 Bei dem Vordach beträgt der Abstand der Halterungen in der Mauer 80 cm. Die Streben AM und CM sind jeweils 100 cm lang. M ist die Mitte von BC.
a) Ist die Strebe AB senkrecht zur Mauer?
b) Wie groß ist der Abstand der Lampe von der Mauer?
c) Wie lang sind die Streben AE und DM?
(Zeichne im Maßstab 1 : 20.)

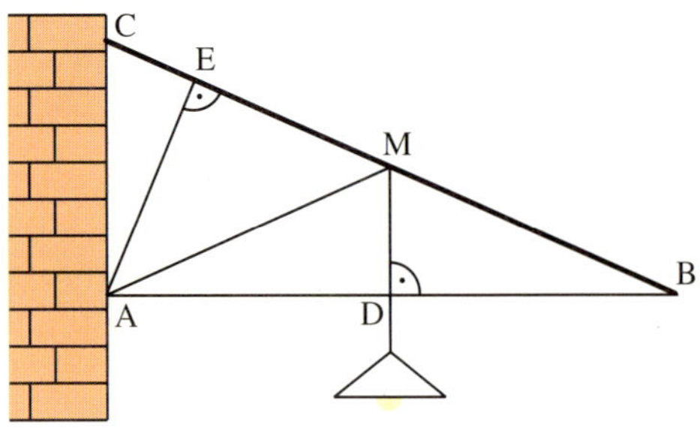

11 a) Die Rückenlehne des oberen Stuhles auf dem Rand hat die Form eines gleichschenkligen Dreiecks mit aufgesetzten Halbkreisen; sie ist 50 cm breit und in der Mitte 60 cm hoch. S ist der Schwerpunkt des Dreiecks.
Wie lang sind die beiden Querstreben?
b) Bei der Rückenlehne des unteren Stuhles berührt der Kreis die drei Seiten des gleichschenkligen Dreiecks. Der Radius des Inkreises beträgt 15 cm. Die Winkel bei A und B sind jeweils 65°.
Wie hoch ist die Rückenlehne?

5 Vermischte Aufgaben

Konstruktionen

1 Zeichne die Punkte A(0|0), B(8|2), C(5|7). Konstruiere einen Kreis, der durch die drei Punkte geht.

2 Konstruiere bei den folgenden Dreiecken den Umkreis.

	$\overline{AB}$	$\overline{BC}$	$\overline{AC}$	α	β	γ
a)	6,4 cm		5,6 cm	55°		
b)	7,2 cm	6,8 cm	5,3 cm			
c)		5,5 cm	7,3 cm		44°	
d)	5 cm	4 cm				90°

3 Konstruiere ein Dreieck ABC mit dem Umkreisradius $r = 4\,cm$ und
a) $a = 3{,}5$ cm; $b = 5$ cm
b) $c = 4{,}0\,cm$; $b = 5{,}5\,cm$
c) $c = 7\,cm$; $\alpha = 55°$
d) $a = 6\,cm$; $\gamma = 50°$.

4 Konstruiere ein rechtwinkliges Dreieck ABC ($\gamma = 90°$) aus
a) $c = 4{,}8\,cm$; $h_c = 2{,}0\,cm$
b) $a = 5{,}6\,cm$; $h_c = 3{,}7\,cm$
c) $b = 5{,}2\,cm$; $w_\gamma = 3{,}9\,cm$
d) $b = 4{,}4\,cm$; $w_\alpha = 5{,}3\,cm$.

Dom zu Münster

5 Konstruiere ein gleichseitiges Dreieck mit $h_a = 3{,}5\,cm$.

6 Das Seitenschiff einer Kathedrale ist ungefähr 10 m breit; der Giebel des Seitenschiffs ist ungefähr 6 m hoch.
Welchen Radius hat der große Kreis der Fensterrose höchstens? (Maßstab 1 : 100)

7 Konstruiere ein Dreieck und beschreibe die Konstruktion. Miss die restlichen Seiten und Winkel des konstruierten Dreiecks.
a) $b = 4{,}6\,cm$; $h_c = 4{,}0\,cm$; $s_b = 6{,}0\,cm$
b) $a = 4{,}8\,cm$; $h_b = 4{,}4\,cm$; $s_a = 5{,}5\,cm$
c) $h_c = 4{,}0\,cm$; $w_\gamma = 4{,}5\,cm$; $\gamma = 68°$
d) $h_b = 3{,}2\,cm$; $w_\beta = 4{,}0\,cm$; $\beta = 42°$

8 Konstruiere ein Dreieck (r: Umkreisradius); gib die restlichen Seiten und Winkel des Dreiecks an.
a) $h_c = 4{,}2\,cm$; $s_c = 4{,}5\,cm$; $s_a = 4{,}2\,cm$
b) $h_b = 4{,}5\,cm$; $s_b = 4{,}8\,cm$; $s_c = 5{,}7\,cm$
c) $c = 6{,}4\,cm$; $r = 3{,}5\,cm$; $h_c = 4{,}1\,cm$
d) $a = 5{,}4\,cm$; $r = 3{,}7\,cm$; $h_a = 3{,}5\,cm$

9 a) $c = 6{,}2\,cm$; $h_a = 3{,}6\,cm$; $h_b = 5{,}7\,cm$
b) $a = 5{,}0\,cm$; $h_b = 4{,}7\,cm$; $h_c = 3\,cm$
c) $a = 4{,}9\,cm$; $h_b = 4{,}2\,cm$; $h_a = 7{,}2\,cm$
d) $c = 9{,}6\,cm$; $h_c = 2{,}5\,cm$; $h_a = 5{,}7\,cm$

10 Prüfe, ob es ein (genau ein) Dreieck gibt mit:
a) $h_c = 4\,cm$; $b = 5\,cm$; $\alpha = 45°$
b) $a = 4\,cm$; $c = 6\,cm$; $h_c = 3\,cm$
c) $\beta = 43°$; $w_\gamma = 6\,cm$; $b = 4\,cm$
d) $c = 8{,}0\,cm$; $h_c = 5{,}0\,cm$; $s_c = 4{,}8\,cm$.

11 Untersuche, ob sich aus den gegebenen Stücken ein Dreieck konstruieren lässt.
a) $b = 5{,}2\,cm$; $h_a = 4{,}5\,cm$; $\gamma = 40°$
b) $a = 2{,}9\,cm$; $b = 6{,}8\,cm$; $h_b = 3{,}4\,cm$
c) $b = 5{,}2\,cm$; $c = 4{,}6\,cm$; $\beta = 74°$
d) $a = 5{,}6\,cm$; $c = 7{,}0\,cm$; $\alpha = 130°$

12 Bei dem Dreieck ABC in Fig. 1 ist $\alpha = 90°$, $c = 6\,\text{cm}$ und $\beta = 25°$. Weiterhin ist AD Seitenhalbierende, AE Winkelhalbierende und AF Höhe.
a) Konstruiere das Dreieck ABC einschließlich der Strecken AD, AE und AF.
b) Berechne alle auftretenden Winkel.
c) Zeige: In jedem Dreieck mit $\alpha = 90°$ halbiert w_α den Winkel zwischen h_a und s_a.

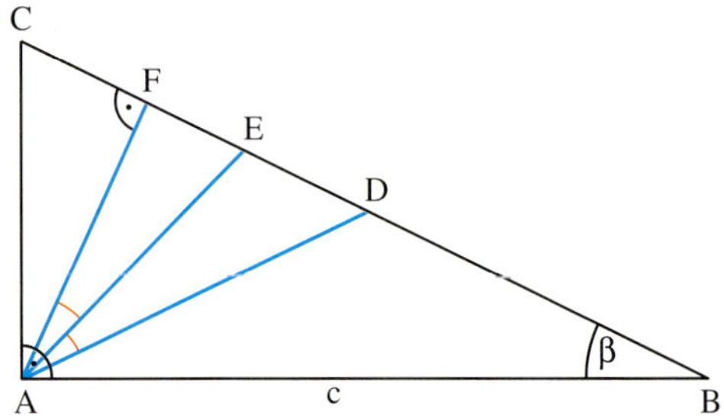

Fig. 1

13 Wie müssen in einem gleichseitigen Dreieck die Linien AE, CF und FD liegen, damit man die vier Teildreiecke zu einem Rechteck zusammenlegen kann? (Fig. 2)

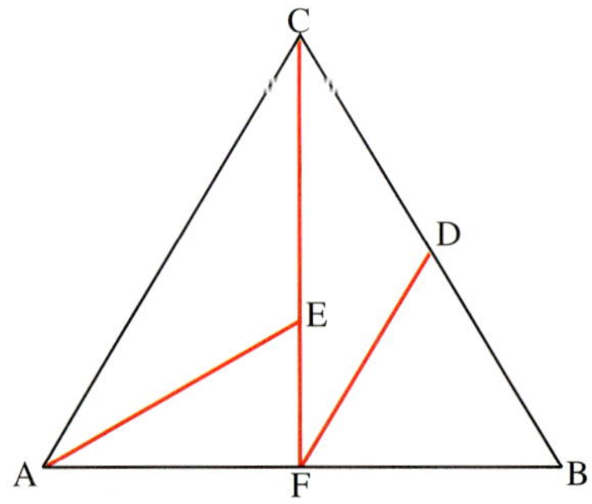

Fig. 2

14 Gegeben sind zwei Geraden, deren Schnittpunkt S außerhalb des Zeichenblattes liegt, sowie ein Punkt P. Konstruiere die Gerade durch P und S mit Hilfe des Satzes vom Höhenschnittpunkt im Dreieck.

15 Gegeben sind zwei sich schneidende Geraden g und h sowie ein Punkt P, der weder auf g noch auf h liegt. Konstruiere eine Gerade k durch P so, dass P die zwischen den Geraden liegende Strecke im Verhältnis 2 : 1 teilt.

16 Zeichne durch einen Punkt P drei verschiedene Geraden und auf einer von ihnen einen Punkt A ($\neq$ P). Konstruiere ein Dreieck ABC, bei dem B und C je auf verschiedenen Geraden liegen, und in dem P
a) Höhenschnittpunkt b) Umkreismittelpunkt c) Schwerpunkt des Dreiecks ABC ist.

17 Von einem Dreieck ABC kennt man die Ecke $A(2|2)$, sowie
a) den Umkreismittelpunkt $M(4{,}5|4{,}5)$ und den Schwerpunkt $S(5|3)$
b) den Inkreismittelpunkt $I(5|4{,}5)$ und den Fußpunkt $F_a(7|4)$ der Höhe h_a.
Konstruiere das Dreieck.

Anwendungen

18 In einem 10,50 m breiten Dachstuhl mit einem Neigungswinkel von 32° sollen 0,80 m hohe Mauern errichtet werden. In welchem Abstand vom unteren Dachende, dem so genannten Dachtrauf, müssen die Mauern errichtet werden?

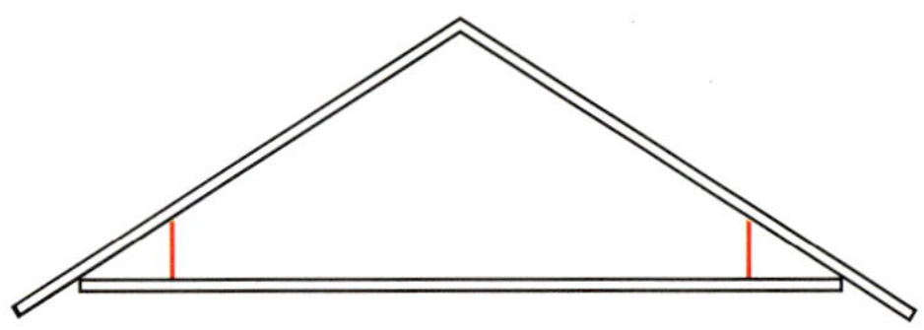

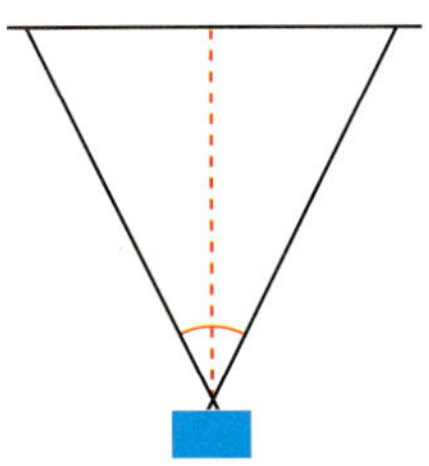

horizontaler Bildwinkel und kürzester Einstellabstand

19 Der Hersteller eines Standardobjektivs für eine Kamera gibt für den horizontalen Bildwinkel 54° und für den kürzesten Einstellabstand bei scharfem Bild 0,25 m an.
a) Ein Fotoamateur möchte eine Nahaufnahme einer Pflanze machen. Wie breit ist der Ausschnitt, wenn er den kürzestmöglichen Abstand wählt?
b) Wie breit ist der Ausschnitt einer Häuserfront, wenn diese im Abstand von 30 m fotografiert wird?

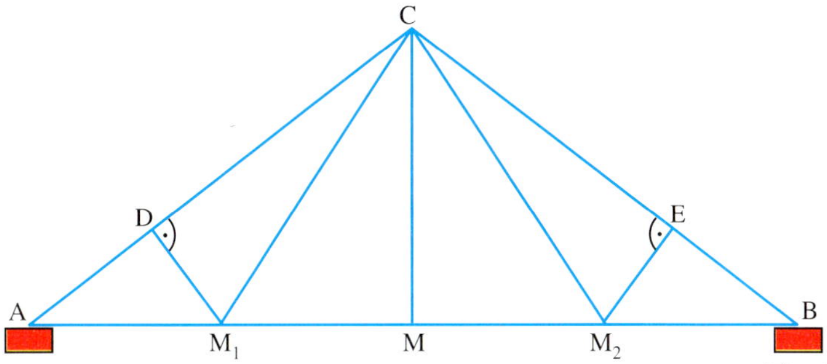

Fig. 1

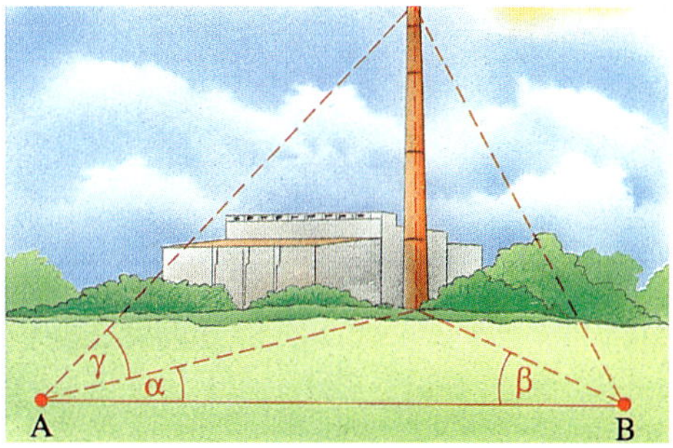

Fig. 2

20 Der Dachträger in Fig. 1 ist 9,50 m breit und 3,10 m hoch. M_1 und M_2 sind die Mitten von AM bzw. BM. Ermittle durch Konstruktion die Längen der Träger AC, M_1C und M_1D. (Maßstab 1 : 100)

21 Die Höhe des Schornsteins in Fig. 2 soll bestimmt werden. Hierzu wurde gemessen: $\overline{AB} = 63\,m$; $\alpha = 41°$; $\beta = 62°$; $\gamma = 35°$. (Maßstab 1 : 1 000)

22 Für einen Kindergeburtstag werden quadratische Papierservietten mit einer Seitenlänge von 32 cm dreimal gefaltet. Die erste Faltlinie geht parallel zu zwei Seiten durch den Mittelpunkt der Serviette, die zweite Faltlinie ist senkrecht zur ersten; die dritte Faltlinie verläuft diagonal.
Passt ein Becher mit 8,50 cm Durchmesser ganz auf eine gefaltete Serviette?

23 Eine Lampe hängt 60 cm über einem Tisch. Der Lichtkegel hat einen Öffnungswinkel von 62°. Welchen Durchmesser hat die beleuchtete Fläche auf dem Tisch? (Maßstab 1 : 10)

24 Bei der Hebevorrichtung (Fig. 3) ist der Lastarm AB 5 m lang. Die Rolle R ist 6 m oberhalb von A am Haltebalken angebracht. Der Lastarm ist so eingestellt, dass der Haken 3 m von der Wand entfernt hängt.
a) Welchen Winkel bildet der Lastarm mit dem Haltebalken?
b) Wie lang ist das Stück Seil zwischen der Rolle R und dem Ende B des Lastarms?

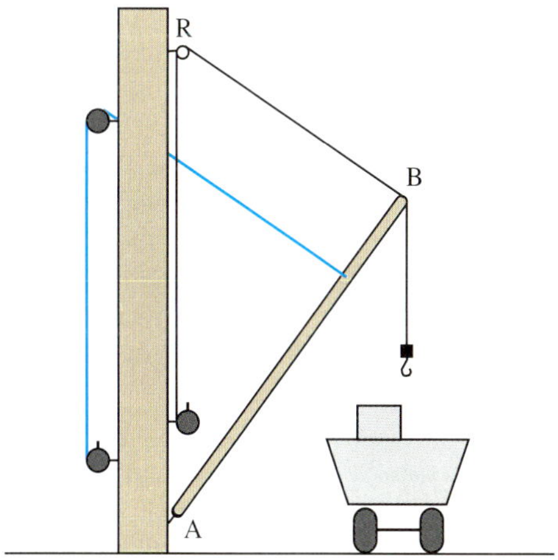

Fig. 3

25 Auf der Karte eines hügeligen Geländes erscheint ein Weg kürzer, als er in Wirklichkeit ist. Der Maßstab des Kartenausschnitts in Fig. 4 ist 1 : 35 000. Die Höhen an den Höhenlinien sind in Metern angegeben. Der Punkt A liegt auf 1 700 m Höhe, der Punkt B auf 1 500 m Höhe. Wie lang ist der Weg zwischen A und B in Wirklichkeit, wenn die waagerechte Entfernung auf der Karte 1,8 cm misst?

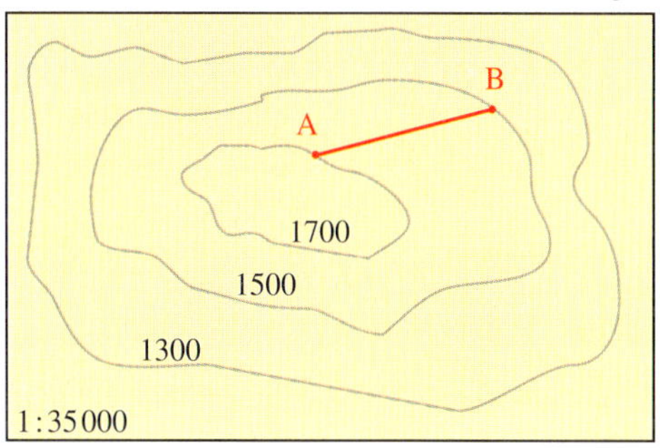

Fig. 4

Beweise

26 In einem gleichschenkligen Dreieck sei der Winkel an der Spitze halb so groß wie ein Basiswinkel. Zeige: Die Winkelhalbierende eines Basiswinkels zerlegt das Dreieck in zwei gleichschenklige Dreiecke.

27 In einem rechtwinkligen Dreieck ABC mit $\gamma = 90°$ sei F der Fußpunkt der Höhe h_c. D und E seien die Bildpunkte von F bei der Spiegelung an den Geraden durch A und C bzw. durch B und C. Zeige: Die Ecke C liegt auf der Geraden durch D und E.

28 Beweise: a) Bei gleichseitigen Dreiecken ist der Inkreisradius halb so groß wie der Umkreisradius.
b) Wenn bei einem Dreieck der Umkreismittelpunkt U mit dem Inkreismittelpunkt I zusammenfällt, dann ist das Dreieck gleichseitig.

29 Zeichne ein Dreieck ABC und konstruiere den Umkreismittelpunkt U. Spiegele U an den drei Seiten des Dreiecks (Fig. 1); die drei Bildpunkte bilden ein neues Dreieck $A_1B_1C_1$.
a) Beweise: Die beiden Dreiecke ABC und $A_1B_1C_1$ sind kongruent; außerdem sind entsprechende Seiten beider Dreiecke parallel. (Anleitung: Betrachte das „Mittendreieck“ DEF.)
b) Die Dreiecke ABC und $A_1B_1C_1$ scheinen punktsymmetrisch zu liegen. Beweise, dass dies tatsächlich der Fall ist. Wie lässt sich (ohne die Punkte A_1, B_1, C_1 zu verwenden) das Symmetriezentrum Z konstruieren?

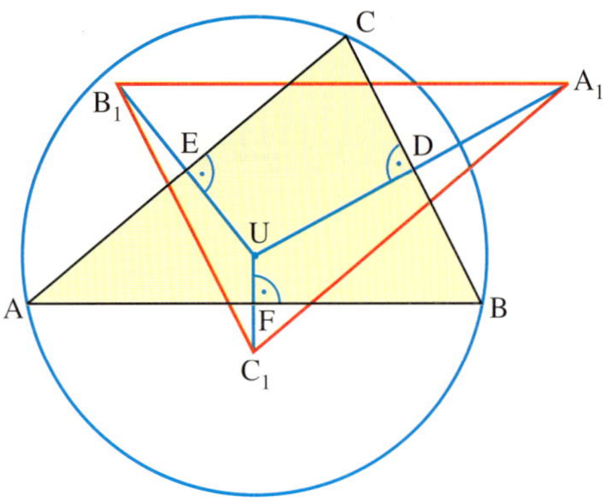

Fig. 1

30 Zeichne in einem gegebenen Dreieck ABC (Fig. 2) eine beliebige Gerade g durch A sowie durch B und C die Orthogonale zu g, welche g in E und F schneiden.
Beweise: E und F sind von der Mitte M_a von BC gleich weit entfernt.

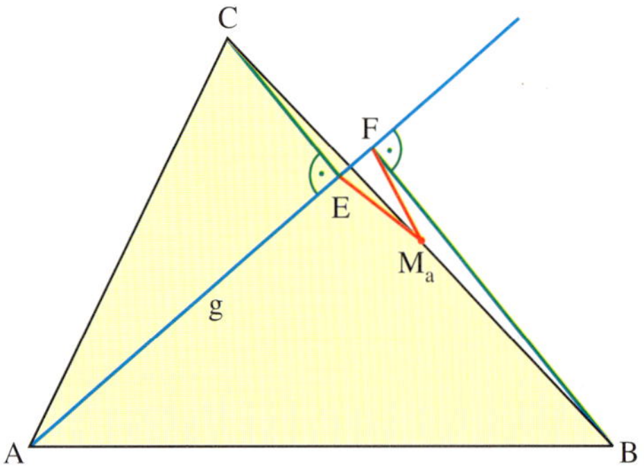

Fig. 2

31 Beweise: Sind zwei Seiten eines Dreiecks verschieden lang, so schließt die zwischen diesen Seiten verlaufende Seitenhalbierende mit der kürzeren Seite einen größeren Winkel ein als mit der längeren. (Beispiel: In Fig. 3 ist $b > a$ und daher $\gamma_1 < \gamma_2$.)

32 Beweise: In einem nichtgleichschenkligen Dreieck ist jede Seitenhalbierende länger als die zur gleichen Seite bzw. Ecke gehörende Winkelhalbierende.

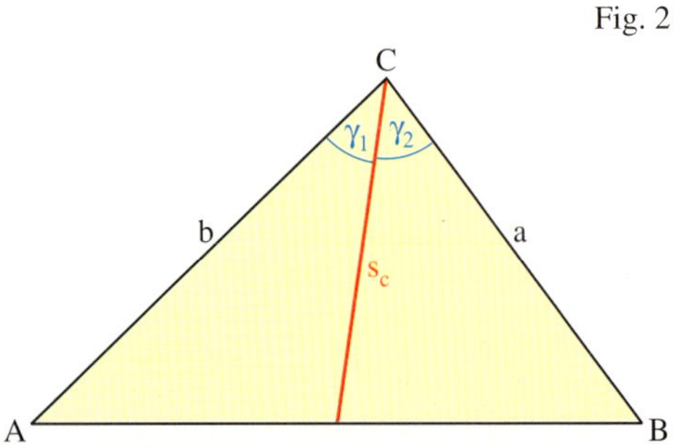

Fig. 3

Das „Höhenfußpunkt-Dreieck“

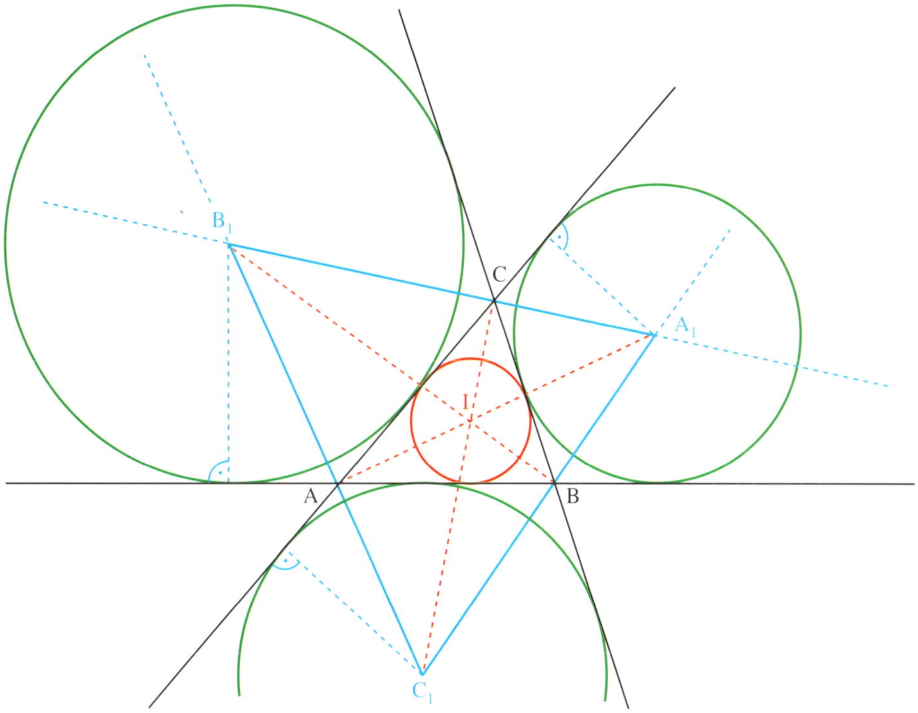

Neben dem Inkreis gibt es noch weitere Kreise, welche zwar nicht alle Seiten eines Dreiecks, aber alle drei Geraden durch die Ecken berühren. Sie heißen **Ankreise** des Dreiecks. Der Mittelpunkt eines Ankreises ist der Schnittpunkt der Winkelhalbierenden zweier Außenwinkel. Der zugehörige Radius ergibt sich als Länge eines Lotes vom Mittelpunkt auf eine der drei Geraden (vgl. die Figur).

1 Zeichne ein Dreieck mit $a = 4{,}8\,\text{cm}$; $b = 6{,}0\,\text{cm}$; $c = 5{,}5\,\text{cm}$. Konstruiere die drei Ankreise. Verwende dazu eine ganze Heftseite.

2 a) Zeichne in die Figur auch die Winkelhalbierenden der Innenwinkel ein.
b) Beweise: Die Winkelhalbierende eines Innenwinkels geht durch den Mittelpunkt des „gegenüberliegenden“ Ankreises.

3 Die Ankreismittelpunkte A_1, B_1 und C_1 bilden ein neues Dreieck. Für welche Dreiecke ABC ist der Winkel bei A_1 gleich α, der Winkel bei B_1 gleich β und der Winkel bei C_1 gleich γ? Begründung?

4 Beweise: Die Winkelhalbierenden des Dreiecks ABC sind die Höhen im Dreieck $A_1B_1C_1$.

5 a) Wir fassen jetzt das Dreieck $A_1B_1C_1$ als Ausgangsfigur auf. In diesem Dreieck ist das Dreieck ABC das „Höhenfußpunkt-Dreieck“. Formuliere einen Satz, der sich auf die Höhen eines Dreiecks und die Innenwinkel des Höhenfußpunkt-Dreiecks bezieht.
b) Zeichne ein stumpfwinkliges Dreieck und das Höhenfußpunkt-Dreieck. Überprüfe deine Formulierung des neu gewonnenen Satzes. Welche Voraussetzung muss wohl hinzugefügt werden?

Mathematische Exkursionen

Wir „beweisen“: Jedes Dreieck ist gleichschenklig.

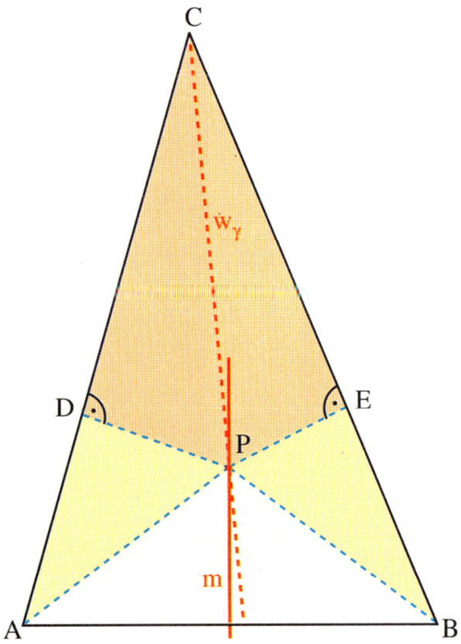

Fig. 1

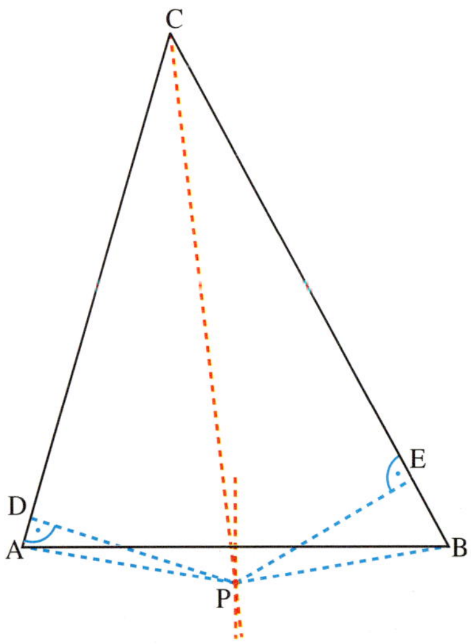

Fig. 2

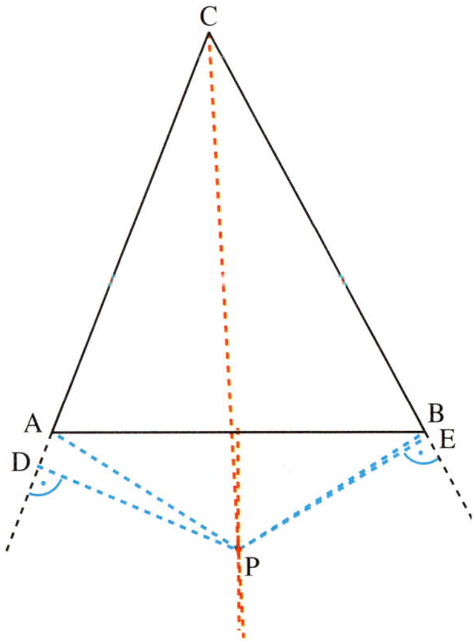

Fig. 3

Zum „Beweis“ betrachten wir Fig. 1. In einem beliebigen Dreieck ABC schneiden sich die Winkelhalbierende von γ und die Mittelsenkrechte m von AB in P. Die Punkte D und E sind die Fußpunkte der Lote von P auf die Seiten AC und BC.

1 a) In welchen Stücken stimmen in Fig. 1 die Dreiecke PDC und PEC überein? Was folgt also für diese Dreiecke?
b) Untersuche entsprechend die Dreiecke APD und BPE.
c) Welcher letzte Schritt fehlt noch zum „Beweis“ unserer Behauptung?

Geht man den „Beweis“ noch einmal durch, so entdeckt man keinen Fehler in den Überlegungen zur Kongruenz der Dreiecke. Aber: Schneiden sich überhaupt die Winkelhalbierende und die Mittelsenkrechte? Doch, dies ist der Fall! Denn wenn kein Schnittpunkt P existieren würde, so wären w_γ und m parallel. Dann würde also auch die Winkelhalbierende senkrecht auf AB stehen. Dies ist aber nur bei gleichschenkligen Dreiecken möglich. Der Fehler muss also woanders liegen.

Vielleicht liegt der Schnittpunkt P gar nicht innerhalb des Dreiecks. Richtig! Wir erinnern uns an folgenden Sachverhalt: In einem nichtgleichschenkligen Dreieck ist jede Seitenhalbierende länger als die zur gleichen Ecke gehörende Winkelhalbierende (vgl. S. 118, Aufg. 32). Aus dieser Tatsache folgt, dass der Schnittpunkt P außerhalb des Dreiecks liegen muss. Wir fertigen also eine neue Zeichnung an, in der der Schnittpunkt P außerhalb des Dreiecks liegt (Fig. 2).

2 Führe die Gedankengänge aus Aufgabe 1 anhand der Fig. 2 durch. Klappt der „Beweis“ auch jetzt?

3 Könnte es nicht sein, dass die Lote die Dreiecksseiten nicht innerhalb des Dreiecks, sondern außerhalb treffen (Fig. 3)? Führe erneut den „Beweis“ durch. Wie muss der Gedankengang aus Teilaufgabe 1c) geändert werden?

4 Zeichne selbst ein nichtgleichschenkliges Dreieck. Konstruiere die Winkelhalbierende von γ und die Mittelsenkrechte m von AB. Wo steckt also der Fehler?

Umkreis und Mittelsenkrechte
Die Mittelsenkrechten der drei Dreiecksseiten schneiden sich in einem Punkt. Er ist der Umkreismittelpunkt U des Dreiecks.
Dieser Punkt hat von allen Ecken des Dreiecks den gleichen Abstand (Fig. 1).

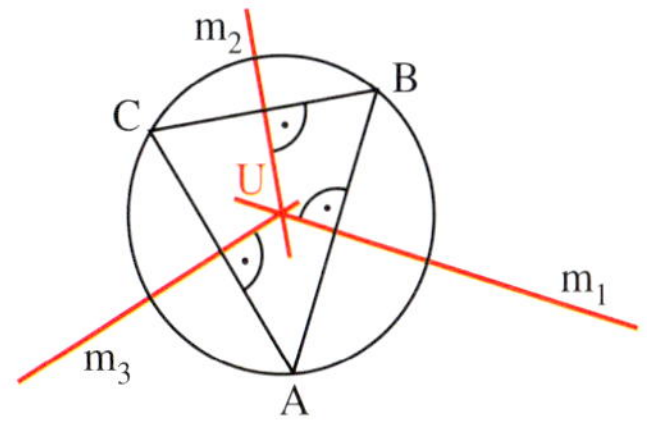

Fig. 1

Höhen im Dreieck
Das Lot von einer Dreiecksecke auf die gegenüberliegende Seite heißt Höhe.
Jedes Dreieck hat drei Höhen.
Die Höhen eines Dreiecks (oder deren Verlängerungen) schneiden sich in einem Punkt, dem Höhenschnittpunkt H (Fig. 2).

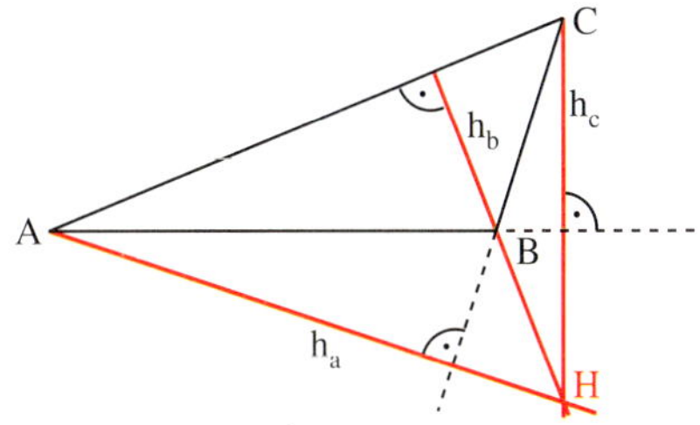

Fig. 2

Inkreis und Winkelhalbierende
Die Winkelhalbierenden eines Dreiecks schneiden sich in einem Punkt. Er ist der Inkreismittelpunkt I des Dreiecks.
Dieser Punkt hat von allen Dreiecksseiten den gleichen Abstand.
Der Inkreis berührt alle Dreiecksseiten (Fig. 3).

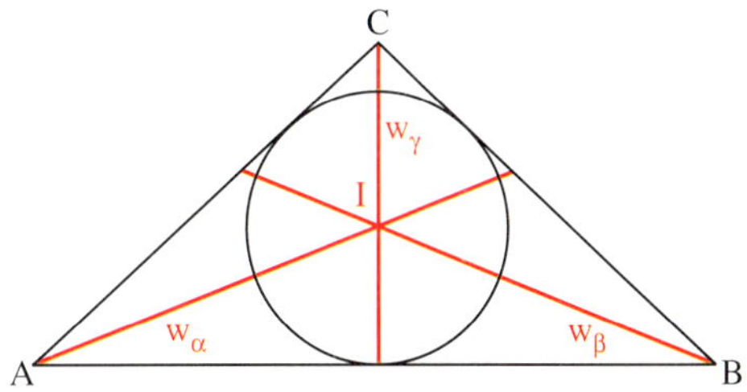

Fig. 3

Seitenhalbierende im Dreieck
Jede Verbindungsstrecke einer Seitenmitte mit der ihr gegenüberliegenden Ecke heißt Seitenhalbierende (oder auch Schwerlinie).
Die Seitenhalbierenden eines Dreiecks schneiden sich in einem Punkt. Dieser Punkt heißt Schwerpunkt S des Dreiecks.
Der Schwerpunkt eines Dreiecks teilt jede Seitenhalbierende in zwei Teilstrecken. Eine dieser Teilstrecken ist doppelt so lang wie die andere; die längere Teilstrecke enthält die Ecke (Fig. 4). Kurz: Der Schwerpunkt S teilt jede Seitenhalbierende im Verhältnis 2 : 1.

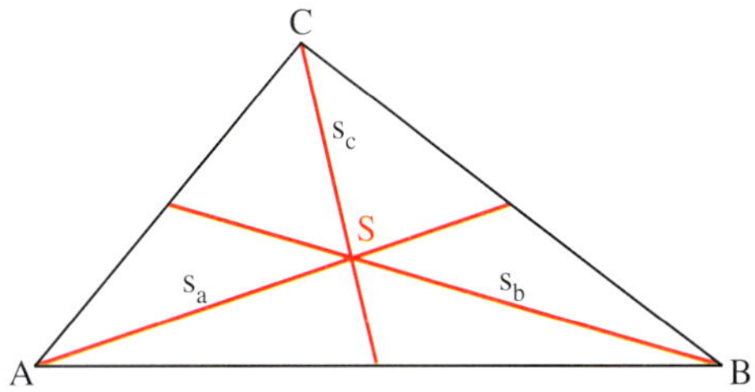

Fig. 4

Dreieckskonstruktionen
Gibt es bei einer Dreieckskonstruktion mehrere Lösungsdreiecke, die nicht kongruent sind, so sagen wir: Die Dreieckskonstruktion hat mehrere Lösungen (Fig. 5 und 6).

1 Lösung:

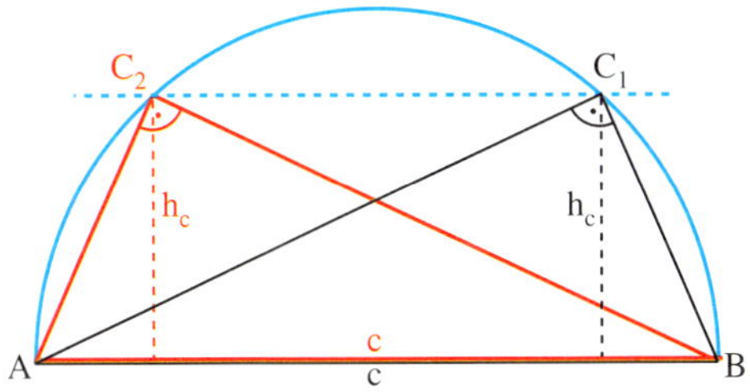

Fig. 5

2 Lösungen:

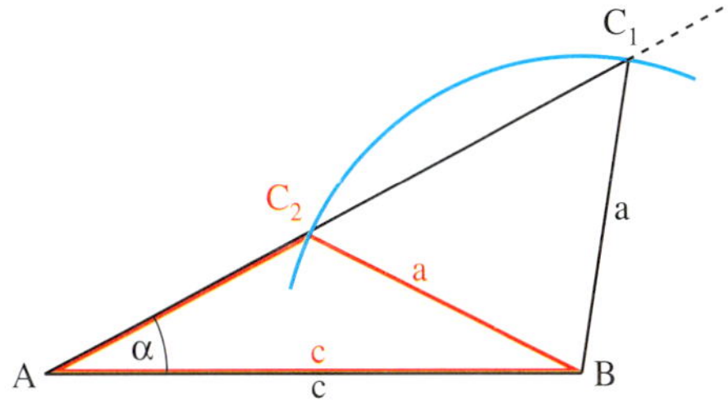

Fig. 6

1 Bruchterme

Umfrage

	A	B	C	s	?
Klassenstufe 5	571,00	596,26	544,30	102	16,78
Klassenstufe 6	747,25	684,25	654,00	97	21
Klassenstufe 7					

Es bedeutet: A = Fahrgeldsumme a-Klasse
B = Fahrgeldsumme b-Klasse
C = Fahrgeldsumme c-Klasse
s = Anzahl der Schüler einer Klassenstufe

1 Die SMV einer Schule hat eine Umfrage über die monatlichen Fahrtkosten der Schüler durchgeführt. Nun sollen für jede Klassenstufe die durchschnittlichen Fahrtkosten eines Schülers ermittelt werden.
a) In der Zeile für die Klassenstufe 5 wurde die Zahl 16,78 aus den anderen Zahlen der Zeile berechnet. Welche Rechnung führte zu diesem Ergebnis?
b) Was ist an der Stelle des Fragezeichens in der ersten Zeile einzutragen?

2 Setze in dem Term $\frac{4a-3b}{a-b}$ für a die Zahl 3 und für b die Zahl 1 ein und berechne den Term.
Für welche Einsetzungen lässt sich der Term nicht berechnen?

Rechenanweisungen wie z.B. „Dividiere die Summe zweier Zahlen a und b durch ihre Differenz“ kann man als Term in der Form $(a+b):(a-b)$ oder $\frac{a+b}{a-b}$ schreiben. Weil dabei im Divisor bzw. im Nenner Variablen auftreten, nennt man solche Terme **Bruchterme**. Bruchterme haben eine Besonderheit. Belegt man die Variablen eines Bruchterms mit Zahlen, so kann es vorkommen, dass der Nenner 0 wird. Da man durch 0 nicht dividieren kann, lässt sich der Term dann nicht berechnen. Wir sagen: Der Term ist für solche Belegungen **nicht definiert**.

Die Menge aller derjenigen Belegungen, für die der Nenner von 0 verschieden ist (für die sich der Bruchterm also berechnen lässt), nennt man die **Definitionsmenge** des Bruchterms.

Beispiel 1: (Bestimmung der Definitionsmenge)

a) Gegeben sei der Bruchterm $\frac{7}{a-5}$.

Der Nenner wird 0, wenn man für a die Zahl 5 einsetzt, für alle anderen Einsetzungen lässt sich der Bruchterm berechnen. Also besteht die Definitionsmenge aus allen von 5 verschiedenen Zahlen.

b) Gegeben sei der Term $\frac{3}{2x+5}$.

Der Nenner ist 0, wenn $2x+5=0$ gilt. Um die Defintionsmenge zu bestimmen, müssen wir diese Gleichung lösen. Sie hat die Lösung $-2{,}5$. Alle von $-2{,}5$ verschiedenen Zahlen gehören zur Definitionsmenge.

c) $\frac{x}{x^2-36}$

Der Nenner wird 0 für $x^2-36=0$. Diese Gleichung hat die Lösungen 6 und -6. Also besteht die Definitionsmenge D aus allen Zahlen außer 6 und -6. Wir schreiben kurz: $D = \mathbb{Q} \setminus \{6;-6\}$ (lies: Q ohne 6 und -6).

d) $\frac{1}{a-x}$

Der Bruchterm lässt sich nicht berechnen, wenn man für a und x dieselbe Zahl einsetzt. Die Definitionsmenge besteht also aus allen Belegungen, bei denen die für a und x eingesetzten Zahlen verschieden sind.

Beispiel 2: (Belegen eines Bruchterms)
Der Bruchterm $\frac{x^2 + y^2}{4x - z}$ nimmt für die Belegung $x = 2$; $y = -3$; $z = 4$ den Wert $\frac{2^2 + (-3)^2}{4 \cdot 2 - 4}$, also $\frac{13}{4}$ an. Für $x = y = 5$ und $z = 0$ nimmt er den Wert $\frac{5^2 + 5^2}{4 \cdot 5 - 0}$, also 2,5 an.
Für $x = 1{,}5$; $y = -3$; $z = 6$ nimmt der Term keinen Wert an, weil in diesem Fall der Nenner $4 \cdot 1{,}5 - 6 = 0$ ist.

3 Berechne (wenn möglich) den folgenden Bruchterm für die angegebenen Belegungen.

x	5	1,5	1	−3	−2	4
y	1	4	−2	−1	2	6

a) $\frac{x - 5y}{4x + 2y}$ b) $\frac{4x + 2y}{x - 5y}$ c) $\frac{3x - 2y}{x + y}$ d) $\frac{2x - y}{y - 2x}$

4 Übertrage die folgende Tabelle in dein Heft und fülle sie aus.

x	−2	$-\frac{1}{2}$	−1,5
$\frac{x + 1}{2x}$			
$\frac{x^2 - 1}{x}$			
$\frac{1 - 2x}{1 + x}$			
$\frac{x^2 + x}{1 - x}$			

Gibt es einen Bruchterm, der bei jeder Einsetzung aus $\mathbb{Q}$ den Wert 1 liefert?

5 Gib einen Bruchterm mit der Variablen x an,
a) der für $x = 0$ nicht definiert ist
b) der für $x = 3$ nicht definiert ist
c) der für alle $x \in \mathbb{Q}$ definiert ist.

6 Gib einen Bruchterm mit den Variablen u und v an, der nicht definiert ist, wenn
a) man für u und v die gleiche Zahl einsetzt
b) man für v die Gegenzahl von u einsetzt
c) man für u das Doppelte von v einsetzt.

7 Schreibe für die Rechenvorschrift einen Bruchterm. Gib (in Worten) an, für welche Belegungen der Nenner von 0 verschieden ist.
a) Teile die Summe zweier Zahlen x und y durch ihr Produkt.
b) Dividiere die Differenz von x und y durch die Summe ihrer Gegenzahlen.

8 a) Das Quadrat einer natürlichen Zahl wird durch den Nachfolger der Zahl dividiert.
b) Die Summe der Quadrate zweier Zahlen wird durch das Produkt dieser Zahlen dividiert.
c) Das Produkt zweier Zahlen wird durch die Summe ihrer Quadrate dividiert.

9 Bestimme die Definitionsmenge.
a) $\frac{1}{a}$ b) $\frac{4}{b - 4}$ c) $\frac{3}{c + 4}$ d) $\frac{5d}{d - 3}$ e) $\frac{4 - e}{4e}$ f) $\frac{9f}{9 - f}$

10 a) $\frac{1}{a^2}$ b) $\frac{a}{2a - 3}$ c) $\frac{3a}{3a - 1}$ d) $\frac{4u + 1}{4u - 5}$ e) $\frac{4x - 1}{5x + 4}$ f) $\frac{5u}{u^2 - 4u}$

11 a) $\frac{3b}{4 - 2b}$ b) $\frac{8b - 1}{1 + 8b}$ c) $\frac{10c + 3}{10c - 3}$ d) $\frac{7 - 14c}{2 - 5d}$ e) $\frac{9d - 81}{9e - 81}$ f) $\frac{5f + 11}{4f - 12}$

12 a) $\frac{a}{3a - 6}$ b) $\frac{2b}{(b - 2)(b - 1)}$ c) $\frac{3c}{c^2 - 9}$ d) $\frac{d - 1}{4d^2 - 1}$ e) $\frac{e - 1}{e^2 + 4e + 4}$ f) $\frac{e - 1}{e^2 + 4e}$

13 a) Dividiere die Zahl 5 durch das Produkt aus dem Vorgänger und dem Nachfolger von 5. Führe die entsprechende Rechnung für die Zahl −5 durch.
b) Welche ganzen Zahlen kann man nicht durch das Produkt aus ihrem Vorgänger und ihrem Nachfolger dividieren?

2 Erweitern und Kürzen

1 Paul will seinem Freund Peter zeigen, dass er den Term $\frac{a^2-b^2}{a-b}$ im Kopf schneller berechnen kann als Peter mit dem Taschenrechner. Pia sagt, was eingesetzt werden soll: $a = 17$, $b = 5$.
Peter hat den Zähler noch nicht ganz eingetippt, da nennt Paul schon das Ergebnis: 22.
a) Wie kam Paul so schnell auf das richtige Ergebnis?
b) Rechne für $a = 87$ und $b = 13$.

Bruchterme kann man, wie Brüche, mit positiven oder negativen Zahlen erweitern und kürzen. Das Erweitern oder Kürzen mit 0 ist nicht erlaubt. Verwendet man anstelle der Zahlen einen Term, so muss man deshalb beachten, für welche Einsetzungen der Term 0 wird.

Erweitern:
Wir erweitern den Term

$\frac{2}{x}$, Definitionsmenge $\mathbb{Q} \setminus \{0\}$

mit $(x - 3)$ und erhalten

$\frac{2(x-3)}{x(x-3)}$, Definitionsmenge $\mathbb{Q} \setminus \{0;3\}$.

Der ursprüngliche und der erweiterte Term sind nur für $x \in \mathbb{Q} \setminus \{0;3\}$ äquivalent; nur für diese x-Werte gilt also

$\frac{2}{x} = \frac{2(x-3)}{x(x-3)}$.

Kürzen:
Wir kürzen den Term

$\frac{x(x-1)}{5(x-1)}$, Definitionsmenge $\mathbb{Q} \setminus \{1\}$

mit $(x - 1)$ und erhalten

$\frac{x}{5}$, Definitionsmenge $\mathbb{Q}$.

Der ursprüngliche und der gekürzte Term sind nur für $x \in \mathbb{Q} \setminus \{1\}$ äquivalent; nur für diese x-Werte gilt also

$\frac{x(x-1)}{5(x-1)} = \frac{x}{5}$.

> Beim Erweitern oder Kürzen eines Bruchterms kann sich die Definitionsmenge ändern. Der ursprüngliche und der erweiterte bzw. gekürzte Bruchterm sind nur für solche Einsetzungen äquivalent, für die **beide** Terme definiert sind.

Beispiel 1: (Erweitern)
Der Bruchterm

$\frac{1}{x-1}$, $x \in \mathbb{Q} \setminus \{1\}$

soll auf den Nenner $(x^2 - 1)$ gebracht werden. Weil $x^2 - 1 = (x + 1)(x - 1)$ ist, erweitern wir mit dem Term $(x + 1)$.

$$\frac{1}{x-1} = \frac{1(x+1)}{(x-1)(x+1)}$$
$$= \frac{x+1}{x^2-1},\ x \in \mathbb{Q} \setminus \{1;-1\}.$$

Beispiel 2: (Kürzen)
Der Bruchterm

$\frac{x^2+x}{x^2-2x}$, $x \in \mathbb{Q} \setminus \{0;2\}$

soll vereinfacht werden. Da man nur bei Produkten kürzen darf, klammern wir x aus und kürzen danach mit x:

$$\frac{x^2+x}{x^2-2x} = \frac{x(x+1)}{x(x-2)}$$
$$= \frac{x+1}{x-2},\ x \in \mathbb{Q} \setminus \{0;2\}.$$

2 Erweitere den folgenden Bruchterm mit der Zahl −2.

a) $\frac{1}{x}$ b) $\frac{x}{x-1}$ c) $\frac{1-x}{1-2x}$ d) $\frac{x^2+1}{1-x}$ e) $\frac{-3}{x-x^2}$

3 Erweitere den Bruchterm $\frac{2}{1-x}$ mit 3 (mit -1; x; $3a$; $1+x$; $1-x$; $x-1$).

4 Erweitere den folgenden Bruchterm mit $(1-x)$. Multipliziere aus, wenn möglich. Für welche x-Werte sind der gegebene und der erweiterte Term äquivalent?

a) $\frac{x+1}{2x}$ b) $\frac{3x}{x-1}$ c) $\frac{x^2}{2x-4}$ d) $\frac{5}{x+2}$ e) $\frac{100}{x^2-4}$

5 Für welche x-Werte gilt:

a) $\frac{4}{x} = \frac{8}{2x}$ b) $\frac{1}{x-2} = \frac{x}{x(x-2)}$ c) $\frac{1}{3-x} = \frac{3+x}{9-x^2}$ d) $\frac{2+x}{2-x} = \frac{4-x^2}{(2-x)}$?

6 Ermittle den fehlenden Zähler oder Nenner. Für welche Einsetzungen gilt das Ergebnis?

a) $\frac{1}{x} = \frac{x}{\square}$ b) $\frac{5a}{x} = \frac{10ax}{\square}$ c) $\frac{3b+c}{b+c} = \frac{\square}{3b+3c}$ d) $\frac{x+2}{x-2} = \frac{(x+2)^2}{\square}$

e) $\frac{y+1}{y-1} = \frac{y^2+2y+1}{\square}$ f) $\frac{5x}{2y} = \frac{5x^2+5x}{\square}$ g) $\frac{3x+2}{x+2} = \frac{\square}{4-x^2}$ h) $\frac{9x-y}{9-y} = \frac{81x^2-y^2}{\square}$

7 Bringe den Bruchterm $\frac{2}{3x}$ auf den angegebenen Nenner.

a) $15x$ b) $-12x$ c) $-21x^2$ d) $6xy$ e) $3x(x-1)$

f) $9x^2+9x$ g) $15x-12x^2$ h) $3x^2-3xy$ i) $12x^2-15ax$ j) $3x+6x^2-27cx$

8 Bringe die beiden Terme auf den gleichen (möglichst einfachen) Nenner.

a) $\frac{2}{x}$; $\frac{3}{5x}$ b) $\frac{x}{2}$; $\frac{5}{6x^2}$ c) $\frac{x+1}{y}$; $\frac{1}{xy}$ d) $\frac{a-1}{bx}$; $\frac{1+x}{abx^2}$ e) $\frac{1}{x}$; $\frac{a}{2}$

f) $\frac{x}{ay}$; $\frac{-2}{x^2}$ g) $\frac{2x-1}{x+1}$; $\frac{3}{x-1}$ h) $\frac{3}{x}$; $\frac{1}{2x^2}$ i) $\frac{a}{x^2}$; $\frac{2}{5x^3}$ j) $\frac{1}{x^2-1}$; $\frac{1}{x+1}$

k) $\frac{x}{4-2x}$; $\frac{y}{2}$ l) $\frac{3-x}{3-6x}$; $\frac{x}{(1-2x)^2}$ m) $\frac{2-3x}{1-x^2}$; $\frac{x}{2+2x}$

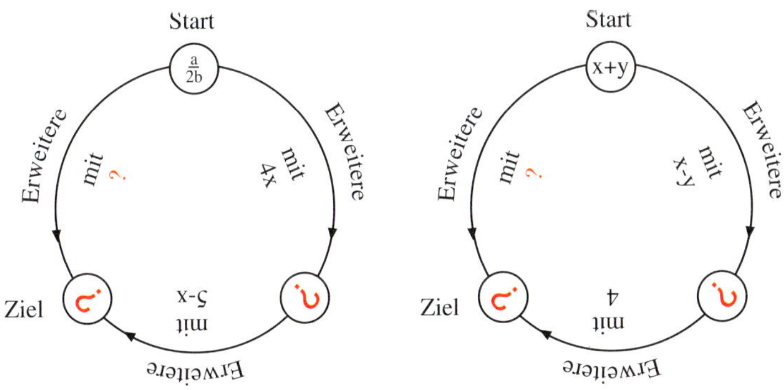

9 Welche Terme müssen in der Figur anstelle der Fragezeichen stehen?

10 Womit wurde erweitert?

a) $\frac{1-x}{2x-1} = \frac{x-1}{1-2x}$ b) $\frac{a-2}{1-a} = \frac{2a-a^2}{a^2-a}$

c) $\frac{y}{y-1} = \frac{y^2-y}{(y-1)^2}$ d) $\frac{c-1}{c} = \frac{c^2-1}{c+c^2}$

11 Sind die folgenden Bruchterme äquivalent?

a) $\frac{-1}{1-b}$ und $\frac{b}{b^2-b}$ b) $\frac{x}{1-x}$ und $\frac{2x}{-2x+1}$

12 Vereinfache den Bruchterm durch Kürzen.

a) $\frac{3y}{3x}$ b) $\frac{3x}{x}$ c) $\frac{4xy}{2y}$ d) $\frac{30x}{6x^2}$ e) $-\frac{6xy}{12x^2y}$

f) $\frac{x^2}{5x^3}$ g) $\frac{y}{4y^3}$ h) $\frac{ab^2}{b^2a}$ i) $\frac{84xy}{14(xy)^2}$ j) $\frac{ab^2x^2}{(abx)^2}$

13 a) $\frac{x(x+1)}{x}$ b) $\frac{3y^2}{y(y+1)}$ c) $\frac{(a+1)(2a-1)}{a(2a-1)}$ d) $\frac{18(x+2)}{(2+x)24}$ e) $\frac{(2x+1)(x-1)}{1+2x}$

f) $\frac{x^2+1}{x(x^2+1)}$ g) $\frac{a-x}{y(a-x)}$ h) $\frac{xy(1+a)}{y^2(a+1)}$ i) $\frac{(1+x)(1+a)}{4(x+1)(1+a)}$ j) $\frac{(y+2)^2}{x(2+y)}$

14 Verwandle Summen oder Differenzen zunächst durch Ausklammern in ein Produkt. Vereinfache danach durch Kürzen.

a) $\frac{2+4x}{2x}$ b) $\frac{6x-18y}{12y}$ c) $\frac{9x-6x}{15}$ d) $\frac{15x-10y}{20x+5y}$ e) $\frac{28a-21b}{7b-14a}$

15 a) $\frac{x + x^2}{x}$ b) $\frac{2y - y^2}{2y}$ c) $\frac{3x}{4x + x^2}$ d) $\frac{y - xy}{y^2}$ e) $\frac{u^2 - uv}{v^2u - u}$

f) $\frac{3cd^2 - c^2d}{cd}$ g) $\frac{4x - 12x^2}{8x}$ h) $\frac{xy^2 - x^2y}{3x^2y^2}$ i) $\frac{ax + x}{ay + y}$ j) $\frac{ax^2 + a}{2x^2 + 2}$

k) $\frac{14x + 21y}{2x^2 + 3xy}$ l) $\frac{3a - 3a^2}{a^2 - a^3}$ m) $\frac{4u^2 - 8uv}{uv - 2v^2}$ n) $\frac{12x - 6y}{2cx - cy}$ o) $\frac{2axy - a^2y}{2x^3 - ax^2}$

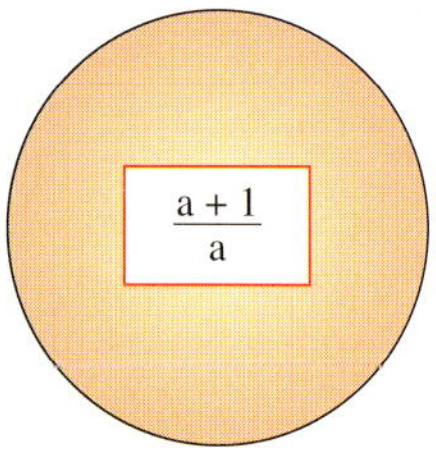

16 a) $\frac{(x + 1)^2}{3x + 3}$ b) $\frac{2y - 2}{(y - 1)^2}$ c) $\frac{(a + b)^3}{(2a + 2b)^2}$ d) $\frac{xy^2 + x^2y}{(x + y)^2}$ e) $\frac{x^2y - axy}{(xy - ay)^2}$

17 Beachte: $b - a = -(a - b)$.

a) $\frac{x - 1}{1 - x}$ b) $\frac{2 - y}{y - 2}$ c) $\frac{3a - b}{2b - 6a}$ d) $\frac{3x - 3y}{xy - x^2}$ e) $\frac{x - 2xy}{4y^2 - 2y}$

f) $\frac{x^2y}{x}$ g) $\frac{5xy(-a)}{15ax^2}$ h) $\frac{4ax - x^2}{ax - 4a^2}$ i) $\frac{a^2 - a^2b}{3bx - 3x}$ j) $\frac{(1 + x) - a(x + 1)}{a - 1}$

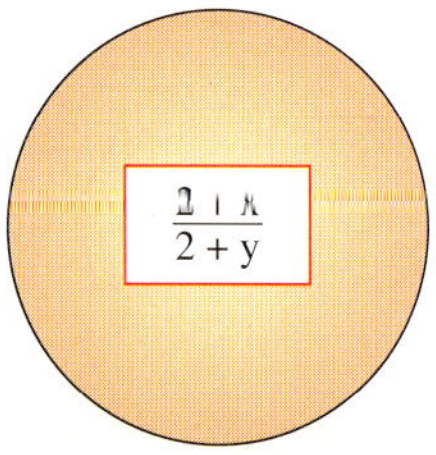

18 Faktorisiere mit Hilfe einer binomischen Formel und kürze.

a) $\frac{x^2 - 1}{x + 1}$ b) $\frac{y - 1}{y^2 - 1}$

c) $\frac{w^2 - 4}{w + 2}$ d) $\frac{w - 2}{w^2 - 4}$

e) $\frac{4a^2 - 9}{2a + 3}$ f) $\frac{9x^2 - 1}{3x - 1}$

g) $\frac{1 + 4x}{16x^2 - 1}$ h) $\frac{1 + 2x}{4x^2 + 4x + 1}$

i) $\frac{9x^3 - x}{1 + 3x}$ j) $\frac{a^2 - 6ab + 9b^2}{a - 3b}$

Vor dem Kürzen Produktform!
Diese erhält man durch
Ausklammern: $ab + ac = a \cdot (b + c)$
oder Anwenden einer
binomischen Formel:
$a^2 - b^2 = (a + b) \cdot (a - b)$
$a^2 + 2ab + b^2 = (a + b) \cdot (a + b)$
$a^2 - 2ab + b^2 = (a - b) \cdot (a - b)$.

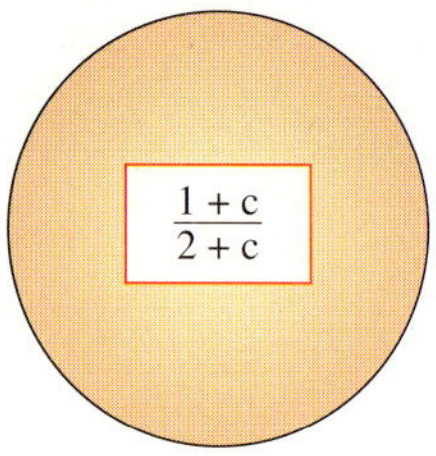

Bruchterme, die man ***nicht*** *kürzen kann!*

19 Für welche Belegungen sind der gegebene und der gekürzte Term äquivalent?

a) $\frac{x + 4}{x^2 - 16}$ b) $\frac{x - 1}{x - x^2}$ c) $\frac{3x^2 + x}{18x^2 - 2}$ d) $\frac{9x^3 - x}{1 + 3x}$ e) $\frac{(a - b)^2}{a^2 - b^2}$

20 Kürze, falls möglich.

a) $\frac{1 + x}{x}$ b) $\frac{2 - y}{y}$ c) $\frac{a}{1 + a}$ d) $\frac{ax}{a + ax}$ e) $\frac{1 + x}{x + x^2}$

f) $\frac{1 + x}{a + ax}$ g) $\frac{1 + ax}{a + ax}$ h) $\frac{x^2 - 1}{2x + 1}$ i) $\frac{xy}{xy - x}$ j) $\frac{a + x}{ax}$

21 Mache Zähler und Nenner durch Erweitern ganzzahlig und vereinfache.

a) $\frac{15t}{0{,}5}$ b) $\frac{0{,}07y}{1{,}4x}$ c) $\frac{-3{,}2x}{2 \cdot (-x)}$ d) $\frac{-2{,}3t}{11{,}5xy}$ e) $\frac{21u \cdot 1{,}5av}{3{,}5v \cdot 0{,}3x}$

f) $\frac{1{,}2x \cdot 1{,}5u}{2x^2u}$ g) $\frac{0{,}9rs \cdot 1{,}4r}{2{,}1rs^2}$ h) $\frac{0{,}05a + 0{,}1b}{a + 2b}$ i) $0{,}2 \cdot \frac{3x^2y}{0{,}04xy^2}$ j) $1{,}5x \cdot \frac{-3{,}5u \cdot 0{,}2v}{4{,}2u^2}$

22 Zeige: Die Summe von 7 aufeinander folgenden natürlichen Zahlen ist durch 7 teilbar.

23 a) Für welche natürlichen Zahlen n gilt: Wenn man den Vorgänger von n^2 durch den Vorgänger von n dividiert, dann erhält man den Nachfolger von n?
b) Wenn man von zwei aufeinander folgenden ungeraden Zahlen die Differenz ihrer Quadrate bildet und diese durch die zwischen den Zahlen liegende gerade Zahl dividiert, dann erhält man stets dieselbe natürliche Zahl.
Um welche Zahl handelt es sich?

$\frac{a + 2}{a}$

kann man nicht kürzen. Setzt man aber a = 6, so kann man doch kürzen. Ist das ein Widerspruch?

24 Zeige, dass für jedes $n \in \mathbb{N}$ gilt:
a) Das Produkt $n \cdot (n+1) \cdot (n+2)$ ist durch 6 teilbar.
b) Die Summe $\frac{n}{3} + \frac{n^2}{2} + \frac{n^3}{6}$ ist eine natürliche Zahl. (Anleitung: Bringe auf den Hauptnenner, schreibe den Zähler als Produkt.)

3 Addieren und Subtrahieren von Bruchtermen

1 Bernd stößt beim Rechnen mit Brüchen auf eine merkwürdige Regelmäßigkeit.
a) Drücke die vermutete Regel in Worten aus. Prüfe, ob sie auch für $\frac{1}{99} - \frac{1}{100}$ gilt.
b) Versuche, die Regel mit Bruchtermen aufzuschreiben; führe für den Nenner des ersten Bruches eine Variable, z. B. x, ein.
c) Warum ist es ratsamer, die Regel mit einer Variablen aufzuschreiben als sie an weiteren Beispielen zu überprüfen?

Beim Addieren und Subtrahieren von Bruchtermen geht man vor wie bei Brüchen.
Bei Bruchtermen mit **gleichen Nennern** werden die Zähler addiert bzw. subtrahiert und der gemeinsame Nenner beibehalten. Bei Bruchtermen mit **verschiedenen Nennern** muss man die Bruchterme zuerst durch Erweitern auf den gleichen Nenner (Gemeinsamer Nenner, GN) bringen. Wir vergleichen das Vorgehen mit dem Vorgehen bei Brüchen.

Brüche:

$\frac{2}{7} + \frac{3}{5}$, Hauptnenner: $7 \cdot 5$

$= \frac{2 \cdot 5}{7 \cdot 5} + \frac{3 \cdot 7}{5 \cdot 7}$

$= \frac{10}{35} + \frac{21}{35} = \frac{31}{35}$

Bruchterme:

$\frac{1}{x} + \frac{4}{x-2}$, Gemeinsamer Nenner: $x \cdot (x-2)$

$= \frac{1 \cdot (x-2)}{x \cdot (x-2)} + \frac{4 \cdot x}{(x-2) \cdot x}$

$= \frac{(x-2) + 4x}{x(x-2)} = \frac{5x-2}{x(x-2)}$

> Bruchterme mit **gleichen Nennern** werden addiert (subtrahiert), indem man die Zähler addiert (subtrahiert) und den gemeinsamen Nenner beibehält.
> Bruchterme mit **verschiedenen Nennern** bringt man erst auf einen gemeinsamen Nenner.
> Die Umformung gilt bei den Einsetzungen, für die **alle** beteiligten Bruchterme definiert sind.

Beispiel 1: (Gleiche Nenner)

a) $\frac{1}{x} - \frac{a}{x} + \frac{3}{x} = \frac{1-a+3}{x} = \frac{4-a}{x}$ für $x \in \mathbb{Q} \setminus \{0\}$

b) $\frac{4x}{2x+1} - \frac{x-1}{2x+1} = \frac{4x-(x-1)}{2x+1}$

$= \frac{3x+1}{2x+1}$ für $x \in \mathbb{Q} \setminus \left\{-\frac{1}{2}\right\}$

Beachte:

$-\frac{x-1}{x}$

$= \frac{-(x-1)}{x}$

Beispiel 2: (Verschiedene Nenner)

$\frac{1}{6x} + \frac{1}{9x^2}$

Wir suchen einen möglichst einfachen gemeinsamen Nenner (GN):

$6x = 2 \cdot 3 \cdot x$

$9x^2 = 3 \cdot x \cdot 3 \cdot x$

GN: $2 \cdot 3 \cdot x \cdot 3 \cdot x = 18x^2$

Wir bringen auf den GN:

$\frac{1 \cdot 3 \cdot x}{2 \cdot 3 \cdot x \cdot 3 \cdot x} + \frac{1 \cdot 2}{3 \cdot x \cdot 3 \cdot x \cdot 2}$

$= \frac{3x+2}{18x^2}$ für $x \in \mathbb{Q} \setminus \{0\}$

Zum Vergleich:

$\frac{1}{18} + \frac{5}{24}$

Wir bestimmen den HN durch Primfaktorzerlegung:

$18 = 2 \cdot 3 \cdot 3$

$24 = 2 \cdot 3 \cdot 2 \cdot 2$

HN: $2 \cdot 3 \cdot 3 \cdot 2 \cdot 2 = 72$

Wir bringen auf den HN:

$\frac{1 \cdot 2 \cdot 2}{2 \cdot 3 \cdot 3 \cdot 2 \cdot 2} + \frac{5 \cdot 3}{2 \cdot 3 \cdot 2 \cdot 2 \cdot 3}$

$= \frac{19}{72}$

Beispiel 3: (Bestimmung des GN; Erweitern)

$\frac{1}{2x-4} - \frac{2}{x^2-4}$

$2x - 4 = 2 \cdot (x-2)$

$x^2 - 4 = (x-2) \cdot (x+2)$

GN: $2 \cdot (x-2) \cdot (x+2)$

Wir bestimmen den GN: Die Nenner werden so weit wie möglich faktorisiert.

$\frac{1 \cdot (x+2)}{2 \cdot (x-2) \cdot (x+2)} - \frac{2 \cdot 2}{(x-2) \cdot (x+2) \cdot 2}$

$= \frac{x+2-4}{2 \cdot (x-2) \cdot (x+2)}$

$= \frac{x-2}{2(x-2)(x+2)}$

$= \frac{1}{2x+4}$ für $x \in \mathbb{Q} \setminus \{2; -2\}$

Wir bringen auf den GN: Ein Vergleich der Faktordarstellung eines Nenners mit der Faktordarstellung des GN zeigt, womit erweitert werden muss.

Das Ergebnis wird so weit wie möglich vereinfacht.

Gleiche Nenner

2 a) $\frac{1}{x} + \frac{2}{x}$ b) $\frac{7}{b} - \frac{3}{b}$ c) $\frac{3}{d} - \frac{9}{d}$ d) $\frac{5}{2b} - \frac{7}{2b}$
e) $\frac{b}{2x} - \frac{3}{2x}$ f) $\frac{a}{3x^2} - \frac{1}{3x^2}$ g) $\frac{8}{rsr} + \frac{9}{r^2s}$ h) $\frac{x}{2y} + \frac{-x}{2y}$

3 a) $\frac{1}{x-1} + \frac{3}{x-1}$ b) $\frac{2}{1+2x} - \frac{3}{1+2x}$ c) $\frac{1}{a-b} - \frac{a}{a-b}$ d) $\frac{x}{1+a} - \frac{a}{1+a}$
e) $\frac{1}{x^2-1} - \frac{2}{x^2-1}$ f) $\frac{3}{2+a^2} + \frac{-2}{2+a^2}$ g) $\frac{a}{1+2b} - \frac{2a}{1+2b}$ h) $\frac{6x}{1-2c} - \frac{c}{1-2c}$

4 a) $\frac{3+a}{b} + \frac{4-a}{b}$ b) $\frac{1-x}{2a} - \frac{2x}{2a}$ c) $\frac{2+a}{b^2} - \frac{a-1}{b^2}$ d) $\frac{x+1}{2x^2} - \frac{1+2x}{2x^2}$
e) $\frac{2+x}{x} - \frac{2-x}{x}$ f) $\frac{x-y}{3xy} - \frac{2x-y}{3xy}$ g) $\frac{1-a}{a^2} - \frac{a-1}{a^2}$ h) $\frac{a+1}{aba^2} - \frac{4a}{2a^3b}$

Beachte:
$\frac{1}{a+b} \neq \frac{1}{a} + \frac{1}{b}$

5 a) $\frac{2x-1}{x+1} - \frac{x-2}{x+1}$ b) $\frac{1-x}{2x-1} + \frac{5x-3}{2x-1}$ c) $\frac{x+1}{x^2-a^2} - \frac{1+a}{x^2-a^2}$
d) $\frac{2-3x}{1+x^2} - \frac{1-4x}{1+x^2}$ e) $\frac{x^2-ax+1}{3x^2-3} - \frac{-(a+1)x+x^2}{3x^2-3}$ f) $\frac{(4-a)^2}{2-8a^2} - \frac{a^2-6a+15}{2-8a^2}$

6 a) $\frac{u}{u^2-v^2} - \frac{v}{u^2-v^2}$ b) $\frac{u}{u^2-v^2} + \frac{v}{u^2-v^2}$ c) $\frac{3x+5}{x^2-x+5} - \frac{4x-x^2}{x^2-x+5}$
d) $\frac{2x-3}{x^2-2x+1} - \frac{x-2}{(x-1)^2}$ e) $\frac{2y-3}{(y+1)(y-1)} - \frac{y-2}{y^2-1}$ f) $\frac{(a+1)^2}{a^2-1} + \frac{(a-1)^2}{a^2-1}$

7 Schreibe den Bruchterm als Summe oder Differenz. Kürze die Summanden so weit wie möglich.
a) $\frac{3a+5}{2a}$ b) $\frac{3-4x}{2x}$ c) $\frac{2-5k^2}{2k}$ d) $\frac{6u-5u^2}{2u}$
e) $\frac{3x^2+6x+9}{3x}$ f) $\frac{(y-1)^2}{y^2}$ g) $\frac{3t^2-4}{(3t)^2}$ h) $\frac{(2t)^2-(2r)^2}{4xt}$

8 Berechne. Gib jeweils an, für welche Belegungen das Ergebnis gilt.
a) $\frac{2-x}{1-2x} - \frac{1+x}{1-2x}$ b) $\frac{2x+1}{x^2-9} + \frac{8+x}{x^2-9}$ c) $\frac{(x-1)^2}{(x+1)^2} + \frac{4x}{(x+1)^2}$

Verschiedene Nenner

9 a) $\frac{3}{b} + \frac{1}{2b}$ b) $\frac{4}{3x} + \frac{1}{x}$ c) $\frac{1}{ax} - \frac{1}{x}$ d) $\frac{b}{a} + \frac{1}{ab}$
e) $\frac{1}{x} - \frac{1}{2ax}$ f) $\frac{1}{2abx} - \frac{a}{b}$ g) $\frac{1}{x^2} + \frac{1}{x}$ h) $\frac{2}{x^2} - \frac{1}{x^3}$

10 a) $\frac{1}{x}+1$ b) $2-\frac{3}{y}$ c) $x-\frac{1}{x^2}$ d) $\frac{a}{y^2}-a$
e) $x-\frac{2}{xy}$ f) $5-\frac{1}{2ax}$ g) $1-x+\frac{1}{x^2}$ h) $t-\frac{1}{t}+\frac{1}{t^2}$

11 a) $\frac{1}{2}+\frac{1}{x}$ b) $\frac{2}{y}-\frac{1}{3}$ c) $\frac{a}{t}+\frac{1}{4}$ d) $\frac{1}{2r}-\frac{1}{3}$
e) $\frac{1}{ax}-\frac{1}{y}$ f) $\frac{5}{2u}-\frac{1}{3v}$ g) $\frac{x}{2}-\frac{3}{x}$ h) $\frac{2a}{3x}+\frac{b}{2t}$

12 a) $\frac{4}{x}+\frac{1}{x-1}$ b) $\frac{1}{2y}-\frac{1}{y+2}$ c) $\frac{x}{t+1}+\frac{1}{t}$ d) $\frac{c+1}{c-1}-\frac{1}{2}$
e) $\frac{1}{x+1}-\frac{1}{x-1}$ f) $\frac{1}{1-y}-\frac{y}{1+y}$ g) $\frac{2+t}{t-2}-\frac{1-t}{t+2}$ h) $\frac{1+2a}{1-2a}-\frac{1-2a}{1+2a}$

13 a) $\frac{1}{x}+\frac{1}{x^2}$ b) $\frac{2}{y^3}-\frac{1}{y}$ c) $\frac{3}{t^2}-\frac{1}{t^3}$ d) $\frac{a}{b}-\frac{1}{b^3}$
e) $\frac{2}{3x}-\frac{1}{x^2}$ f) $\frac{x}{2y}-\frac{2}{3y^2}$ g) $\frac{a}{3x}+\frac{1}{6x^2}$ h) $\frac{3}{8x^2t}-\frac{t}{4x}$

Berechne:

$\frac{x-6}{x}-\frac{x}{9-x}$.

Drehe das Buch um 180° und berechne wieder. Erhältst du dasselbe Ergebnis?

14 a) $\frac{5p}{2q}+\frac{4q}{p}-\frac{3}{pq}$ b) $\frac{6}{p^2q^2}-\frac{5}{6q^2}+\frac{1}{2p}$ c) $\frac{3r}{5st}-\frac{4s}{3rt}+\frac{2}{3rst}$
d) $\frac{1}{4}-\frac{1}{3x}+\frac{5}{6x^2}$ e) $\frac{1}{3ab}-\frac{a}{4b}+\frac{b}{6a^2}$ f) $\frac{a}{15x}+\frac{1}{2a}-\frac{a}{6x^2}$

15 a) $\frac{x}{2x-4}+\frac{1}{x-2}$ b) $\frac{2}{3-3x}-\frac{1}{1-x}$ c) $\frac{a}{6-4y}-\frac{1}{15-10y}$
d) $\frac{1}{u+v}+\frac{1}{u^2-v^2}$ e) $\frac{x}{x^2-y^2}-\frac{1}{2x-2y}$ f) $\frac{b+1}{50a^2-2b^2}-\frac{1}{10a-2b}$

16 a) $\frac{v}{15v-10}+\frac{1}{6v-4}$ b) $\frac{3}{(2x+3)^2}-\frac{1}{4x+6}$ c) $\frac{1}{4x^2-16}-\frac{x}{6x+12}$
d) $\frac{1}{6x^2}-\frac{1}{2x^2-2x}$ e) $\frac{2}{10x-5x^2}+\frac{1}{30-15x}$ f) $\frac{1}{2x-3}-\frac{2x}{(2x-6)^2}$

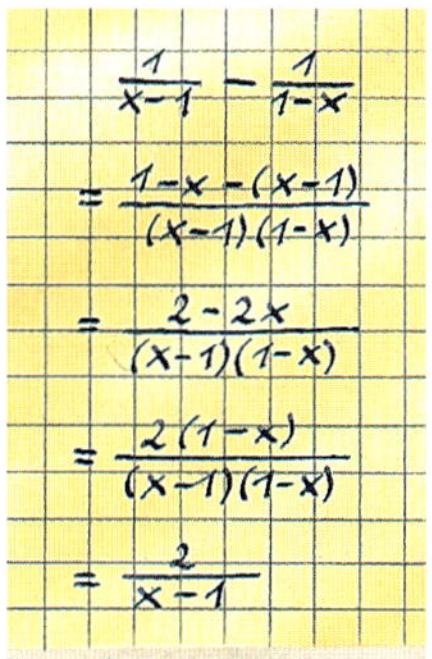

Weshalb so umständlich? Es geht auch einfacher!

17 Erweitere zunächst einen der beiden Bruchterme mit –1.
Beispiel: $\frac{2a}{a-b}-\frac{3a}{b-a}=\frac{2a}{a-b}-\frac{3a\cdot(-1)}{(b-a)(-1)}=\frac{2a}{a-b}+\frac{3a}{a-b}=\frac{5a}{a-b}$.

a) $\frac{1}{x-1}+\frac{1}{1-x}$ b) $\frac{2}{2-x}+\frac{1}{x-2}$ c) $\frac{1}{1-2x}-\frac{1}{2x-1}$
d) $\frac{x}{2-3x}-\frac{2-4x}{3x-2}$ e) $\frac{1}{1-5x}-\frac{1}{5x-1}$ f) $\frac{2}{4x-3}+\frac{3}{3-4x}$
g) $\frac{a}{2a-3b}+\frac{b}{3b-2a}$ h) $\frac{2a-b}{a-b}-\frac{b-2a}{b-a}$ i) $\frac{2a-b}{a-b}+\frac{b-2a}{b-a}$

18 a) $\frac{u}{u-2}+\frac{2}{2-u}$ b) $\frac{x}{x-3}+\frac{x}{3-x}$ c) $\frac{3}{2t-3}+\frac{2t}{3-2t}$
d) $\frac{a}{b-a}-\frac{-b}{a-b}$ e) $\frac{y+3a}{1-2y}-\frac{-3a}{2y-1}$ f) $\frac{u-v}{v-u}-\frac{v-u}{u-v}$

19 a) $\frac{1}{1-2x}+\frac{2}{6x-3}$ b) $\frac{1}{20y-4}-\frac{1}{3-15y}$ c) $\frac{1}{6a-3x}-\frac{2x-1}{6x^2-12ax}$
d) $\frac{1}{35-15x}+\frac{x}{9x^2-21x}$ e) $\frac{3}{2a^2-2}-\frac{1}{1-a}$ f) $\frac{4x}{x^3-x}+\frac{4}{1-x^2}$
g) $\frac{3}{2-a}-\frac{4}{a-2}+\frac{5}{2-a}$ h) $\frac{3x}{3x-4}+\frac{4x}{4-3x}-\frac{x}{3x-4}$ i) $\frac{2}{y+2}-\frac{2y}{2-y}+\frac{2y+2}{2y-2}$

20 Kürze vor dem Addieren oder Subtrahieren.
a) $\frac{2}{2x-4}-\frac{x}{ax-x}$ b) $\frac{18y}{9-3y}+\frac{y^2}{y^2-3y}$ c) $\frac{ux+x^2}{u^2-x^2}-\frac{u-1}{1-u^2}$
d) $\frac{2a+4x}{(a+2x)^2}-\frac{a}{x-3a}$ e) $\frac{2-2t^2}{1+t}-\frac{t^2-1}{t-1}$ f) $\frac{(x-4)^2}{x^2-4}-\frac{1}{2-x}$
g) $\frac{u^2+uv}{u^2-uv}+\frac{2u}{2u-2v}+\frac{2v}{u+v}$ h) $\frac{u^2+uv}{u^2-uv}-\frac{2u}{2u-2v}-\frac{2v}{u+v}$ i) $\frac{x^2-y^2}{2x+2y}-\frac{3x^2+4xy}{2yx-4x^2}$

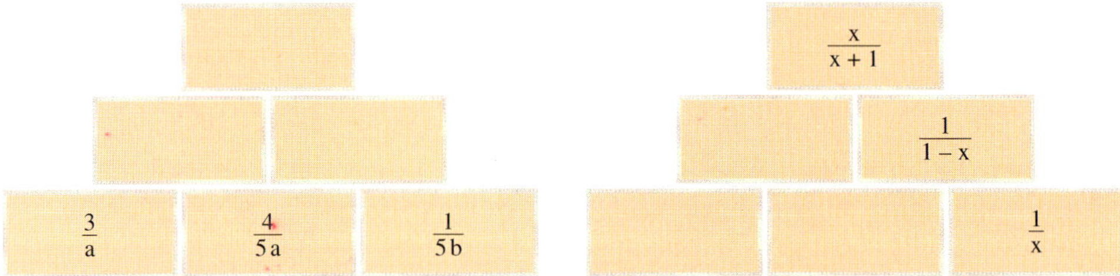

21 In den Pyramiden ist jeder Term die Summe der beiden darunter stehenden Terme. Übertrage die Figur ins Heft. Ergänze die fehlenden „Bausteine".

22 Die Kärtchen enthalten die Ergebnisse dieser Aufgabe.

a) $\frac{2}{t-1} + \frac{4}{t+2}$ b) $\frac{2x+1}{x+1} + x$ c) $\frac{5}{4x^2+2x} - \frac{2}{x}$

d) $\frac{t+1}{t+2} + \frac{t-2}{t-1}$ e) $\frac{5}{u} + \frac{1}{u+1} - \frac{6}{u+2}$ f) $\frac{x+1}{x+2} - \frac{x-2}{x-1} + \frac{3}{2}$

g) $\frac{1}{7t} - \frac{2}{5t} + \frac{3}{7t-5}$ h) $\frac{1}{2u+1} + \frac{1}{u+1} - \frac{1}{u}$ i) $\frac{1+x}{x^2-x} - \left(\frac{2}{x-1} - \frac{2}{x}\right)$

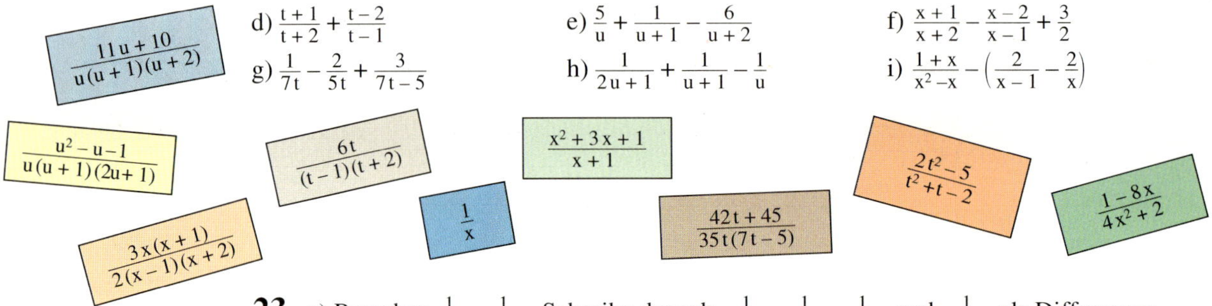

23 a) Berechne $\frac{1}{x} - \frac{1}{x+1}$. Schreibe danach $\frac{1}{1\cdot 2}$, $\frac{1}{2\cdot 3}$, $\frac{1}{3\cdot 4}$ und $\frac{1}{4\cdot 5}$ als Differenzen.

b) Berechne die Summe $\frac{1}{1\cdot 2} + \frac{1}{2\cdot 3} + \frac{1}{3\cdot 4} + \ldots + \frac{1}{19\cdot 20}$.

c) Zeige: Die Summe $\frac{1}{1\cdot 2} + \frac{1}{2\cdot 3} + \frac{1}{3\cdot 4} + \ldots + \frac{1}{n\cdot(n+1)}$ bleibt immer kleiner als 1, gleichgültig wie viel Summanden man aufsummiert.

d) Zeige entsprechend: $\frac{1}{1\cdot 3} + \frac{1}{3\cdot 5} + \frac{1}{5\cdot 7} + \ldots + \frac{1}{n\cdot(n+2)}$ bleibt immer kleiner als 0,5.

(Anleitung: Berechne $\frac{1}{x} - \frac{1}{x+2}$; gehe vor wie in den Teilaufgaben a) und c).)

24 Zeige: Wenn man die Kehrwerte von zwei aufeinander folgenden natürlichen Zahlen addiert, dann erhält man stets einen Bruch mit folgenden Eigenschaften:

a) Den Bruch kann man nicht kürzen.

b) Der Zähler des Bruches ist ungerade, sein Nenner ist gerade.

25 a) Welche Zahl liegt in der Mitte zwischen einer natürlichen Zahl n und dem Nachfolger dieser Zahl?

b) Welche Zahl liegt in der Mitte zwischen dem Kehrwert einer natürlichen Zahl und dem Kehrwert ihres Nachfolgers?

26 Zeige: Von allen Rechtecken mit dem Flächeninhalt $16\,\text{cm}^2$ hat das Quadrat den kleinsten Umfang.

(Anleitung: Vergleiche den Umfang u_Q des Quadrates mit dem Umfang u_R eines Rechtecks mit der Länge $(4+x)$ cm durch Berechnung der Differenz $u_R - u_Q$.)

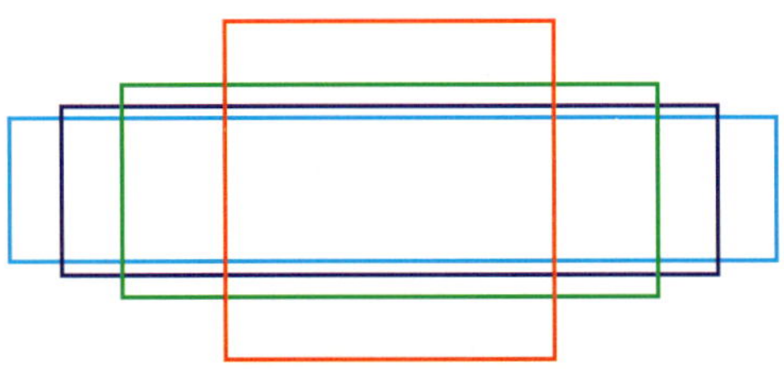

4 Multiplizieren und Dividieren von Bruchtermen

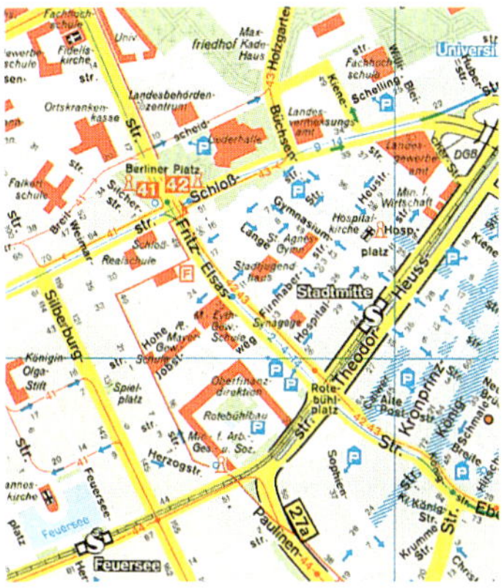

Fig. 1

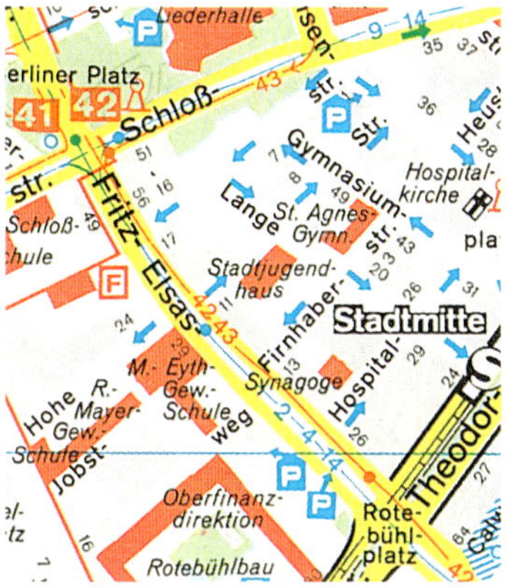

Fig. 2

1 Fig. 1 zeigt einen Ausschnitt aus einem Stadtplan von Stuttgart im Maßstab 1 : 10 000, Fig. 2 eine vergrößerte Kopie des Ausschnitts.

a) Der kleine Ausschnitt wurde mit dem Faktor 2 vergrößert, d. h., in der Vergrößerung ist jede Strecke doppelt so lang wie im Original. Welchen Maßstab hat der Stadtplan auf der Kopie?

b) Eine Karte mit dem Maßstab 1 : a wird mit dem Faktor g vergrößert (mit dem Faktor k verkleinert). Welchen Maßstab hat die Vergrößerung bzw. Verkleinerung?

Zwei Brüche werden multipliziert, indem man Zähler mit Zähler und Nenner mit Nenner multipliziert, z. B. $\frac{3}{4} \cdot \frac{7}{8} = \frac{21}{32}$. Entsprechend gilt für Bruchterme:

$$\frac{a}{b} \cdot \frac{c}{d} = \frac{a \cdot c}{b \cdot d}$$

Dividiert man durch einen Bruch, so muss man mit dem Kehrbruch multiplizieren:
$\frac{4}{9} : \frac{1}{3} = \frac{4}{9} \cdot \frac{3}{1} = \frac{12}{9} = \frac{4}{3}$. Entsprechend gilt für Bruchterme:

$$\frac{a}{b} : \frac{c}{d} = \frac{a}{b} \cdot \frac{d}{c} = \frac{a \cdot d}{b \cdot c}$$

Zwei Bruchterme werden **multipliziert**, indem man Zähler mit Zähler und Nenner mit Nenner multipliziert.
Durch einen Bruchterm wird **dividiert**, indem man mit seinem Kehrbruchterm multipliziert.
Die Umformung gilt bei Einsetzungen, für die alle vorkommenden Nenner ≠ 0 sind.

Zuerst Kürzen! Dann erst ausmultiplizieren!

Beispiel 1: (Multiplizieren von Bruchtermen)

a) $\frac{a}{2a+1} \cdot \frac{a+2}{3a}$
$= \frac{a(a+2)}{(2a+1) \cdot 3a}$
$= \frac{a+2}{6a+3}$ für $a \in \mathbb{Q} \setminus \left\{0; -\frac{1}{2}\right\}$

b) $\frac{4r-2}{r+s} \cdot \frac{r-s}{2r-1}$
$= \frac{2(2r-1)(r-s)}{(r+s)(2r-1)}$
$= \frac{2r-2s}{r+s}$ für $r \neq -s;\ r \neq \frac{1}{2}$

Beachte: Das Produkt lässt sich oft kürzen, auch wenn die beiden multiplizierten Bruchterme nicht kürzbar sind.

Beispiel 2: (Dividieren von Bruchtermen)

a) $\frac{u-4v}{3u+v} : \frac{u-4v}{u+v}$
$= \frac{u-4v}{3u+v} \cdot \frac{u+v}{u-4v}$
$= \frac{u+v}{3u+v}$ für $v \neq -3u;\ v \neq -u;\ v \neq \frac{1}{4}u$

b) $\frac{x^2-xy}{x^2+xy} : \frac{x^2-y^2}{(x+y)^2}$
$= \frac{x(x-y)}{x(x+y)} \cdot \frac{(x+y)^2}{(x-y)(x+y)}$
$= 1$ für $x \neq 0;\ y \neq -x;\ y \neq x$

Beispiel 3: (Verbindung von Multiplikation und Addition)

$$\left(\frac{3a}{b} + \frac{6}{c} - \frac{1}{bc}\right) \cdot \frac{bc}{a} = \frac{3abc}{ab} + \frac{6bc}{ac} - \frac{bc}{abc} = 3c + \frac{6b}{a} - \frac{1}{a} = 3c + \frac{6b-1}{a}$$

Beispiel 4: (Schreibweise)

a) $\frac{3}{a} : \left(\frac{x}{a} \cdot \frac{x}{b}\right) = \frac{3}{a} : \frac{x^2}{ab} = \frac{3}{a} \cdot \frac{ab}{x^2} = \frac{3b}{x^2}$

$\left(\frac{3}{a} : \frac{x}{a}\right) \cdot \frac{x}{b} = \left(\frac{3}{a} \cdot \frac{a}{x}\right) \cdot \frac{x}{b} = \frac{3}{x} \cdot \frac{x}{b} = \frac{3}{b}$

Beachte: Verschiedene Klammersetzung führt zu verschiedenen Ergebnissen.

b) $\frac{\frac{ax}{b}}{x} = \frac{\frac{ax}{b}}{\frac{x}{1}} = \frac{ax}{b} \cdot \frac{1}{x} = \frac{a}{b}$

$\frac{ax}{\frac{b}{x}} = \frac{\frac{ax}{1}}{\frac{b}{x}} = \frac{ax}{1} \cdot \frac{x}{b} = \frac{ax^2}{b}$

Verwendet man anstelle der Punkt- die Bruchstrichschreibweise, dann zeigt die Länge des Bruchstriches an, wie man sich die Klammern zu denken hat.

2 a) $2 \cdot \frac{1}{a}$ b) $5 \cdot \frac{4}{b}$ c) $\frac{7}{c} \cdot \frac{1}{2}$ d) $3 \cdot \frac{c}{3d}$ e) $6 \cdot \frac{7d}{8e}$
f) $\frac{2}{a} \cdot \frac{3}{a}$ 0; $-\frac{1}{2}$ g) $2a \cdot \frac{1}{4b}$ h) $\frac{12}{c} \cdot \frac{4c}{5}$ i) $\frac{1}{5b} \cdot \frac{2}{3b}$ j) $\frac{6e}{7f} \cdot \frac{21f^2}{3e}$
k) $\frac{7r}{8s^2} \cdot \frac{s}{r^2}$ l) $\frac{6}{s} \cdot \frac{7t^2}{3s}$ m) $\frac{6}{s} \cdot \frac{3s}{7t^2}$ n) $\frac{2}{u^2} \cdot \frac{u}{2v^2}$ o) $\frac{2}{u^2} \cdot \frac{2v^2}{u}$

3 a) $\frac{8x}{y} \cdot \frac{y^2}{4x} \cdot \frac{2}{y}$ b) $\frac{9x^2}{3y} \cdot \frac{6}{x} \cdot \frac{y}{3x}$ c) $\frac{4}{y^2} \cdot \frac{y}{z} \cdot \frac{z}{4xy}$ d) $\frac{2}{3} \cdot \frac{4x}{5y} \cdot \frac{x}{2y}$ e) $\frac{5x}{2y^2} \cdot \frac{9y}{10z} \cdot \frac{xyz}{5z^2}$
f) $\frac{2a+1}{3a-1} \cdot \frac{1-3a}{2a-1}$ g) $\frac{a+b}{5a} \cdot \frac{a}{a-b}$ h) $\frac{c^2}{2c+d} \cdot \frac{c-d}{2c^2}$ i) $\frac{4d-f}{2d} \cdot \frac{d^2}{f-4d}$ j) $\frac{2f+g}{f-g} \cdot \frac{g-f}{f+2g}$

4 Klammere zuerst aus.
a) $\frac{3r-4}{6s-8} \cdot \frac{3s-4}{6r-8}$ b) $\frac{4r^2+4s}{r+s} \cdot \frac{r-s}{r^2+s}$ c) $\frac{7u-uv}{v-7} \cdot \frac{v+7}{u}$ d) $\frac{5u^2-10uv}{5uv} \cdot \frac{u^2v-uv^2}{u-2v}$ e) $\frac{-v^2-u^2}{v-u} \cdot \frac{3u-3v}{u^2+v^2}$

5 Beachte die binomischen Formeln.
a) $\frac{a^2+b^2}{a^2-b^2} \cdot \frac{a-b}{a+b}$ b) $\frac{(a+b)^2}{a^2-b^2} \cdot \frac{a-b}{a+b}$ c) $\frac{4c^2-1}{d^2-4} \cdot \frac{d+2}{2c-1}$ d) $\frac{2c}{c^2-1} \cdot \frac{c+1}{c-1}$ e) $\frac{4x^2+6x}{3x+2x^2} \cdot \frac{xy}{2x+3}$
f) $\frac{a^2-b^2}{a-2b} \cdot \frac{a^2-4b^2}{4a-4b}$ g) $\frac{2-b}{a-1} \cdot \frac{a^2-1}{4-b^2}$ h) $\frac{r^2-s^2}{r^2-rs} \cdot \frac{r^2+s^2}{r-s}$ i) $\frac{(r-s)^2}{r^2-rs} \cdot \frac{r^2+s^2}{r-s}$ j) $\frac{x^2+1+2x}{x^2+1} \cdot \frac{(x-1)^2}{(x+1)^2}$

$\frac{3}{y} : \frac{y}{x}$
$= \frac{3}{x}$ falsch!

6 a) $\frac{2}{x} : \frac{3}{x}$ b) $\frac{2}{x} : \frac{x}{3}$ c) $\frac{4}{x} : \frac{4}{y}$ d) $\frac{4}{x} : \frac{y}{4}$ e) $\frac{x^2}{5} : \frac{x}{5}$
f) $\frac{a}{2b} : \frac{3}{4b}$ g) $\frac{4b}{5c} : \frac{3c}{25b}$ h) $\frac{4b}{5c} : \frac{3b}{25c}$ i) $\frac{8uv}{v^2} : \frac{6u}{uv}$ j) $\frac{8x^2}{y^2} : \frac{16y}{3x}$
k) $\frac{x}{y} : \frac{y}{x}$ l) $\frac{x^2}{2y} : \frac{y^2}{x^2}$ m) $\frac{x^2}{2y} : \frac{2x^2}{y^2}$ n) $\frac{xz}{y^2} : \frac{5z}{x^2}$ o) $\frac{xy^2}{u^2v} : \frac{x^2y}{uv^2}$

7 a) $1 : \frac{1}{x}$ b) $3 : \frac{a}{b}$ c) $x : \frac{x}{y}$ d) $x^2 : \frac{ax}{y}$ e) $(tx) : \frac{x}{y}$
f) $\frac{1}{x} : 2$ g) $\frac{a}{b} : 5$ h) $\frac{at}{b} : t$ i) $\frac{bt^2}{a} : t^3$ j) $\frac{rx}{s} : s$
k) $\frac{xyz}{t} : (t^2yz)$ l) $\frac{a^2b}{t} : (abt)$ m) $(3a^2b) : \frac{ab^2}{4}$ n) $(2x) : (abx)$ o) $(6uy) : (3vy)$

Wenn du die „Bruchtürme“ richtig vereinfachst, dann bist du, was im Ergebnis steht!

$$\frac{\frac{\frac{s}{r}}{\frac{t}{u}}}{\frac{\frac{q}{p}}{\frac{t \cdot r}{q}}} \cdot \frac{\frac{\frac{e}{f}}{\frac{f}{r}}}{\frac{\frac{1}{q}+\frac{1}{f}}{\frac{fq^3-f^3q}{q-f}}}$$

8 a) $\frac{x-1}{2-x} : \frac{x-1}{x}$ b) $\frac{a+1}{a} : \frac{2-a}{a+1}$ c) $\frac{2c-5}{3c-1} : \frac{c-2{,}5}{1-3c}$
d) $\frac{10d+5}{2d-3} : \frac{6d+3}{6d-9}$ e) $\frac{10d+5}{6d+3} : \frac{2d-3}{6d-9}$ f) $\frac{2x-5y}{x-y} : \frac{x-2{,}5y}{2x-2y}$

9 a) $\frac{4p-6q}{p-3q} : \frac{2p-3q}{p-3q}$ b) $\frac{p^2-2p}{p^2-4} : \frac{p}{p+2}$ c) $\frac{p^2-4p}{p^2-4} : \frac{p+2}{p}$
d) $\frac{(2x-6y)^2}{(x-y)^2} : \frac{x-3y}{x^2-y^2}$ e) $\frac{x^2-x^2y^2}{x^2+x^2y} : \frac{x+xy}{x^2+x^2y}$ f) $\frac{16x^2-4}{16x-8} : \frac{4x^2-1}{2x-1}$

10 a) $\frac{a}{\frac{a-1}{a}}$ b) $\frac{\frac{a}{a-1}}{a}$ c) $\frac{\frac{c^2-1}{c}}{c+1}$ d) $\frac{c^2-1}{\frac{c}{c+1}}$ e) $\frac{\frac{u+1}{u^2+1}}{\frac{u-1}{u^2+1}}$ f) $\frac{\frac{uv+u}{v+1}}{\frac{v+1}{uv-u}}$

11 a) $\left(\frac{x}{2} : \frac{1}{x}\right) \cdot \frac{1}{x^2}$ b) $\frac{x}{2} : \left(\frac{1}{x} \cdot \frac{1}{x^2}\right)$ c) $\frac{x}{y} : \left(\frac{y}{x} : \frac{x}{y}\right)$ d) $\left(\frac{x}{y} : \frac{y}{x}\right) : \frac{x}{y}$
e) $\frac{1-a}{b} : \left(\frac{1}{a} : \frac{a-1}{a}\right)$ f) $\frac{1}{x-y} \cdot \left(\frac{a}{x} : \frac{1}{y-x}\right)$ g) $\frac{u+1}{u-v} : \left(\frac{u+v}{v} \cdot \frac{v}{u+1}\right)$ h) $\frac{ax-1}{2} : [(1-ax) : bx]$

12 a) $3 : \left(4 : \frac{1}{x}\right)$ b) $a : \left(\frac{2}{x} : a\right)$ c) $\frac{u}{2} : (2 : v)$ d) $t : \left(\frac{t}{2} : 3\right)$
e) $a : (a : b)$ f) $x^2 : \left(\frac{x}{2} : 4\right)$ g) $(uv) \cdot \left(v : \frac{u}{v}\right)$ h) $(2xz) : (18x^2 \cdot y)$

13 Rechne auf zwei Arten.
a) $\left(\frac{1}{x} + \frac{1}{x^2}\right) \cdot \frac{x^2}{2}$ b) $\left(\frac{a}{b} - \frac{1}{a}\right) : \frac{1}{ab}$ c) $\left(2 - \frac{1}{a}\right) : \frac{1}{a^2}$ d) $\left(\frac{x}{2} - \frac{1}{x} + x^2\right) \cdot \frac{1}{x}$

14 a) $\left(\frac{b}{x} + \frac{c}{x} - x\right) : \frac{b}{x}$ b) $(1-a) : \left(1 + \frac{a-3}{2}\right)$ c) $\left(1 + \frac{1}{t}\right) : \left(t - \frac{1}{t}\right)$ d) $\left(\frac{1}{a-1} + 1\right) \cdot \left(\frac{1}{a+1} - 1\right)$
e) $\left(u - \frac{1}{v}\right) : \left(v - \frac{1}{u}\right)$ f) $\left(\frac{x}{x-y} - 2\right)(y - x)$ g) $\left(\frac{a}{x} - 1\right) : (x - a)$ h) $\left(ax + \frac{1}{a}\right)\left(\frac{1}{ax} + a\right)$

15 Vereinfache so weit wie möglich. Für welche Einsetzungen gilt die Umformung?
a) $\left(\frac{x-1}{x} - 1\right) : \left(2 - \frac{1}{x}\right)$ b) $\left(\frac{1}{a-1} - \frac{1}{a}\right) : \frac{1}{a^2-1}$ c) $\left(\frac{1}{a-x} + \frac{1}{2}\right) : (2 - x + a)$ d) $\left(\frac{a+1}{a-1} - 2\right)(1 - a)$

16 a) Zeige: Bildet man von zwei aufeinander folgenden natürlichen Zahlen die Kehrwerte und dividiert die Differenz der Kehrwerte durch das Produkt der Kehrwerte, dann erhält man stets dieselbe natürliche Zahl. Um welche Zahl handelt es sich?
b) Gilt dies auch, wenn die beiden Ausgangszahlen nichtnatürliche Zahlen sind, die sich um 1 unterscheiden?
c) Was ändert sich und was bleibt gleich, wenn man von zwei beliebigen rationalen Zahlen ausgeht, die sich um d unterscheiden?

17 a) Ein Intercityzug (IC) fährt 4-mal so schnell wie ein Schiff. Wie lange braucht der IC im Vergleich zum Schiff, wenn die zurückgelegten Strecken gleich lang sind?
b) Vergleiche die Fahrzeiten, wenn der IC seine Geschwindigkeit um 25 % erhöht (um 25 % verringert).
c) Vergleiche die Fahrzeiten, wenn der IC seine ursprüngliche Geschwindigkeit um $40\,\frac{km}{h}$ erhöht. Wie zeigt sich in der Rechnung, dass sich seine Fahrzeit dadurch verringert? Welche Auskunft gibt die Rechnung darüber hinaus?

18 Bei einer Maschine nennt man den Quotienten

$$\frac{\text{genutzte Energie}}{\text{aufgewandte Energie}}$$

den Wirkungsgrad der Maschine.
a) Ein Heizkessel mit einem Wirkungsgrad von 55 % wird durch einen Brennwertkessel ersetzt. Dadurch verringert sich die aufgewandte Energie um 12 % und steigert sich die genutzte Energie um 7 %. Welchen Wirkungsgrad hat der Brennwertkessel?
b) Der Heizkessel eines Nahwärmenetzes wird zu einem Blockheizkraftwerk umgebaut. Die aufgewandte Energie erhöht sich um 5 %, die genutzte Energie um 50 %.
Um wie viel Prozent erhöht sich der Wirkungsgrad?

5 Bruchgleichungen

1€ Frau Nill und Frau Mall sind mit ihren Kindern auf dem Sommerfest. Die Kinder möchten gerne Karussell fahren. Frau Nill muss dafür 7 € bezahlen. Frau Mall zahlt nur 4,20 €, weil sie zwei Kinder weniger hat.

a) Um wie viele Kinder handelt es sich?

b) Zeige, dass man die Zahl der Kinder auch mit einer Gleichung ermitteln kann. (Anleitung: Nimm an, dass Frau Nill x Kinder hat. Beachte, dass ein Kind von Frau Nill ebenso viel bezahlen muss wie ein Kind von Frau Mall.)

Gleichungen wie $\frac{x}{2x-4} + \frac{1}{x-2} = \frac{1}{4}$, bei denen die Variable auch in einem Nenner vorkommt, heißen **Bruchgleichungen**. In dem genannten Beispiel sind als Einsetzungen alle Zahlen außer 2 zugelassen; man nennt deshalb $\mathbb{Q} \setminus \{2\}$ die **Definitionsmenge** der Bruchgleichung. Um die Bruchgleichung zu lösen, sind mehrere Schritte erforderlich.

1. Wir suchen einen gemeinsamen Nenner (GN) aller vorkommenden Nenner.

$$\begin{array}{rcl} 2x-4 &=& 2 \cdot (x-2) \\ x-2 &=& \phantom{2 \cdot {}}(x-2) \\ 4 &=& 2 \qquad\qquad \cdot 2 \\ \hline \text{GN:} && 2 \cdot 2 \cdot (x-2) \end{array}$$

2. Wir multiplizieren beide Seiten der Bruchgleichung mit dem GN und kürzen so weit wie möglich.

$$\frac{x \cdot 2 \cdot 2 \cdot (x-2)}{2 \cdot (x-2)} + \frac{1 \cdot 2 \cdot 2 \cdot (x-2)}{(x-2)} = \frac{1 \cdot 2 \cdot 2 \cdot (x-2)}{2 \cdot 2}$$

$$x \cdot 2 + 2 \cdot 2 = x - 2$$

$$2x + 4 = x - 2$$

3. Wir lösen die entstehende Gleichung.

$$2x = x - 6$$

$$x = -6 \text{ ; Lösung: } -6$$

4. Wir prüfen, ob die gefundene Zahl zur Definitionsmenge der Bruchgleichung gehört.
$-6 \in \mathbb{Q} \setminus \{2\}$; also hat die Bruchgleichung die Lösung -6.

Die Umformung im 2. Schritt ist i. Allg. keine Äquivalenzumformung der Bruchgleichung. Die Lösungsmenge kann sich dabei „vergrößern“ (vgl. Beispiel 2a). Deshalb ist der 4. Schritt nicht überflüssig.

Die **Lösungsmenge einer Bruchgleichung** wird bestimmt, indem man
1. einen gemeinsamen Nenner aller vorkommenden Nenner ermittelt
2. mit dem GN „durchmultipliziert“ und so weit wie möglich kürzt
3. die entstehende (bruchtermfreie) Gleichung löst
4. prüft, welche ihrer Lösungen zur Definitionsmenge der Bruchgleichung gehören.

Beispiel 1:

$1 + \frac{2}{x^2-4} = \frac{x}{x+2}$; $D = \mathbb{Q} \setminus \{2; -2\}$

1) $x^2 - 4 = (x+2) \cdot (x-2)$
$x + 2 = (x+2)$
GN: $(x+2) \cdot (x-2)$ — Bestimmung eines gemeinsamen Nenners

2) $1 \cdot (x+2)(x-2) + \frac{2(x+2)(x-2)}{(x+2)(x-2)} = \frac{x(x+2)(x-2)}{(x+2)}$ — Durchmultiplizieren mit dem GN

$(x+2)(x-2) + 2 = x(x-2)$ — Kürzen

3) $x^2 - 4 + 2 = x^2 - 2x \quad | -x^2$ — Lösen dieser Gleichung
$-2 = -2x \quad | :(-2)$
$1 = x$

4) $1 \in D$. Lösungsmenge $L = \{1\}$. — Überprüfen, ob $1 \in D$.

Beispiel 2:

a) (Gleichung unlösbar)

$\frac{x-6}{x^2-x} + \frac{5}{x-1} = \frac{5}{x}$; $D = \mathbb{Q} \setminus \{0; 1\}$

$x^2 - x = x(x-1)$
$x - 1 = (x-1)$
$x = x$
GN: $x(x-1)$

$\frac{(x-6)x(x-1)}{x(x-1)} + \frac{5x(x-1)}{x-1} = \frac{5x(x-1)}{x}$

$x - 6 + 5x = 5(x-1)$
$6x - 6 = 5x - 5$
$x = 1$

$1 \notin D$, die Bruchgleichung ist also nicht lösbar; es ist $L = \{\,\}$.

b) (Gleichung allgemein gültig in D)

$\frac{1}{x-3} - \frac{1}{x+4} = \frac{7}{(x-3)(x+4)}$;

$D = \mathbb{Q} \setminus \{3; (-4)\}$

GN: $(x-3)(x+4)$

$\frac{(x-3)(x+4)}{(x-3)} - \frac{(x-3)(x+4)}{(x+4)} = \frac{7(x-3)(x+4)}{(x-3)(x+4)}$

$x + 4 - (x-3) = 7$
$x + 4 - x + 3 = 7$
$7 = 7$

Die Bruchgleichung ist für alle Einsetzungen aus D (nicht aus $\mathbb{Q}$) erfüllt. Ihre Lösungsmenge ist daher $L = \mathbb{Q} \setminus \{3; (-4)\}$.

2 a) $\frac{1}{x} = 2$ b) $\frac{1}{x} = 5$ c) $\frac{2}{x} = 3$ d) $\frac{4}{x} = 0$ e) $6 = \frac{4}{x}$
f) $\frac{1}{5x} = 2$ g) $\frac{3}{2x} = 1$ h) $\frac{5}{4x} = \frac{1}{2}$ i) $\frac{2}{3} = \frac{5}{2x}$ j) $-3 = \frac{1}{5x}$
k) $\frac{3}{4} = -\frac{1}{2x}$ l) $\frac{5}{2x} = \frac{1}{6}$ m) $-\frac{7}{3x} = -\frac{1}{2}$ n) $\frac{0{,}5}{x} = -3{,}5$ o) $\frac{3}{4x} = -1{,}5$

3 a) $\frac{1}{x-2} = 5$ b) $\frac{1}{x-3} = -3$ c) $\frac{2}{x+4} = \frac{1}{2}$ d) $\frac{2}{3} = \frac{3}{x+5}$ e) $1 = \frac{2}{3x-1}$
f) $\frac{3}{2x-5} = 2$ g) $\frac{5}{1-2x} = -4$ h) $\frac{1}{2-3x} = \frac{1}{2}$ i) $-\frac{3}{5-4x} = \frac{1}{5}$ j) $\frac{1}{4-9x} = -\frac{2}{19}$

$$\frac{\frac{x}{x+1}}{\frac{x+2}{x+3}} = \frac{\frac{x+3}{x+2}}{\frac{x+1}{x}}$$

Eine seltsame Bruchgleichung! Lösungsmenge?

4 a) $\frac{1}{x} - \frac{1}{2} = 5$ b) $\frac{1}{x} - \frac{1}{3} = \frac{1}{5}$ c) $\frac{3}{t} - \frac{1}{4} = \frac{1}{8}$ d) $\frac{3}{u} + \frac{3}{5} = \frac{2}{3}$
e) $\frac{1}{x} = \frac{2}{x} + 4$ f) $\frac{3}{x} - \frac{5}{2x} = \frac{1}{2}$ g) $\frac{4}{3t} + \frac{5}{2t} = \frac{1}{6}$ h) $\frac{3}{5u} - \frac{1}{8u} = 19$

5 a) $\frac{1}{x} - \left(\frac{8}{9} - \frac{1}{3}x\right) = 0$ b) $\frac{21}{4} - \left(\frac{35}{6x} - \frac{7}{12x}\right) = \frac{5}{12}$ c) $\frac{17}{y} - \left(5 + \frac{9}{2y}\right) = 0$

6 a) $\frac{1}{x} + \frac{2}{x^2} = \frac{3}{x}$ b) $\frac{1}{x} + \frac{1}{x^2} = \frac{1}{x}$ c) $\frac{1}{2x} - \frac{5}{6x^2} = -\frac{4}{3x}$
d) $\frac{1}{12t} - \frac{5}{18t^2} = -\frac{7}{36t}$ e) $\frac{2}{15y} - \frac{3}{20y} = \frac{1}{6y^2}$ f) $\frac{3}{4a} - \left(\frac{1}{3a} - \frac{1}{9a^2}\right) = 0$

7 a) $\frac{1}{x(x-2)} + \frac{1}{x} = \frac{0{,}5}{x-2}$ b) $\frac{1}{x^2-2x} + \frac{1}{x} = \frac{x-1}{x(x-2)}$ c) $\frac{1}{x^2-2x} + \frac{1}{x} = \frac{x}{x^2-2x}$
d) $\frac{2}{x-3} - \frac{3}{x-2} = \frac{4}{(x-2)(x-3)}$ e) $\frac{5s}{s-1} + \frac{3}{s-2} = \frac{5s}{s-2}$ f) $\frac{2t}{2t-1} - \frac{4}{t+2} = \frac{5-2t}{1-2t}$

8 a) $\frac{1+2x}{1-2x} + \frac{1-2x}{1+2x} + 2 = 0$ b) $\frac{x+8}{3x+3} + \frac{x+2}{2x+2} = 1$ c) $\frac{2x-3{,}5}{3-x} = -\frac{5}{2x-6}$

9 a) $\frac{2x-30}{x+3} - 2 = 6 \cdot \frac{x+3}{x^2-9}$ b) $\frac{3}{x+4} - \frac{2}{x-4} = \frac{5x-20}{x^2-16}$ c) $\frac{2+7x}{1+x} = \frac{4-9x}{1-x} - \frac{9+2x^2}{x^2-1}$

Hier findest du – bunt gemischt – die Lösungen der Aufgaben 10 und 11.

10 a) $\frac{1}{3}\left(\frac{1}{x-3} - \frac{2}{x+3}\right) = \frac{1}{x^2-9}$

b) $\frac{2x+4}{5x+3} - \frac{x+11}{3x-2} - \frac{x-5}{15x+9} = 0$

c) $\frac{5x-8}{5x-4} + \frac{2x+3}{2(2x-1)} = \frac{3}{2}$

11 a) $\frac{1-x}{5-10x} - \frac{2+x}{8x+4} = -\frac{2x+19}{80x}$

b) $\frac{5x}{x-3} + \frac{7+4x}{4x-7} + \frac{6-5x}{x-3} = 1$

c) $\frac{3x-0{,}2}{2x^2-2} = 1{,}3 \cdot \frac{1}{3(x-1)}$

12 Bringe auf die Form $x = \ldots$.

a) $\frac{x+a}{2} = 1$ b) $\frac{tx}{3} = 2$

c) $\frac{ax+2}{5} = -4$ d) $\frac{1-rx}{2} = \frac{1}{4}$

e) $\frac{2}{3} = \frac{1-bx}{4}$ f) $\frac{5-ax}{3} = -\frac{3}{4}$

13 Löse nach x auf.

a) $\frac{1}{x} = t$ b) $\frac{2}{x} = t + 1$ c) $\frac{t}{2x} = 1$ d) $\frac{2t+1}{5x} = \frac{5}{2}$

e) $\frac{a-2}{2x} = a$ f) $\frac{r}{3x} = 1 + r$ g) $\frac{2}{3tx} = t$ h) $\frac{1}{(t+1)x} = 3$

i) $\frac{2}{t+x} = 1$ j) $\frac{a}{1+ax} = -2$ k) $\frac{r+1}{2-rx} = \frac{1}{2}$ l) $\frac{t-1}{2x-t} = -\frac{2}{3}$

Nicht jammern!
x ausklammern!

14 a) $\frac{1}{x+t} = \frac{2}{x}$ b) $\frac{r}{r-x} = \frac{1}{rx}$ c) $\frac{t+1}{t-2x} = \frac{1}{2}$ d) $\frac{a+1}{1-2x} = \frac{1}{1+ax}$

e) $\frac{1}{x} + \frac{1}{a} = 1$ f) $\frac{2}{t} - \frac{1}{x} = 4$ g) $\frac{b}{x} + \frac{2}{3} = b$ h) $\frac{1+k}{k-x} + \frac{1}{k} = \frac{1}{2}$

15 a) Für den Umfang eines Rechtecks gilt $u = 2(a+b)$, für den Flächeninhalt $A = a \cdot b$. Löse die beiden Gleichungen nach b auf.
b) Berechne den Flächeninhalt eines Rechtecks mit $a = 8\,cm$ und $u = 40\,cm$.
c) Berechne den Umfang eines Rechtecks mit $a = 70\,cm$ und $A = 875\,cm^2$.

16 a) Ein Quader mit den Kantenlängen a, b, c hat den Oberflächeninhalt $O = 2ab + 2bc + 2ac$. Löse die Gleichung nach a (nach b, c) auf.
b) Berechne c für einen Quader mit $O = 1\,m^2$, $a = 60\,cm$ und $b = 40\,cm$.
c) Berechne die Höhe eines Quaders, dessen Oberflächeninhalt $O = 2\,m^2$ und dessen Grundfläche ein Quadrat mit der Seitenlänge $a = 20\,cm$ ist.

Merkhilfe *bei Aufg. 17:*

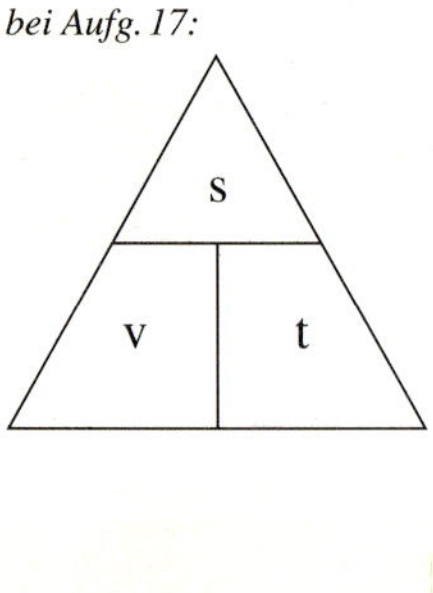

17 Wenn ein Auto in t Stunden eine Strecke von s km zurücklegt, dann gilt für seine Durchschnittsgeschwindigkeit $v = \frac{s}{t}$ (in $\frac{km}{h}$).
a) Löse die Gleichung nach s (nach t) auf.
b) Ein Auto braucht für eine 30 km lange Strecke auf der Autobahn 20 min. Mit welcher Durchschnittsgeschwindigkeit ist es gefahren?
c) Welche Strecke legt ein Auto bei einer gleich bleibenden Geschwindigkeit von $75\,\frac{km}{h}$ in 40 min zurück?

18 a) Welche Zahl hat den Kehrwert 0,625?
b) Der Kehrwert des Nachfolgers einer natürlichen Zahl ist 0,04. Um welche natürliche Zahl handelt es sich?
c) Von welcher Zahl ist der Kehrwert um 1 kleiner als der Kehrwert von –0,25?

19 a) Gibt es für die Zahl 0,875 einen Bruch, dessen Nenner um 3 größer ist als der Zähler?
b) Bei welcher Bruchdarstellung für die Zahl 0,875 haben Zähler und Nenner die Summe 300?

20 a) Um welche Zahl muss man den Zähler und den Nenner des Bruches $\frac{5}{7}$ verkleinern, um $\frac{1}{2}$ zu bekommen?
b) Vergrößert man den Zähler des Bruches $\frac{5}{7}$ um eine natürliche Zahl und den Nenner um den Vorgänger dieser natürlichen Zahl, so ergibt sich 0,9.

21 a) Eine 2 ha große rechteckige Wiese ist 160 m lang. Wie breit ist sie?
b) Von zwei rechteckigen, jeweils 8 a großen Baugrundstücken ist das eine um 25 m länger, aber nur halb so breit wie das andere.
Wie lang und wie breit sind die Grundstücke?

22 Eine Firma braucht für den Versand ihrer Produkte zwei Sorten von quaderförmigen Schachteln mit quadratischer Grundfläche. Die Schachteln der Sorte A sollen 400 cm³, die der Sorte B 2 400 cm³ fassen. Um das Aneinanderfügen zu erleichtern, soll außerdem die Grundkante bei der Sorte B doppelt so lang sein wie bei der Sorte A.
a) Wie hoch müssen die Schachteln sein, wenn die Sorte B um 2 cm höher sein soll als die Sorte A?
b) Für das Stapeln der Schachteln ist es günstig, wenn die Sorte B gerade doppelt so hoch ist wie die Sorte A. Lässt sich das einrichten?

23 Ein 6 cm langer, 4 cm breiter und 3 cm hoher Quader aus Kupfer wird zu einem 0,4 m² großen rechteckigen Blech ausgewalzt. Wie dick ist das Blech?

24 a) Ein Quader hat die Grundkanten a und b. Wie lang muss die dritte Kante c sein, damit die Oberfläche des Quaders dieselbe Maßzahl hat wie sein Rauminhalt?
b) Zeige: Einen Quader der in a) geforderten Art gibt es nur, wenn der Inhalt der Grundfläche eine größere Maßzahl hat als ihr Umfang.

25 Bei einem 4 x 100-m-Lauf (oder einem 4 x 400-m-Lauf) kann man davon ausgehen, dass die ersten drei Läufer gleich schnell laufen und der Schlussläufer um 2 % schneller ist als jeder der anderen.
a) Wie lang braucht jeder Läufer, wenn die Gesamtzeit 40 Sekunden beträgt?
b) Die Rekordzeit einer 4 x 100-m-Staffel beträgt 37,79 Sekunden. Wie lang braucht jeder Läufer für seine Strecke?
c) Die Rekordzeit einer 4 x 400-m-Staffel für Männer liegt bei 176,16 Sek., für Frauen bei 195,17 Sek. Rechne.

26 Ein Guthaben von a € auf einer Bank erhöht sich innerhalb eines Jahres durch den hinzukommenden Zins auf b €.
a) Berechne b für einen Zinssatz von p %.
b) Leite aus dem Ergebnis in a) eine „Formel" her, mit der man bei bekanntem a und b durch Einsetzen den Zinssatz p berechnen kann.

27 Bei einer Erbteilung bekommt eines der Kinder $\frac{1}{a}$, ein anderes $\frac{1}{b}$ des Erbes.
Ist damit $\frac{1}{x}$ des Erbes verteilt, so gilt:

$$\frac{1}{x} = \frac{1}{a} + \frac{1}{b}.$$

a) Löse die Gleichung nach jeder der vorkommenden Variablen auf.
b) Berechne x, wenn das eine Kind die Hälfte, das andere ein Drittel des Erbes bekommt. Welcher Bruchteil des Erbes ist damit verteilt?

28 Ein Schwimmbad wird von zwei Pumpen leer gepumpt. Die eine der beiden Pumpen braucht allein 3 Stunden, die andere 2 Stunden. Wie lange brauchen die Pumpen, wenn sie gleichzeitig in Betrieb sind?

29 Ein Tank wird von 3 Pumpen leer gepumpt.
a) Die erste benötigt allein 6 Stunden, die zweite 4 Stunden und die dritte 3 Stunden. Wie lange brauchen die drei Pumpen, wenn sie gleichzeitig in Betrieb sind?
b) Die langsamste Pumpe soll durch eine neue ersetzt werden. Wie schnell müsste diese allein arbeiten, wenn bei gleichzeitigem Betrieb aller drei Pumpen die Zeit zum Auspumpem gegenüber a) halbiert werden soll?

30 Frau May geht über die Brücke eines Flusses. Da kommt ein Windstoß und weht ihr den Hut ins Wasser. Zwei Minuten später kommt zufällig Kurt mit dem Fahrrad vorbei. Er erkennt die missliche Lage der Frau, springt ins Wasser und schwimmt hinter dem Hut her. Weil er doppelt so schnell ist wie das Wasser, erreicht er ihn schon nach 150 m.

a) Wie schnell fließt der Fluss?
b) Wie lange braucht Kurt, um den Hut zu fangen?
c) Ein Junge, der 60 m oberhalb der Brücke badet, sieht den Hut ins Wasser fallen und macht sich ebenfalls sofort an die Verfolgung. Wie schnell müsste er vorankommen, um den Hut noch vor Kurt zu erreichen?
d) Der Junge schafft es nicht, Kurt ist schneller. Er überholt ihn auf halber Strecke zum Ziel. Wie schnell treibt der Junge flussabwärts?

6 Bruchungleichungen

1[€] Ein Obsthändler kauft 100 kg Orangen der Sorte A für 150 €.
Wie viel kg Orangen der besseren Sorte B (kg-Preis 2,25 €) darf er höchstens kaufen, wenn der durchschnittliche Preis pro Kilogramm nicht mehr als 1,75 € betragen darf?

2 a) Markiere auf dem Zahlenstrahl die rationalen Zahlen x mit $x > 1$.
b) Markiere die rationalen Zahlen x mit $\frac{1}{x} > 1$.

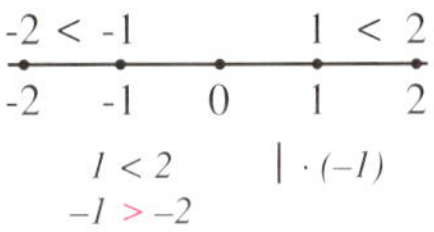

Wir zeigen nun am Beispiel $\frac{1}{2-x} < 1$ (mit $D = \mathbb{Q} \setminus \{2\}$), wie man im Einzelnen vorgeht.
Zunächst bringen wir auf einen gemeinsamen Nenner:

$$\frac{1}{2-x} < \frac{2-x}{2-x}.$$

Beim Durchmultiplizieren mit $(2 - x)$ ist nun jedoch zu beachten, dass $(2 - x)$
für $x < 2$ positive Werte … für $x > 2$ negative Werte
annimmt. Bei der nächsten Umformung ist deshalb eine **Fallunterscheidung** notwendig.

1. Fall: $x < 2$
Für Belegungen aus $D_1 = \{x \mid x < 2\}$ folgt

$$1 < 2 - x$$
$$x < 1$$

Alle Zahlen aus D_1, die kleiner sind als 1, erfüllen diese Bedingung.
$L_1 = \{x \mid x < 1\}$

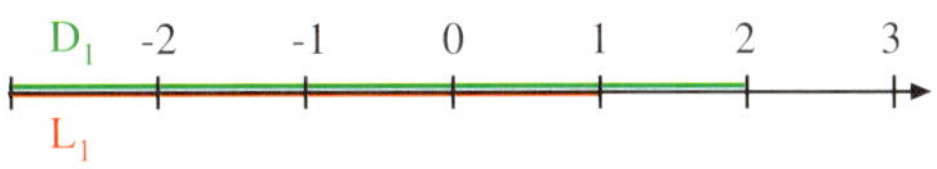

2. Fall: $x > 2$
Für Belegungen aus $D_2 = \{x \mid x > 2\}$ folgt

$$1 > 2 - x$$
$$x > 1$$

Alle Zahlen aus D_2, die größer sind als 1, erfüllen diese Bedingung.
$L_2 = \{x \mid x > 2\}$

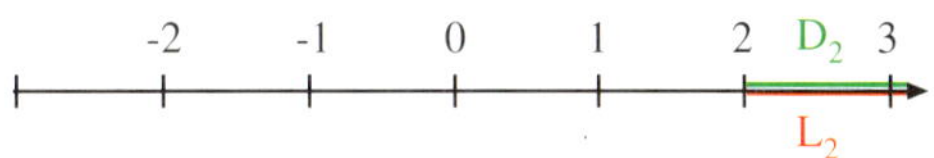

Alle Zahlen, die zu L_1 oder zu L_2 gehören, sind Lösungen der Ungleichung $\frac{1}{2-x} < 1$.

$$L = L_1 \cup L_2 = \{x \in \mathbb{Q} \mid x < 1 \text{ oder } x > 2\}$$

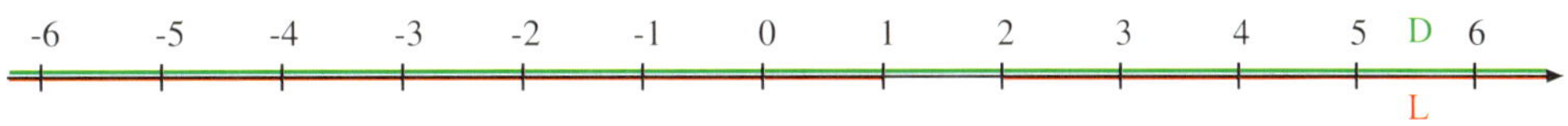

Bei Ungleichungen ist zu beachten: Kann der GN sowohl positive als auch negative Werte annehmen, so ist beim Durchmultiplizieren eine **Fallunterscheidung** erforderlich.
Ist der **GN positiv**, dann bleibt das Zeichen < bzw. > erhalten;
ist der GN negativ, dann wird das Zeichen < bzw. > umgekehrt.
Sind L_1 und L_2 die sich ergebenden Teillösungsmengen, so ist $L = L_1 \cup L_2$.

Beispiel:

$\frac{2}{1-x} > \frac{1}{x}$; $D = \mathbb{Q} \setminus \{0; 1\}$

Gemeinsamer Nenner: $x(1-x)$

1. Fall: $x(1-x) > 0$.

Ein Produkt ist positiv, wenn beide Faktoren positiv oder beide negativ sind. Dies ist der Fall für

$D_1 = \{x \in \mathbb{Q} \mid 0 < x < 1\}$.

$$\frac{2}{1-x} > \frac{1}{x} \qquad | \cdot x(1-x)$$
$$2x > 1 - x \qquad | + x$$
$$3x > 1$$
$$x > \frac{1}{3}$$

$L_1 = \{x \in \mathbb{Q} \mid \frac{1}{3} < x < 1\}$

2. Fall: $x(1-x) < 0$.

Ein Produkt ist negativ, wenn ein Faktor positiv, der andere negativ ist. Dies ist der Fall für

$D_2 = \{x \in \mathbb{Q} \mid x < 0 \text{ oder } x > 1\}$.

$$\frac{2}{1-x} > \frac{1}{x} \qquad | \cdot x(1-x)$$
$$2x < 1 - x$$
$$3x < 1$$
$$x < \frac{1}{3}$$

$L_2 = \{x \in \mathbb{Q} \mid x < 0\}$

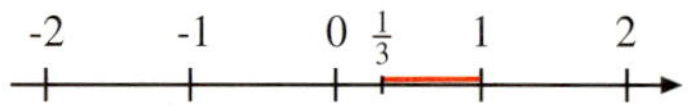

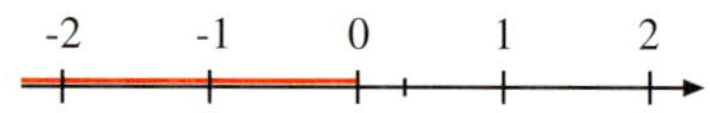

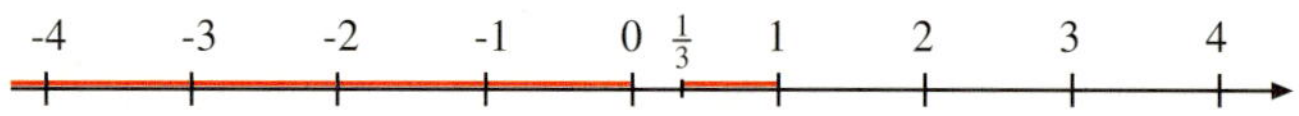

Lösungsmenge $L = L_1 \cup L_2 = \{x \in \mathbb{Q} \mid x < 0 \text{ oder } \frac{1}{3} < x < 1\}$

Durch Umlegen eines einzigen Hölzchens wird aus der Bruchungleichung

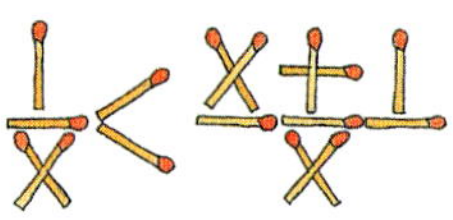

mit unendlichen vielen Lösungen eine Ungleichung, die keine Lösung hat.

3 Bestimme die Lösungsmenge.

a) $\frac{1}{x} > 2$ b) $\frac{4}{x} < 5$ c) $\frac{6}{5t} > 1$ d) $\frac{7}{2x} > 4$

4 a) $\frac{1}{x-2} < 2$ b) $\frac{3}{x+2} < 5$ c) $\frac{2}{x+1} > 1$ d) $\frac{3}{z+2} < 10$

e) $\frac{5}{x-1} - 1 > 0$ f) $\frac{2}{1+t} + 1 < 0$ g) $0 < \frac{3}{5-2x} + 1$ h) $2 < \frac{1}{a-1} + 1$

5 a) $\frac{3x}{2+x} > 1$ b) $\frac{5v}{v-5} < 3$ c) $\frac{3-2x}{x-1} > 0$ d) $\frac{a}{a+2} < 2$

e) $\frac{x+1}{x-1} < 2$ f) $\frac{2y+1}{2y-1} > 1$ g) $-2 < \frac{s-1}{s+1}$ h) $\frac{6-x}{6+x} - 1 > 0$

6 a) $\frac{4}{x-1} > \frac{1}{x}$ b) $\frac{5}{x+4} < \frac{2}{x}$ c) $\frac{3}{a-4} > \frac{4}{a}$ d) $\frac{11}{3-x} < \frac{5}{2x}$

7 a) $\frac{3}{2x+3} < \frac{1}{x-1}$ b) $\frac{4}{5-2u} < \frac{3}{1-u}$ c) $\frac{5}{3x+4} - \frac{1}{2x-3} > 0$ d) $1 + \frac{t+2}{t+3} < 0$

8 a) $\frac{1}{x+5} - \frac{3}{5x+20} > 0$ b) $\frac{1}{1-x} + \frac{2}{3x-3} > 0$ c) $\frac{6}{x-4} - \frac{1}{8-2x} < 0$ d) $\frac{1}{x} > \frac{1}{x^2+x}$

9 a) Für welche rationalen Zahlen x nimmt der Term $\frac{2+x}{3+x}$ negative Werte an?

b) Für welche rationalen Zahlen x nimmt der Term $\frac{1+x}{1-x}$ Werte kleiner als 2 an?

10 Für welche Zahlen nimmt der Term $\frac{1}{x-1}$ kleinere Werte an als der Term $\frac{1}{2-x}$?

11 a) Bei einer Erbteilung bekommt Renate doppelt so viel wie Max, beide zusammen jedoch höchstens 20 % des Erbes. Mit welchem Bruchteil des Erbes kann Max rechnen?

b) Bei einer anderen Erbteilung bekommt Anna dreimal so viel wie Rolf, zusammen höchstens 50 %. Mit welchem Bruchteil kann Anna rechnen?

7 Vermischte Aufgaben

1 Kürze den Bruchterm so weit wie möglich. Bestimme die Definitionsmenge vor und nach dem Kürzen.

a) $\frac{x+1}{2x+2}$ b) $\frac{x^2-x}{x-1}$ c) $\frac{2y-4}{3y-6}$ d) $\frac{4-2z}{5z-10}$

e) $\frac{3a^2-3}{a+1}$ f) $\frac{3a^2-3}{a-1}$ g) $\frac{u^2-9}{3-u}$ h) $\frac{4u^2-1}{3-6u}$

2 Schreibe als Bruchterm, vereinfache so weit wie möglich.

a) $\frac{a}{a+1}+\frac{1}{a+1}$ b) $\frac{a}{a+1}-\frac{1}{a+1}$ c) $\frac{1}{x-1}-\frac{1}{x+1}$ d) $\frac{1}{x-1}-\frac{1}{x-1}$

e) $\frac{y}{y-1}+\frac{y}{y+1}$ f) $\frac{3z}{z-3}-\frac{1}{z+3}$ g) $\frac{x}{2x-1}+\frac{5}{2x}$ h) $\frac{4}{x}+\frac{4}{x-1}-\frac{7}{2x}$

3 a) $\frac{1}{x}+\frac{2}{3x}-\frac{3}{4x}$ b) $\frac{1}{2t}+\frac{4}{9t}-\frac{3}{t}$ c) $\frac{5}{s}+1-\frac{3}{s}$ d) $\frac{r}{r+1}-\frac{r}{r-1}$

e) $\frac{2}{p}-\frac{4}{p^2}+\frac{7}{2p}$ f) $\frac{k}{k-1}+\frac{1}{k^2}$ g) $\frac{n}{2n-1}+\frac{2n}{2n+1}$ h) $\frac{m-1}{m+1}+\frac{m+1}{m-1}$

4 a) $\frac{4}{x^2-4}+\frac{4}{x+2}$ b) $\frac{x}{1-2x}-\frac{x}{1+2x}$ c) $\frac{x}{1-2x}+\frac{x}{1+2x}$

d) $\frac{1}{x-3}+\frac{1}{x+3}-\frac{1}{x^2-9}$ e) $\frac{3}{2y-1}+\frac{4}{2y+1}+\frac{1}{4y^2-1}$ f) $\frac{1}{x-4}+\frac{x}{x-3}-\frac{3x}{(x-4)(x-3)}$

g) $\frac{1}{x+1}-\frac{1}{x+2}+\frac{1}{x^2-1}$ h) $\frac{3x}{3x-1}+\frac{3x}{3x+1}-\frac{18x^2}{9x^2-1}$ i) $\frac{3x}{3x-1}-\frac{3x}{3x+1}+\frac{18x^2}{9x^2-1}$

5 a) $\frac{1}{a+b}-\frac{1}{a-b}$ b) $\frac{2}{2a-b}-\frac{b}{b+ab}$ c) $\frac{4u}{u-2v}+\frac{4v}{u+2v}$ d) $\frac{x}{2x-3y}+\frac{y}{2x+3y}$

6 a) $\frac{1}{x}\cdot\frac{2}{3x}$ b) $\frac{4}{y}\cdot\frac{y}{2}$ c) $\frac{3}{z}\cdot\frac{1}{6z^2}$ d) $\frac{8}{z^2}\cdot\frac{3z}{4}$

e) $\frac{5}{x+1}\cdot\frac{5}{x-1}$ f) $\frac{3}{x-3}\cdot\frac{2x-6}{x-2}$ g) $\frac{y}{2y+1}\cdot\frac{4y^2-1}{2y}$ h) $\frac{z^2-1}{z+1}\cdot\frac{z-1}{1-z^2}$

Ergänze das Quadrat so, dass in jeder Zeile, jeder Spalte und jeder Diagonale dasselbe Produkt steht.

$\frac{1}{x^3}$	x^2	
	1	

7 a) $\frac{1}{a}:\frac{a}{2}$ b) $\frac{2}{b}:\frac{5}{b}$ c) $\frac{6}{c}:\frac{3}{c^2}$ d) $\frac{4}{d}:\frac{2}{d^3}$

e) $\frac{5e}{f}:\frac{4f}{e}$ f) $\frac{4f}{g^2}:\frac{5f}{g^3}$ g) $\frac{2g^2}{h^2}:\frac{h^2}{2g^2}$ h) $\frac{2g^2}{h^2}:\frac{g^2}{2h^2}$

8 a) $\left(x\cdot\frac{2}{x}\right):\frac{x}{2}$ b) $x\cdot\left(\frac{2}{x}:\frac{x}{2}\right)$ c) $\left(x:\frac{2}{x}\right)\cdot\frac{x}{2}$ d) $x:\left(\frac{2}{x}\cdot\frac{x}{2}\right)$

e) $\left(\frac{5y}{x}\cdot\frac{y}{x}\right):\frac{x}{y}$ f) $\left(\frac{u}{2u}:\frac{v}{2u}\right)\cdot\frac{u}{v}$ g) $\frac{u}{2v}:\left(\frac{v}{2u}\cdot\frac{u}{v}\right)$ h) $\left(\frac{u}{2v}:\frac{v}{2u}\right)\cdot\frac{u}{v}$

9 a) $\frac{(a+2)^2}{a^2-4}:\frac{a+2}{a-2}$ b) $\frac{a}{a^2-b^2}:\frac{a-b}{a+b}$ c) $\frac{4x^2-y^2}{2x+y}:\left(\frac{2x-y}{2x+y}\cdot\frac{x}{y}\right)$ d) $\left(\frac{4x^2-y^2}{2x+y}:\frac{2x-y}{2x+y}\right)\cdot\frac{x}{y}$

e) $\left(\frac{a}{b}:\frac{a}{a-b}\right):\frac{a}{a^2-b^2}$ f) $\frac{a}{b}:\left(\frac{a}{a-b}:\frac{a}{a^2-b^2}\right)$ g) $\left(\frac{a}{b}\cdot\frac{a}{a-b}\right):\frac{a}{a^2-b^2}$ h) $\frac{a}{b}\cdot\left(\frac{a}{a-b}:\frac{a}{a^2-b^2}\right)$

10 Ermittle für die Terme T_1 und T_2 jeweils T_1+T_2, T_1-T_2, $T_1\cdot T_2$, $T_1:T_2$.

a) $\frac{a}{a-2}$; $\frac{2}{a}$ b) $\frac{3b}{1-3b}$; b c) $\frac{c}{2c-4}$; $\frac{c-2}{c^2}$ d) $\frac{d-1}{d+1}$; $\frac{d+1}{d+2}$

e) $\frac{u}{u+v}$; $\frac{u^2}{u^2-v^2}$ f) $\frac{3u-1}{3v-1}$; $\frac{9u^2-1}{3v-1}$ g) $\frac{2x+1}{4y+2}$; $\frac{2y+1}{4x+2}$ h) $\frac{4x^2-1}{8x-4}$; $\frac{12x-6}{2x+1}$

11 a) $\frac{\frac{2}{a}}{a}$ b) $\frac{2}{\frac{a}{3}}$ c) $\frac{\frac{3}{b}}{\frac{4}{b}}$ d) $\frac{\frac{5a}{a-b}}{\frac{3a}{b-a}}$ e) $\frac{\frac{7u}{v}}{\frac{v-u}{2v}}$ f) $\frac{\frac{x}{2y}}{\frac{yx}{3}}$ g) $\frac{\frac{x-y}{3x}}{\frac{4y}{x+y}}$ h) $\frac{\frac{x-xy}{1+y}}{\frac{x}{x+xy}}$

Berechne

$\frac{1}{1}+\frac{1}{2}$,

$\frac{1}{1}+\frac{1}{2}+\frac{1}{4}$,

$\frac{1}{1}+\frac{1}{2}+\frac{1}{4}+\frac{1}{8}$,

$\frac{1}{1}+\frac{1}{2}+\frac{1}{4}+\frac{1}{8}+\frac{1}{16}$.

Bestimme einen Term für die Summe

$\frac{1}{1}+\frac{1}{2}+\frac{1}{4}+\ldots+\frac{1}{2^n}$.

Kann diese Summe größer als 2 sein?

12 Bestimme die Lösungsmenge der Gleichung.

a) $\frac{3}{x}+\frac{4}{x}=5$ b) $\frac{1}{2x}-\frac{4}{5x}=-0{,}15$ c) $\frac{6}{x}=8-\frac{9}{0{,}5x}$ d) $\frac{3}{x-2}=-0{,}6$

e) $\frac{1}{x}=\frac{2}{x-2}$ f) $\frac{2}{x}-\frac{1}{x+1}=0$ g) $\frac{4}{x+2}-\frac{4}{x-1}=\frac{8}{(1-x)(x+2)}$

13 a) $x+\frac{1}{x-1}=\frac{x^2}{x-1}$ b) $\frac{5}{x-2}+\frac{8}{x-2}=3$ c) $\frac{7}{x+1}+\frac{5}{x-1}=\frac{10}{x^2-1}$

d) $\frac{4x}{x+1}-\frac{2x}{x-1}=2$ e) $\frac{9}{x^2-x-2}=\frac{1}{x-2}+\frac{1}{x+1}$ f) $\frac{1}{x-2}-\frac{1}{x+1}=\frac{3}{x^2-x-2}$

14 a) $\frac{1}{s^2+s}=\frac{2}{s}-\frac{1}{s+1}$ b) $\frac{1}{s^2+s}=\frac{1}{s}-\frac{1}{s+1}$ c) $\frac{1}{x}+\frac{x}{x+1}=1$

d) $\frac{3}{t}-\frac{2t}{t+1}=-2$ e) $\frac{3}{4x+1}+\frac{4x}{4x-1}=1$ f) $\frac{4x}{2x-3}+\frac{2x}{x-1}=4$

15 a) $\frac{1}{x(x-1)}+\frac{1}{(x-1)(x-2)}=\frac{1}{x^3-3x^2+2x}$ b) $\frac{1}{x(x-1)}-\frac{1}{(x-1)(x-2)}=\frac{1}{x^3-3x^2+2x}$

c) $\frac{2}{x(x-3)}+\frac{3}{x(x+3)}=\frac{1}{x^2-9}$ d) $\frac{1}{x(x-4)}+\frac{1}{x(x+4)}=\frac{1}{x^2-16}$

16 Bestimme die Lösungsmenge der Ungleichung.

a) $\frac{4}{5x}<1$ b) $\frac{3}{5x}<\frac{2}{x}$ c) $\frac{5}{2x}-\frac{4}{x}>0$ d) $\frac{6}{5x}+\frac{3}{x}-\frac{1}{2x}<0$

17 a) $\frac{3x}{x-1}<5$ b) $\frac{6-x}{2x}>2$ c) $\frac{1}{x}-\frac{3}{2x}<6$ d) $\frac{2}{x}+\frac{4}{3x}>2$

e) $\frac{2}{x+1}+\frac{1}{x}>\frac{3}{x(x+1)}$ f) $\frac{4}{x}+\frac{1}{2-x}<\frac{1}{x(x-2)}$ g) $\frac{2}{x}-\frac{x}{x-3}<-1$ h) $\frac{2}{x}+\frac{x}{x-3}<1$

18 Löse die folgenden Gleichungen nach x auf.

a) $ax=b$ b) $\frac{a}{x}=\frac{b}{a}$ c) $\frac{1}{x}=a+b$ d) $\frac{1}{x}=\frac{1}{a}+b$

e) $\frac{1}{x}=\frac{1}{a}-\frac{1}{b}$ f) $\frac{1}{x}-\frac{a}{x}=b$ g) $\frac{1}{x-1}-\frac{b}{x}=\frac{a}{x^2-x}$ h) $\frac{x}{x-1}-\frac{x+1}{x}=\frac{x+a}{x^2-x}$

19 Von welcher Zahl ist der vierte Teil um 16 größer als ihr zwanzigster Teil?

20 a) Welche Zahl muss man zum Zähler und zum Nenner von $\frac{1}{2}$ addieren, damit der neue Bruch die Zahl –1 ergibt?

b) Welche Zahl muss man zum Zähler und zum Nenner eines Bruches $\frac{a}{b}$ addieren, um $\frac{b}{a}$ zu erhalten? Überprüfe das Ergebnis für den Bruch $\frac{3}{4}$.

21 a) Zeige: Für jede natürliche Zahl a ist $0<\frac{a}{a+1}$ und $\frac{a}{a+1}<1$.

b) Für welches a ist $\frac{a}{a+1}=\frac{1}{2}$?

c) Für welches a ist $\frac{a}{a+1}=0{,}9$?

22 Für welche Belegung der Formvariablen t hat die Bruchgleichung

a) $\frac{t}{5x-t}+\frac{1}{x}=1$ b) $\frac{x+t}{x-2t}+\frac{t+1}{1+2t}=0$

die Lösung 3?

23 a) Zeige: Der Term $\frac{n^2-n+1}{n^2+n-1}$ geht bei jeder Einsetzung einer natürlichen Zahl für n in einen Bruch über, der sich weder mit 2 noch mit 3 kürzen lässt.

b) Wenn $\frac{r}{r+p}$ durch k kürzbar ist, dann lässt sich auch $\frac{p}{r+p}$ durch k kürzen.

Wende diese Regel an, um die Brüche $\frac{112}{119}$, $\frac{333}{407}$, $\frac{425}{442}$, $\frac{3641}{3663}$ zu kürzen.

24 Der Nenner b eines Bruches sei größer als der Zähler a $(a > 0)$.
a) Zeige: Der Bruch $\frac{a}{b}$ ist stets kleiner als 1.
b) Zu a und b wird jeweils dieselbe natürliche Zahl addiert.
Zeige: Für alle natürlichen Zahlen x ist $\frac{a}{b} < \frac{a+x}{b+x}$ und $\frac{a+x}{b+x} < 1$.
c) Setze $a = 1$ und $b = 2$. Berechne den Wert des Bruches $\frac{a+x}{b+x}$ für $x = 1; 2; 3; 4; 5$.
Für welche x ist der Bruch $\frac{a+x}{b+x}$ größer als 0,9?

25 Zeige mit Hilfe von Aufgabe 20 b): Sind $\frac{a}{b}$ und $\frac{c}{d}$ Bruchzahlen mit $0 < \frac{a}{b} < \frac{c}{d}$, so ist $\frac{a+c}{b+d}$ eine Bruchzahl mit der Eigenschaft $\frac{a}{b} < \frac{a+c}{b+d} < \frac{c}{d}$.

26 a) Berechne den Wert, den der Term $x + \frac{1}{x}$ für $x = 0{,}1; 0{,}2; 0{,}5; 1; 2; 4; 5$ annimmt. Was fällt auf?
b) Zeige: Für alle positiven rationalen Zahlen x gilt: $x + \frac{1}{x} \geq 2$.
Wann gilt das Gleichheitszeichen?
(Anleitung: Gehe von der stets richtigen Ungleichung $(x - 1)^2 \geq 0$ aus.)

Aus der Geometrie

27 Um wie viel Prozent muss die Länge eines Rechtecks verändert werden, wenn der Flächeninhalt
a) um 80 % und die Breite um 50 % größer werden soll?
b) um 25 % und die Breite um 40 % kleiner werden soll?

28 Um wie viel Prozent ändert sich in Aufg. 27 der Umfang? Gib einen Term an.

Johannes Kepler (1571 – 1630)

29 Um wie viel Prozent muss die Höhe eines Quaders mit quadratischer Grundfläche verändert werden, wenn seine Länge
a) um 20 % größer und der Rauminhalt um 50 % größer werden soll?
b) um 50 % kleiner und der Rauminhalt um 20 % kleiner werden soll?

30 Um wie viel Prozent ändert sich in Aufg. 29 die Oberfläche? Gib einen Term an.

31 Eine Landkarte im Maßstab 1 : a wird zunächst mit dem Faktor k vergrößert (verkleinert), anschließend mit dem Faktor l vergrößert (verkleinert).
a) Bestimme den Maßstab nach der zweifachen Vergrößerung (Verkleinerung).
b) Bestimme den Maßstab für $a = 100000$, $k = 1{,}5$, $l = 2{,}0$.
c) Bestimme den Maßstab für $a = 450000$, $k = 0{,}8$, $l = 0{,}6$.

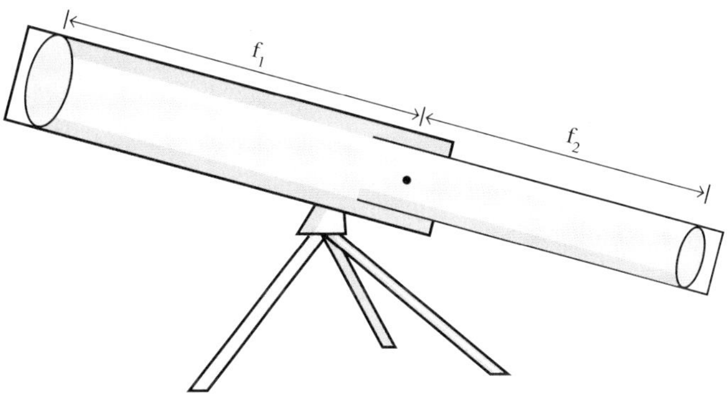

Aus der Physik

32 Beim astronomischen (keplerschen) Fernrohr sind zwei Linsen so angebracht, dass sie einen gemeinsamen Brennpunkt haben und dieser zwischen den beiden Linsen liegt. Sind f_1, f_2 ihre Brennweiten, so gilt für die Vergrößerung: $V = \frac{f_1}{f_2}$.
Ein Fernrohr vergrößere 10fach. Welche Vergrößerung erhält man, wenn man andere Linsen nimmt, bei denen f_1 um 60 % größer und f_2 um 20 % kleiner ist?

33 Greift an einer Feder mit der Länge l_0 (in m) eine Kraft F (in N) an, so verlängert sich die Feder auf die Gesamtlänge l. Ändert man die Kraft F, dann ändert sich auch l; der Quotient $F : (l - l_0)$ ergibt stets dieselbe Zahl D.

$\frac{F}{l - l_0} = D$ (HOOKEsches Gesetz; D: Federkonstante, in $\frac{N}{m}$)

a) Auf welche Länge dehnt sich eine Feder mit $l_0 = 0{,}2$ und $D = 50$, wenn eine Kraft vom Betrag 0,5 (1; 2; 5) angreift?
b) Bei welcher Kraft ist für diese Feder $l = 2l_0$?
c) Ist die Federlänge l zur angreifenden Kraft proportional? Ist die Verlängerung $l - l_0$ zur angreifenden Kraft proportional?

34 Bei einem Pendel gilt für die Schwingungsdauer T und die Anzahl der Schwingungen pro Sekunde, die so genannte Frequenz f, die Beziehung

$$f = \frac{1}{T}.$$

a) Wie ändert sich die Frequenz, wenn sich die Schwingungsdauer verdoppelt?
b) Wie ändert sich die Schwingungsdauer, wenn die Frequenz um 40 % abnimmt?
c) Um wie viel Prozent verkleinert sich die Frequenz, wenn die Schwingungsdauer um p % zunimmt?

Aus dem Alltag

35 Vor einem Fußballspiel muss der Rasen im Stadion gemäht werden. Dafür steht ein Rasenmäher der Marke TUBA und einer der Marke SABA zur Verfügung. TUBA braucht allein $1\frac{1}{2}$ Stunden; wenn beide Mäher gleichzeitig eingesetzt werden, dauert das Mähen nur 40 Minuten.
a) Wie lange braucht SABA allein, um den Rasen zu mähen?
b) Beide Mäher beginnen gleichzeitig mit der Arbeit. Nach 30 Minuten fällt TUBA aus. Wie lange hat SABA noch zu tun?

		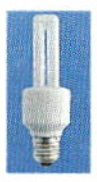
P (in Watt)	*100*	*15*
A (in €)	*1*	*15*
D (in h)	*1000*	*8000*

36€ Vergleicht man Energiesparlampen mit üblichen Glühlampen, so muss man den Anschaffungspreis A (in €), die elektrische Leistung P (in Watt) bei gleicher Helligkeit, die Lebensdauer D (in h) und den Preis pro Kilowattstunde (0,10 € pro kWh) berücksichtigen (siehe Tabelle). Z. B. verbraucht eine 100 W-Glühbirne pro Stunde 0,1 kWh, sie hat also bei einer Lebensdauer von 1 000 h einen „Gesamtenergieverbrauch" von 100 kWh.
a) Stelle eine (für beide Lampenarten gültige) Formel auf, mit der man die jeweiligen Gesamtkosten berechnen kann. Berechne für jeden Lampentyp die durchschnittlichen Gesamtkosten pro Stunde. Vergleiche.
b) Zeige: Wenn die reinen Stromkosten übereinstimmen, dann verhalten sich die Brenndauern beider Lampentypen umgekehrt wie ihre Leistungen.

37 An einer Autobahnbaustelle muss der Verkehr einspurig geführt werden. Die Anzahl N der Autos, die an der Baustelle vorbeifahren können, hängt, wie Physiker festgestellt haben, folgendermaßen von deren Geschwindigkeit ab:

$N = \frac{1000v}{0{,}01v^2 + 0{,}3v + 5}$.

Dabei ist v die Geschwindigkeit in $\frac{km}{h}$. Berechne N für v = 10, 20, 30, 40, 50. Was stellst du beim Vergleichen der Werte fest?

Rückenwind und Gegenwind – oder besser gar kein Wind?

Als man in der Fliegerei die ersten Wettkämpfe veranstaltete, stieß man auf ein Problem, an das bis dahin niemand gedacht hatte. Jedes Flugzeug musste eine vorgeschriebene Strecke hin und zurück durchfliegen. Dabei konnte es vorkommen, dass während des Wettkampfes Wind aufkam.
Die Veranstalter waren nicht sicher, ob ein Flugzeug, das die Strecke mit Rücken- und Gegenwind zurücklegte, gleich zu behandeln war wie eines, das bei Windstille flog. Die meisten waren der Meinung, dass sich bei einer Windströmung Vor- und Nachteile ausgleichen. Aber es gab auch Proteste!

Wir versuchen, die Sache zu klären. Der besseren Anschaulichkeit wegen denken wir uns anstelle des Windes die Strömung eines Flusses und anstelle des Flugzeuges einen Schwimmer, der einmal in stehendem Wasser (z. B. in einem See), ein andermal in der Strömung des Flusses dieselbe Strecke s (in m) hin und zurück durchschwimmt.

Die gleich bleibende Geschwindigkeit des Schwimmers bei stehendem Wasser sei v $\left(\text{in } \frac{\text{m}}{\text{s}}\right)$.
Wenn der Fluss mit der Geschwindigkeit v_f fließt, dann hat der Schwimmer flussabwärts die Geschwindigkeit $v + v_f$, flussaufwärts die Geschwindigkeit $v - v_f$.

1 Berechne den durch die Strömung des Flusses verursachten Zeitgewinn des Schwimmers, wenn er flussabwärts schwimmt.
Berechne ebenso seinen Zeitverlust, wenn er gegen den Strom schwimmt.
Vergleiche die beiden Zeitdifferenzen.
Ist die Strömung des Flusses (bzw. des Windes) ein Vorteil oder ein Nachteil oder ist sie ohne Auswirkung auf die Gesamtzeit?

2 a) Wie ergeht es einem Schwimmer, wenn seine Eigengeschwindigkeit v gerade gleich groß ist wie die Fließgeschwindigkeit v_f des Flusses?
Wie zeigt sich dies in deinem rechnerischen Ergebnis?
b) Was passiert, wenn die Fließgeschwindigkeit v_f größer ist als die Eigengeschwindigkeit v des Schwimmers?
Bringt die Rechnung auch diesen Sachverhalt zum Ausdruck?

3 Wie ändert sich die Zeitdifferenz, um die der Schwimmer im stehenden Wasser eher am Ziel ist als der Schwimmer im Fluss, wenn die Fließgeschwindigkeit v_f zunimmt und der Schwimmer seine Geschwindigkeit v beibehält?
Wie ändert sie sich, wenn sich die Fließgeschwindigkeit v_f verdoppelt und der Schwimmer seine Geschwindigkeit v ebenfalls verdoppelt?
Wie ändert sich die Zeitdifferenz, wenn sich die Eigengeschwindigkeit des Schwimmers und die Fließgeschwindigkeit des Flusses verdreifachen?

Mathematische Exkursionen

Das gewichtete Mittel

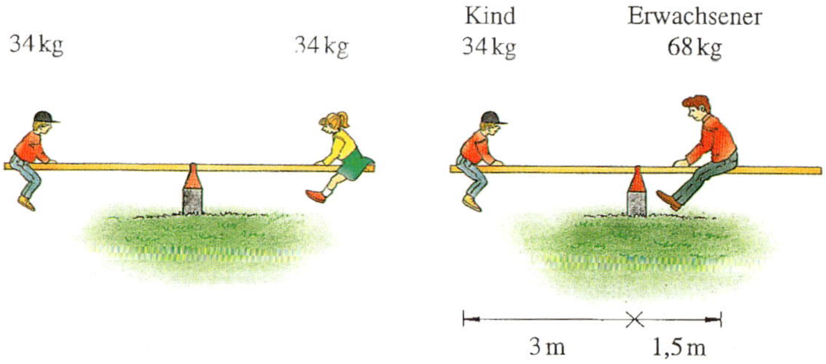

Wenn zwei gleichgewichtige Kinder wippen, ist die Wippe im Gleichgewicht, wenn beide im gleichen Abstand vom Drehpunkt sitzen.
Wenn ein Erwachsener und ein halb so schweres Kind miteinander wippen, muss der Erwachsene im halben Abstand zum Drehpunkt sitzen wie das Kind.
Der Drehpunkt ist der „gewichtete Mittelpunkt" zwischen den beiden Personen.

Normalerweise ist der Durchschnitt zweier Klassenarbeiten, z. B. der Noten 1,5 und 3, das arithmetische Mittel $\frac{1{,}5+3}{2}$, also 2,25. Wird die 1,5 doppelt gewichtet, so verbessert sich der Durchschnitt auf $\frac{2 \cdot 1{,}5+3}{3}$, also auf 2,0. Es ist dann so, als ob drei Arbeiten mit den Noten 1,5; 1,5 und 3 geschrieben worden wären.

So etwas kommt auch anderswo vor. Bekommen in einer Klasse mit 20 Schülern 8 Schüler je 10 € Taschengeld, 5 Schüler je 15 € und 7 Schüler je 30 €, dann bekommt ein Schüler im Durchschnitt

$$\frac{8 \cdot 10 + 5 \cdot 15 + 7 \cdot 30}{20} \text{ €} = 18{,}25 \text{ €}.$$

Man sagt auch: Die in der Klasse vorkommenden Taschengeldbeträge 10 €, 15 € und 30 € werden mit den „Gewichten" 8 bzw. 5 bzw. 7 versehen. Den Betrag 18,25 € nennt man dann das (mit diesen Zahlen) „gewichtete Mittel" der Beträge 10 €, 15 € und 30 €. Das arithmetische Mittel der Taschengeldbeträge aller Schüler wird als gewichtetes Mittel der drei Beträge 10 €, 15 € und 30 € aufgefasst.

Entsprechend hat man oft Veranlassung, gegebene Zahlen $Z_1, Z_2, \ldots, Z_n$ mit „Gewichten" $g_1, g_2, \ldots, g_n$ zu versehen. Man nennt dann

$$\frac{g_1 \cdot Z_1 + g_2 \cdot Z_2 + \ldots + g_n \cdot Z_n}{g_1 + g_2 + \ldots + g_n}$$ das (mit $g_1, g_2, \ldots, g_n$) **gewichtete Mittel** der Zahlen $Z_1, Z_2, \ldots, Z_n$.

Beispiel:
Der Gesangverein „Gaudeamus" hat 38 Mitglieder mit einem Durchschnittsalter von 66 Jahren.
Der Gesangverein möchte sich verjüngen.
Mehrere etwa 30-jährige sangesfreudige Bürgerinnen und Bürger wollen beitreten.
Wie viel 30-jährige Mitglieder muss der Verein mindestens aufnehmen, um ein Durchschnittsalter von weniger als 60 Jahren zu erreichen?

Die Bruchungleichung $\frac{38 \cdot 66 + x \cdot 30}{38 + x} < 60$ führt auf $x > 7{,}6$.

Der Verein muss also mindestens 8 junge Leute aufnehmen.

Mathematische Exkursionen

1 a) Die Mathelehrerin sagt zu Beginn eines Schuljahres, wie sie am Ende des Schuljahres die Mathenote bildet: Das Schriftliche zählt vierfach, das Mündliche einfach. Welche Durchschnittsnote ergibt sich, wenn Karl im Schriftlichen 2,8 und im Mündlichen 2,0 hat?
b) Welche Note müsste er im Mündlichen haben, wenn er auf eine Durchschnittsnote von 2,5 kommen will?
c) Nina hat im Mündlichen eine 1. Welchen Notendurchschnitt könnte sie sich im Schriftlichen leisten, um insgesamt auf einen Durchschnitt von besser als 1,5 zu kommen?

2€ Ein Fahrradhändler hat 30 Fahrräder auf Lager, die er zu einem Stückpreis von 375 € eingekauft hat. Nach einer Preiserhöhung kauft er 20 Fahrräder desselben Typs zu einem Stückpreis von 450 € hinzu.
a) Welchen Einkaufspreis (pro Fahrrad) kann er allen 50 Fahrrädern zu Grunde legen (Mischkalkulation)?
b) Wie viele Fahrräder höchstens dürfte er zum neuen Preis kaufen, um zu einem Mischpreis von unter 400 € pro Fahrrad zu kommen?

3 Messing ist eine Mischung (Legierung) aus Kupfer und Zink. Der Kupferanteil beträgt in der Regel zwischen 60 % und 70 %.
a) Wie viel kg Kupfer muss man 50 kg Messing mit einem Kupferanteil von 62 % beimischen, um Messing mit einem Kupferanteil von 68 % zu bekommen?
b) Jemand hat 1,5 Kilogramm reines Kupfer. Wie viel kg Messing mit 62 % Kupferanteil muss er dem reinen Kupfer beimischen, um 68-prozentiges Messing zu erhalten (um 70-prozentiges Messing zu erhalten)?

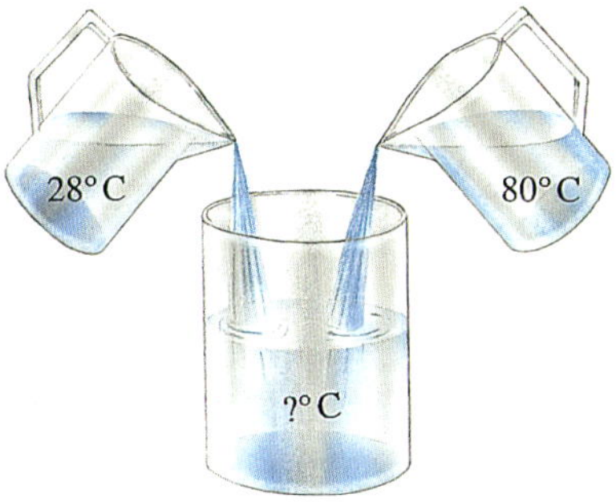

4 Hans mischt 500 ml lauwarmes Wasser (28 °C) mit 800 ml heißem Wasser (80 °C).
a) Welche Mischungstemperatur ergibt sich?
(Anleitung: „Gewichte" die Temperaturen mit den zugehörigen Wassermengen.)
b) Wie viel ml Wasser von 80 °C muss er 500 ml des 28 °C warmen Wassers beimischen, um zu einer Mischungstemperatur von 48 °C zu kommen?

5 a) Land A hat einen Ausländeranteil von 8 %, Land B einen Ausländeranteil von 6,4 %. Land A hat 2,5-mal so viel Einwohner wie Land B. Wie hoch ist der Ausländeranteil in beiden Ländern zusammen?
b) In einem dritten Land C ist der Ausländeranteil 10,5 %, wobei das Land C so viele Einwohner wie A und B zusammen hat. Wie hoch ist der Ausländeranteil in den drei Ländern zusammen?
c) Wende dies auf die Bundesrepublik an: 1990 betrug der Ausländeranteil in der alten Bundesrepublik 10,1 %, in den neuen Bundesländern 1,3 %. In der alten Bundesrepublik wohnen 64 Millionen Menschen, in den neuen Bundesländern 16 Millionen Menschen. Bestimme den Ausländeranteil der (ganzen) Bundesrepublik.

Mathematische Exkursionen

Rechnung falsch – Ergebnis richtig

Mathelehrer Mall stehen die Haare zu Berg, weil Uwe auf ganz verwegene Art kürzt: $\frac{19}{95} = \frac{1}{5}$.
Trotzdem ist das Ergebnis richtig.
Andere Beispiele für solche verwegenen „Kürzungen“ sind:
$\frac{26}{65} = \frac{2}{5}$; $\frac{16}{64} = \frac{1}{4}$; $\frac{49}{98} = \frac{4}{8}$; $\frac{33}{66} = \frac{1}{2}$
Wir wollen noch mehr solche Brüche bestimmen, die man auf solch abenteuerliche Art kürzen kann.

Dazu müssen wir die Bruchgleichung $\frac{10x + y}{10y + z} = \frac{x}{z}$ untersuchen.
Wir machen die Gleichung nennerfrei und multiplizieren mit dem gemeinsamen Nenner $z(10y + z)$ durch:

$$(10x + y)z = x(10y + z)$$
$$10xz + yz = 10xy + xz$$
$$9xz + yz = 10xy$$

Lösen wir nach z auf, so ergibt sich:

$$(9x + y)z = 10xy$$
$$z = \frac{10xy}{9x + y}$$

Wir können für x, y beliebige natürliche Zahlen einsetzen, beliebig unter einer Bedingung: $\frac{10xy}{9x + y}$ muss eine natürliche Zahl sein. Ist z. B. $x = 1$ und $y = 6$, so ist $z = \frac{10 \cdot 1 \cdot 6}{9 \cdot 1 + 6} = 4$. Wir erhalten: $\frac{16}{64} = \frac{1}{4}$.

Noch verwegener ist die Art und Weise, wie Uwe die Brüche $\frac{3}{2}$ und $\frac{-12}{4}$ addiert.
Statt die Brüche auf den Hauptnenner zu bringen, rechnet er $\frac{3}{2} + \frac{-12}{4} = \frac{3 + (-12)}{2 + 4} = \frac{-9}{6} = -\frac{3}{2}$.
Das Ergebnis ist richtig! Es ist $\frac{3}{2} + \frac{-12}{4} = \frac{6}{4} + \frac{-12}{4} = \frac{-6}{4} = -\frac{3}{2}$.
Herr Mall ist verblüfft.
Wir untersuchen Uwes Vorgehen anhand der Gleichung $\frac{a}{b} + \frac{c}{d} = \frac{a + c}{b + d}$.
Wir multiplizieren die Bruchgleichung mit $bd(b + d)$ durch. Dann ergibt sich

$$ad(b + d) + bc(b + d) = bd(a + c)$$
$$abd + ad^2 + b^2c + bcd = abd + bcd \qquad | - abd - bcd$$
$$ad^2 + b^2c = 0$$

Lösen wir die Gleichung nach a auf, so ist $a = -\frac{b^2c}{d^2}$.

Nur bei $\frac{a}{b}$ und $\frac{c}{d}$ mit $a = \frac{-b^2c}{d^2}$, $(a, b, c, d \in \mathbb{Z})$ erhält Uwe das richtige Ergebnis.

1 Bestimme mit Hilfe der Formel $z = \frac{10xy}{9x + y}$ alle Brüche, deren Zähler und deren Nenner unter 100 liegen und die sich auf die obige Art kürzen lassen.

2 Bestimme drei verschiedene Bruchpaare $\frac{a}{b}$; $\frac{c}{d}$ mit der Eigenschaft

a) $\frac{a}{b} + \frac{c}{d} = \frac{a + c}{b + d}$ b) $\frac{a}{b} - \frac{c}{d} = \frac{a - c}{b - d}$ c) $\frac{a}{b} + \frac{c}{d} = \frac{a \cdot c}{b \cdot d}$ d) $\frac{a}{b} \cdot \frac{c}{d} = \frac{a \cdot c}{b \cdot d}$

3 Zeige: Ist $a, b, c, d \in \mathbb{Q}^+$ und ist $a < b$ und $c > d$, so gilt immer: $\frac{a}{b} < \frac{a \cdot c}{b \cdot d} < \frac{c}{d}$.

Definitionsmenge eines Bruchterms
Sie besteht aus allen Belegungen, für die der Nenner des Bruchterms von null verschieden ist.
Der Nenner eines Bruchterms darf nicht 0 werden.

Definitionsmenge des Terms $\frac{4x}{2x-5}$ *ist* $D = \mathbb{Q} \setminus \left\{\frac{5}{2}\right\}$*, denn für* $x = \frac{5}{2}$ *wird der Nenner 0, ist der Bruchterm also nicht definiert.*

Erweitern und Kürzen
Man erweitert einen Bruchterm, indem man Zähler und Nenner mit demselben Term multipliziert. Man kürzt einen Bruchterm, indem man Zähler und Nenner durch denselben Bruchterm dividiert.
Beim Kürzen kann sich die Definitionsmenge eines Bruchterms ändern.

Erweitern:
$$\frac{4x}{2x-5} = \frac{4x}{2x-5} \cdot \frac{2x+5}{2x+5} = \frac{8x^2+20x}{4x^2-25},$$
$$x \neq \frac{5}{2} \text{ und } x \neq -\frac{5}{2}$$

Kürzen:
$$\frac{7x^2-14x}{7x} = \frac{7x(x-2)}{7x} = x-2,\ x \neq 0.$$

Addieren von Bruchtermen
Zwei Bruchterme werden addiert, indem man
1. die Bruchterme nennergleich macht
2. die Zähler addiert und den (gemeinsamen) Nenner beibehält.

Bei dieser Umformung darf der gemeinsame Nenner nicht 0 werden.

$$\frac{2a}{a-5} + \frac{8}{a} \quad \text{GN: } a(a-5)$$
$$= \frac{2a \cdot a + 8(a-5)}{(a-5)a}$$
$$= \frac{2a^2 + 8a - 40}{(a-5)a}$$

Multiplizieren und Dividieren von Bruchtermen
Zwei Bruchterme werden multipliziert, indem man Zähler mit Zähler und Nenner mit Nenner multipliziert.
Durch einen Bruchterm wird dividiert, indem man mit dem Kehrbruchterm multipliziert.

$$\frac{a}{a+b} \cdot \frac{b}{a-b} = \frac{ab}{a^2-b^2}$$
$$\frac{xy}{x-y} : \frac{xy}{x+y} = \frac{xy}{x-y} \cdot \frac{x+y}{xy} = \frac{x+y}{x-y}$$

Bruchgleichungen
Lösen einer Bruchgleichung:
1. Bestimmen der Definitionsmenge
2. Bestimmen eines gemeinsamen Nenners (GN)
3. Durchmultiplizieren der Gleichung mit dem GN und kürzen
4. Lösen der nennerfreien Gleichung
5. Prüfen, welche Lösungen in der Definitionsmenge liegen.

$$\frac{x}{x+3} - \frac{2}{x-3} = 1,\ D = \mathbb{Q} \setminus \{-3; 3\}$$
Gemeinsamer Nenner ist $(x-3)(x+3) = x^2 - 9$
$$\frac{x}{x+3} - \frac{2}{x-3} = 1 \qquad | \cdot (x^2-9)$$
$$x(x-3) - 2(x+3) = x^2 - 9$$
$$x^2 - 5x - 6 = x^2 - 9 \qquad | -x^2 + 6$$
$$-5x = -3$$
$$x = \frac{3}{5};\quad L = \left\{\frac{3}{5}\right\}$$

Bruchungleichungen
Lösen einer Bruchungleichung:
1. Bestimmen der Definitionsmenge
2. Bestimmen eines gemeinsamen Nenners (GN)
3. Fallunterscheidung: GN > 0 und GN < 0.
   Durchmultiplizieren und kürzen in jedem der beiden Fälle.
   Im zweiten Fall kehrt sich das Zeichen < um!
4. Lösen der nennerfreien Ungleichungen
5. Sind L_1 und L_2 die Teillösungsmengen, so ist $L_1 \cup L_2$ die Lösungsmenge der Ausgangsgleichung.

$$\frac{3}{x-1} < \frac{5}{x} \quad \text{GN: } (x-1)x$$

$(x-1)x>0$ *liefert*	$(x-1)x<0$ *liefert*
$D_1=\{x \mid x>1 \text{ oder } x<0\}$	$D_1=\{x \mid 0<x<1\}$
$\frac{3}{x-1}<\frac{5}{x} \quad \mid \cdot(x-1)x$	$\frac{3}{x-1}<\frac{5}{x} \quad \mid \cdot(x-1)x$
$3x<5x-5 \quad \mid -5x$	$3x>5x-5 \quad \mid -5x$
$-2x<-5 \quad \mid :(-2)$	$-2x>-5 \quad \mid :(-2)$
$x>2,5$	$x<2,5$
$L_1=\{x \in \mathbb{Q} \mid x>2,5\}$	$L_2=\{x \in \mathbb{Q} \mid 0<x<1\}$

$$L=L_1 \cup L_2=\{x \in \mathbb{Q} \mid 0<x<1 \text{ oder } x>2,5\}$$

1 Das allgemeine Viereck

1 Familie Groß hat ein Haus mit einem großen Grundstück gekauft.
Den Garten möchten Herr und Frau Groß selbst anlegen.
Um besser planen zu können, versuchen sie, eine maßstabsgetreue Zeichnung des Grundstücks anzufertigen.
a) Genügt es, die vier Seiten des Grundstücks zu messen?
b) Geht es auch ohne eine komplizierte Winkelmessung?

Bei Vierecken vereinbaren wir folgende Bezeichnungen: Der Winkel bei A heißt α, der Winkel bei B heißt β usw. Anders als beim Dreieck hat aber der Punkt A zwei gegenüberliegende Seiten. Daher bezeichnen wir die Seite AB mit a, die Seite BC mit b, CD mit c und DA mit d.
Die Verbindungsstrecken gegenüberliegender Ecken heißen **Diagonalen**. Wir bezeichnen AC mit e und BD mit f.

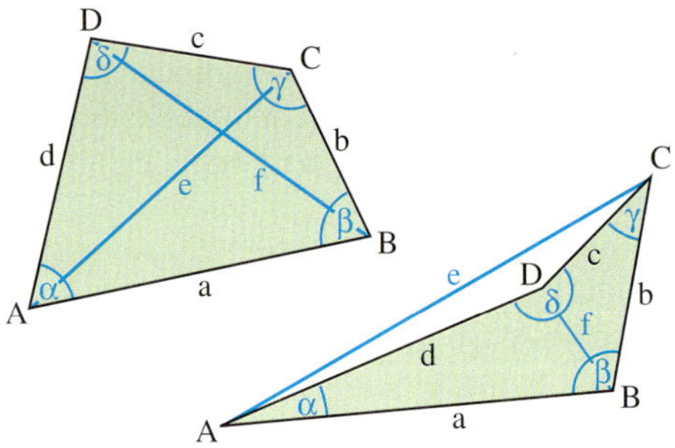

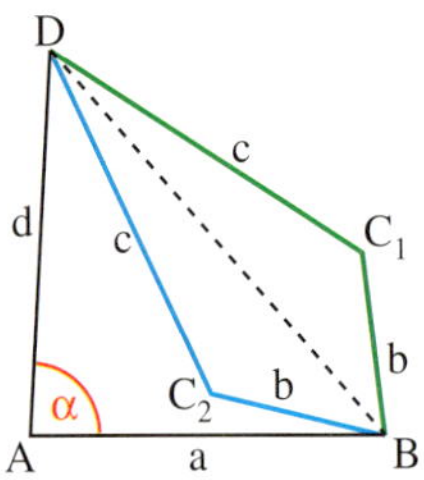

Dieses Viereck ist durch die fünf Stücke a, b, c, d, f nicht eindeutig bestimmt.

Jedes Viereck können wir durch eine Diagonale in zwei Dreiecke zerlegen. Dies zeigt: Die vier Innenwinkel des Vierecks setzen sich aus den Innenwinkeln der beiden Dreiecke zusammen.
Die Winkelsumme im Viereck beträgt also $2 \cdot 180° = 360°$.
Das Dreieck ABD ist durch drei Stücke (Seiten, Winkel) festgelegt. Um auch noch das Dreieck BCD festzulegen, genügen zwei weitere Stücke.

Satz: a) In jedem **Viereck** beträgt die **Summe der Innenwinkel 360°**.
b) Zur eindeutigen **Konstruktion** eines **Vierecks** genügen **fünf geeignete Stücke** (Seiten, Winkel, Diagonalen).

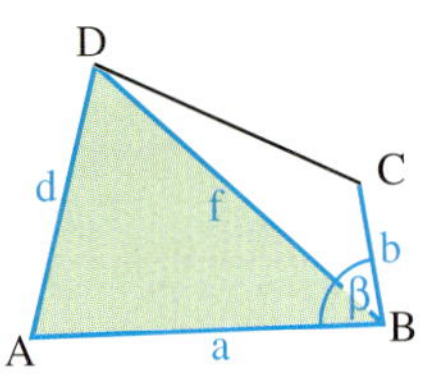

Beispiel 1: (Eindeutige Konstruktion)
Konstruiere ein Viereck mit:
$a = 3{,}6\,\text{cm}$; $d = 3{,}2\,\text{cm}$; $f = 4{,}9\,\text{cm}$;
$\beta = 130°$; $b = 1{,}2\,\text{cm}$.
Konstruktionsbeschreibung:
Konstruiere zunächst das Teildreieck ABD aus seinen drei Seiten a, f und d. Lege an AB in B den Winkel $\beta = 130°$ an; trage auf dem freien Schenkel $b = 1{,}2\,\text{cm}$ ab bis C.
Verbinde C und D.

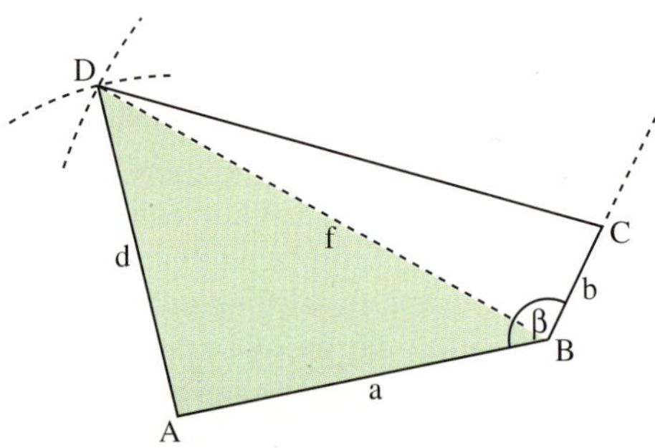

Beispiel 2: (Nicht eindeutige Konstruktion)
Konstruiere ein Viereck aus den Stücken
$a = 4{,}4\,cm$; $b = 2{,}3\,cm$; $c = 3{,}3\,cm$;
$\alpha = 60°$; $e = 4{,}9\,cm$.
Konstruktionsbeschreibung:
Konstruiere zunächst aus den drei Seitenlängen a, b und e das Teildreieck ABC. Lege an AB in A den Winkel $\alpha = 60°$ an. Beschreibe einen Kreis um C mit dem Radius $c = 3{,}3\,cm$. Der Kreis schneidet den freien Schenkel von α in D und D_1.
Sowohl das Viereck ABCD als auch das Viereck $ABCD_1$ enthält die verlangten Stücke, ist also ein Lösungsviereck.

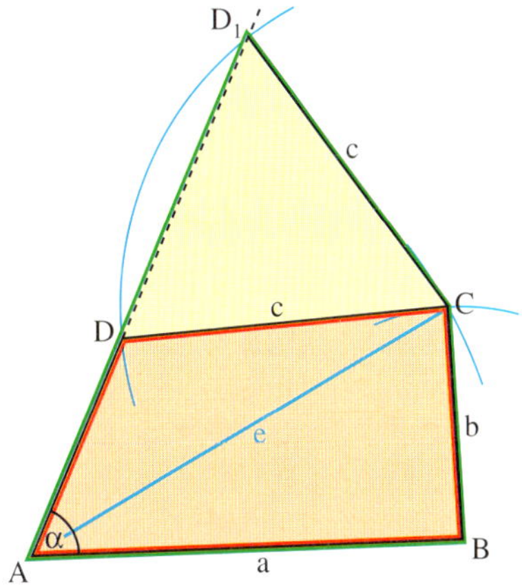

Berechnen von Winkeln

2 Berechne die fehlenden Winkel des Vierecks.
a) $\alpha = 52°$; $\beta = 86°$; $\gamma = 133°$
b) $\beta = 118°$; $\gamma = 100°$; $\delta = 95°$
c) $\gamma = 87°$; $\alpha = \gamma - 27°$; $\beta = \alpha + 53°$
d) $\beta = 96°$; $\delta = \alpha + 47°$; $\gamma = \alpha - 53°$
e) $\delta = 84°$; $\alpha = 2\beta$; $\gamma = 3\beta$
f) $\alpha = 2\beta$; $\gamma = \alpha - 30°$; $\delta = 2\gamma$

3 Wie groß sind die Winkel des Vierecks?
a) α ist um 10° größer als β, γ ist eineinhalb mal so groß wie β, und δ ist gleich groß wie γ.
b) α ist um 20° größer als β, γ ist um 30° kleiner als α, und δ ist doppelt so groß wie α.

4 In einem Viereck mit $\alpha = 110°$ und $\beta = 40°$ ist bekannt, dass $25° < \gamma < 27°$ ist. Was lässt sich über δ sagen?

5 Zeige: Ist in einem Viereck ein Winkel größer als 90°, dann gibt es auch einen Winkel, der kleiner als 90° ist.

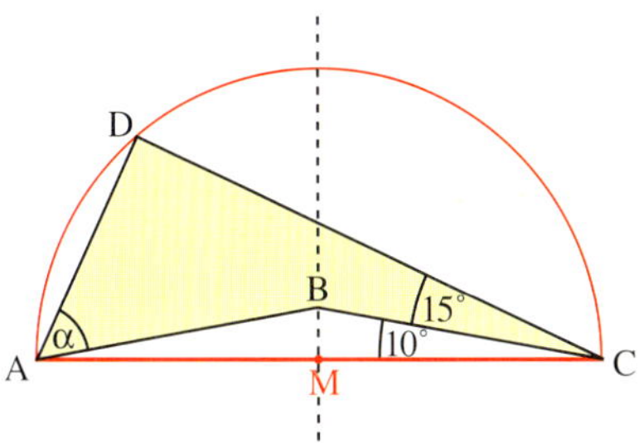

Fig. 1

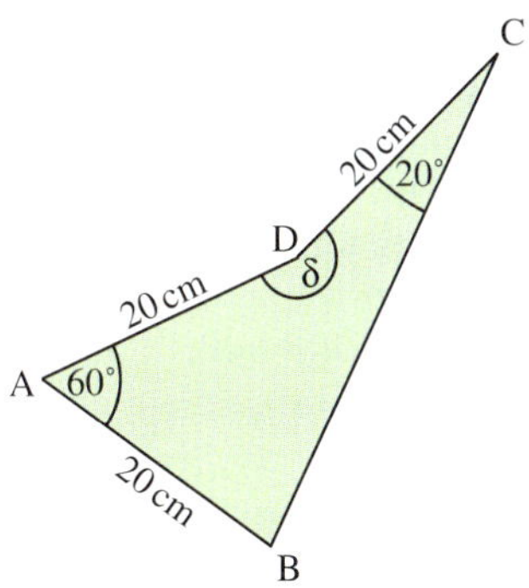

Fig. 2

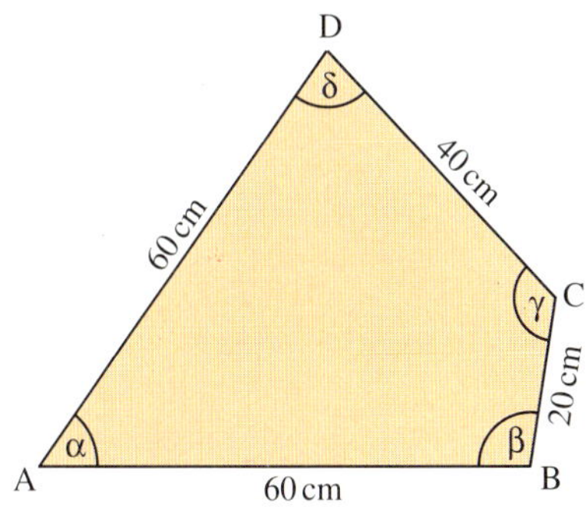

Fig. 3

6 Berechne
a) den Winkel α in Fig. 1
b) den Winkel δ in Fig. 2.

7 Im Gelenkviereck ABCD in Fig. 3 sind A, B, C, D Drehgelenke. Wie groß kann der Winkel α höchstens werden? Wie groß sind dann die anderen Winkel?

Konstruieren

8 Die folgenden Vierecke sind durch die gegebenen Stücke eindeutig bestimmt. Konstruiere und miss die fehlenden Stücke.
a) $\alpha = 32°$; $a = 6\,cm$; $b = 1{,}5\,cm$; $d = 4\,cm$; $e = 5{,}5\,cm$
b) $\alpha - 68°$; $\beta = 80°$; $\delta = 98°$; $b = 3\,cm$; $f = 4{,}5\,cm$
c) $a = 3\,cm$; $b = 4{,}5\,cm$; $\beta = 118°$; $\gamma = 20°$; $\delta = 190°$

9 a) $a = 5\,cm$; $b = 2{,}5\,cm$; $c = 5\,cm$; $d = 1\,cm$; $e = 5\,cm$
b) $b = 1{,}5\,cm$; $c = 5{,}5\,cm$; $d = 3\,cm$; $\gamma = 90°$; $\delta = 110°$
c) $a = 6\,cm$; $b = 2{,}5\,cm$; $e = 5{,}5\,cm$; $f = 6\,cm$; $\alpha = 70°$

10 Konstruiere zwei nicht kongruente Vierecke, für die gilt:
a) $a = 6{,}2\,cm$; $b = 2{,}1\,cm$; $c = 3{,}8\,cm$; $d = 3{,}9\,cm$; $f = 5{,}8\,cm$
b) $a = 6{,}3\,cm$; $b = 2{,}6\,cm$; $c = 4{,}8\,cm$; $e = 6{,}2\,cm$; $\alpha = 62°$
c) $a = 7{,}8\,cm$; $b = 5{,}2\,cm$; $c = 3\,cm$; $d = 5\,cm$; $\beta = 36°$.

11 Wie viele nicht kongruente Vierecke gibt es mit:
a) $a = 7\,cm$; $b = 3{,}6\,cm$; $c = 1{,}6\,cm$; $f = 4{,}5\,cm$; $\alpha = 35°$
b) $a = 7{,}5\,cm$; $c = 3{,}4\,cm$; $d = 3{,}5\,cm$; $e = 4{,}5\,cm$; $\beta = 36°$
c) $a = 6\,cm$; $c = 2{,}9\,cm$; $d = 2{,}5\,cm$; $e = 4\,cm$; $\beta = 50°$?

12 Für eine Grillstelle soll eine Schutzhütte gebaut werden. Der Zimmermann erhält eine Skizze von der Seitenansicht der Schutzhütte.
Zeichne die Seitenansicht im Maßstab 1 : 50 und bestimme durch Messen die Länge der Dachbalken.

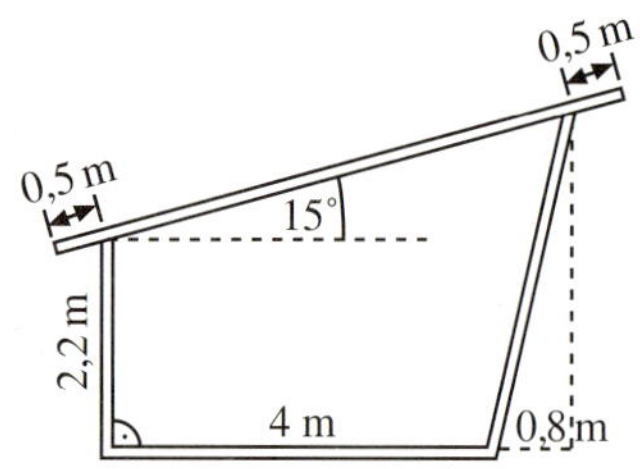

13 Beim Viereck ABCD sind alle Stücke gegeben.
a) Suche fünf geeignete Stücke heraus, durch die das Viereck eindeutig bestimmt ist. Konstruiere das Viereck aus diesen fünf Stücken.
b) Suche fünf Stücke heraus, durch die das Viereck nicht eindeutig bestimmt ist. Konstruiere zwei nicht kongruente Vierecke, die in diesen fünf Stücken übereinstimmen.

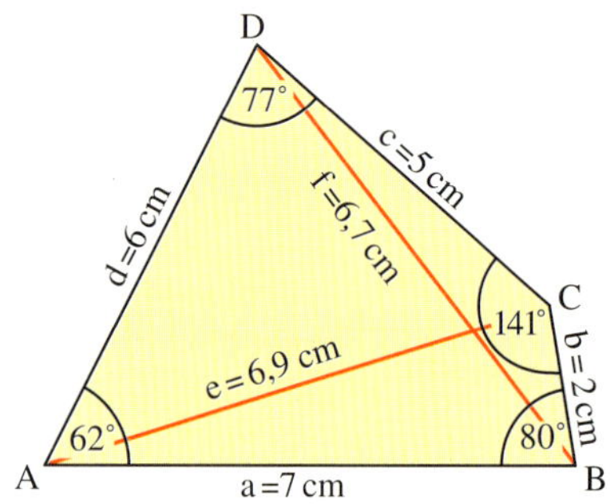

14 Im Gelenkviereck ABCD ist die Stange AB fest auf die Unterlage montiert; A, B, C und D sind Drehgelenke. Ermittle durch Konstruieren
a) den größtmöglichen Wert für α (β)
b) bei welcher Winkelweite α bei D ein rechter Winkel entsteht
c) bei welcher Winkelweite α CD parallel zu AB ist.

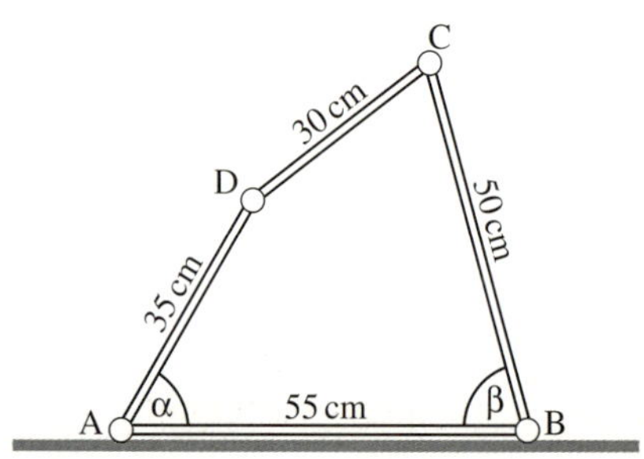

2 Besondere Vierecke: Parallelogramme

1 Wie erreicht man, dass die Hebebühne immer waagerecht bleibt?

Besondere Vierecke sind z. B. solche mit jeweils parallelen Gegenseiten. Sie entstehen, wenn sich zwei Streifen (etwa zwei geradlinige Straßen) kreuzen.

Definition: Vierecke mit zwei Paaren paralleler Gegenseiten heißen **Parallelogramme**.

Ein Parallelogramm (rote Fliese) kann noch weitere Besonderheiten aufweisen:
Hat es zusätzlich vier gleich lange Seiten, so heißt es **Raute** (braune Fliese);
bei zusätzlich vier rechten Innenwinkeln heißt es **Rechteck** (gelbe Fliese);
hat es vier gleich lange Seiten und vier rechte Innenwinkel, heißt es **Quadrat** (grüne Fliese).

Da in jedem Parallelogramm AB || DC ist, sind α_1 und γ_1 gleich groß (Wechselwinkel). Entsprechend ist $\alpha_2 = \gamma_2$. Nach dem Kongruenzsatz wsw sind die Dreiecke ABC und ACD kongruent. Also ist $\overline{AD} = \overline{BC}$ und $\overline{AB} = \overline{DC}$.

Umgekehrt: Wenn wir wissen, dass das Viereck ABCD zwei Paare gleich langer gegenüberliegender Seiten hat, dann sind die Dreiecke ABC und ACD nach dem Kongruenzsatz sss kongruent.
Also ist $\alpha_1 = \gamma_1$ und $\alpha_2 = \gamma_2$, und somit AD || BC und AB || DC.

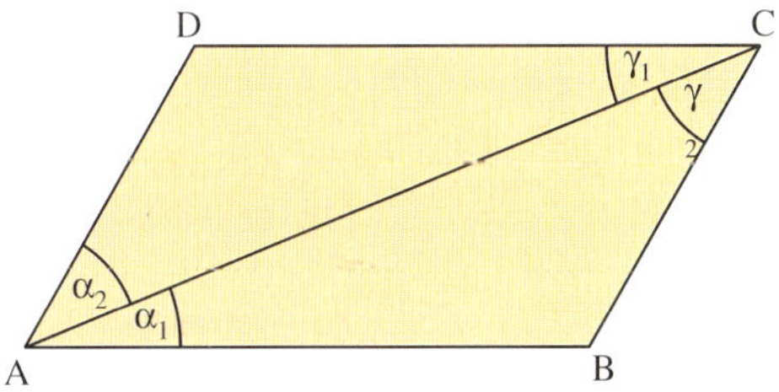

Satz vom Parallelogramm:
Wenn in einem Viereck gegenüberliegende Seiten jeweils **parallel** sind, dann sind gegenüberliegende Seiten auch **gleich lang**.
Wenn in einem Viereck gegenüberliegende Seiten jeweils **gleich lang** sind, dann sind gegenüberliegende Seiten auch **parallel**.

Beispiel 1:
a) Aus Sicherheitsgründen sollen in ein Geländer weitere senkrechte Stäbe eingebaut werden. Da der Handlauf parallel zum Boden ist und die Stäbe parallel zu den Pfosten sein sollen, sind die Stäbe auch gleich lang wie die Pfosten.
b) Bei der abgebildeten Briefwaage sind gegenüberliegenden Gestängestücke gleich lang. Deshalb sind sie immer parallel. Weil das „Standbein" lotrecht ist, bleibt der Briefteller waagrecht.

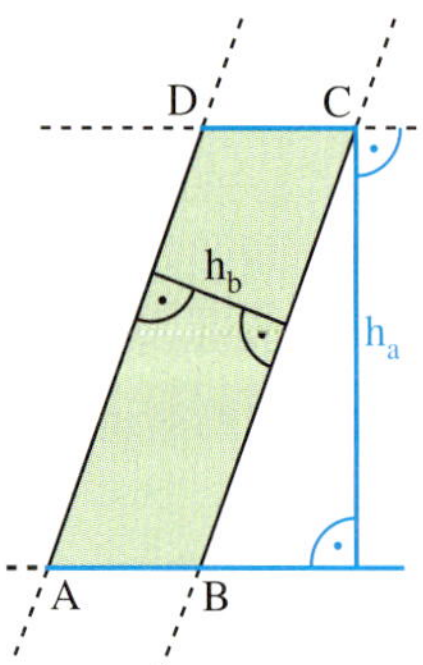

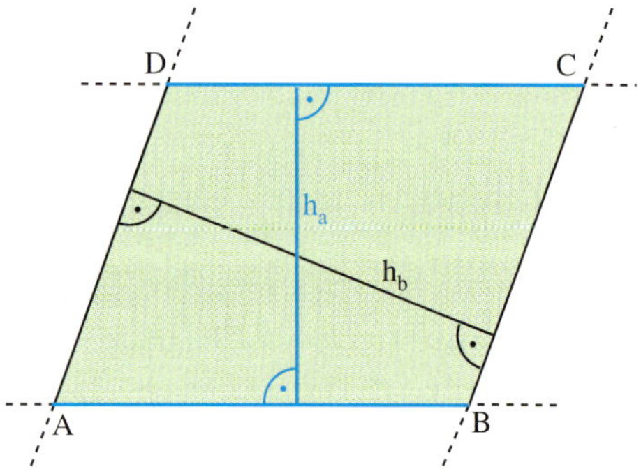

Wir bezeichnen den Abstand der parallelen Gegenseiten AB und DC mit h_a, den Abstand der parallelen Gegenseiten BC und AD mit h_b. h_a und h_b heißen die Höhen des Parallelogramms; sie entsprechen den Streifenbreiten. Um sie einzuzeichnen, muss man oft eine Seite des Parallelogramms verlängern.

Beispiel 2: (Konstruktion mit Höhe)
Konstruiere ein Parallelogramm aus
$a = 4{,}2\,cm$; $h_a = 2{,}1\,cm$; $\alpha = 60°$.

Konstruktionsbeschreibung:
Zeichne die Strecke AB mit $\overline{AB} = 4{,}2\,cm$.
Zeichne zu AB im Abstand $h_a = 2{,}1\,cm$ eine Parallele g. Lege an AB in A den Winkel $\alpha = 66°$ an. Der freie Schenkel von α schneidet die Parallele in D.
Zeichne eine Parallele zu AD durch B. Sie schneidet g in C.

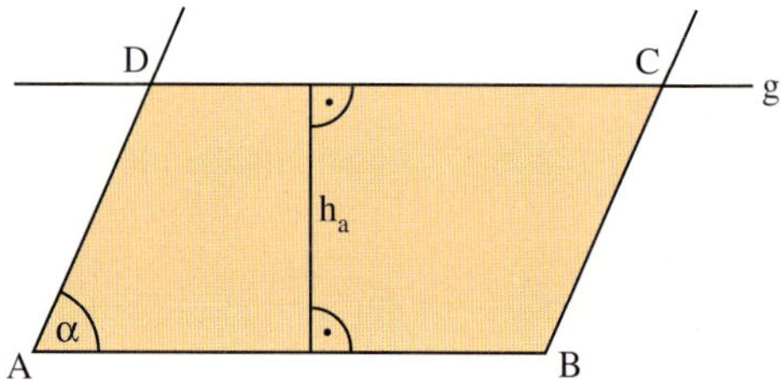

2 Konstruiere ein Parallelogramm aus:
a) $a = 5\,cm$; $b = 3\,cm$; $\alpha = 55°$
b) $a = 5\,cm$; $d = 2{,}5\,cm$; $\gamma = 72°$
c) $a = 4\,cm$; $f = 5\,cm$; $\alpha = 45°$
d) $d = 5{,}5\,cm$; $e = 5{,}5\,cm$; $\delta = 65°$.
Entnimm den Zeichnungen die beiden Höhen des Parallelogramms.

3 Konstruiere ein Parallelogramm aus:
a) $a = 6\,cm$; $h_a = 3\,cm$; $\beta = 50°$
b) $h_a = 1{,}5\,cm$; $e = 4\,cm$; $\alpha = 40°$
c) $h_a = 6\,cm$; $h_b = 2\,cm$; $\alpha = 75°$
d) $h_a = 4{,}5\,cm$; $h_b = 1\,cm$; $\gamma = 90°$.
Miss die Längen der Diagonalen.

4 Konstruiere eine Raute aus:
a) $a = 3\,cm$; $\beta = 150°$
b) $c = 4\,cm$; $\alpha = 100°$
c) $h_a = 3{,}5\,cm$; $\alpha = 55°$.
Miss die Abstände gegenüberliegender Seiten.

5 Welche Art von Figuren erhält man, wenn man mit einer Farbwalze über eine Gartenbank streicht? Was ist allen diesen Vierecken gemeinsam?

6 Berechne bei den folgenden Parallelogrammen die fehlenden Winkel.

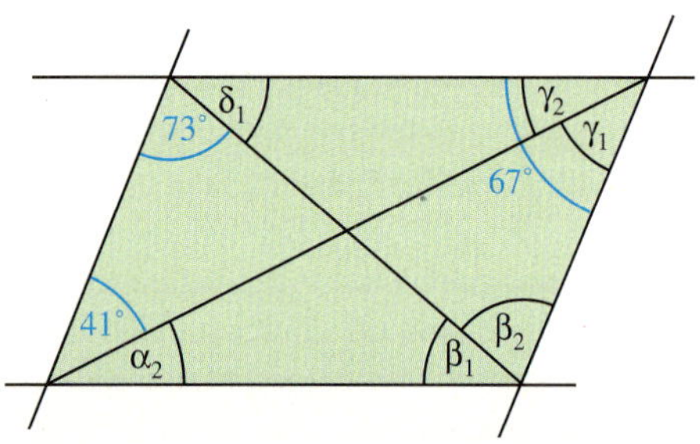

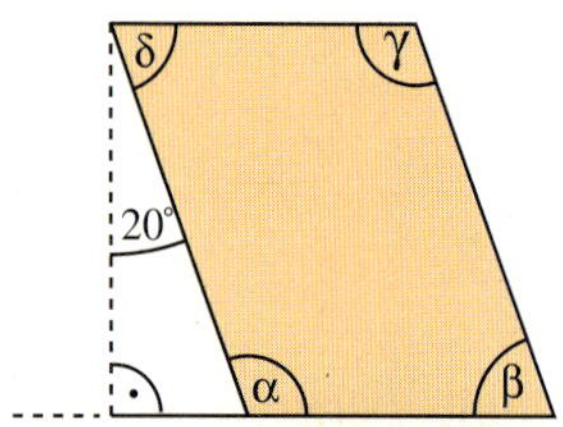

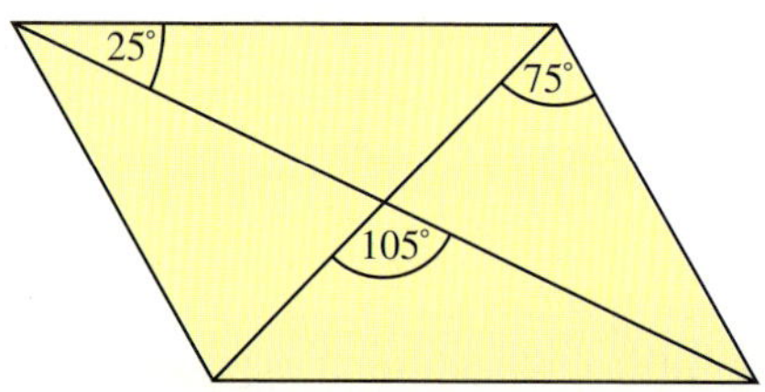

7 Gegeben sind zwei Parallelen g und h mit dem Abstand 2 cm und ein Punkt P. Konstruiere eine Gerade durch P, aus welcher g und h eine Strecke der Länge 3,5 cm herausschneiden. Begründe die Konstruktion.

8 Zeichne einen Winkel ∡gh und eine beliebige Gerade k, die g und h schneidet. Konstruiere eine Parallele zu k, aus der die Schenkel g und h eine 3 cm lange Strecke ausschneiden. Begründe die Konstruktion.

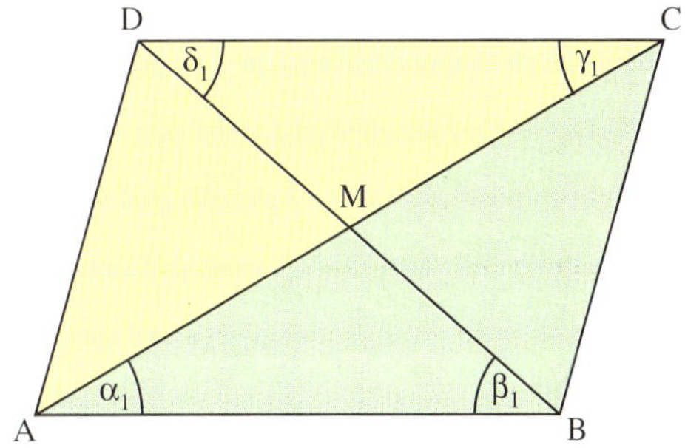

9 Beweise: Wenn ein Viereck punktsymmetrisch ist zum Schnittpunkt der Diagonalen, dann sind die Gegenseiten jeweils parallel und gleich lang.

10 Beweise: Jedes Parallelogramm ist punktsymmetrisch zum Schnittpunkt der Diagonalen.
(Anleitung: Zeige zunächst, dass der Schnittpunkt die Diagonalen halbiert.)

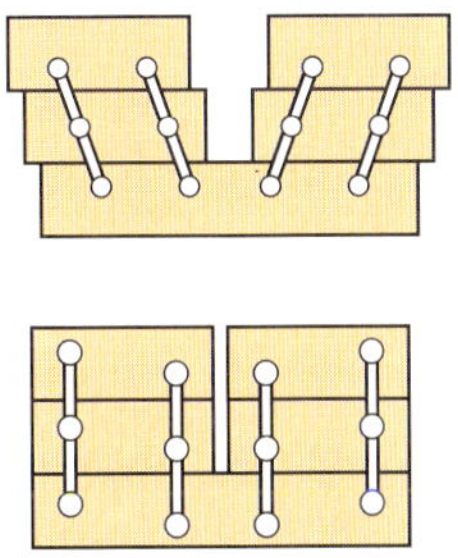

11 Konstruiere ein punktsymmetrisches Viereck aus
a) a = 4,5 cm; e = 6 cm; f = 3,6 cm b) e = 4,2 cm; f = 5,8 cm; ∡(e,f) = 90°.
Entnimm der Zeichnung die Seitenlängen des Vierecks.

12 a) Was muss man bei der Herstellung eines Nähkästchens beachten, damit die Fächer beim Öffnen immer in waagerechter Lage bleiben?
b) Bleiben die Fächer des unteren Nähkästchens beim Öffnen auch waagerecht?

13 Bei einer Schaukel wie auf dem Bild kann man das Sitzbrett seitlich hin und her bewegen. Es ist 3,20 m lang; im Ruhezustand hängt es 2 m unter der oberen Querstange und 0,5 m über dem Boden.
a) Zeichne die Schaukel mit dem Boden im Maßstab 1 : 50 in der Ruhestellung.
b) Trage in die Zeichnung den Gefahrenbereich ein, in dem man von der schwingenden Schaukel getroffen werden kann.
c) Konstruiere eine Schaukelstellung, bei der das Sitzbrett um 1 m seitlich ausschwenkt. Wie weit befindet sich dann das Sitzbrett über dem Boden?

14 Die Skizze zeigt den Scheibenwischer eines Omnibusses.
a) Zeichne den Scheibenwischer im Maßstab 1 : 10 für α = 30° (60°; 90°; 120°).
b) Bilden die Ränder der vom Wischblatt überstrichenen Fläche Kreisbögen?
Warum verwendet man bei Bussen nicht die bei Pkw's üblichen Scheibenwischer?

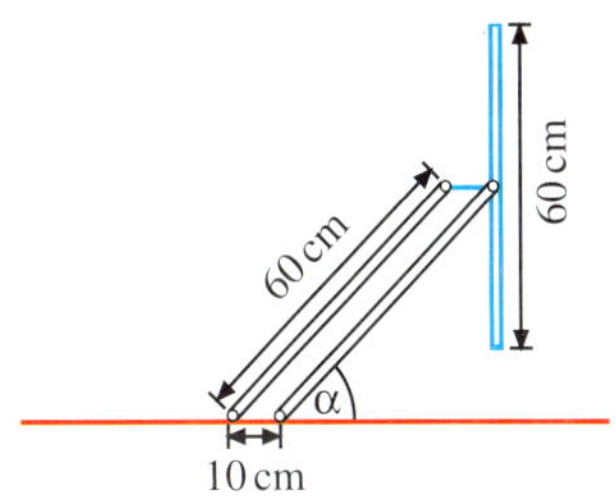

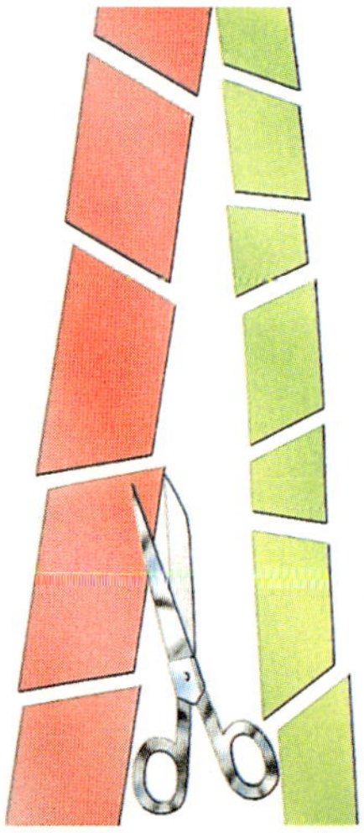

trapeza (griech.): Tisch

3 Weitere besondere Vierecke

Trapeze

1 Silke schneidet für ein Mosaik mit der Schere von verschiedenen Papierstreifen Stücke ab. Welche gemeinsame Eigenschaft haben diese viereckigen Papierstücke?

Definition: Ein Viereck mit **mindestens einem Paar paralleler Seiten** heißt **Trapez**.

Die parallelen Seiten eines Trapezes heißen **Grundseiten**. Ihr Abstand ist die **Höhe** des Trapezes.
Wenn ein Trapez achsensymmetrisch zu der Mittelsenkrechten einer Grundseite ist, nennen wir es **gleichschenklig**. Es hat dann gleich lange Seiten b und d (die Schenkel), gleich lange Diagonalen e und f und gleich weite Winkel α und β und (γ und δ).

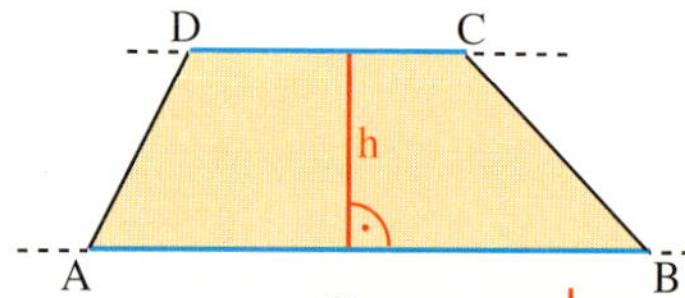

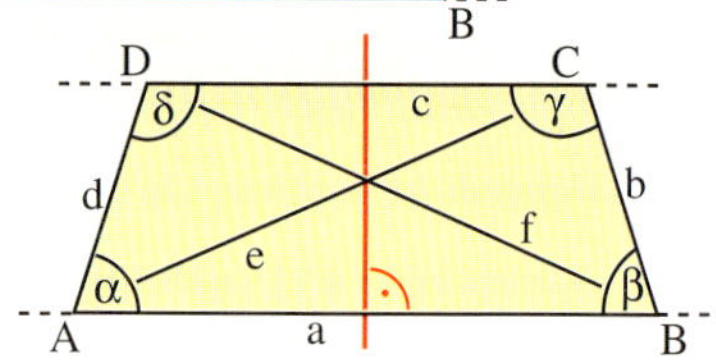

2 Konstruiere ein Trapez mit
a) $\alpha = 65°$; $\beta = 40°$; a = 6 cm; d = 2,5 cm
b) a = 6 cm; b = 4 cm; c = 3 cm; e = 5 cm
c) a = 5,6 cm; d = 4,4 cm; e = 6,2 cm; $\beta = 84°$
d) a = 3,3 cm; c = 6,2 cm; f = 5,5 cm; $\beta = 120°$
Entnimm der Zeichnung jeweils h.

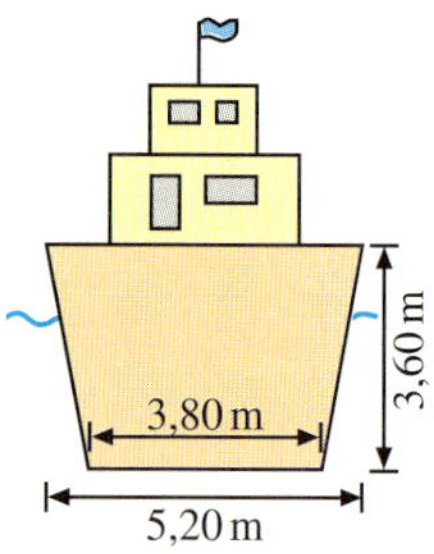

3 Konstruiere ein gleichschenkliges Trapez aus
a) a = 5,5 cm; b = 3,5 cm; $\alpha = 75°$
b) c = 2,5 cm; d = 4,0 cm; e = 5,5 cm
c) a = 7 cm; c = 4 cm; h = 3,5 cm
d) a = 6 cm; c = 2 cm; $\alpha = 55°$.

4 Ein Schiff darf höchstens 2,40 m ins Wasser eintauchen. Diese Eintauchtiefe muss an der schrägen Bordwand markiert werden. Wie weit unter dem oberen Bordrand muss man dieses Zeichen anbringen? Zeichne in geeignetem Maßstab.

5 Die Zeichnung zeigt den Querschnitt eines Deiches, wie er zum Schutz vor Überflutungen gebaut wird.
a) Auf welcher Seite ist das Meer?
b) Zeichne den Querschnitt des Deiches im Maßstab 1 : 200.

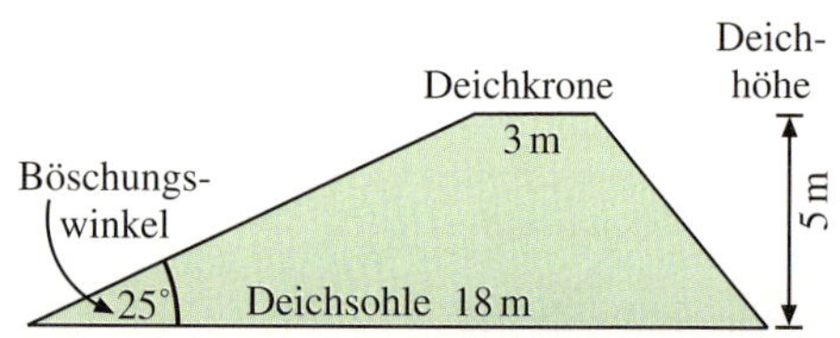

Drachen

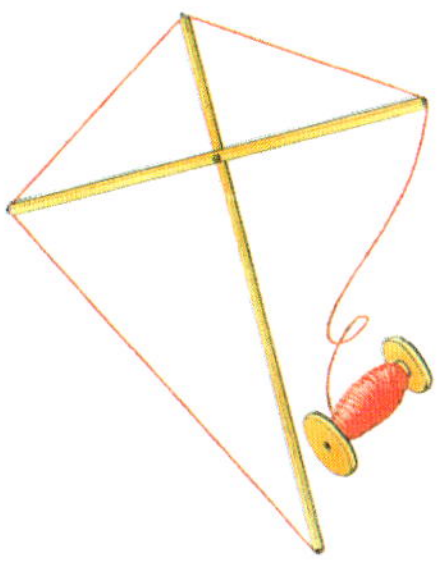

6 Worauf muss man achten, wenn man die zwei Leisten eines Drachens zusammennagelt und anschließend eine Schnur um die Enden der Leisten herumspannt?

7 a) Zeichne einige achsensymmetrische Vierecke.
b) Zeichne ein Viereck mit einer Symmetrieachse, die durch gegenüberliegende Ecken geht.

Definition: Ein Viereck, das **symmetrisch zu einer Diagonalen** ist, heißt **Drachen**.

Das Dreieck ABC ist das Bild des Dreiecks ACD bei der Spiegelung an AC.
Daher gilt: Die Diagonale BD ist orthogonal zur Diagonalen AC.
Die Seiten a und d sowie b und c sind gleich lang.
Die Winkel α und γ sowie β und δ sind gleich weit.
Die Winkel α und γ werden von der Diagonalen AC halbiert.

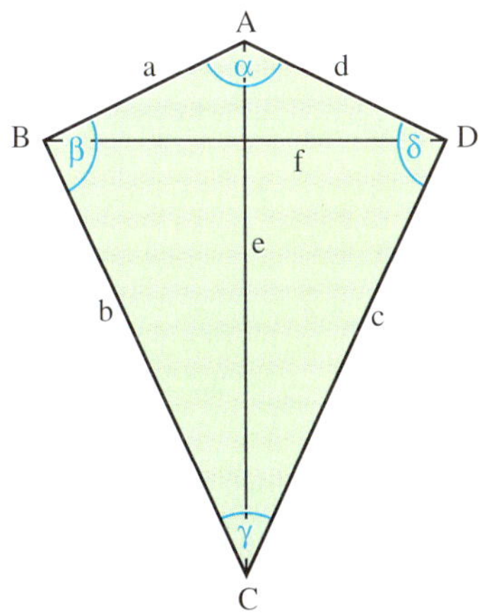

8 Berechne die fehlenden Winkel eines Drachens mit:
a) $\alpha = 105°$; $\beta = 95°$ b) $\alpha = 122°$; $\gamma = 46°$.

9 Konstruiere einen Drachen aus
a) $a = 3\,cm$; $b = 4\,cm$; $f = 5\,cm$
b) $a = 3{,}5\,cm$; $e = 7{,}0\,cm$; $f = 5{,}6\,cm$
c) $e = 6{,}8\,cm$; $f = 5{,}2\,cm$; $\alpha = 100°$
d) $a = 3{,}8\,cm$; $b = 7{,}2\,cm$; $\gamma = 40°$.

10 a) Zeichne ein achsensymmetrisches Viereck, das kein Drachen ist.
b) Zeichne ein Viereck mit orthogonalen Diagonalen, das kein Drachen ist.
c) Zeichne einen Drachen, dessen Diagonalen sich nicht schneiden.

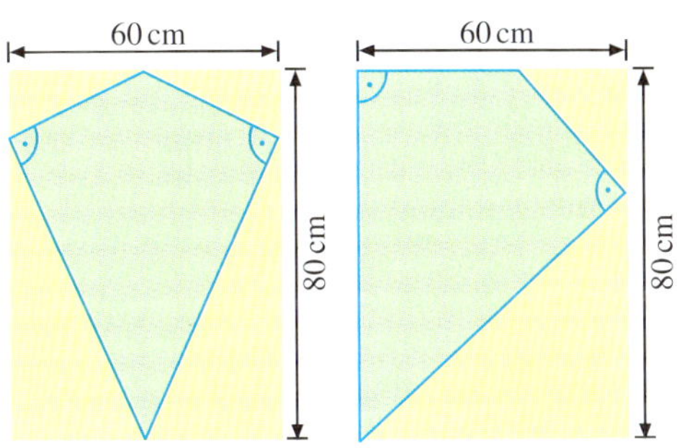

11 Felix hat ein rechteckiges Stück leichtes und reißfestes Drachenpapier. Wie kann er daraus eine möglichst große Drachenform mit $\beta = \delta = 90°$ ausschneiden?
a) Zeichne zwei rechteckige Papierbahnen von 60 cm Breite und 80 cm Länge im Maßstab 1 : 10.
b) Konstruiere auf die Papierbahnen Drachen in der Lage von Fig. 1 bzw. Fig. 2. Welcher Drachen ist größer?

4 Vom Definieren – Übersicht über die Vierecke

1 Bei einem Fernsehquiz wird den drei Kandidaten die Frage gestellt:
„Beschreiben Sie genau und möglichst kurz, was man unter einem Säugetier versteht.“

Welche Antwort ist die beste? Welche Mängel haben die anderen Antworten?

Die folgenden Festlegungen beschreiben jeweils eine Sorte von Vierecken:
a) Vierecke mit jeweils parallelen Gegenseiten.
b) Vierecke mit jeweils gleich langen Gegenseiten.
c) Vierecke mit jeweils parallelen und gleich langen Gegenseiten.
Im Abschnitt über Parallelogramme haben wir gezeigt: Jedes Viereck mit der Eigenschaft a) hat auch die Eigenschaft b), und jedes Viereck mit der Eigenschaft b) hat auch die Eigenschaft a). Die Festlegungen a), b), c) beschreiben also immer die gleiche Sorte von Vierecken. Die Festlegung c) hat allerdings den Nachteil, dass sie unnötig lang ist.

definiere (lat.): abgrenzen

> Wenn wir z. B. eine bestimmte Sorte von Vierecken durch Eigenschaften beschreiben, nennen wir diese Kennzeichnung eine **Definition**.
> Beim **Definieren** achten wir darauf, mit möglichst wenigen Eigenschaften auszukommen.

Mögliche Eigenschaften von Vierecken:
- *parallele Gegenseiten*
- *gleich lange Gegenseiten*
- *gleich lange Diagonalen*
- *orthogonale Diagonalen*
- *gleichseitig*
- *gleichwinklig*
- *punktsymmetrisch*
- *achsensymmetrisch*

Beispiel 1:
Die Beschreibung „Vierecke, die Parallelogramme sind und die vier gleich lange Seiten haben“ kennzeichnet dieselbe Sorte von Vierecken wie die Beschreibung „Vierecke, die vier gleich lange Seiten haben“.
Wir nehmen also die zweite (kürzere) Kennzeichnung als **Definition der Raute**.
Entsprechend ist „Vierecke mit vier gleich weiten Winkeln“ eine **Definition des Rechtecks** und „Vierecke mit vier gleichen Seiten und vier gleichen Winkeln“ eine **Definition des Quadrats**.

Beispiel 2:
Drachen sind „Vierecke, die zu einer Diagonalen achsensymmetrisch sind“.
Diese Eigenschaft haben auch Rauten und Quadrate; sie sind also besondere Drachen.
Entsprechend sind Quadrate auch besondere Rechtecke.

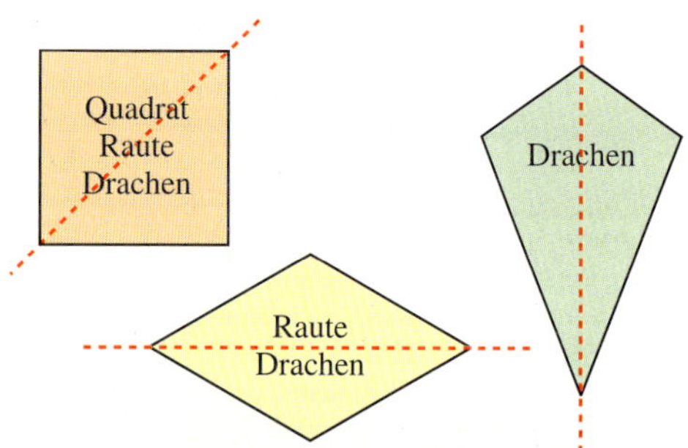

Wir ordnen die Vierecke nach der Anzahl der Eigenschaften, die sie aufweisen.
Die folgende Figur zeigt, dass dies auch einer Anordnung nach der Anzahl der Symmetrien entspricht.

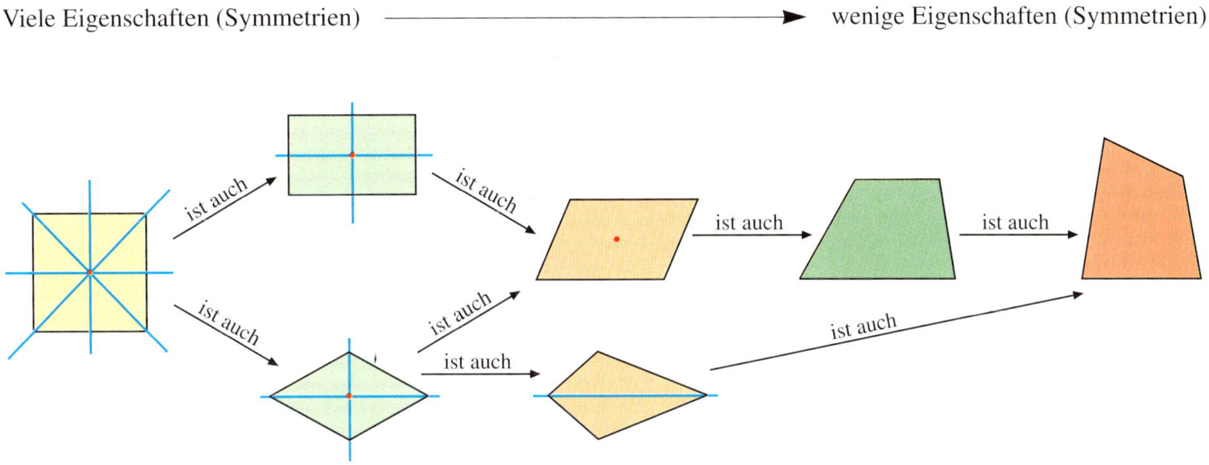

2 Kürze den kursiv gesetzten Satzteil so weit wie möglich.
a) Ein Parallelogramm ist ein Viereck mit *zwei Paaren paralleler Gegenseiten und zwei Paaren gleich weiter Gegenwinkel.*
b) Ein Quadrat ist eine Raute mit *vier gleich langen Seiten, vier gleich weiten Winkeln und orthogonalen Diagonalen.*
c) Eine Raute ist ein *gleichseitiges Viereck mit parallelen Gegenseiten, in dem sich die Diagonalen halbieren.*

Gibt es Vierecke mit orthogonalen und gleich langen Diagonalen, die keine Quadrate sind?

3 a) Zähle möglichst viele Eigenschaften von Rechtecken (Parallelogrammen) auf.
b) Formuliere verschiedene mögliche Definitionen von Rechtecken (Parallelogrammen).

4 Gib vier Eigenschaften von Rauten an, die Drachen im Allgemeinen nicht haben.

5 Zeichne vier verschiedene Vierecke
a) die mindestens eine Symmetrieachse haben
b) die punktsymmetrisch sind.
Um welche Viereckssorte handelt es sich?

6 a) Welche Parallelogramme sind auch Drachen? Zeichne Beispiele.
b) Zeichne ein Viereck, das Drachen und Trapez ist.
c) Welche Trapeze sind punktsymmetrisch? Zeichne Beispiele.

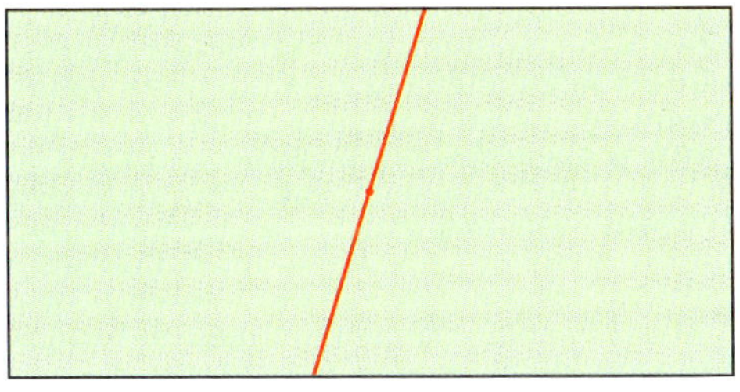

7 Zwei Brüder haben einen rechteckigen Garten geerbt, den sie entlang der roten Linie in zwei kongruente Teile trennen. Jetzt wollen sie in die Mitte der Wiese gemeinsam ein viereckiges Schwimmbad bauen, das durch die rote Linie ebenfalls in zwei kongruente Teile geteilt wird.
Welche Vierecksformen sind möglich?

5 Vom Beweisen

1 Kommissar Holmes weiß, dass eine der abgebildeten Personen der Täter sein muss. Zuverlässige Zeugen machen die folgenden Aussagen.
„Der Täter trug mindestens zwei Kleidungsstücke."
„Der Täter trug keine Mütze."
„Wenn einer mit drei Kleidungsstücken nicht der Täter gewesen sein kann, dann war es einer mit kurzer Hose."
Wer ist der Täter?

Verbinden wir die Seitenmitten PQRS eines Vierecks ABCD der Reihe nach miteinander, so scheint ein Parallelogramm zu entstehen.
Wir vermuten:
„**Wenn** man die Seitenmitten eines Vierecks der Reihe nach miteinander verbindet, **dann** entsteht ein Parallelogramm."
Um sicher zu sein, dass die Vermutung stimmt, müssen wir sie beweisen: PS ist Mittellinie im Dreieck ABD, also $PS \parallel BD$. QR ist Mittellinie im Dreieck BCD, also auch $QR \parallel BD$. Somit ist $QR \parallel PS$.
Ganz entsprechend zeigen wir $PQ \parallel SR$.

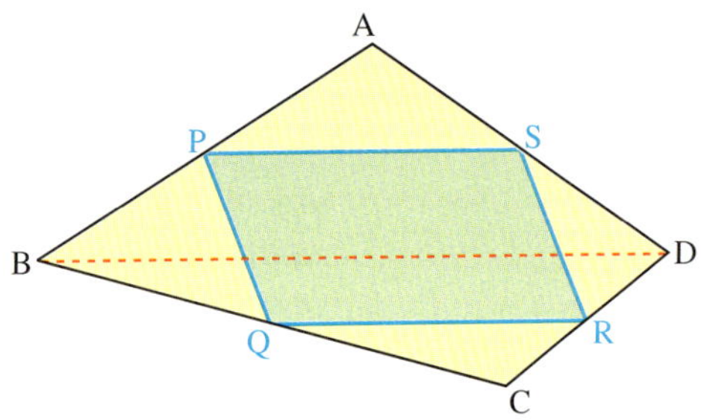

Einen mathematischen Satz kann man in der Form: „**Wenn**. . ., **dann**. . ." schreiben.
Der Wenn-Teil heißt **Voraussetzung**, der Dann-Teil **Behauptung** des Satzes.
Die Gültigkeit eines Satzes muss man beweisen.

Beispiel 1: (Wenn-Dann-Form)
a) Der Satz „In einem punktsymmetrischen Viereck halbieren sich die Diagonalen" lautet in der Wenn-Dann-Form:
Wenn ein Viereck punktsymmetrisch ist, dann halbieren sich die Diagonalen.
b) Der Satz „Ein rechtwinkliges Dreieck hat keinen stumpfen Winkel" lautet in der Wenn-Dann-Form:
Wenn ein Dreieck rechtwinklig ist, dann hat es keinen stumpfen Winkel.

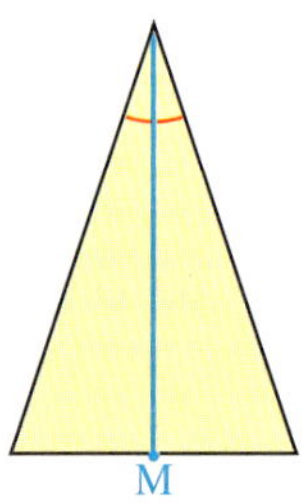

Hier halbiert die Seitenhalbierende den Winkel γ. Warum ist die Vermutung von Beispiel 2 trotzdem falsch?

Beispiel 2: (Widerlegen einer Vermutung)
Stimmt die folgende Vermutung?
„Wenn man in einem Dreieck die Ecke C mit der Mitte M von AB verbindet, dann wird der Winkel γ halbiert."
Die Vermutung ist falsch, weil sie durch das abgebildete **Gegenbeispiel** widerlegt wird.

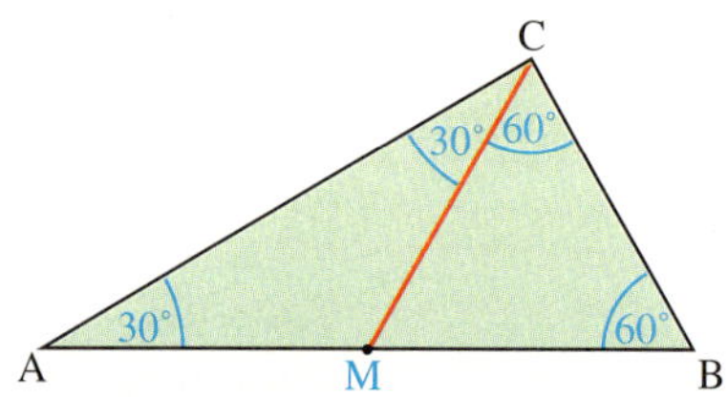

Vertauscht man in dem Satz
Wenn ein Viereck gleich lange Seiten hat, dann sind die Diagonalen orthogonal
den Wenn-Teil mit dem Dann-Teil, so ergibt sich
Wenn in einem Viereck die Diagonalen orthogonal sind, dann sind die Seiten gleich lang.
Wir nennen ihn die **Umkehrung** des ursprünglichen Satzes.

Satz: Wenn es regnet, dann ist die Straße nass.

Umkehrung: Wenn die Straße nass ist, dann regnet es.

Bei einem Satz und seiner Umkehrung sind der Wenn-Teil und der Dann-Teil vertauscht.
Die Umkehrung eines Satzes kann falsch sein.

Beispiel 3:
a) Satz: Wenn ein Viereck punktsymmetrisch ist, dann ist es ein Parallelogramm.
Der Satz ist wahr.
Umkehrung: Wenn ein Viereck ein Parallelogramm ist, dann ist es punktsymmetrisch.
Die Umkehrung ist auch wahr. (Man nennt die Umkehrung in diesem Fall auch **Kehrsatz**.)
b) Satz: Wenn ein Viereck gleichseitig ist, dann ist es achsensymmetrisch.
Der Satz ist wahr.
Umkehrung: Wenn ein Viereck achsensymmetrisch ist, dann ist es gleichseitig.
Die Umkehrung ist falsch.

2 Bringe die folgenden Sätze in die Wenn-Dann-Form.
a) In einem gleichwinkligen Viereck sind die Diagonalen gleich lang.
b) Ein Dreieck mit drei gleichen Winkeln ist gleichseitig.
c) Jedes Quadrat ist eine Raute.
d) Die Halbierenden von Nebenwinkeln sind orthogonal.

3 Formuliere die Voraussetzung und die Behauptung des Satzes.
a) In einem gleichschenkligen Dreieck sind die Basiswinkel gleich weit.
b) Bei einer Geradenspiegelung an g ist die Verbindungsstrecke eines Punktes $P \notin g$ und seines Bildpunktes orthogonal zur Spiegelachse.
c) Jedes Parallelogramm mit gleich langen Diagonalen ist ein Rechteck.

4 Bilde aus einer Voraussetzung und einer Behauptung wahre Wenn-Dann-Sätze.

Voraussetzung	Behauptung
Die Diagonalen des Vierecks halbieren sich.	Das Viereck ist ein Rechteck.
Das Viereck ist achsensymmetrisch zu einer Diagonalen.	Das Viereck besitzt mindestens zwei gleich lange Seiten.
Ein Viereck hat keine stumpfen Winkel.	Die Diagonalen sind orthogonal.

5 Beweise: Wenn ein rechtwinkliges Dreieck einen Winkel 60° besitzt, ist die kürzeste Seite halb so lang wie die längste.

6 Beweise: Wenn man in einem gleichschenkligen Trapez die Seitenmitten verbindet, dann entsteht eine Raute.

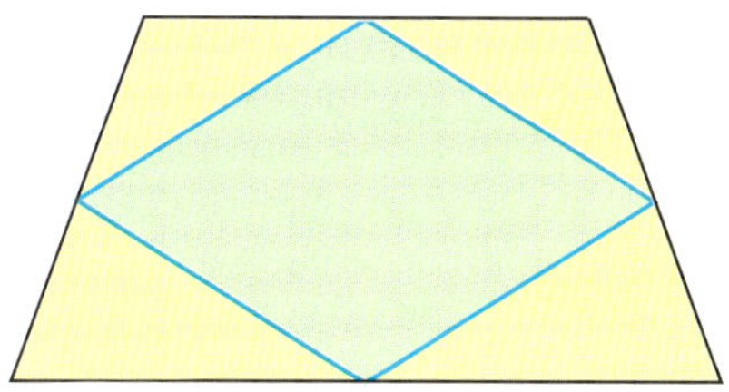

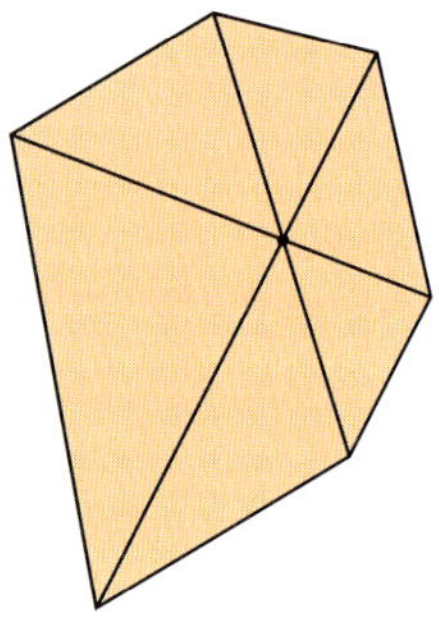

7 Widerlege durch ein Gegenbeispiel:
a) Bei allen Vierecken schneiden sich die Diagonalen im Innern des Vierecks.
b) Bei Sechsecken schneiden sich die Diagonalen in einem Punkt.
c) Wenn ein Viereck gleich lange Diagonalen hat, dann ist es ein Rechteck.

8 Untersuche, ob die Vermutung wahr ist.
a) Hat ein Viereck gleich lange Diagonalen, dann teilen diese das Viereck in gleichschenklige Dreiecke auf.
b) Wenn man die Quadratzahlen von zwei aufeinander folgenden natürlichen Zahlen addiert, so erhält man eine Primzahl oder wieder eine Quadratzahl.

9 Zeichne einen Kreis und verbinde zwei Punkte P_1 und P_2 der Kreislinie durch eine Strecke. Die Kreisfläche wird dadurch in zwei Teile geteilt. Nimm einen dritten Punkt P_3 der Kreislinie dazu und verbinde P_1, P_2, P_3 auf alle möglichen Weisen durch Strecken. Wie viel Teile der Kreisfläche ergeben sich?
Fertige eine Tabelle und formuliere eine Vermutung. Fahre entsprechend fort.
Trifft die Vermutung zu?

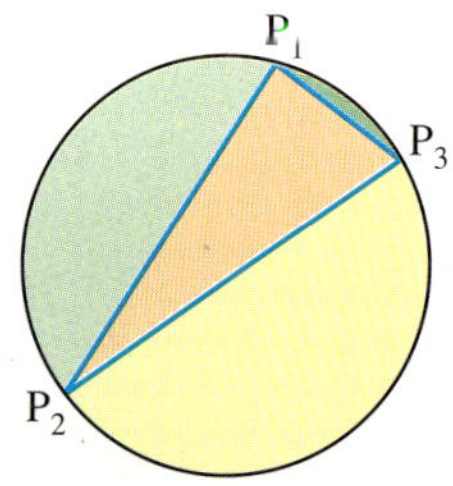

Punkte	1	2	3	4	5
Kreisteile	1	2			

Satz und Umkehrung

Wie lautet die Umkehrung zur Umkehrung eines Satzes?

10 Schreibe zu jedem Satz die Umkehrung auf. Prüfe für den Satz und die Umkehrung, ob sie wahr oder falsch sind.
a) Wenn ein Viereck gleichwinklig ist, dann sind die Diagonalen gleich lang.
b) Wenn zwei Dreiecke in zwei Seiten und zwei Winkeln übereinstimmen, dann sind sie kongruent.
c) Wenn zwei natürliche Zahlen durch dieselbe Zahl teilbar sind, dann ist auch ihre Summe durch diese Zahl teilbar.

11 Formuliere den Satz zunächst in der Wenn-Dann-Form und bilde dann die Umkehrung. Ist der Satz (die Umkehrung) wahr?
a) Jedes Parallelogramm ist ein Trapez.
b) Eine Gerade, die ein Viereck in zwei kongruente Dreiecke zerlegt, ist Symmetrieachse des Vierecks.
c) Achsensymmetrische Vierecke sind Trapeze.
d) Es gibt keine Trapeze mit genau einem rechten Winkel.

12 Ist die folgende Wetterregel und ihre Umkehrung wahr?
a) Wenn's am Freitag regnet, regnet's die ganze Woche.
b) Wenn's zu Mittag schneit, ist der Winter nicht weit.
c) Fallen Regentropfen in den Sand, ziehen Wolken über's Land.

13 Ilse klagt morgens: „Bei Regenwetter schlafe ich schlecht."
Ihre Mutter ist anderer Meinung und antwortet: „Gestern war klares Wetter, und du hast auch schlecht geschlafen."
Ist Ilse damit widerlegt?

6 Vermischte Aufgaben

Zum Konstruieren

1 a) Zeichne eine Raute aus $e = 6{,}2\,cm$; $\alpha = 54°$.
b) Zeichne ein Parallelogramm aus $c = 5{,}4\,cm$; $d = 2{,}7\,cm$; $f = 4{,}3\,cm$.
c) Zeichne ein Trapez aus $m = 3{,}8\,cm$; $a = 4{,}5\,cm$; $\delta = 110°$; $\beta = 82°$.
d) Zeichne einen Drachen aus $e = 6{,}2\,cm$; $f = 3{,}0\,cm$; $a = 2{,}1\,cm$.

2 Zeichne in ein Dreieck eine Raute so ein, dass sie den Winkel γ gemeinsam haben und eine Ecke der Raute auf AB fällt.

3 Zeichne in einen Kreis mit dem Radius $r = 3{,}5\,cm$ ein Rechteck so ein, dass eine Seite 6 cm lang ist.

4 Zeichne in einen Kreis mit dem Radius $r = 3{,}0\,cm$ ein Quadrat so ein, dass die Ecken auf der Kreislinie liegen.

Nimm zwei (vier) Streichhölzchen weg, so dass 2 Quadrate übrig bleiben.

5 Zeichne in eine Raute ein Quadrat ein, dessen Ecken auf den Seiten der Raute liegen.

6 Zeichne um ein Rechteck ein Quadrat, dessen Seiten durch die Ecken des Rechtecks gehen.

7 Schneide von einem Quadrat die Ecken so ab, dass ein regelmäßiges Achteck entsteht.

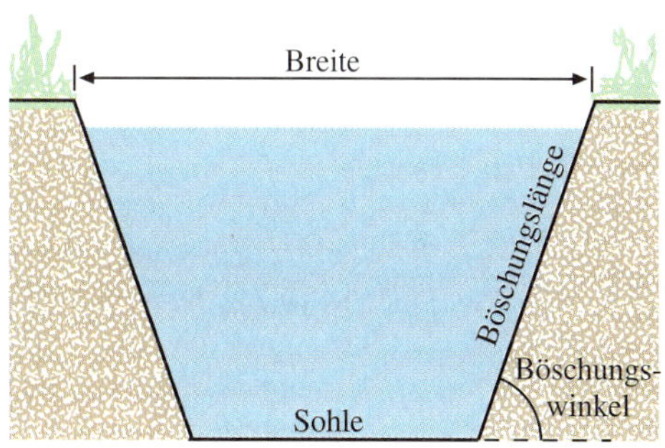

8 Zeichne einen Querschnitt durch einen Kanal (Maßstab 1 : 100) mit:
a) Breite 6,0 m; Tiefe 2,4 m; Sohle 2,6 m. Miss den Böschungswinkel.
b) Breite 8,0 m; Sohle 2,5 m; Böschungswinkel 30°. Miss die Tiefe.
c) Breite 6,6 m; Sohle 2,7 m; Böschungslänge 2,3 m. Miss die Tiefe.

9 Konstruiere ein Dreieck aus:
a) $a = 5{,}0\,cm$; $s_b = 4{,}5\,cm$; $\beta = 58°$
b) $b = 4{,}0\,cm$; $c = 5{,}0\,cm$; $s_a = 3{,}5\,cm$.
(Anleitung: Konstruiere zunächst ein geeignetes Parallelogramm.)

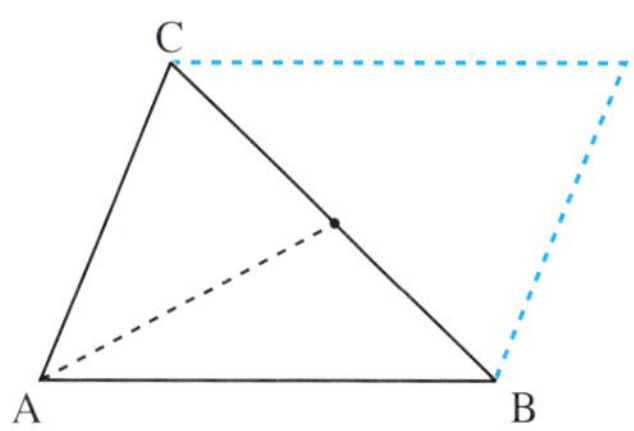

10 Drei verschieden lange Stäbe sind von einem Punkt aus so zu legen, dass ihre Enden auf einer Geraden liegen und gleich weit voneinander entfernt sind.
Geht das mit beliebigen Längen? Formuliere eine Bedingung.

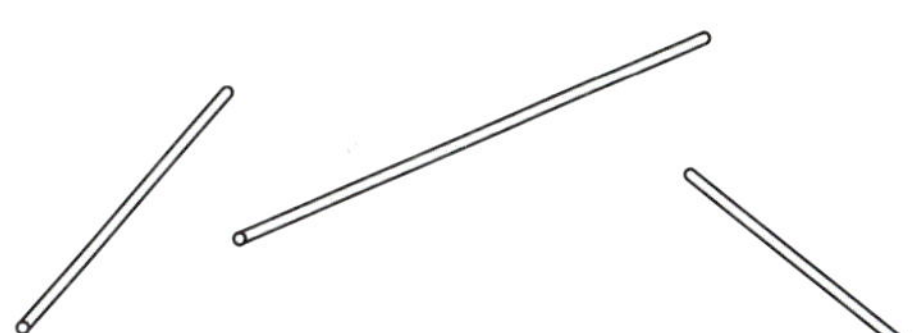

Zeichne ein Quadrat mit drei Strichen.
(Lösung nächste Seite)

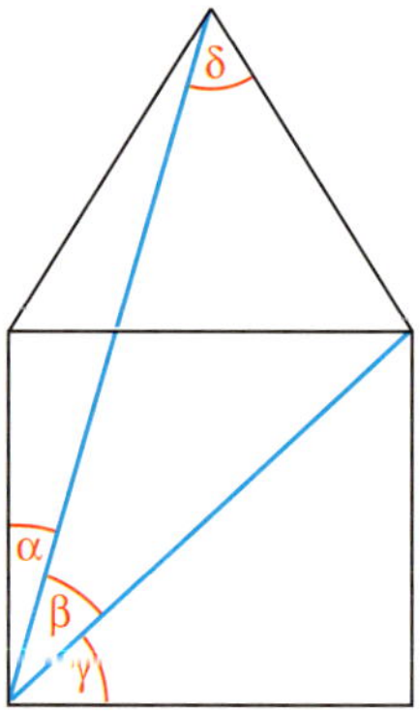

Zum Beweisen

11 Über die Seite eines Quadrats wurde ein gleichseitiges Dreieck konstruiert.
Zeige: $\beta = 2\alpha$; $\gamma = 3\alpha$; $\delta = \gamma$.

12 Zeichne ein Parallelogramm samt den vier Winkelhalbierenden.
Beweise: Die Winkelhalbierenden eines Parallelogramms begrenzen ein Rechteck.
Hinweis: Drücke die Innenwinkel des entstehenden Vierecks mit α und β aus.

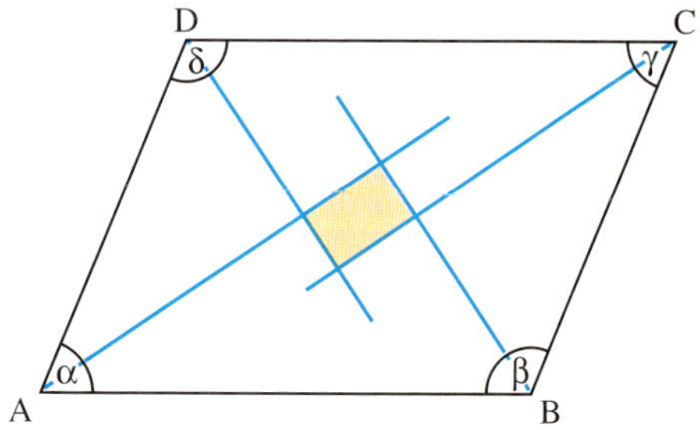

13 Beweise: Trägt man auf den Seiten eines Parallelogramms von den Ecken aus in gleicher Umlaufrichtung dieselbe Strecke s ab, so erhält man wieder die Ecken eines Parallelogramms.
(Anleitung: Zeige zunächst, dass die gleich gefärbten Dreiecke kongruent sind.)

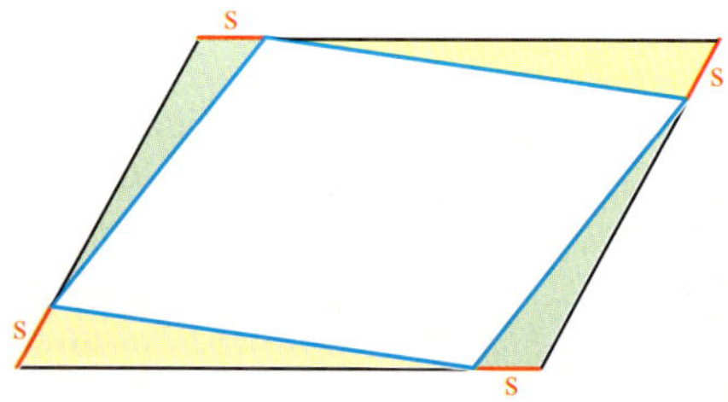

14 Untersuche, ob der Satz von Aufgabe 13 entsprechend für
a) Rechtecke b) Rauten c) Drachen
gilt. Beweise oder widerlege jeweils.

15 a) Beweise: Wenn ein Viereck ein Rechteck ist, dann besitzt es einen Umkreis.
b) Gilt auch die Umkehrung von a)?
Beweise oder widerlege.

16 Vierecke, dessen Seiten Tangenten eines Kreises sind, heißen **Tangentenvierecke**.
a) Zeichne einige Tangentenvierecke und vergleiche die Summe der Längen gegenüberliegender Seiten. Formuliere eine Vermutung.
b) Beweise: Bei Tangentenvierecken ist die Summe der Längen gegenüberliegender Seiten gleich.

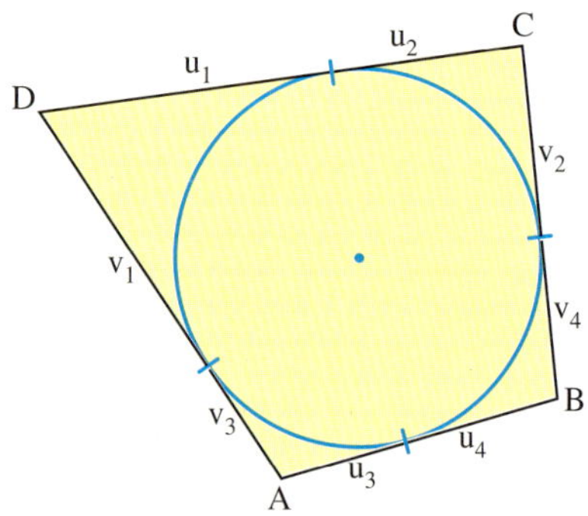

17 Vierecke, deren Ecken auf einer Kreislinie liegen, heißen **Sehnenvierecke**.
a) Zeichne einige Sehnenvierecke und miss die Weite gegenüberliegender Winkel. Was fällt auf?
Formuliere eine Vermutung.
b) Beweise: Bei Sehnenvierecken ist die Summe gegenüberliegender Winkel 180°.
(Anleitung: Zeige zunächst $2 \cdot \delta = \varepsilon_1$ und entsprechend $2 \cdot \beta = \varepsilon_2$. Beachte, dass M auch außerhalb des Vierecks liegen kann.)

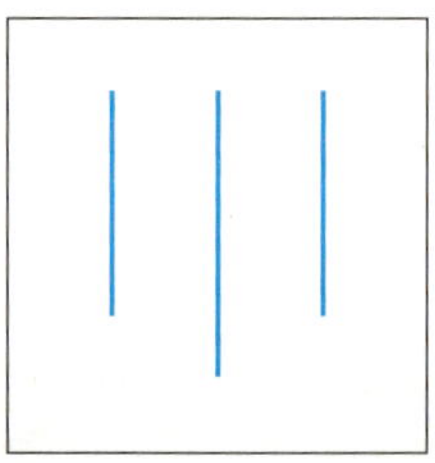

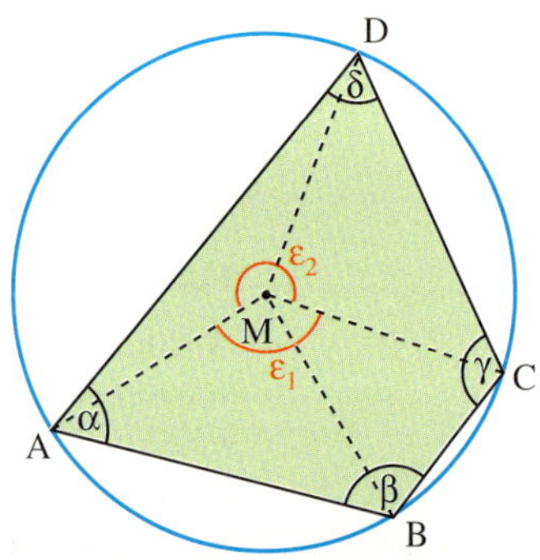

Der Schwerpunkt eines Vierecks

Wenn man ein Viereck (z. B. aus Pappe) so in einem Punkt unterstützt, dass es im Gleichgewicht ist, dann nennt man den Unterstützungspunkt **Schwerpunkt** des Vierecks.

1 An welcher Stelle der quadratischen Tischplatte würdest du den Fuß befestigen? Wie kann man diese Stelle finden?

2 An welcher Stelle der rechteckigen Plattform einer Autohebebühne ist der Stützarm befestigt?

3 Rechtecke sind punktsymmetrisch zum Schnittpunkt S der Diagonalen; es ist daher einsichtig, dass der „Mittelpunkt" (das Symmetriezentrum) S eines Rechtecks auch sein Schwerpunkt ist.
a) Gibt es außer Rechtecken auch noch andere Vierecke, bei denen der Schnittpunkt der Diagonalen gleichzeitig der Schwerpunkt ist? Um was für Vierecke handelt es sich dabei?
b) Zeichne ein Viereck, bei dem der Schnittpunkt der Diagonalen sicher nicht Schwerpunkt des Vierecks ist.

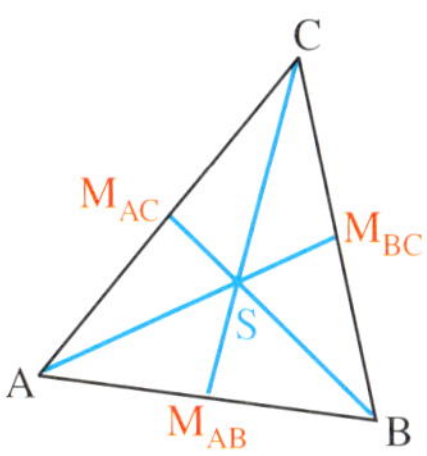

Bleibt ein Dreieck im Gleichgewicht, wenn man es längs irgendeiner geraden Linie durch den Schwerpunkt unterstützt?

4 Bei dem abgebildeten Viereck befindet sich der Schnittpunkt der Diagonalen nahe am Rand des Vierecks; er kann daher nicht der Schwerpunkt sein.
a) Zeichne das abgebildete Viereck ($a = 6\,cm$; $b = 3\,cm$; $d = 5\,cm$; $\alpha = 60°$; $\beta = 160°$).
b) Konstruiere den Schwerpunkt S_1 des Teildreiecks ABC und ebenso den Schwerpunkt S_2 des Teildreiecks ACD.
Warum ist das Viereck im Gleichgewicht, wenn man es entlang der Strecke S_1S_2 unterstützt?
c) Konstruiere die Schwerpunkte S_3 und S_4 der Teildreiecke ABD und BCD. Wie erhält man nun den Schwerpunkt S des Vierecks?

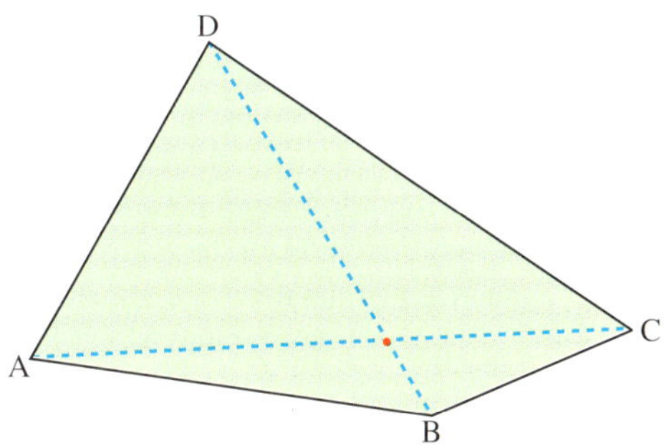

Logik im Alltag

Kalle und Pit stehen wegen einer Beleidigungsklage vor dem Richter.

Kalle: „Er hat mich einen Dummkopf genannt."
Pit: „Nein, das habe ich nicht."
Richter zu Pit: „Ein verlässlicher Zeuge gibt an, dass Sie gesagt haben: Wenn Weihnachten auf Neujahr fällt, dann bist du gescheit."
Kalle: „Sehen Sie, da haben wir den Beweis."
Richter: „Wieso?"
Kalle: „Weil Weihnachten nie auf Neujahr fällt. Also bin ich nach seiner Meinung nie und nimmer gescheit."
Richter zu Pit: „Was sagen Sie zu dem Vorwurf?"
Pit: „Den zitierten Satz habe ich gesagt. Das gebe ich zu. Allerdings bin ich der Meinung, dass man mir daraus keinen Vorwurf machen kann; ich habe nur die Wahrheit gesagt."
Richter: „Wie soll ich das verstehen?"
Pit: „Ich will es Ihnen erklären. Jemand sagt zu seinem Freund: Wenn ich beim Lotto gewinne, dann bekommst du Geld von mir. Er gewinnt nun aber gar nicht, schenkt seinem Freund jedoch trotzdem Geld. Kann man ihn dann einen Lügner nennen?"
Richter: „Ich glaube, das genügt. Es ergeht folgendes Urteil: . . ."

1 a) Der Satz von Pit, um den es geht, heißt: Wenn Weihnachten auf Neujahr fällt, dann bist du gescheit,
Wie lautet die Voraussetzung, wie die Behauptung des Satzes?
b) Wie lauten bei der Aussage des Lottospielers Voraussetzung und Behauptung?

2 Hat der Lottospieler gelogen, wenn er
a) gewinnt, dem Freund aber nichts gibt
b) gewinnt und dem Freund einen Teil des Gewinns gibt
c) nicht gewinnt und der Freund leer ausgeht
d) nicht gewinnt, dem Freund aber trotzdem Geld gibt?
In welchen dieser Fälle ist seine Wenn-Dann-Aussage also wahr?

3 Warum ist Kalle so erbost, welche Behauptung unterstellt er Pit?
Kann man aus der von Pit verwendeten falschen Voraussetzung auf diese Behauptung schließen?

4 Schreibe die auf dem Verkehrsschild angezeigte Vorschrift als Wenn-Dann-Satz auf.
Welche Gründe könnten die Polizei bewogen haben, ein solches Verkehrschild aufzustellen?

5 Wer macht sich strafbar?
a) Frau May lässt das Schild bei trockener Straße unbeachtet.
b) Herr Dürr fährt bei Regen weiter.
c) Frau Kunz hält trotz trockener Straße an.
d) Es regnet, Herr Mau kehrt um.

Vierecke
Die Winkelsumme im Viereck beträgt 360°.
Es gilt also $\alpha + \beta + \gamma + \delta = 360°$.

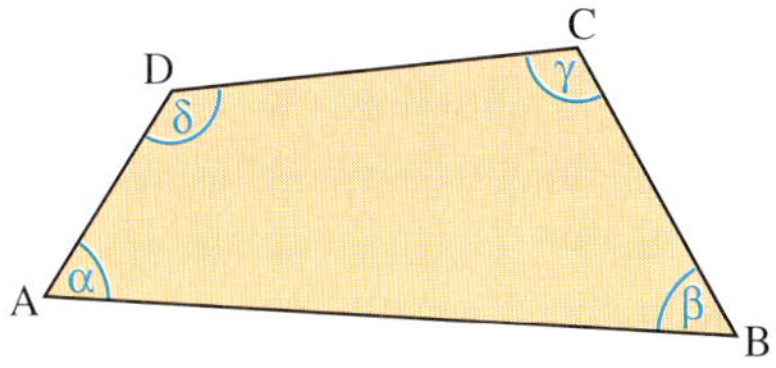

Trapeze
Ein Trapez ist ein Viereck mit mindestens einem Paar paralleler Gegenseiten.

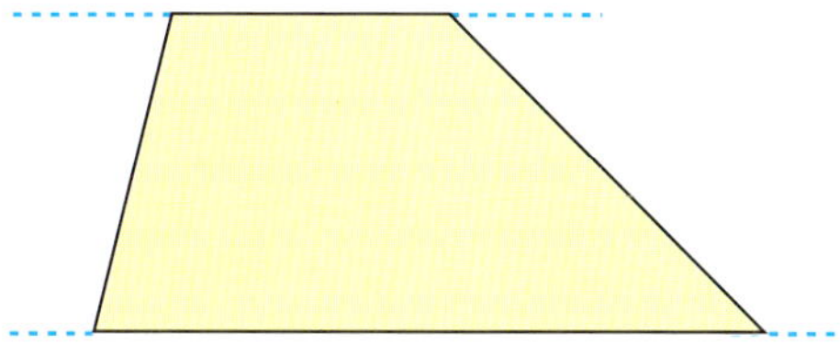

Drachen
Ein Drachen ist ein Viereck, das zu einer Diagonalen symmetrisch ist.

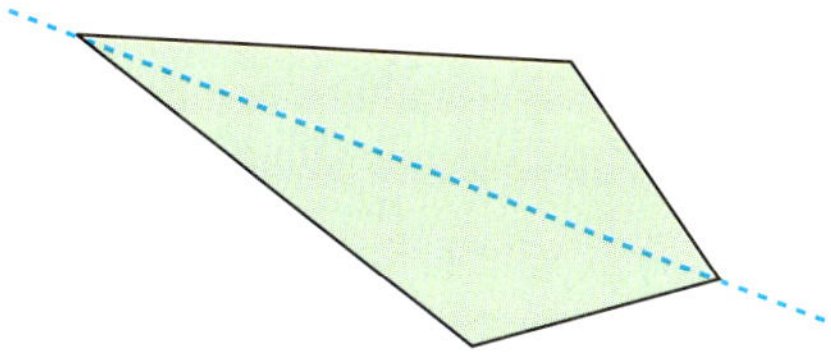

Parallelogramme
Ein Parallelogramm ist ein Viereck mit jeweils parallelen Gegenseiten. Es gilt:
Wenn ein Viereck ein Parallelogramm ist, dann sind Gegenseiten jeweils gleich lang.
Wenn in einem Viereck die Gegenseiten jeweils gleich lang sind, dann ist es ein Parallelogramm.

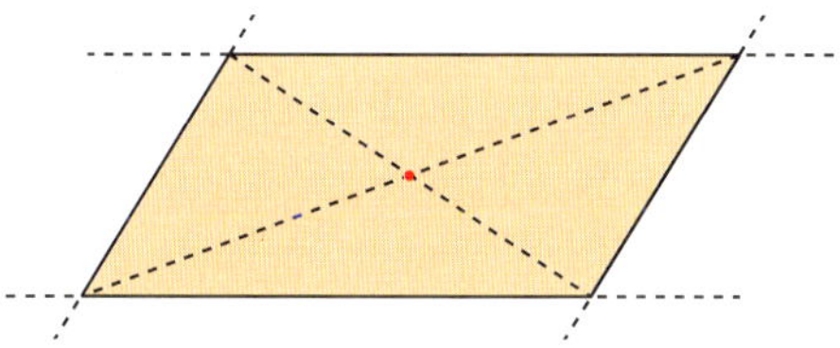

Rauten
Eine Raute ist ein Viereck mit vier gleich langen Seiten.

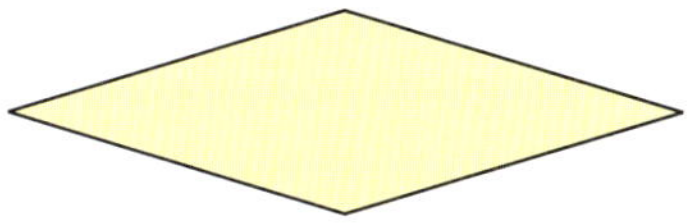

Rechtecke
Ein Rechteck ist ein Viereck mit vier gleich weiten Winkeln.

Quadrate
Ein Quadrat ist ein Viereck mit vier gleich langen Seiten und vier gleich weiten Winkeln.

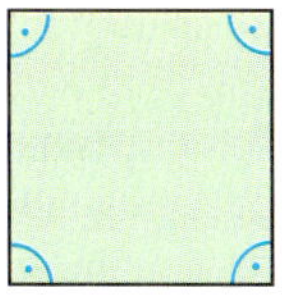

Satz und Umkehrung
Bei einem Satz und seiner Umkehrung sind Voraussetzung und Behauptung vertauscht.

Aus der Gültigkeit eines Satzes folgt nicht die Gültigkeit der Umkehrung. Diese muss gesondert bewiesen oder widerlegt werden.

Der Satz „Wenn ein Viereck ein Parallelogramm ist, dann ist es ein Trapez“ ist wahr.
Die Umkehrung lautet: „Wenn ein Viereck ein Trapez ist, dann ist es ein Parallelogramm“. Die Umkehrung ist falsch.

1 Flächeninhalte von Rechtecken

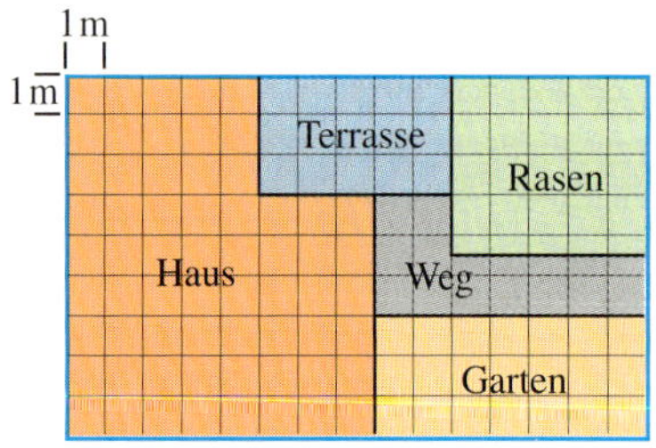

1 Wie groß sind die einzelnen Teilflächen bei dem abgebildeten Reihenhausgrundstück?

2 Wie viel ganze 0,5-cm-Quadrate befinden sich auf einer Seite deines Heftes? Muss man zählen, oder gibt es eine einfachere Möglichkeit, ihre Anzahl zu bestimmen?

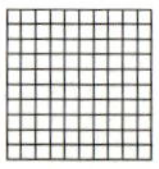

$1\,cm^2 = 100\,mm^2$

Zum Messen von Flächeninhalten verwenden wir die Flächengrößen von Quadraten mit den Seitenlängen 1 mm, 1 cm, 1 dm, 1 m, 10 m, 100 m und 1 km.
Für diese **Flächeneinheiten** gilt:

$100\,mm^2 = 1\,cm^2$;	$100\,cm^2 = 1\,dm^2$;	$100\,dm^2 = 1\,m^2$;
$100\,m^2 = 1\,a$ (Ar);	$100\,a = 1\,ha$ (Hektar);	$100\,ha = 1\,km^2$.

Ein Rechteck (Fig. 1) mit den Seitenlängen 3 cm und 5 cm enthält $3 \cdot 5 = 15$ Quadrate der Seitenlänge 1 cm. Sein Flächeninhalt beträgt $3 \cdot 5\,cm^2 = 15\,cm^2$.
Sind die Maßzahlen der Seitenlängen nicht ganzzahlig, z. B. $\frac{7}{3}cm = \frac{14}{6}cm$ und $\frac{9}{2}cm = \frac{27}{6}cm$, verwenden wir Quadrate mit der Seitenlänge $\frac{1}{6}cm$ (Fig. 2). Das Rechteck besteht aus $14 \cdot 27 = 378$ solchen Quadraten. Da ein 1-cm-Quadrat aus $6 \cdot 6 = 36$ kleinen Quadraten besteht, ist die Rechtecksfläche $\frac{378}{36}cm^2$ groß. Die Zahl $\frac{378}{36} = \frac{14}{6} \cdot \frac{27}{6}$ ist wieder das Produkt der Maßzahlen von Länge und Breite des Rechtecks.

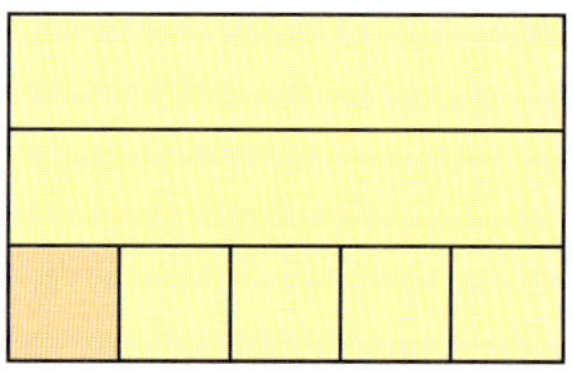

Fig. 1

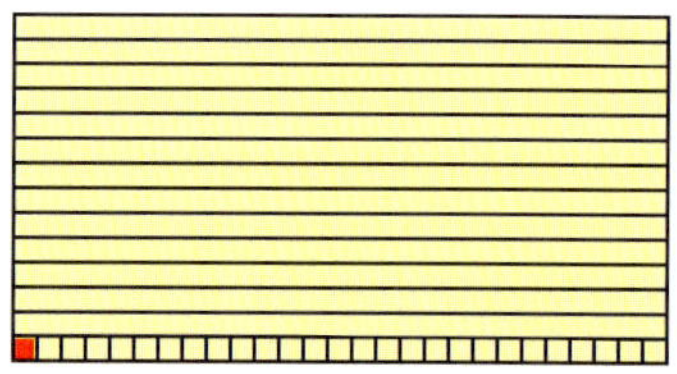

Fig. 2

Rechtecksinhalt gleich Länge mal Breite

Satz: Haben die Seitenlängen eines **Rechtecks** (gemessen in derselben Längeneinheit) die Maßzahlen a und b, so hat der **Flächeninhalt** in der entsprechenden Flächeneinheit die Maßzahl $A = a \cdot b$.

Beispiel:
a) Die Verbindungsstrecke zweier 4,5 km auseinander liegender Dörfer ist 6 m breit. Um ihren Flächeninhalt auszurechnen, drücken wir zunächst Länge und Breite in der gleichen Einheit aus: Länge 4 500 m, Breite 6 m.
Für die Maßzahlen, gemessen in Meter, gilt: $A = 4500 \cdot 6 = 27000$.
Die Straße beansprucht eine Fläche der Größe $27000\,m^2 = 2{,}7\,ha$.
b) Wie breit darf eine Straße höchstens sein, damit sie nicht mehr als 1 ha Land auf einem Kilometer Länge verbraucht?
Da $1\,ha = 10000\,m^2$ ist, gilt $b = 10000 : 1000 = 10$.
Die Straße darf höchstens 10 m breit sein.

Bemerkung: In $A = a \cdot b$ fasst man im Alltag a, b, A oft auch als Variable für Längen bzw. Flächeninhalte auf (statt als Variable für deren Maßzahlen).
Man schreibt dann $A = 4500\,m \cdot 6\,m = 27000\,m^2$ bzw. $b = 27000\,m^2 : 4500\,m = 6\,m$.

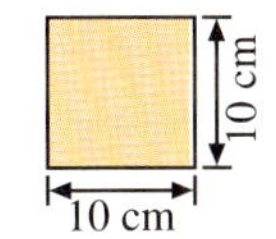

1 Fliese 60 ct

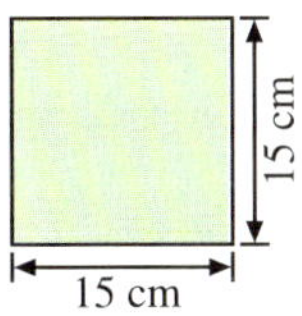

1 Fliese 1,50 €

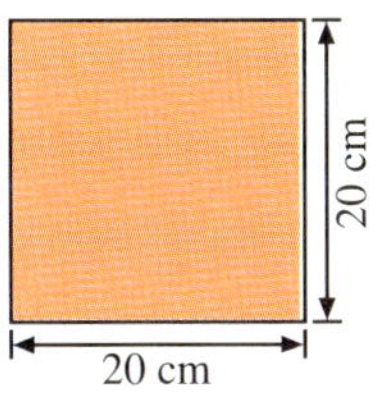

1 Fliese 2 €

3 Gib die folgenden Längen in der angegebenen Einheit an.
a) in m: 2,5 km; 61 dm; 420 cm; 32 cm; 0,45 km; 46,2 dm; 77,9 cm; 560 mm; 4000 km
b) in cm: 2,4 m; 65 mm; 4 dm; 67 m; 3,9 mm; 0,8 m; 0,5 dm; 0,03 m; 80,6 mm; 10 m
c) in km: 1 m; 10 m; 100 m; 1000,1 m; 1000 dm; 909 m; 99 m; 9009 m; 1000 cm

4 Schreibe in der angegebenen Flächeneinheit.
a) in m^2: 1000 dm^2; 1 a; 1 ha; 10 dm^2; 0,1 a; 0,1 ha; 0,01 ha; 0,1 dm^2; 1 dm^2; 10 cm^2
b) in cm^2: 6 dm^2; 250 mm^2; 10 mm^2; 0,8 dm^2; 0,01 m^2; 0,40 m^2; 1 m^2; 50 mm^2; 1 mm^2
c) in a: 900 m^2; 10 m^2; 81 m^2; 0,03 ha; 0,1 ha; 7 ha; 56,2 m^2; 2 m^2; 170 m^2; 1 km^2
d) in ha: 200 a; 45 a; 30000 m^2; 4500 m^2; 50,1 a; 3 km^2; 0,5 km^2; 0,11 km^2; 1 m^2

5 a) Die Arbeitsplatte für eine Küche ist 0,7 m breit und 1,8 m lang. Wie viel kostet sie bei einem Preis von 46 € pro m^2?
b) Auf einer 60 cm breiten Tapetenrolle befinden sich 25 m Tapete. Wie groß ist die Fläche, die man damit tapezieren kann?

6 a) Für einen rechteckigen, 1,30 m langen und 80 cm breiten Tisch soll ein Tischtuch genäht werden, das ringsum 20 cm überhängt. Wie groß ist die Fläche des Tischtuchs?
b) Wie lang muss die Borte sein, mit der das Tischtuch eingesäumt wird?

7 Familie Bauer sucht für ihr Badezimmer einen neuen Fliesenbelag aus. Ordne die angebotenen Fliesen nach ihrem Preis pro m^2.

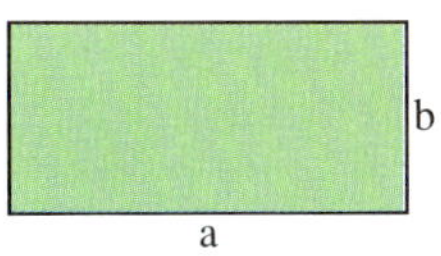

$U = 2(a + b)$

8 Im Folgenden bezeichnen a und b die Seitenlängen eines Rechtecks, A seinen Flächeninhalt und U seinen Umfang. Berechne die fehlenden Größen.

	a	b	A	U		a	b	A	U
a)	6,4 m	80 cm			b)	$2\frac{1}{3}$ km	45,2 m		
c)	17 m		10,2 a		d)		12,5 cm	5 dm^2	
e)		25,4 cm		78,8 cm	f)	62 cm			129 cm

9 Der Zaun um zwei rechteckige Grundstücke muss jeweils einen halben Meter innerhalb der Grundstücksgrenzen errichtet werden.
Grundstück I: 16 m lang, 8,5 m breit   Grundstück II: 13,8 m lang, 11,5 m breit
a) Welcher Anteil der Gesamtfläche liegt jeweils außerhalb?
b) Gib die außerhalb liegende Fläche jedes Grundstücks in Abhängigkeit vom Umfang an.

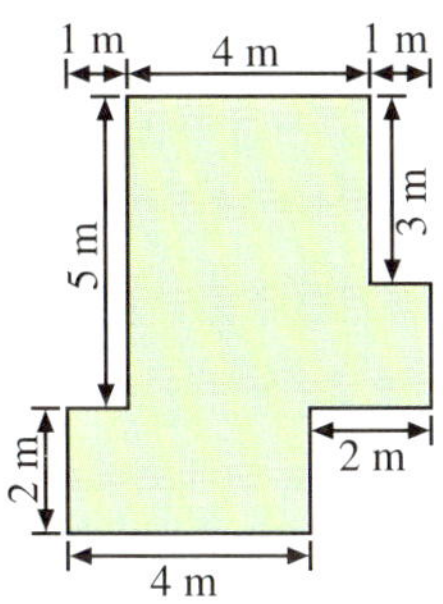

10 Bei der Instandsetzung einer Altbauwohnung wird in einem Zimmer mit dem nebenstehenden Grundriss der Dielenfußboden erneuert. Wie viel kosten die Dielen bei einem geschätzten Verschnitt von 15 % und einem m^2-Preis von 54 €?

11 Ein Quadrat hat die Seitenlänge a. Ein Rechteck hat den gleichen Umfang wie das Quadrat und eine Seite der Länge $a + s$.
a) Wie lang ist die kürzere Seite?
b) Zeige, dass das Rechteck einen kleineren Flächeninhalt hat als das Quadrat.
Welches Rechteck mit vorgegebenem Umfang hat also den größten Flächeninhalt?

2 Flächeninhalte von Parallelogrammen

1 Ein Lattengestell mit beweglichen Ecken und die Vorderfront eines Heftstapels haben gleiche Breite und Höhe.
Beide werden zur Seite verschoben.
Beschreibe die entstehenden Figuren.
Stimmen sie immer noch in der Breite und der Höhe überein?

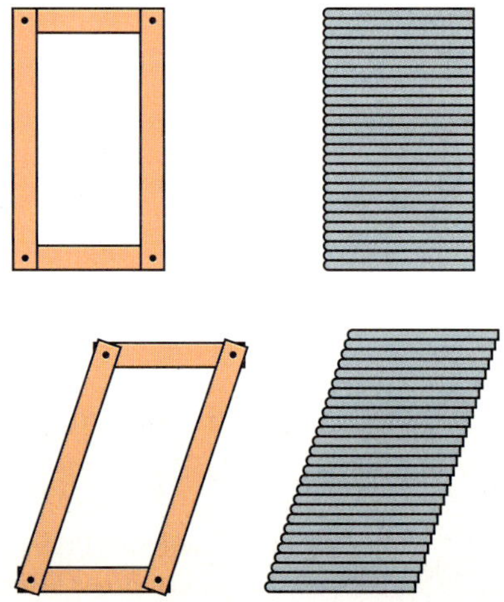

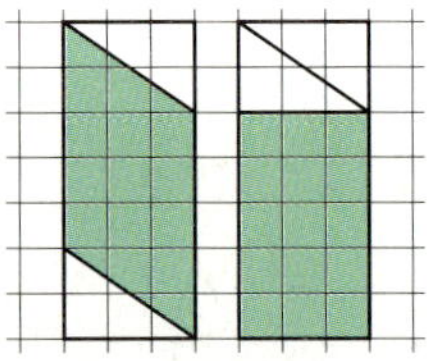

2 Eines der grünen Vierecke kann man nicht in Quadrate unterteilen.
Wie kann man trotzdem nachweisen, dass die Vierecke flächengleich sind?

Um den Flächeninhalt des roten Parallelogramms zu bestimmen, ergänzen wir es durch die zwei Dreiecke zu dem blau umrandeten Rechteck.
Wenn wir innerhalb dieses Rechtecks die Dreiecke anders anordnen, erhalten wir als Restfläche das rote Rechteck. Dieses hat somit denselben Flächeninhalt wie das Parallelogramm.

Auch bei dieser Lage des Parallelogramms können wir auf entsprechende Weise in ein flächengleiches Rechteck verwandeln.
Dessen kurze Seite ist die Seite b, seine lange Seite die Höhe h_b des Parallelogramms.

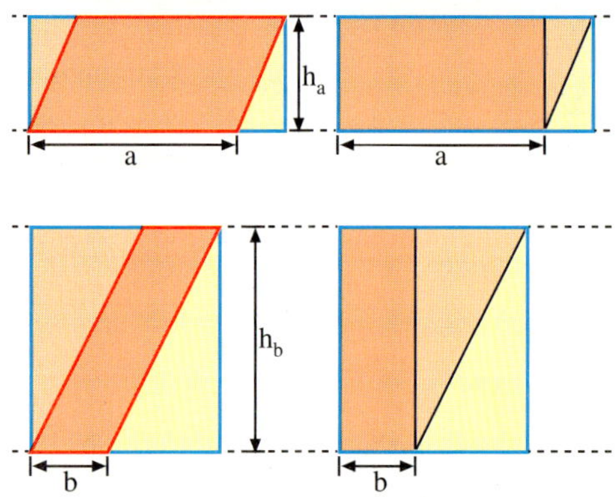

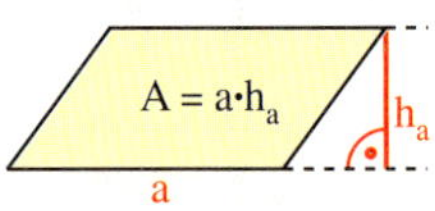

oder

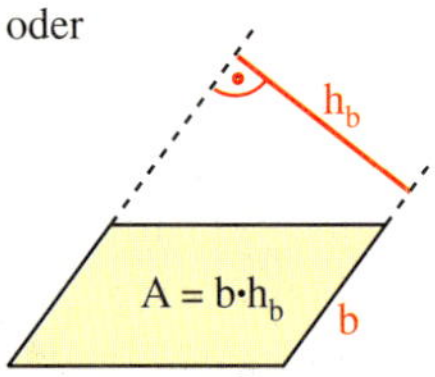

Satz: Misst man bei einem **Parallelogramm** eine Seite (Grundseite) und die zugehörige Höhe in derselben Längeneinheit, so gilt für den **Flächeninhalt**

$$A = a \cdot h_a = b \cdot h_b.$$

Beispiel 1: (Flächenberechnung)
Bei dem abgebildeten Parallelogramm ist
$a = 3{,}9\,cm$; $b = 2{,}5\,cm$ und $h_a = 2\,cm$.
Daher gilt für den Flächeninhalt
$A = a \cdot h_a = 3{,}9 \cdot 2 = 7{,}8.$
Ergebnis: Das Parallelogramm hat den Flächeninhalt $7{,}8\,cm^2$.

Da auch $A = b \cdot h_b$ gilt, können wir die Höhe h_b berechnen: $h_b = 7{,}8 : 2{,}5 = 3{,}12.$
Ergebnis: Die Höhe h_b ist 3,12 cm lang.

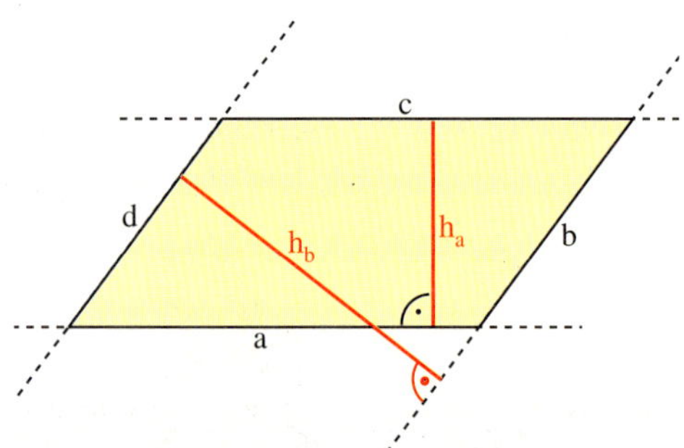

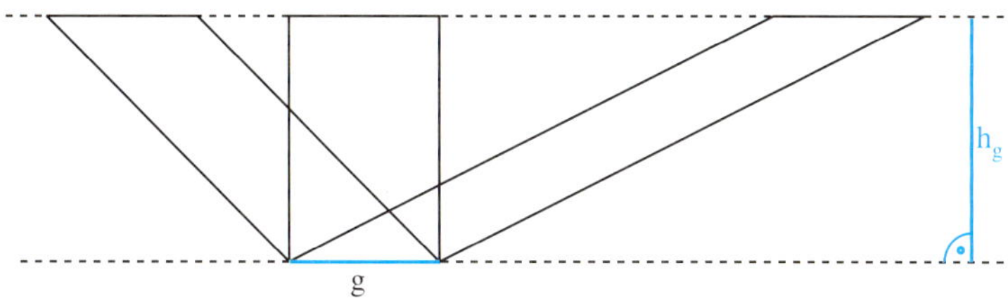

Beispiel 2: (Parallelogramme mit gleichem Flächeninhalt)
Die abgebildeten Parallelogramme sind alle verschieden. Sie stimmen aber in der Grundseite g und der zugehörigen Höhe h_g überein.
Somit sind sie alle flächeninhaltsgleich.

Flächeninhalte berechnen

3 Berechne den Flächeninhalt eincs Parallelogramms mit:
a) $a = 7{,}0\,cm$; $h_a = 4{,}5\,cm$ b) $b = 8{,}4\,dm$; $h_b = 5\,cm$
c) $c = 9{,}40\,m$; $h_a = 45\,cm$ d) $d = 0{,}42\,m$; $h_b = 11\,cm$.

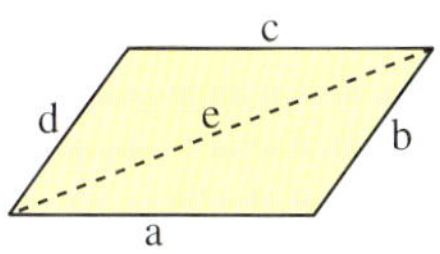

4 Konstruiere zunächst aus den angegebenen Stücken ein Parallelogramm. Miss die benötigten Stücke und berechne daraus den Flächeninhalt.
a) $a = 7\,cm$; $b = 3\,cm$; $\alpha = 30°$ b) $c = 4{,}5\,cm$; $d = 6{,}8\,cm$; $\beta = 48°$
c) $b = 6{,}4\,cm$; $c = 3{,}6\,cm$; $\alpha = 67°$ d) $a = 5{,}0\,cm$; $b = 3{,}0\,cm$; $e = 4{,}4\,cm$

5 Zeichne das Parallelogramm und berechne seinen Flächeninhalt.
a) A(2|1); B(6|1); C(7|4); D(3|4) b) A(0|0); B(2|2); C(2|8); D(0|6)
c) A(4|0); B(6|0); C(2|5); D(0|5) d) A(6|0); B(6|1); C(0|3); D(0|2)

6 Berechne die zur gegebenen Grundseite gehörige Höhe für ein Parallelogramm mit:
a) $a = 4{,}0\,cm$; $A = 12{,}4\,cm^2$ b) $b = 6{,}4\,cm$; $A = 22{,}4\,cm^2$.

7 Bestimme zeichnerisch (rechnerisch) die fehlende Höhe des Parallelogramms.
a) $a = 6{,}3\,cm$; $b = 4{,}2\,cm$; $h_a = 3{,}6\,cm$ b) $a = 1{,}5\,cm$; $b = 8{,}5\,cm$; $h_b = 8{,}0\,cm$

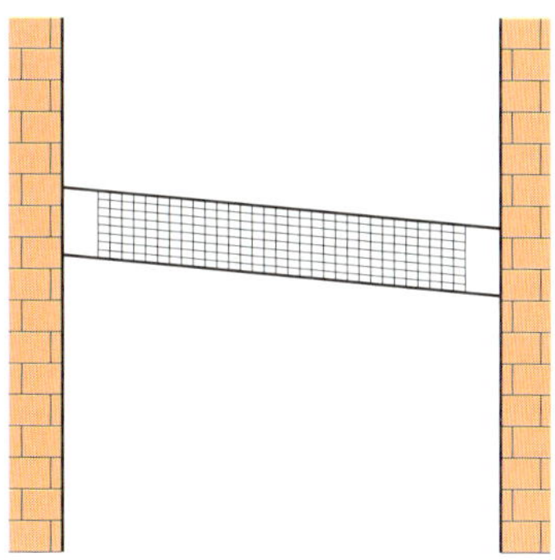

8 a) Ein Bücherregal hat sich seitlich verschoben.
Ist der Flächeninhalt zwischen zwei Regalbrettern gleich geblieben oder hat er sich vergrößert (verkleinert)?
Begründe.
b) Das zwischen den Hallenwänden aufgespannte Badminton-Netz ist auf einer Seite etwas abgerutscht.
Hat sich sein Flächeninhalt verändert?

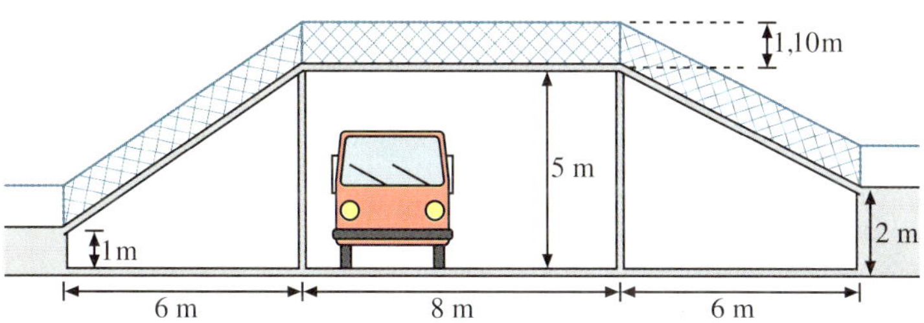

9 Über eine viel befahrene Straße soll eine Fußgängerbrücke gebaut werden. Das Geländer muss aus Sicherheitsgründen mit einem Drahtgitter verkleidet werden.
a) Berechne die Flächeninhalte der einzelnen Gitterabschnitte. Wie viel m² des Drahtgitters müssen insgesamt bestellt werden?
b) Bestimme zeichnerisch (Maßstab 1 : 100), in welcher Breite die parallelogrammförmigen Gitterteile bestellt werden müssen.

10 a) Zeichne eine Raute mit $e = 5\,cm$ und $f = 2\,cm$. Miss eine Seite und die zugehörige Höhe und berechne daraus den Flächeninhalt der Raute.
b) Wie kann man den Flächeninhalt auch aus e und f allein berechnen?
Warum kann man nicht bei jedem Parallelogramm den Flächeninhalt so berechnen?

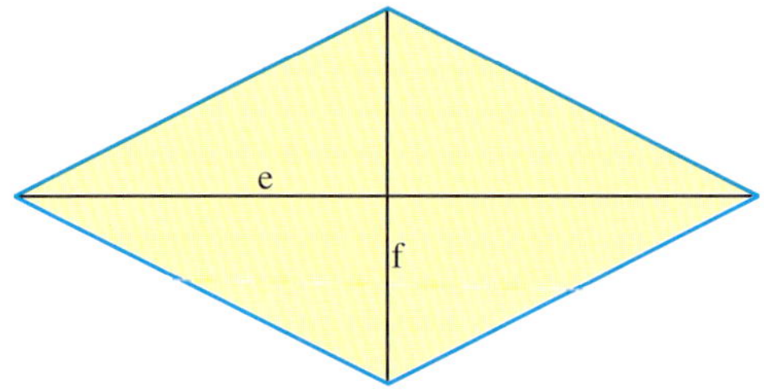

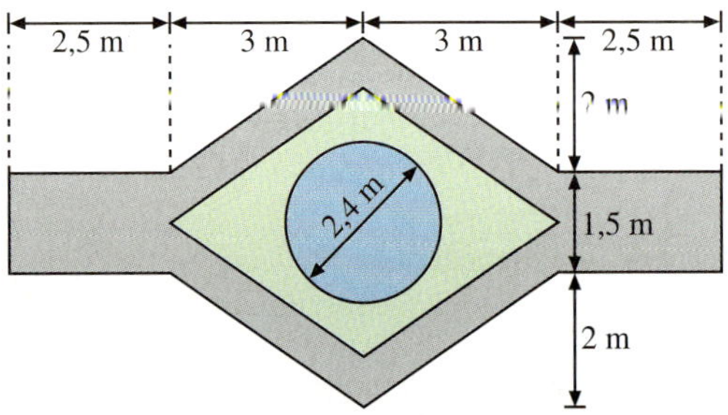

11 In einem Park teilt sich ein Weg und führt beidseitig um einen Brunnen herum.
a) Zeichne die farbigen Wege und den Brunnen im Maßstab 1 : 100.
b) Unterteile den gesamten Weg in Rechtecke und Parallelogramme und berechne die Gesamtfläche der Wege.
c) Wie groß ist die Fläche, die von den Wegen eingeschlossen wird?

12 Bei Rauten gilt $A = a \cdot h_a = \frac{1}{2} \cdot e \cdot f$. Berechne h_a und f für eine Raute mit:
a) $A = 24\,cm$; $a = 5\,cm$; $e = 8\,cm$ b) $A = 0{,}18\,dm$; $a = 4\,cm$; $e = 4\,cm$.

Flächenverwandlungen

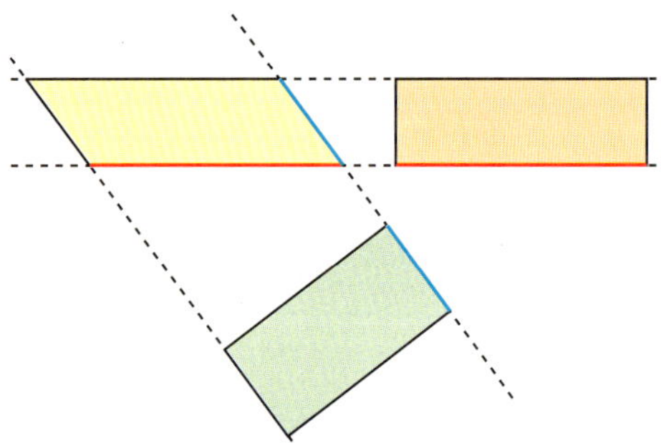

13 Welche der rechts abgebildeten Parallelogramme haben denselben Flächeninhalt? Begründe deine Antwort.

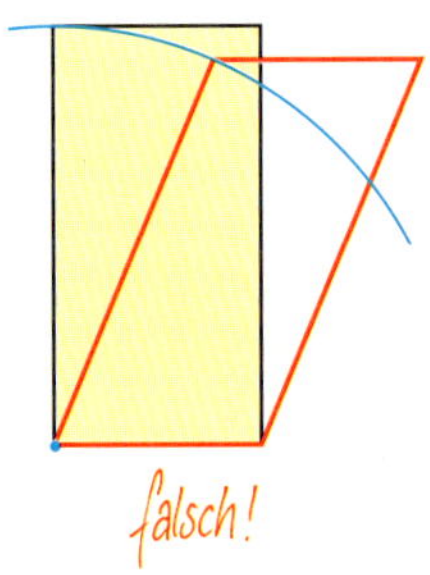

14 Auf dem Rand sollte ein Rechteck in ein flächengleiches Parallelogramm verwandelt werden.
Was wurde falsch gemacht?

15 Konstruiere ein Rechteck, das denselben Flächeninhalt hat wie ein Parallelogramm
a) mit $a = 5\,cm$; $b = 2\,cm$; $\alpha = 40°$ b) mit $a = 3\,cm$; $d = 6\,cm$; $\beta = 120°$.

16 Zeichne ein Parallelogramm ABCD mit $a = 4{,}5\,cm$; $b = 3\,cm$; $\alpha = 60°$. Verwandle das Parallelogramm in ein flächengleiches Parallelogramm A′B′C′D′ mit:
a) $\beta' = 50°$ und $a' = a$ b) $b' = 4\,cm$ und $a' = a$
c) $\alpha' = 110°$ und $a' = a$ d) $\beta' = 80°$ und $b' = b$.

17 Zeichne aus den gegebenen Stücken ein Parallelogramm und verwandle es in eine flächengleiche Raute.
a) $a = 4\,cm$; $b = 2\,cm$; $e = 5\,cm$ b) $a = 6\,cm$; $b = 2\,cm$; $\alpha = 90°$.

18 Verwandle das gegebene Rechteck in ein flächengleiches Rechteck mit $a' = 4\,cm$.
a) $a = 7\,cm$; $b = 2\,cm$ b) $a = b = 3\,cm$

19 Ist der Satz „Wenn zwei Parallelogramme kongruent sind, dann sind sie auch flächengleich“ richtig? Ist die Umkehrung des Satzes auch richtig?

3 Flächeninhalte von Dreiecken

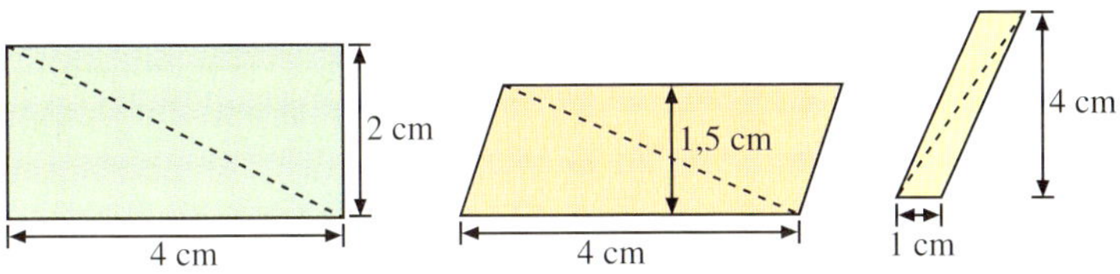

1 a) Berechne die Flächeninhalte der drei Parallelogramme.
b) Die Parallelogramme werden durch eine Diagonale in zwei Dreiecke unterteilt. Wie groß sind die Flächeninhalte dieser Dreiecke?

Wenn man ein Dreieck an einer Seitenmitte spiegelt, dann erhält man ein Parallelogramm. Der Flächeninhalt des Dreiecks ist halb so groß wie der Flächeninhalt des Parallelogramms.

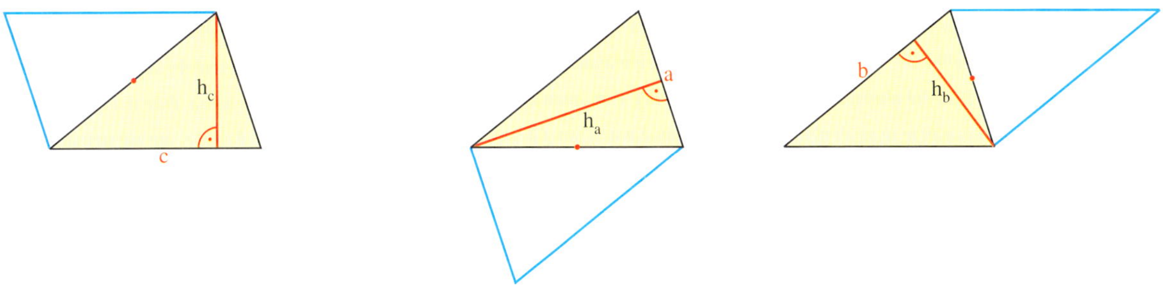

Satz: Misst man bei einem **Dreieck** eine Seite (Grundseite) und die zugehörige Höhe in derselben Längeneinheit, so gilt für den **Flächeninhalt**:

$$A = \frac{1}{2}a \cdot h_a = \frac{1}{2}b \cdot h_b = \frac{1}{2}c \cdot h_c.$$

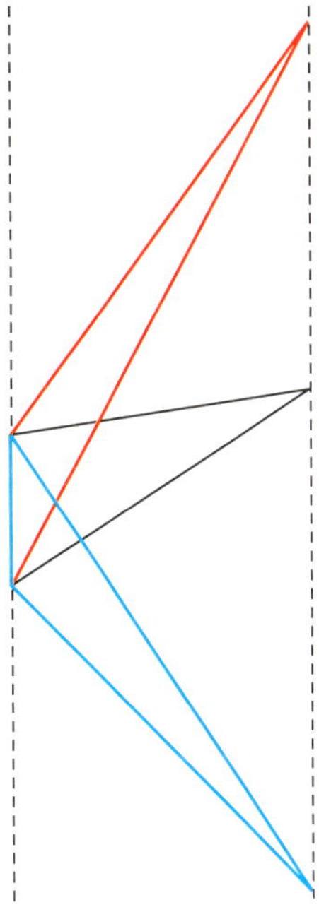

Beispiel 1: (Flächenberechnung)
Im abgebildeten Dreieck ist $c = 4{,}5\,\text{cm}$ und $h_c = 1{,}8\,\text{cm}$. Das Dreieck hat den Flächeninhalt $A = \frac{1}{2} \cdot 4{,}5 \cdot 1{,}8\,\text{cm}^2 = 4{,}05\,\text{cm}^2$.
Das gleiche Ergebnis (im Rahmen der Messgenauigkeit) erhalten wir, wenn wir b und h_b messen und $\frac{1}{2}b \cdot h_b$ berechnen:
$b = 5{,}7\,\text{cm}$; $h_b = 1{,}4\,\text{cm}$; $A = 3{,}99\,\text{cm}^2$.

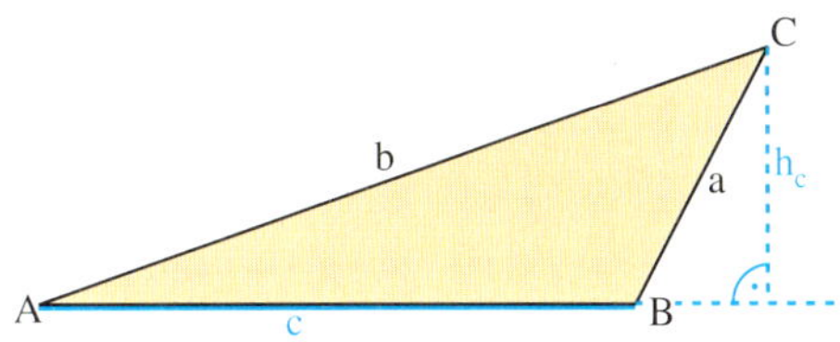

Beispiel 2: (Flächenverwandlung)
a) Die Dreiecke auf dem Rand stimmen in einer Grundseite und der zugehörigen Höhe überein. Sie sind flächengleich.
b) Wir verwandeln das Viereck ABCD in ein flächengleiches Dreieck.
Dazu verwandeln wir das Teildreieck BCD in das flächengleiche Dreieck BC_1D (gleiche Grundseite BD und Höhe h).
Also sind das Viereck ABCD und das Dreieck AC_1D flächengleich.

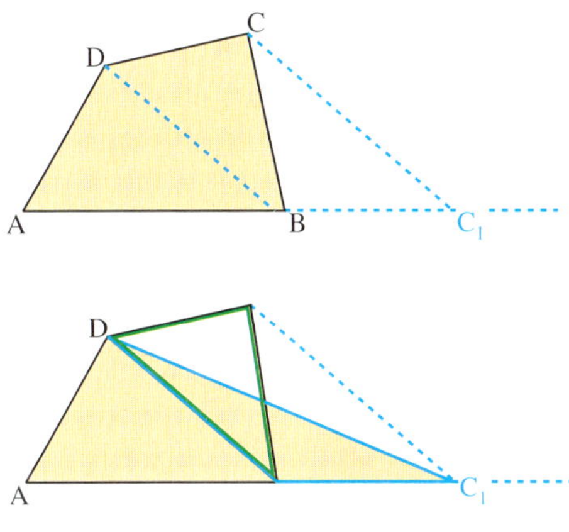

Flächen berechnen

2 Berechne den Flächeninhalt eines Dreiecks mit
a) $a = 7{,}2\,cm$; $h_a = 4{,}4\,cm$
b) $b = 23{,}0\,cm$; $h_b = 86\,mm$
c) $c = 24{,}5\,m$; $h_c = 17{,}8\,m$
d) $a = 1{,}2\,dm$; $h_a = 91\,cm$.

3 Berechne den Flächeninhalt des Dreiecks PQR.
a) P(2|0); Q(7|0); R(3|7)
b) P(3|2); Q(9|2); R(1|5)
c) P(3|1); Q(9|5); R(3|8)
d) P(4|6); Q(7|1); R(8|6)

4 Zeichne das Dreieck PQR. Miss die benötigten Längen und berechne daraus den Flächeninhalt. Runde das Ergebnis auf eine Dezimale.
a) P(0|0); Q(7|2); R(4|5)
b) P(0|7); Q(8|0); R(3|11)
c) P(2|1); Q(10|3); R(5|4)
d) P(0|0); Q(6|3); R(7|7)

5 Berechne den Flächeninhalt eines rechtwinkligen Dreiecks mit den Katheten a und b.
a) $a = 4{,}5\,cm$; $b = 2{,}8\,cm$
b) $a = 8{,}5\,m$; $b = 4\,dm$
c) $a = 2{,}60\,dm$; $b = 17\,cm$
d) $a = 117\,m$; $b = 0{,}300\,km$

6 Von einem Dreieck kennt man den Flächeninhalt und eine Grundseite. Berechne die Länge der zugehörigen Höhe.
a) $A = 24\,cm^2$; $c = 8\,cm$
b) $A = 18{,}4\,m^2$; $a = 46\,dm$

7 Von einem rechtwinkligen Dreieck kennt man den Flächeninhalt und eine Kathete. Berechne die Länge der anderen Kathete.
a) $A = 6\,cm^2$; $a = 2{,}4\,cm$
b) $A = 21\,dm^2$; $b = 42\,cm$

8 a) In einem Dreieck ist $a = 5{,}0\,cm$; $b = 4{,}0\,cm$; $h_a = 3{,}6\,cm$. Berechne A und h_b.
b) Berechne c in einem Dreieck mit $b = 3\,m$; $h_b = 2{,}8\,m$ und $h_c = 1{,}5\,m$.

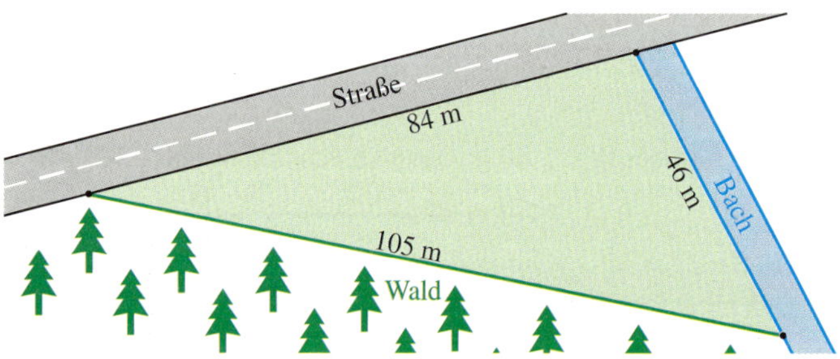

9 a) Landwirt Bauer hat eine Wiese geerbt. Übertrage den Umriss der Wiese im Maßstab 1 : 100 in dein Heft.
b) Miss die notwendigen Längen und berechne den Flächeninhalt der Wiese.
c) Wie viel Prozent der Wiesenfläche gehen dem Landwirt verloren, wenn er einen 4 m breiten Streifen entlang des Baches nicht mehr nützen darf?

10 Das Dach eines Turms mit quadratischer Grundfläche besteht aus vier Dreiecksflächen.
a) Zeichne eine dreieckige Teilfläche des Turmdachs maßstabsgetreu in dein Heft.
b) Miss die notwendigen Längen und berechne den Flächeninhalt des Daches.
c) Wie viel kostet ein neues Dach, wenn $1\,m^2$ Dachfläche 72 € und der laufende Meter Seitenkante 48 € kostet?

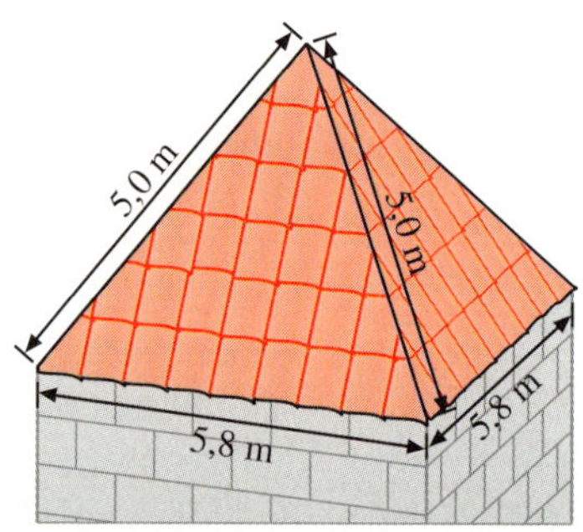

11 Bei den folgenden Rechtecken werden die Seiten durch die Markierungen halbiert. Welcher Anteil der Rechtecksfläche ist jeweils farbig?

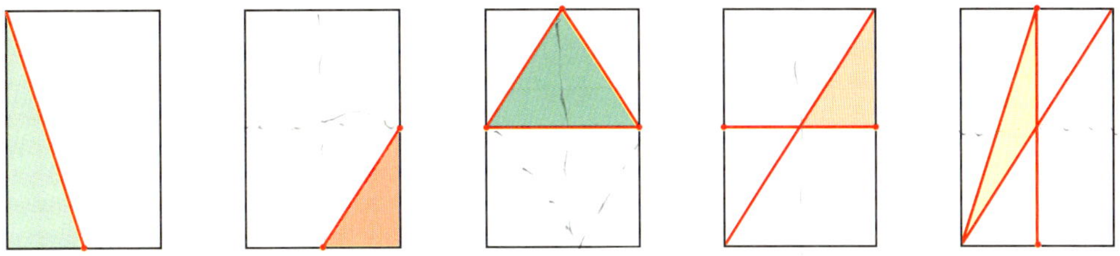

12 Das abgebildete Dreieck hat den Flächeninhalt $28\,cm^2$. Durch die Markierungen sind die Seiten AB und AC in jeweils gleich lange Stücke eingeteilt.
a) Welchen Flächeninhalt hat das Teildreieck APC?
b) Welchen Flächeninhalt hat das orangefarbene (das grüne) Teildreieck?

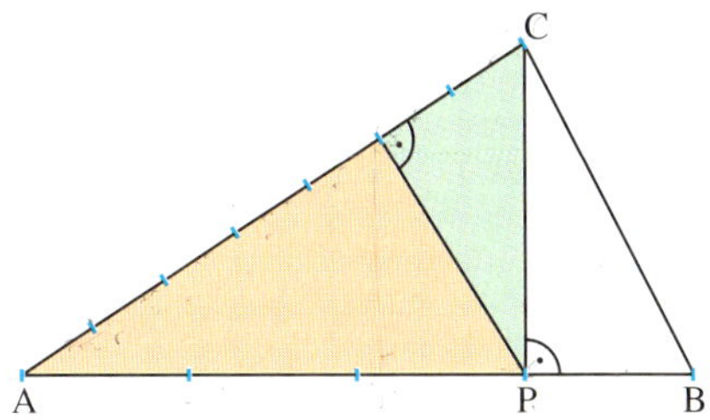

13 In einem Dreieck mit dem Flächeninhalt $12\,cm^2$ und dem Umfang 12 cm ist eine Seite 5 cm lang. Eine Höhe, die nicht zu dieser Seite gehört, ist 4 cm lang.
Wie lang sind die zwei anderen Seiten?

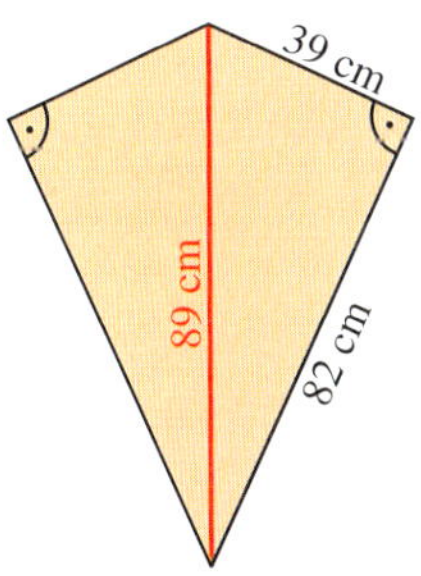

14 a) Berechne die Flächeninhalte der abgebildeten Drachen.
b) Welche Höhe hat im Drachen auf der Randspalte die andere Diagonale?
c) Gib eine Formel zur Berechnung des Flächeninhalts von Drachen an.

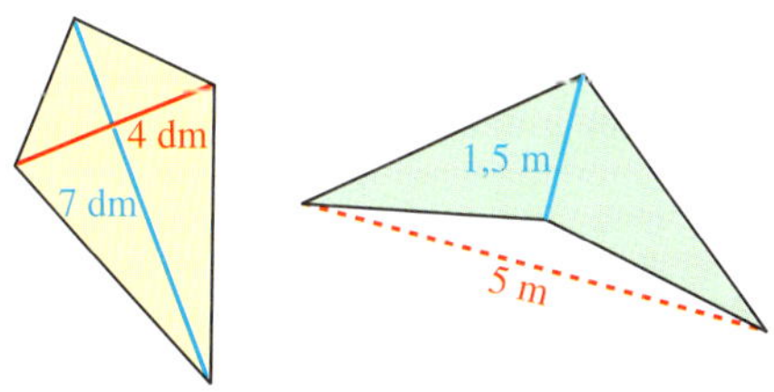

Flächen verwandeln

15 Verwandle ein Dreieck mit $a = 4\,cm$; $b = 5\,cm$; $c = 4{,}5\,cm$ in ein flächengleiches mit:
a) $\beta' = 35°$ und $c' = c$
b) $\beta' = 100°$ und $c' = c$
c) $a' = 5{,}5\,cm$ und $b' = b$
d) $\gamma' = 90°$ und $a' = a$
e) $\beta' = 90°$ und $c' = 2c$
f) $b' = 9\,cm$ und $h_c' = 2h_c$.

16 a) Konstruiere ein gleichschenkliges Dreieck, das denselben Flächeninhalt hat wie ein Dreieck mit $a = 3{,}5\,cm$; $b = 5{,}5\,cm$; $\beta = 140°$.
b) Konstruiere zu dem Dreieck mit $c = 6\,cm$; $\alpha = 30°$; $\beta = 50°$ ein flächengleiches rechtwinkliges Dreieck.

17 Konstruiere ein Rechteck, das denselben Flächeninhalt hat wie das Dreieck mit den angegebenen Maßen.
a) $a = 7\,cm$; $b = 8{,}3\,cm$; $c = 7{,}7\,cm$
b) $a = 8\,cm$; $b = 11{,}5\,cm$; $c = 5{,}4\,cm$

18 Zeichne das Viereck und verwandle es in ein flächengleiches Dreieck. Berechne seinen Flächeninhalt, indem du die benötigten Streckenlängen abmisst.
a) A(0|0); B(4|0); C(3|3); D(1|2)
b) A(1|2); B(4|3); C(4|5); D(1|5)

4 Flächeninhalte von Trapezen

1 Das Luftbild zeigt einen Teil des Neckartals bei Tübingen mit der Wurmlinger Kapelle.
a) Warum wurden die meisten Äcker und Wiesen so angelegt, dass sie mindestens ein Paar paralleler Seiten haben?
b) Wie kann ein Landwirt den Flächeninhalt eines solchen Ackers bestimmen?

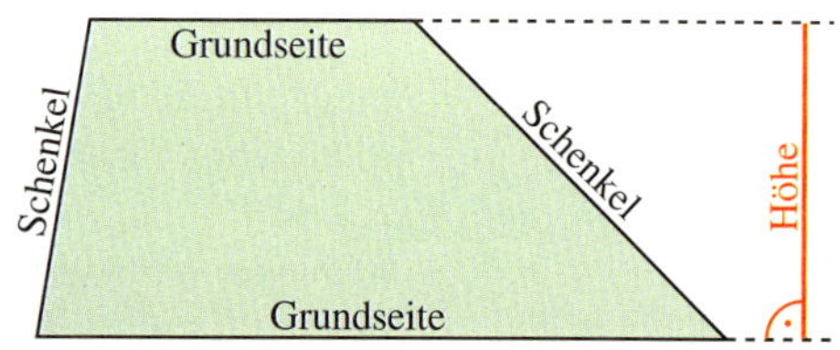

Bauplätze und landwirtschaftliche Grundstücke haben oft die Form von Trapezen; d. h. von Vierecken mit mindestens einem Paar paralleler Gegenseiten.
Jedes Trapez wird durch eine Diagonale in zwei Dreiecke mit gleicher Höhe h zerlegt. Sein Flächeninhalt ist also gleich der Summe der Flächeninhalte der beiden Teildreiecke:
$A = \frac{1}{2}a \cdot h + \frac{1}{2}c \cdot h = \frac{1}{2}(a + c)h$.

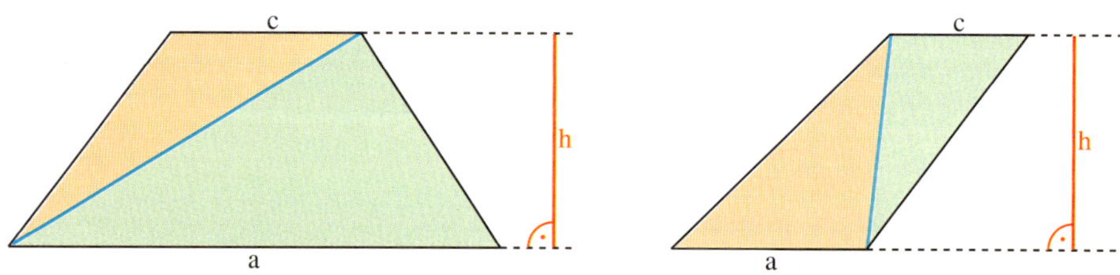

Satz: Misst man bei einem **Trapez** die Grundseiten a und c und die Höhe h in derselben Längeneinheit, dann gilt für seinen **Flächeninhalt** $A = \frac{1}{2}(a + c)h$.

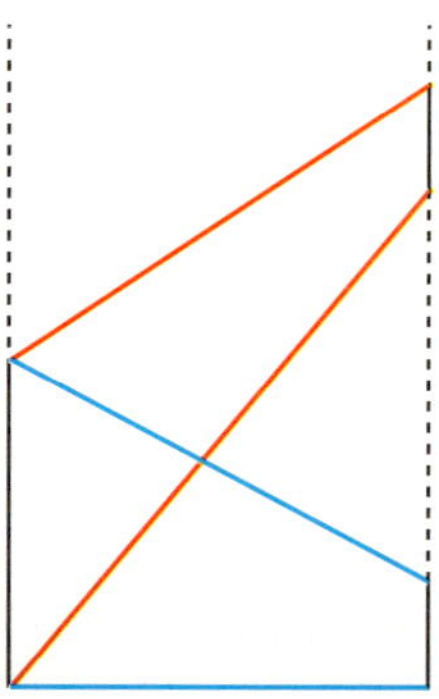

Beispiel 1: (Flächenberechnung)
Da der abgebildete Bauplatz auf zwei Seiten durch parallel verlaufende Straßen begrenzt wird, hat er die Form eines Trapezes. Sein Flächeninhalt beträgt
$A = \frac{1}{2}(30 + 22)\,24\,m^2 = 624\,m^2$.

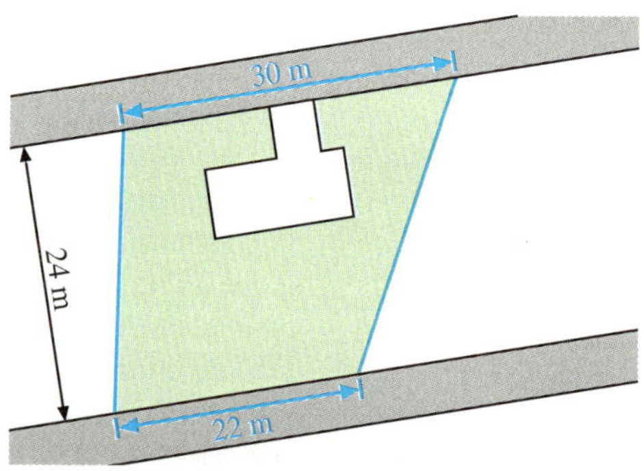

Beispiel 2: (Flächen verwandeln)
Die Trapeze auf dem Rand stimmen in den Grundseiten und der Höhe überein; sie sind also flächengleich.

2 Berechne die Flächeninhalte der abgebildeten Trapeze.

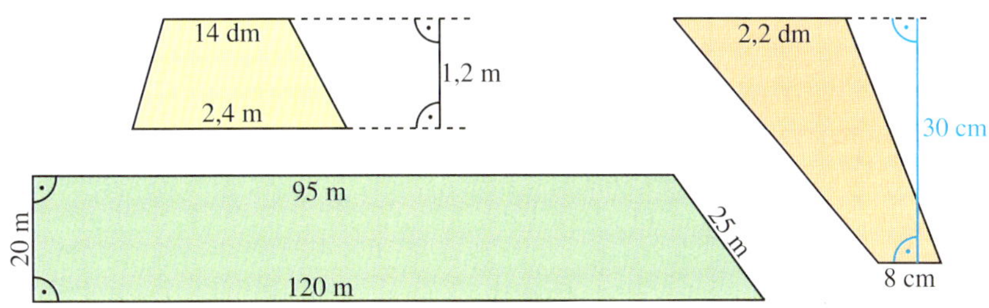

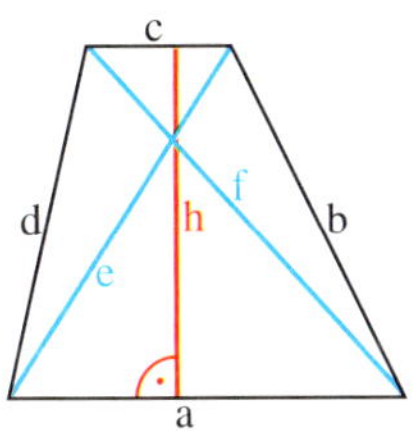

3 Konstruiere ein Trapez und berechne seinen Flächeninhalt. Miss die benötigten Längen.
a) a = 7,3 cm; b = 4,3 cm; c = 3 cm; e = 5 cm b) a = 2 cm; c = 7 cm; d = 3,8 cm; f = 4,8 cm
c) a = 4,5 cm; c = 2,2 cm; e = 7,5 cm; h = 3,3 cm d) a = 8 cm; b = d = 4 cm; h = 3,1 cm

4 Berechne den Flächeninhalt des Trapezes ABCD.
a) A(2 | 3); B(13 | 3); C(6 | 7); D(3 | 7) b) A(0 | 3); B(4 | 0); C(4 | 2); D(0 | 9)
c) A(–6 | –1); B(2 | –1); C(1 | 4); D(–2 | 4) d) A(–1 | –1); B(3,5 | –1); C(4 | 3); D(4,5 | 3)

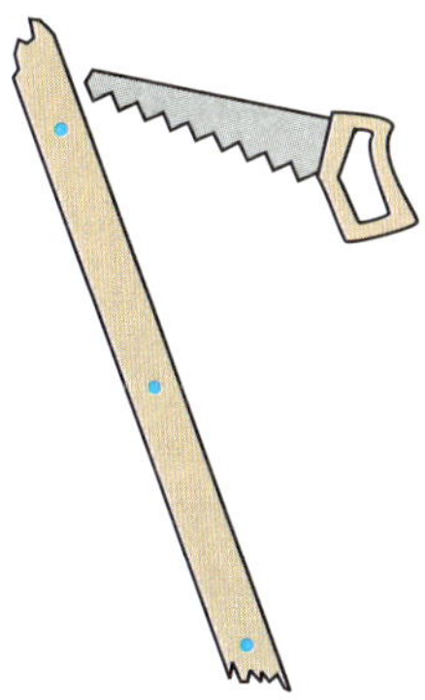

5 Zeichne ein Trapez aus der Mittelparallelen m = 4 cm; h = 2,5 cm; α = 60° und β = 80°.
a) Berechne den Flächeninhalt des Trapezes allein aus m und h.
b) Zeichne zwei weitere Trapeze mit demselben Flächeninhalt.

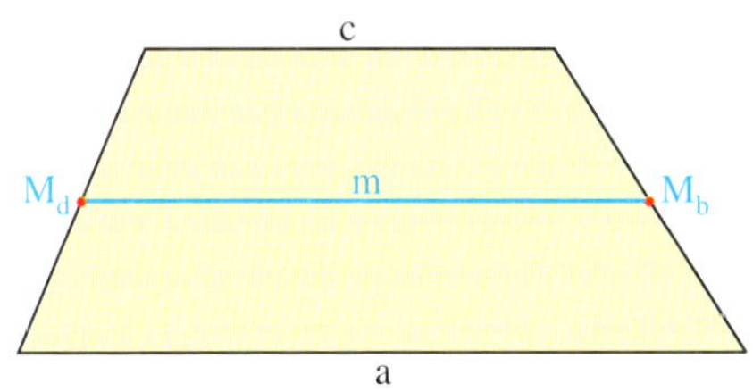

6 Ein 20 cm breites Brett wird in der Mitte in Abständen von 1 m markiert. Anschließend wird es mit geraden Schnitten durch diese Markierungen zersägt.
Welche Größen (z. B. Kantenlängen, Höhen, Flächeninhalte) sind bei allen Teilen gleich?

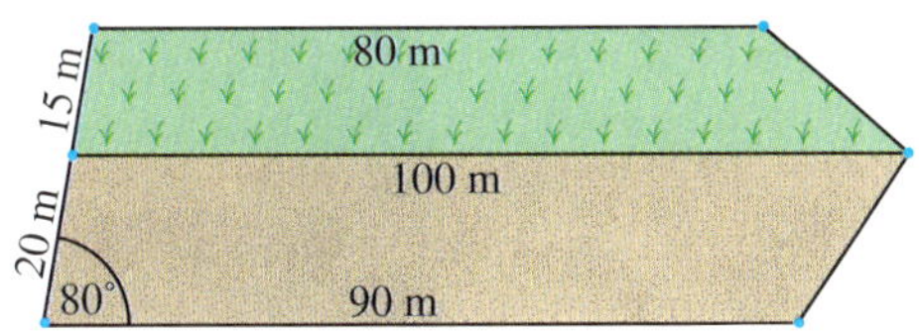

7 Die beiden nebeneinander liegenden Äcker sollen auch auf der vierten Seite durch eine gemeinsame gerade Linie begrenzt werden. Wie muss diese Linie verlaufen, damit jeder Acker seinen Flächeninhalt behält? Konstruiere im Maßstab 1 : 1 000.

8 Die Skizze zeigt das Profil (die Querschnittsfläche) eines Entwässerungsgrabens.
a) Zeichne den abgebildeten Graben im Maßstab 1 : 50.
b) Zeichne zwei weitere trapezförmige Grabenprofile mit derselben Querschnittsfläche.

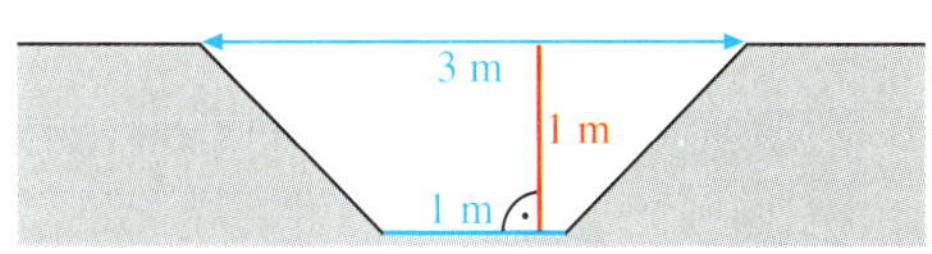

9 a) Wie groß ist die Querschnittsfläche des Deiches?
b) Um wie viel vergrößert sich die Querschnittsfläche, wenn man die dem Meer zugewandte Seite bis zur Strecke AD auffüllt?

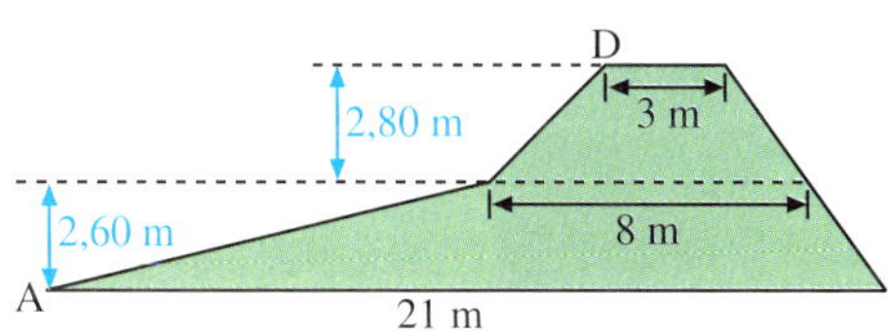

5 Vermischte Aufgaben

Ist die rote oder die blaue Fläche größer?

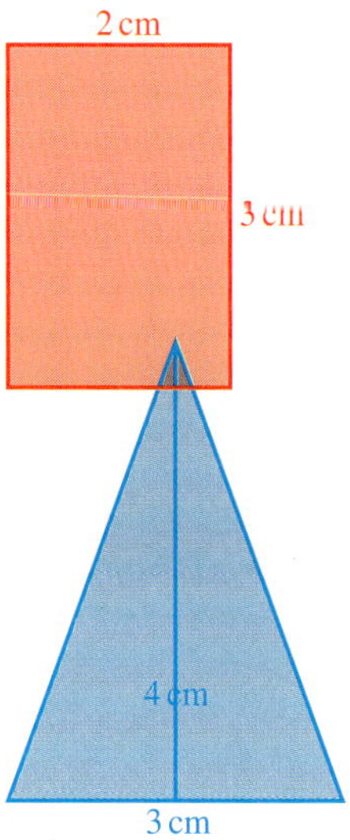

1 Berechne die fehlenden Größen.

a) Rechteck

a	21 m	90 cm		
b	102 m		0,45 km	12 mm
A		10,8 m²		1,2 dm²
U			912 m	

b) Trapez

a	9 cm	21 m		2 dm
c	12,5 cm	15 m	8 cm	
h	4 cm		4 cm	12 cm
A		63 m²	49,5 cm²	3,36 dm²

c) Dreieck

a	6 cm		12 m	
h_a	4 cm	3,5 cm		42 m
c	8 cm	7 cm	8 m	
h_c		2 cm		2 m
A			0,6 a	28 m²

d) Parallelogramm

a	7 cm	2 dm		
b	3 cm	10 cm		30 cm
h_a	3 cm		3 m	18 mm
h_b			2,5 m	2,4 cm
A		320 cm²	7,5 m²	

2 Bei einer Flurbereinigung wird ein 64 m langer und 36 m breiter rechteckiger Acker gegen einen quadratischen Acker gleicher Fläche getauscht. Wie lang ist er?

3 Bei einer Baulandumlegung wird ein 32 m langer und 20 m breiter rechteckiger Bauplatz im Wert von 84 000 € gegen einen anderen Bauplatz von gleichem Wert getauscht, der zum Preis von 140 € je m² angeboten wird. Um wie viel m² ist der neue Platz größer bzw. kleiner als der bisherige?

4 In manchen Gegenden, z. B. im Schwarzwald, gibt es Häuser, die auch an den Giebelseiten Dachflächen haben. Solche Dächer heißen Walmdächer. Berechne die Dachfläche.

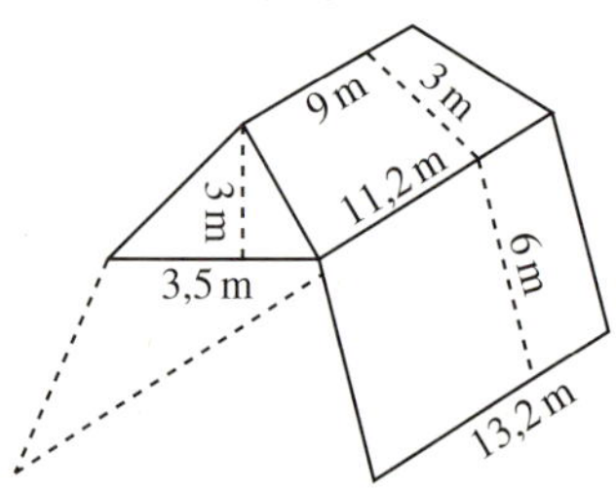

5 Da es in unseren Wäldern immer weniger alte Bäume gibt, werden für Höhlenbrüter Nistkästen angebracht. Der abgebildete Nistkasten ist aus 2 cm dicken Brettern gebaut und hat eine quadratische Grundfläche.
Seine Außenmaße sind: Breite 18 cm;
Höhe der Vorderwand 24 cm;
Höhe der Rückwand 27 cm;
Dachfläche 22 cm auf 20 cm.
Wie viel cm² Brettermaterial wird insgesamt benötigt?

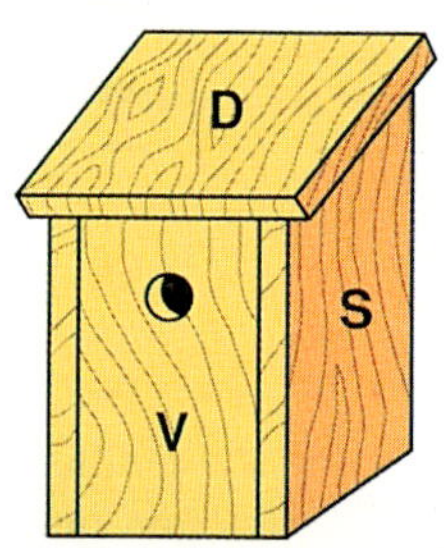

Flächeninhalte von Vielecken

6 Bestimme die Flächeninhalte der abgebildeten Vielecke. Miss dazu die eingezeichneten Streckenlängen und berechne zunächst die Flächeninhalte der Teildreiecke und Teilvierecke.

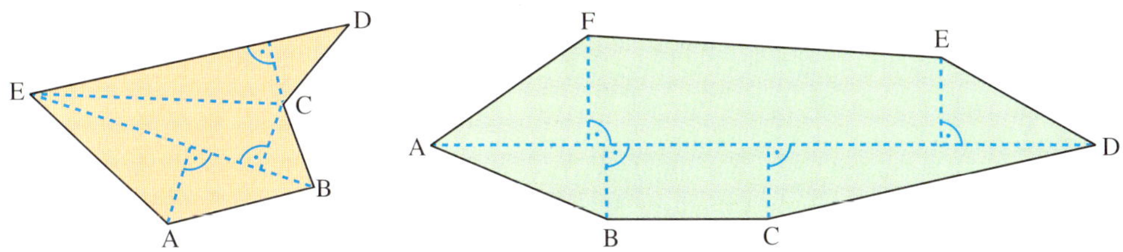

7 Zeichne das Vieleck ABCDEF und bestimme seinen Flächeninhalt. Zerlege es dazu in geeignete Dreiecke und Vierecke und miss die benötigten Längen.
a) A(0 | 0); B(4 | 0); C(7 | 1); D(9 | 2); E(7 | 4); F(0 | 4)
b) A(3 | 0); B(7 | 2); C(4 | 4); D(1 | 4); E(0 | 2); F(2 | 2)

8 Ein Tischtuch hat die Form eines regelmäßigen Sechsecks. Gegenüberliegende Ecken sind 1,20 m voneinander entfernt.
Zeichne das Tischtuch im Maßstab 1 : 20. Entnimm der Zeichnung die notwendigen Maße und berechne den Flächeninhalt des Tischtuchs.

9 Der Zirkus Basarani hat seine Manege und die Zuschauertribünen erneuert.
a) Fertige eine maßstabsgetreue Zeichnung. Die Manegenöffnung hat dieselben Ausmaße wie ein Tribünenteil.
b) Die Manege soll einen neuen Sandbelag erhalten. Für 1 m^2 Manegenfläche rechnet man 0,2 m^3 Sand. Miss die nötigen Längen und berechne, wie viel m^3 Sand man für die Manegenfläche benötigt.
c) Pro Zuschauer ist ein Flächenbedarf von 0,5 m^2 eingeplant. Wie viele Menschen fasst der Zirkus?

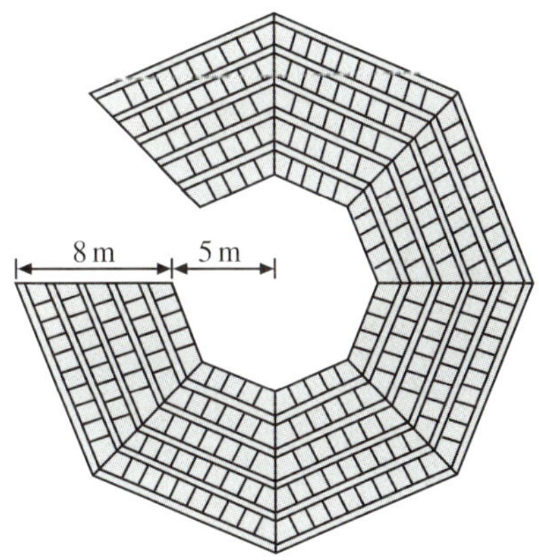

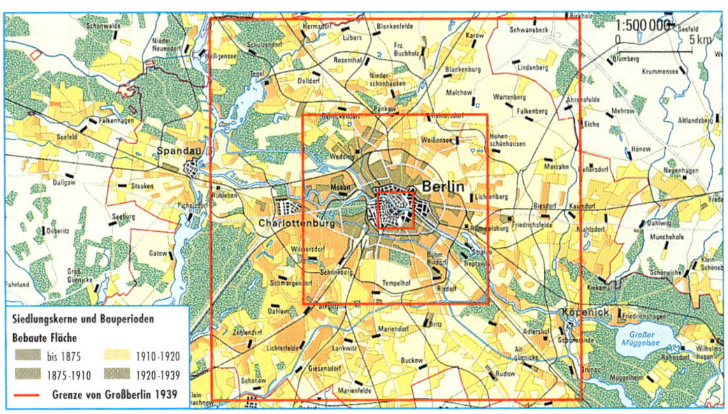

10 Die Karte zeigt die Ausweitung der Stadt Berlin vom Jahr 1780 bis 1910 bzw. 1980. Dabei ist die Siedlungsfläche der Stadt ungefähr durch Quadrate angegeben.
a) Entnimm der Karte die Seitenlängen der Quadrate und berechne die Stadtflächen um 1780, 1910 und 1980.
b) Um das Wievielfache ist die Stadtfläche von 1780 bis 1910 (bis 1980) gewachsen?
c) Die Einwohnerzahl von 1980 (ca. 3 Millionen) stieg etwa in gleichem Maß wie die Siedlungsfläche. Wie viel Einwohner hatte Berlin demnach im Jahre 1780?

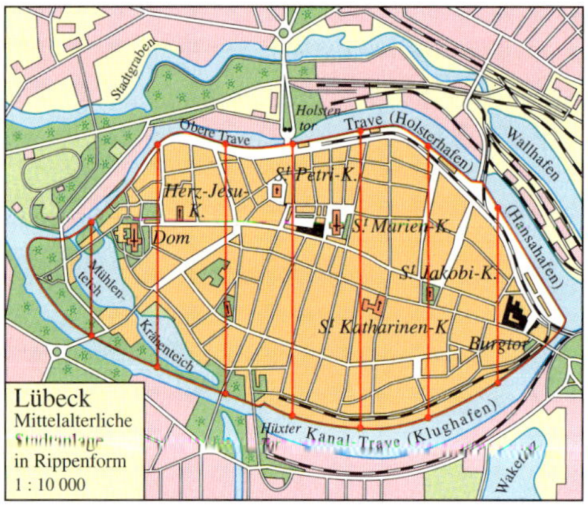

11 Die Karte zeigt die von Kanälen umgebene mittelalterliche Stadtanlage von Lübeck. Um ihren Flächeninhalt zu bestimmen, ist sie mit einer Schar paralleler Strecken a_1 bis a_7 mit gleichem Abstand h überzogen. Verbinden wir die Endpunkte der Strecken geradlinig, erhalten wir 6 Trapeze und zwei Dreiecke.
a) Zeige, dass für den angenäherten Flächeninhalt gilt:
$A = h \cdot (a_1 + a_2 + a_3 + a_4 + a_5 + a_6 + a_7)$.
b) Berechne den Flächeninhalt der Stadtanlage näherungsweise.

Entdecken und beweisen

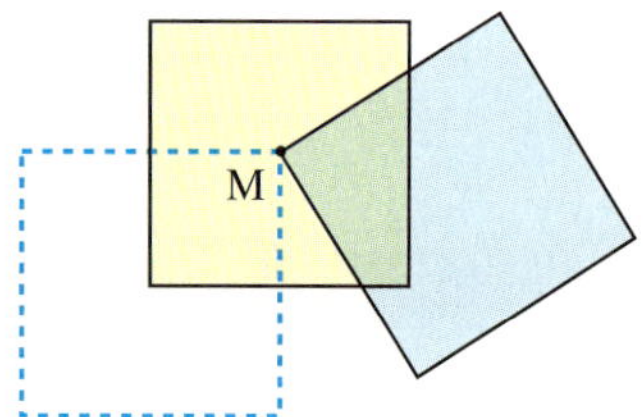

12 Das gelbe Quadrat sei fest, das gleich große blaue beweglich. Es wird um M gedreht. Zeige: Die den beiden Quadraten gemeinsame Fläche ändert zwar ihre Gestalt, aber nicht ihre Größe.

13 Ein Parallelogramm wird durch seine Diagonalen in vier Dreiecke zerlegt. Sind diese Dreiecke flächengleich? Begründe.

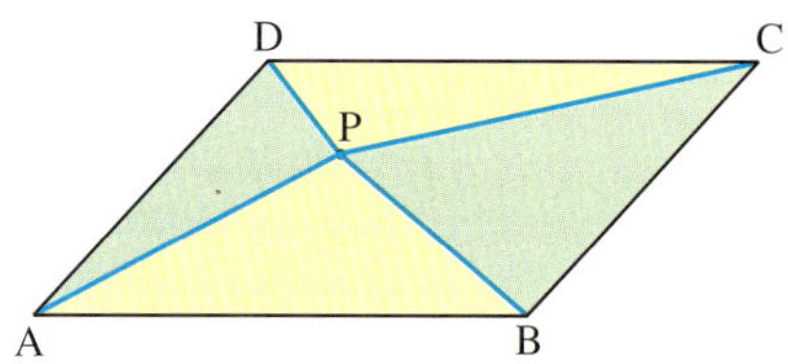

14 Zeichne ein Parallelogramm und im Innern einen beliebigen Punkt P. Ziehe PA, PB, PC und PD. Zeige: Die Dreiecke PAB und PCD sind zusammen gleich groß wie die Dreiecke PBC und PDA.

15 Zeichne ein Parallelogramm ABCD.
a) Teile es durch gerade Linien, die durch den Punkt A gehen, in vier Teile mit gleichem Flächeninhalt.
b) Teile das Parallelogramm durch zwei gerade Linien, die durch den Punkt A gehen, in drei Teile mit gleichem Flächeninhalt.

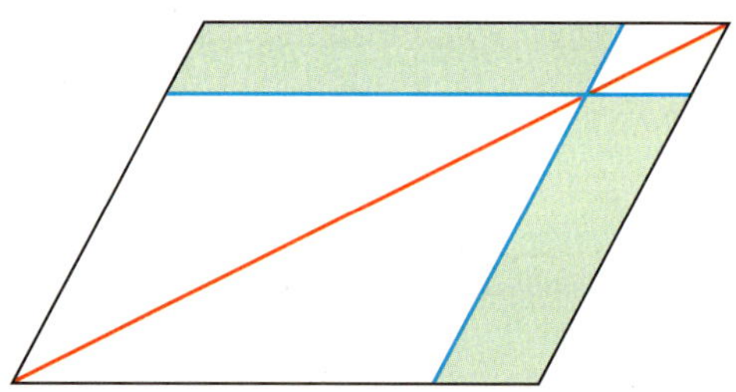

16 a) In dem abgebildeten Parallelogramm sind die blauen Linien parallel zu den Seiten; ihr Schnittpunkt liegt auf der Diagonalen. Beweise: Die grünen Teilparallelogramme sind flächengleich.
b) Verwandle damit ein Parallelogramm mit $a = 4\,cm$; $b = 3\,cm$; $\alpha = 50°$ in ein flächengleiches mit $b' = 5\,cm$.

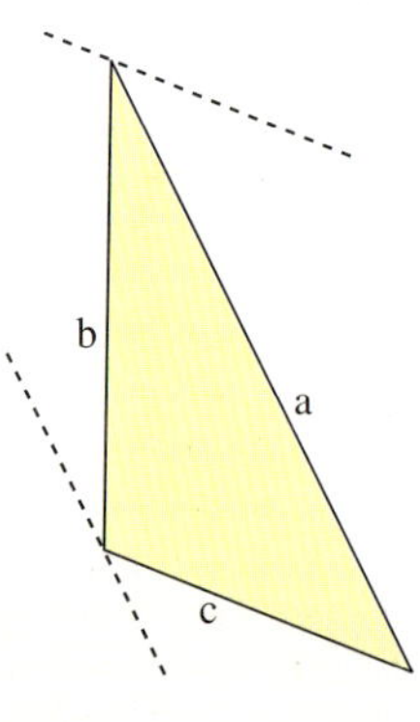

17 a) Beweise rechnerisch: Wenn in einem Dreieck die Seite a doppelt so lang ist wie die Seite b, dann ist die Höhe h_a halb so lang wie die Höhe h_b.
b) Gilt das Entsprechende auch für die Seiten a und c (b und c)?
Überprüfe dein Ergebnis an dem Dreieck auf dem Rand.

Mathematische Exkursionen

Flächenberechnung ganz anders

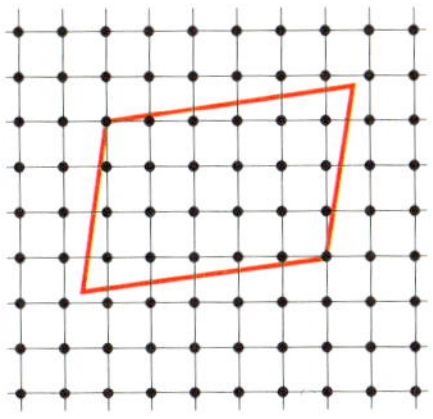

Das ist kein Gittervieleck.

Die Abbildung zeigt ein Brett mit einem quadratischen Gitter. In den Gitterpunkten sind Nägel eingeschlagen. Legen wir um einige der Nägel einen Gummiring, erhalten wir den Umriss eines **Gittervielecks**.
Um den Flächeninhalt eines Gittervielecks zu berechnen, kennen wir bisher die Methode, das Vieleck in Dreiecke und Rechtecke zu zerlegen, die einzelnen Flächeninhalte zu berechnen und sie anschließend zu addieren. Dazu müssten wir viele Streckenlängen messen, so dass unser Ergebnis ungenau würde.

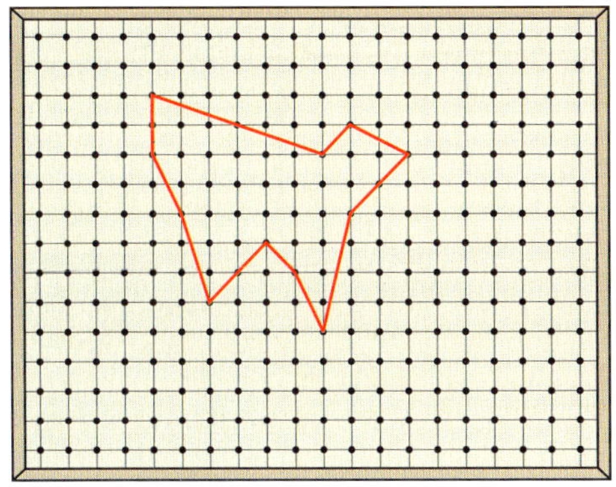

1 Die Abbildung zeigt Gittervielecke, die um jeweils vier Nägel gespannt sind. Welchen Flächeninhalt (gemessen in Karos) haben sie jeweils? Welchen Zusammenhang zwischen dem Flächeninhalt und der Zahl der Nägel im Innern könnte man vermuten?

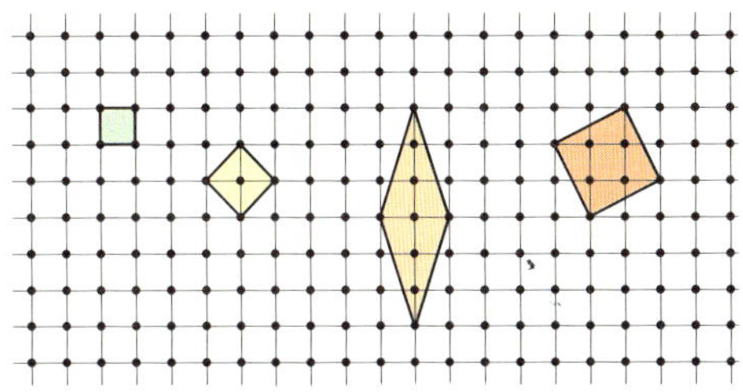

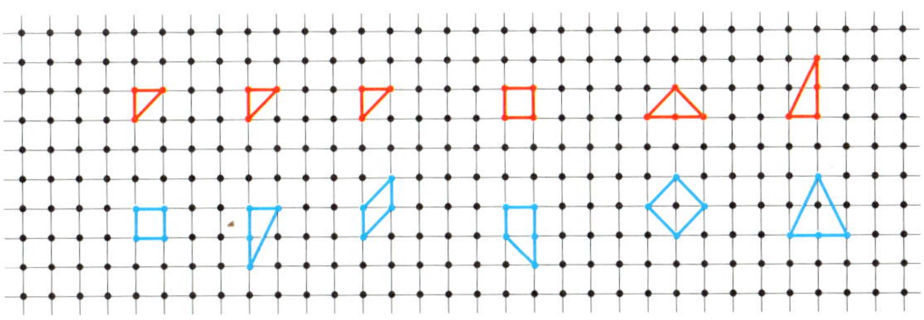

2 Die blauen Gittervielecke sind aus den roten entstanden, indem der Gummi um jeweils einen weiteren Nagel gespannt wurde.
a) Um wie viel hat sich jeweils der Flächeninhalt geändert?
b) Hängt der Flächeninhalt eines Gittervielecks nur von der Anzahl der innerhalb liegenden Nägel ab?

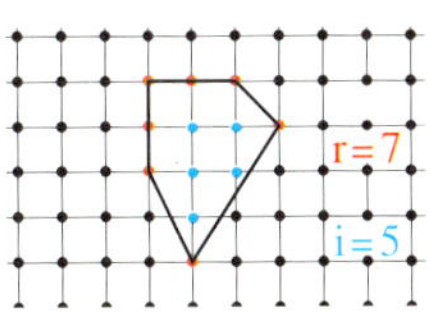

Wir untersuchen nun, ob wir den Flächeninhalt eines Gittervierecks aus der Anzahl i der **inneren Punkte** (blau) und der Anzahl r der **Randpunkte** (rot) berechnen können. Dabei gehen wir so vor: Zunächst halten wir i fest und untersuchen, wie der Flächeninhalt von r abhängt. Die Abhängigkeit von i untersuchen wir dann, indem wir r festhalten.

3 Übertrage die Figuren in dein Heft und vervollständige die Tabelle. Gib eine Formel an, mit der man die Flächeninhalte dieser Gittervielecke aus der Zahl r der Randpunkte berechnen kann.

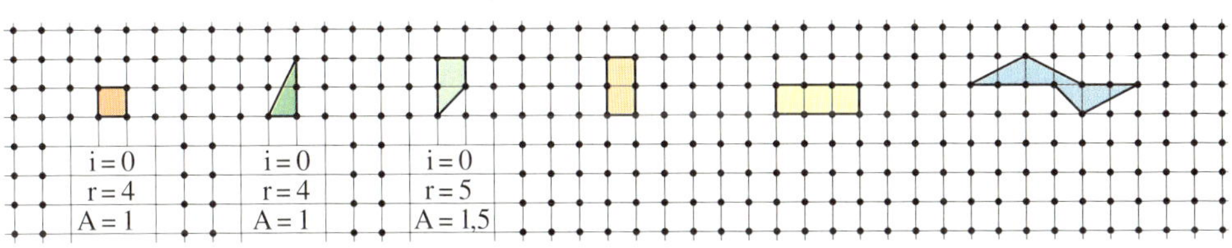

4 Vervollständige die Tabelle. Was hat sich im Vergleich zu den gleichfarbenen Gittervielecken aus Aufgabe 3 geändert?

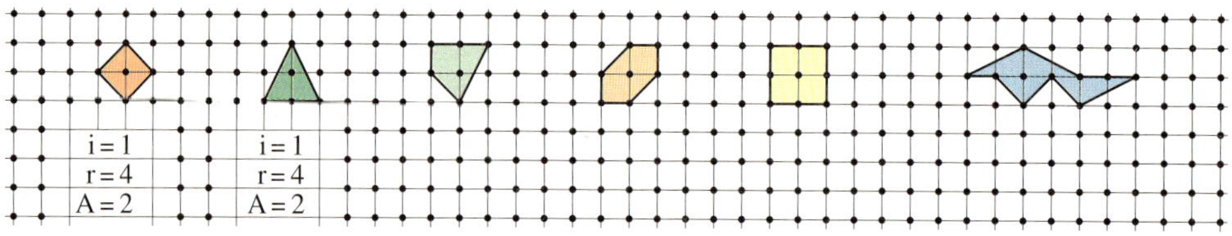

5 Vervollständige die Tabelle. Gib eine Formel an, mit der man aus i und r den Flächeninhalt der Vielecke ausrechnen kann.

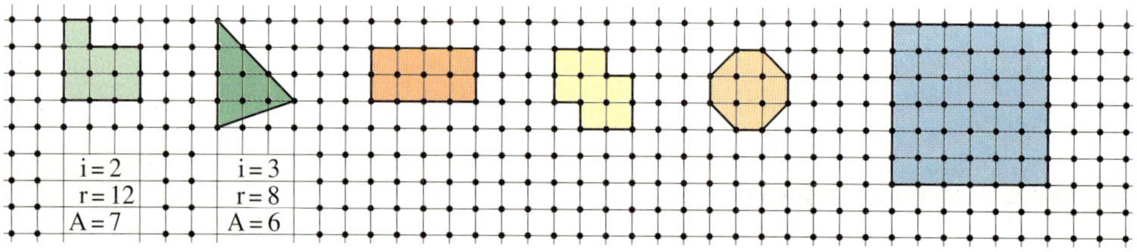

Der folgende Satz wurde von dem Mathematiker G. Pick, Professor an der deutschen Universität in Prag, im Jahre 1899 entdeckt und bewiesen:

> Zählt man bei einem **Gittervieleck** die Anzahl i der inneren Punkte und die Anzahl r der Randpunkte, so gilt für seinen Flächeninhalt (gemessen in Karogrößen) $A = i + \frac{1}{2} \cdot r - 1$.

6 Berechne mit dem Satz von Pick die Flächeninhalte der abgebildeten Gittervierecke. Gib das Ergebnis in cm^2 an, wenn ein Karo die Seitenlänge 0,5 cm hat.

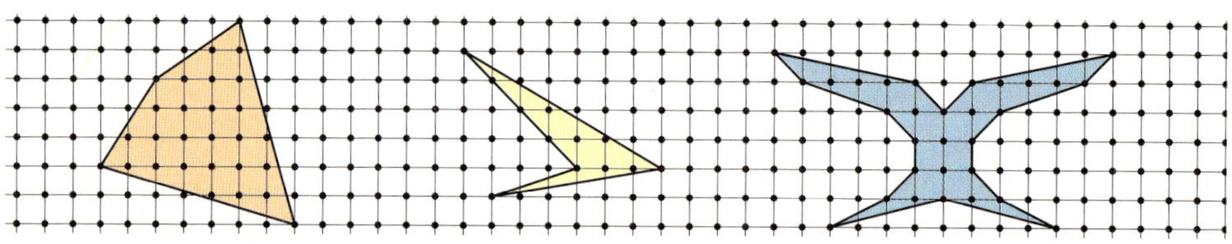

7 a) Zeichne die ersten vier Parallelogramme dieser Reihe. Was haben sie gemeinsam?
b) Wie viel Randpunkte hat eines der Parallelogramme höchstens (mindestens)?
c) Gibt es darunter ein Parallelogramm mit sieben (mit zwei) inneren Punkten?

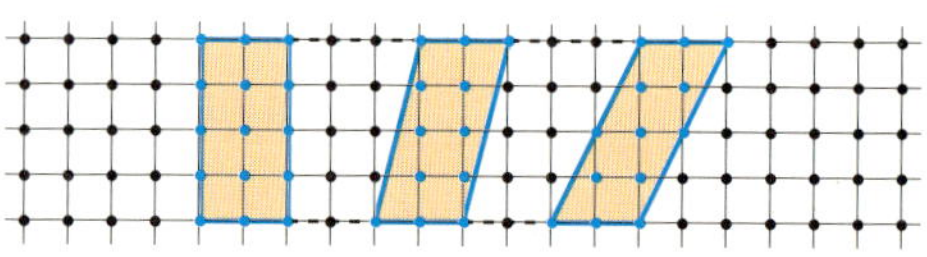

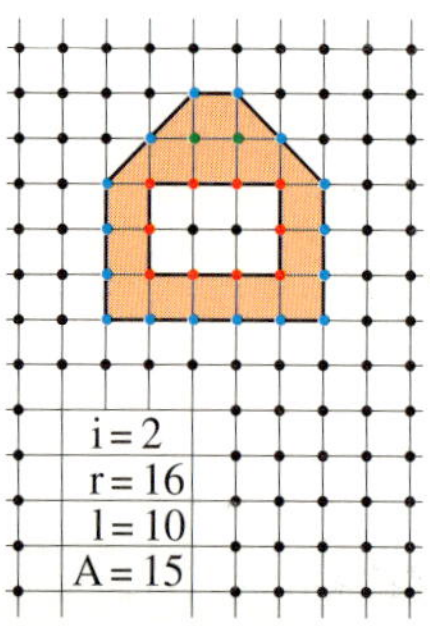

8 a) Zeichne einige Gittervielecke mit einem „Loch", das ebenfalls ein Gittervieleck ist. Bestimme jeweils die Anzahl i der inneren Punkte, die Anzahl r der äußeren Randpunkte und die Anzahl l der Randpunkte des Loches.
b) Gib eine Formel für den Flächeninhalt von Gittervielecken mit einem Loch an.

Flächeneinheiten

Flächeninhalte werden in den Einheiten
$1\,mm^2$, $1\,cm^2$, $1\,dm^2$, $1\,m^2$, $1\,a$, $1\,ha$, $1\,km^2$
gemessen.
Das 100fache einer Einheit ergibt die nächstgrößere Einheit.

$0{,}025\,km^2 = 2{,}5\,ha = 250\,a = 25\,000\,m^2$

Flächeninhalte von Rechtecken

$A = a \cdot b.$

a und b werden in derselben Längeneinheit gemessen;
A ergibt sich in der entsprechenden Flächeneinheit.

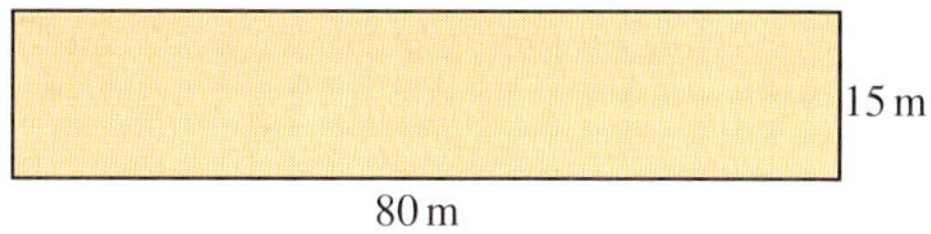

Flächeninhalt

$A = 15 \cdot 80\,m^2$
$A = 1200\,m^2$
$A = 12\,a$

Flächeninhalte von Parallelogrammen

$A = a \cdot h_a = b \cdot h_b.$

Parallelogramme, die in einer Seite und der zugehörigen Höhe übereinstimmen, haben den gleichen Flächeninhalt.

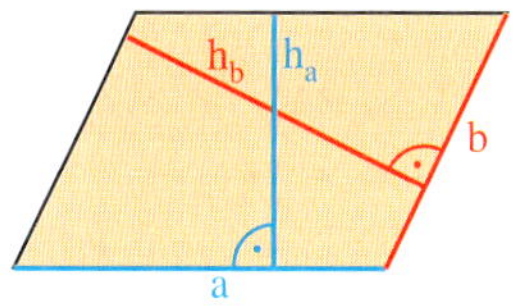

$A = a \cdot h_a$
oder
$A = b \cdot h_b$

Flächeninhalte von Dreiecken

$A = \frac{1}{2} a \cdot h_a = \frac{1}{2} b \cdot h_b = \frac{1}{2} c \cdot h_c.$

Dreiecke, die in einer Seite und der zugehörigen Höhe übereinstimmen, haben den gleichen Flächeninhalt.

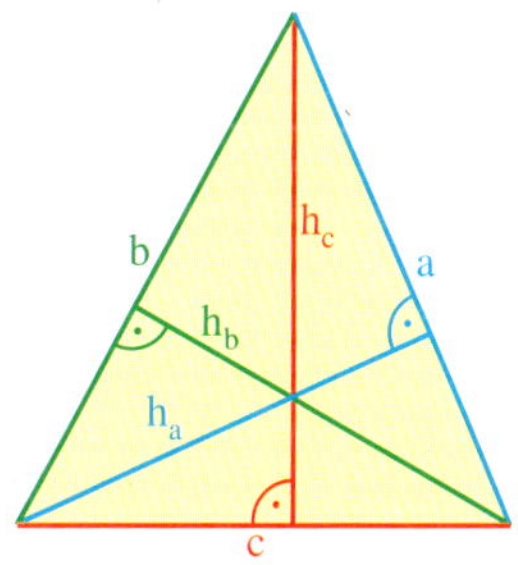

$A = \frac{1}{2} \cdot c \cdot h_c$
oder
$A = \frac{1}{2} \cdot a \cdot h_a$
oder
$A = \frac{1}{2} \cdot b \cdot h_b$

Flächeninhalte von Trapezen

$A = \frac{1}{2}(a + c) \cdot h = m \cdot h.$

Trapeze mit derselben Mittelparallele und derselben Höhe haben den gleichen Flächeninhalt.

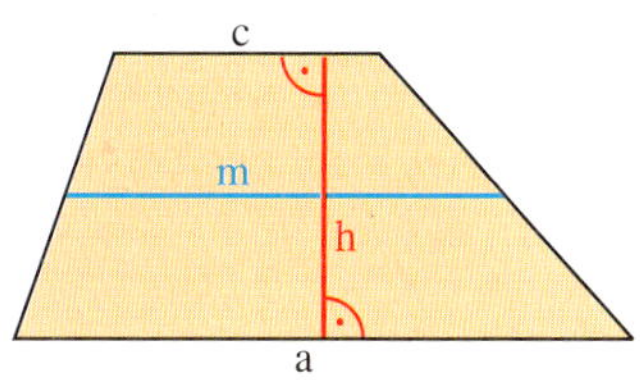

Flächeninhalte von Vielecken

Flächeninhalte von Vielecken kann man bestimmen, indem man das Vieleck in Dreiecke zerlegt. Der Flächeninhalt des Vielecks ist dann die Summe der Flächeninhalte der Dreiecke.

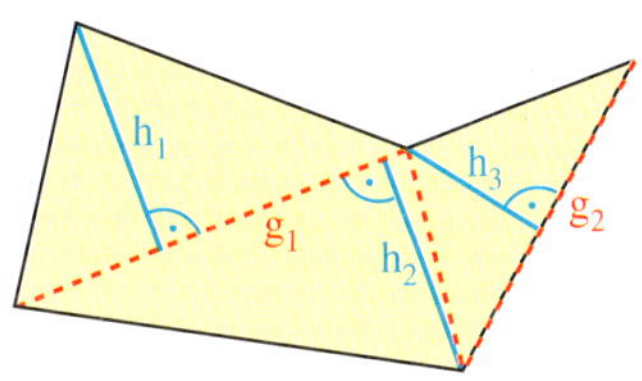

$A = \frac{1}{2} g_1 h_1 + \frac{1}{2} g_1 h_2 + \frac{1}{2} g_2 h_3$

Register